PC 엔진 컴플리트 가이드

라의눈

차례

PC엔진 기본사양

Hu카드 편

1987년 …… 8쪽
1988년 …… 10쪽
1989년 …… 16쪽
1990년 …… 34쪽
1991년 …… 58쪽
1992년 …… 75쪽
1993년 …… 83쪽
1994년 …… 86쪽

슈퍼그래픽스 & 아케이드카드 편

슈퍼그래픽스 ………… 90쪽
아케이드카드 ………… 92쪽

CD-ROM2 편

1988년 …… 98쪽
1989년 …… 99쪽
1990년 …… 104쪽
1991년 …… 114쪽
1992년 …… 125쪽

슈퍼 CD-ROM2 편

1991년 …… 134쪽
1992년 …… 137쪽
1993년 …… 157쪽
1994년 …… 175쪽
1995년 …… 194쪽
1996년 …… 202쪽
1997년 …… 204쪽

칼럼

9쪽
15쪽
32쪽
33쪽
57쪽
59쪽
64쪽
74쪽
82쪽
85쪽
86쪽
87쪽
88쪽
91쪽
95쪽
96쪽
98쪽
103쪽
112쪽
124쪽
131쪽
136쪽
155쪽
156쪽
174쪽
176쪽
192쪽
193쪽
201쪽
203쪽
204쪽

기타

하드 소개 … 3쪽
시스템카드, 주변기기, 컨트롤러 소개 … 205쪽
게임 검색(연대순) … 211쪽
게임 검색(가나다순) … 217쪽

각 하드의 약칭에 대하여

· PC엔진, 슈퍼그래픽스, CD-ROM2, 슈퍼 CD-ROM2는 각각 PCE, SG, ROM2, SCD로 축약하는 경우가 있습니다.

이 책의 표기기준 등에 대하여

· 타이틀 명과 관련해, 이 책에서는 가독성 및 인지도를 중시하기 때문에 알파벳이 정식명칭이더라도 한글로 표기하는 경우가 있습니다.
· 설명서, 공급매체, 사이드라벨, 게임타이틀 화면에서 타이틀 명에 차이가 생기는 것이 다수 확인되고 있는데(서브타이틀의 유무나 디자인상의 차이라고 생각되는 것), 그걸 전부 게재하면 읽기가 매우 어렵기 때문에 생략하는 경우가 있습니다.
· 퍼블리셔 명은 괄호 안에 브랜드 명을 병기하는 경우가 있습니다.
· 복수의 브랜드 명이 존재하는 퍼블리셔는 (일본텔레네트 등) 혼란을 피하기 위해 퍼블리셔 명만 기재했습니다. 또 퍼블리셔가 여럿인 경우는 ·(가운뎃점)으로 병기했습니다.
· 니혼덴키(日本電気)홈일렉트로닉스는 NEC홈일렉트로닉스로 통일했습니다.
· 선덴시(サン電子)는 브랜드명인 선소프트로 통일했습니다.

기타

· 소프트웨어 소개 페이지에 게재된 작품은 일반적인 유통 루트로 판매된 것에 한합니다.
· 진위가 확실하지 않은 이야기, 소스가 불분명한 이야기는 기본적으로 게재를 보류했습니다.
· 비공인 소프트웨어는 윤리상의 관점에서 일부를 제외하고 취급하지 않습니다.

하드웨어 소개

게임을 소개하기 전에 먼저 본체(하드)에 대하여 언급해두고자 한다. PC엔진은 당시의 퍼스널컴퓨터(이하 PC)처럼 다양한 주변기기를 달아 차츰차츰 확장해가는 독특한 스타일을 취했다. 그래서 주변기기는 물론, 본체도 타 기종과는 비교가 되지 않을 정도로 수많은 베리에이션이 존재한다(메이커는 모두 NEC홈 일렉트로닉스).

PC엔진 기본사양

CPU / HuC6280
메인 RAM : 8KB, 비디오RAM : 64KB
최대표시색상 : 512색, 스프라이트 : 64개
해상도 : 336×224 (최대 512×224)
사운드 : PSG 6음원, 비프음 2음

※ CD-ROM2 접속 시는 PCM 음원 1채널 추가

PC 엔진

● 발매일 / 1987년 10월 30일
● 가격 / 24,800엔

그때까지의 가정용 게임기보다 훨씬 빠르고 고성능. 특히 그래픽은 최대 512색까지 사용할 수 있어서 색상이 매우 선명하다.

PC 엔진 코어그래픽스

● 발매일 / 1989년 12월 8일
● 가격 / 24,800엔

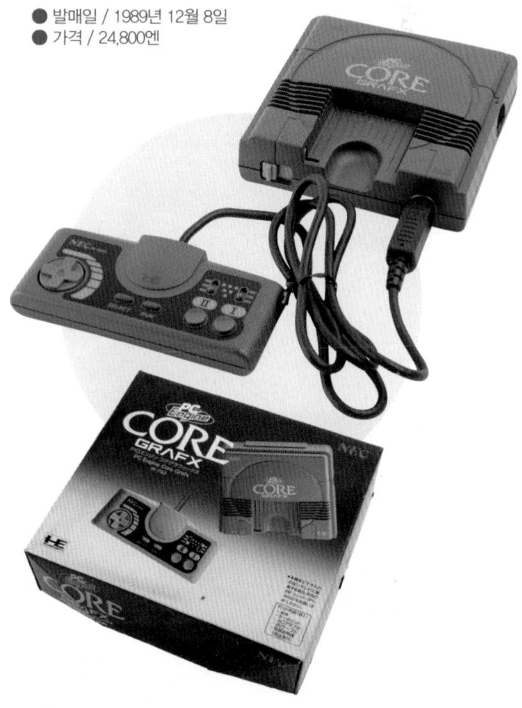

초대 제품에서 변경된 사항을 보면, 영상·음성 출력이 RF출력에서 AV출력으로 바뀌었고, 패드는 연사(連射)기능이 추가되었다.

PC 엔진 코어그래픽스 II

● 발매일 / 1991년 6월 21일
● 가격 / 19,800엔

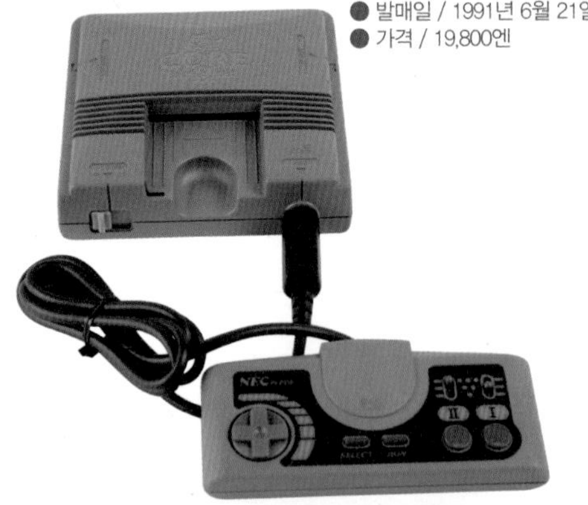

1세대 코어그래픽스의 디자인과 컬러링을 변경한 저가형. 가격은 5천엔 내렸다.

PC 엔진 셔틀

● 발매일 / 1989년 11월 22일
● 퍼블리셔 / 18,800엔

'코어 구상'이라는 확장사상에 대응하지 못한 저가형 제품. 가격은 억제되었지만 판매상황은 좋지 않았다.

PC 엔진 슈퍼그래픽스

● 발매일 / 1989년 12월 8일
● 가격 / 39,800엔

그래픽 성능을 강화하고 메모리도 늘린 고(高)사양 PC엔진. 다만 CPU와 음원은 종전 그대로다.

PC 엔진 GT

● 발매일 / 1990년 12월 1일
● 가격 / 44,800엔

PC엔진 게임을 할 수 있는 휴대형 게임기. 같은 시기에 발매된 게임기어(ゲームギア)보다 고품질의 액정을 채용. GT란 게임&텔레비전의 약칭.

PC 엔진 LT

● 발매일 / 1991년 12월 13일
● 가격 / 99,800엔

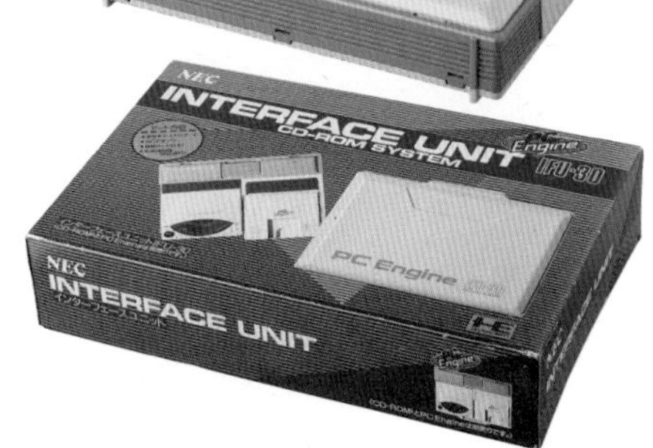

LT는 랩톱의 약자. 디스플레이 일체형이지만 가정용게임기 부류에 해당한다. GT와 달리 확장 버스에도 대응(일부 미대응).

CD-ROM2

● 발매일 / 1988년 12월 4일
● 가격 / 32,800엔

발매 당시 CD플레이어에는 물품세가 부과되었다. 그래서 비과세인 '인터페이스 유닛'과는 별도로 판매되었다.

인터페이스 유닛

● 발매일 / 1988년 12월 4일
● 가격 / 27,000엔

CD-ROM2 시스템

● 발매일 / 1989년 12월 (후기 판은 90년 발매)
● 가격 / 57,300엔

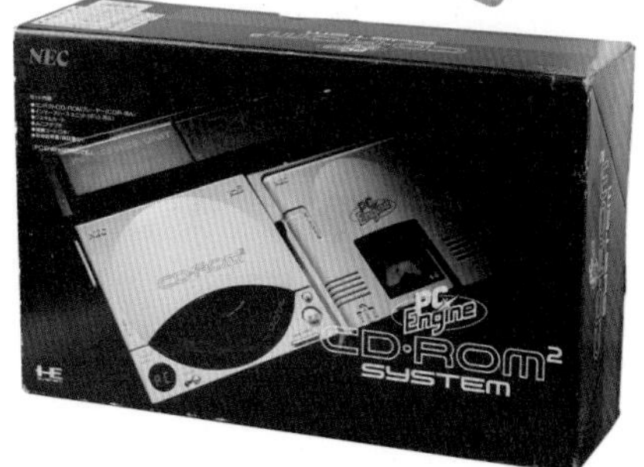

코어 머신과 'CD-ROM2'의 접속기기. 당초 과세대상인 'CD-ROM2'와는 별매되었다.

소비세 도입으로 물품세가 폐지된 이후, 'CD-ROM2'와 '인터페이스 유닛'의 세트 판매가 시작되었다.

슈퍼 CD-ROM2

● 발매일 / 1991년 12월 13일
● 가격 / 59,800엔

CD-ROM2 시스템 상위버전. SRAM이 강화됨으로써 로딩 지연이 상당히 개선되었다.

PC 엔진 DUO

● 발매일 / 1991년 9월 21일
● 가격 / 59,800엔

최초의 Hu카드 & CD-ROM2 일체형 머신. 고귀한 생김새가 특징으로, 통상산업성의 굿디자인 상을 수상했다.

PC 엔진 DUO-R

● 발매일 / 1993년 3월 25일
● 가격 / 39,800엔

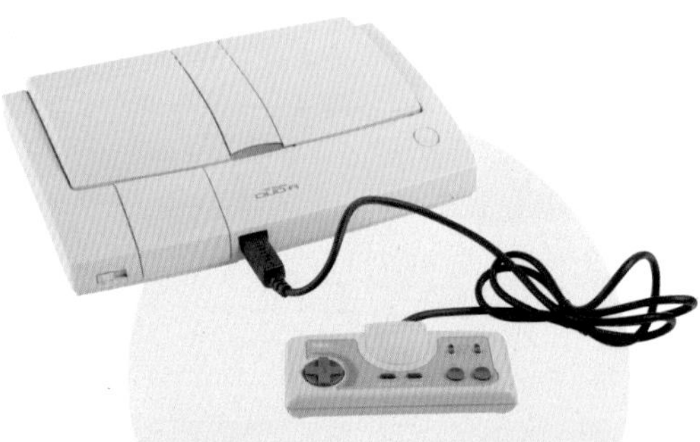

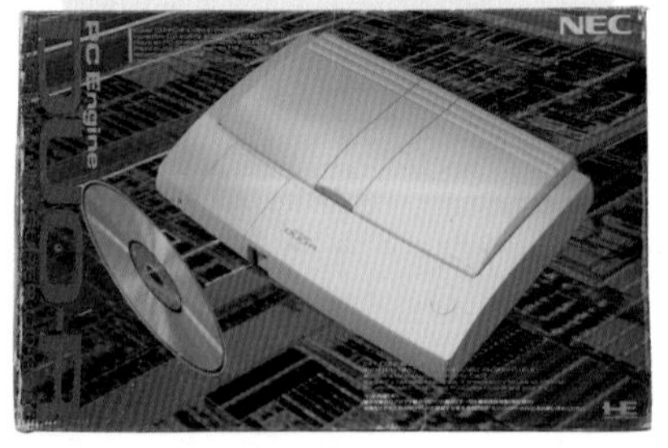

헤드폰 출력, CD덮개 고정기능이 폐지된 저가형으로, '카 어댑터' '배터리팩'에는 미대응.

PC 엔진 DUO-RX

● 발매일 / 1994년 6월 25일
● 가격 / 29,800엔

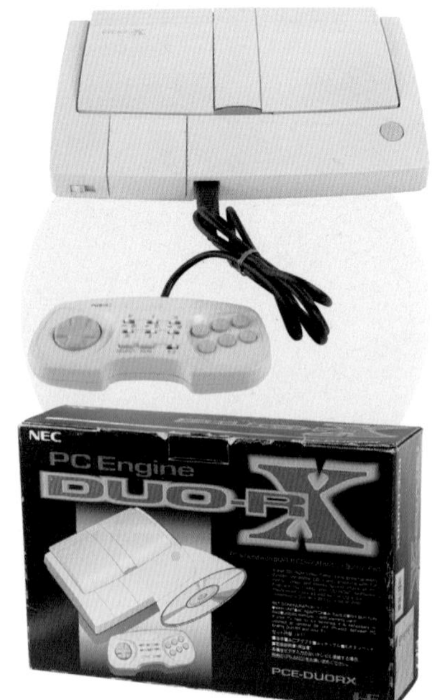

'DUO-R'의 마이너 체인지 버전. 가격이 1만 엔 내렸지만, 부속 패드는 2버튼이 6버튼으로 파워업.

PC 엔진

HuCARD

PC ENGINE COMPLETE GUIDE

빅쿠리맨 월드

● 발매일 / 1987년 10월 30일 ● 가격 / 4,500엔
● 퍼블리셔 / 허드슨

아케이드 게임으로 가동된『원더보이 몬스터랜드』의 이식작. 잡졸(ザコ) 이외에는 '빅쿠리맨'의 캐릭터로 교체되었으며, 헤드로코코 · 슈퍼제우스 · 샤먼칸 등이 다수 등장한다. 게임 내용은 거의 아케이드 판을 따르며, 사이드뷰 액션 RPG가 되었다. 경험치 개념은 없지만, 주인공은 아이템으로 파워업 해간다. 필드의 특정 부분에서 점프하거나 적을 쓰러뜨려 골드를 손에 넣을 수 있으며, 숍에서 장비와 특수무기를 구입할 수 있다.

카토짱 켄짱

● 발매일 / 1987년 11월 30일 ● 가격 / 4,900엔
● 퍼블리셔 / 허드슨

당시 TBS 계열에서 방송되어 인기를 얻었던「카토짱 켄짱의 즐거운TV」를 기초로 한 횡스크롤 액션게임. 게임을 시작할 때 카토 챠(加藤茶)나 시무라 켄(志村けん)을 선택하고, 점프와 킥을 구사하여 스테이지를 클리어 해간다. 두 사람의 캐릭터에는 각자의 특성이 있는데, 카토짱은 발이 느리고 켄짱은 발이 빠르지만 미끄러진다. 기반이 된 프로그램과 마찬가지로 저연령층을 위한 연출이 많아서 방귀로 공격하거나 똥이 마구 나오거나 하는데, 의외로 난이도가 높아 쉽게 클리어하지는 못한다.

상하이

● 발매일 / 1987년 10월 30일 ● 가격 / 4,500엔
● 퍼블리셔 / 허드슨

앞쪽의 『빅쿠리맨 월드』와 함께 출시된 PC엔진의 런칭타이틀. 마작 패를 이용한 퍼즐게임으로, 같은 그림의 패를 2개씩 한 쌍으로 가져간다. 힌트와 한 수 물리기 기능도 있다.

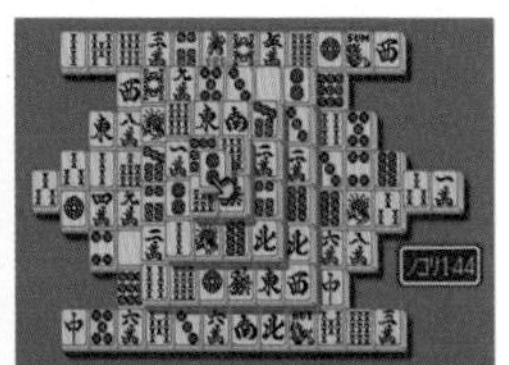
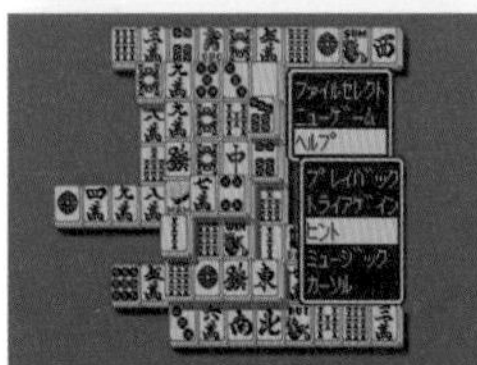

더 쿵푸

● 발매일 / 1987년 11월 21일 ● 가격 / 4,500엔
● 퍼블리셔 / 허드슨

횡스크롤 액션게임으로, 이소룡을 모방한 듯한 주인공을 조종해 적을 물리친다. 큰 캐릭터가 특징이며 PC엔진의 높은 하드웨어 성능을 확실하게 보여줬다.

빅토리 런 영광의 13,000킬로

● 발매일 / 1987년 12월 28일 ● 가격 / 4,500엔
● 퍼블리셔 / 허드슨

파리·다카르 랠리를 모티브로 한 유사 3D 레이싱게임. 스타트할 때 예비 부품을 골라서 아프리카 횡단 레이스에 도전한다. 고장난 곳을 수리해가며 긴 코스를 완주하는 구성이다.

퍼스컴 TV X1 twin

● 발매일 / 1987년 12월 ● 가격 / 99,800엔
● 메이커 / 샤프

샤프가 전개한 퍼스컴·X1에 PC엔진 시스템을 내장. Hu카드에만 대응한다. 부속품인 컨트롤러는 독자적인 형상이며, 연사기능은 탑재되지 않았다. 하드웨어 동봉으로만 판매되고 별매되지 않았다.

사성검 네크로맨서

● 발매일 / 1988년 1월 22일 ● 가격 / 4,500엔
● 퍼블리셔 / 허드슨

PC엔진 최초의 커맨드 선택식 RPG. 특징이 서로 다른 캐릭터 중에서 2명의 수행원을 선택하고, 주인공과 3인조를 이루어 싸워나간다. 게임성은 전형적이지만, 섬뜩한 모습의 캐릭터가 피를 쏟으며 쓰러지는 모습이 화제가 되었다. 어떤 캐릭터를 수행원으로 삼느냐에 따라 난이도가 대폭 바뀌는데, 게임 중간에 변경할 수는 없으니 처음 선택이 매우 중요하다. 또 최대 64글자나 되는 패스워드는 히라가나·가타가나와 영문자를 혼용해 틀리기 쉬워서 많은 플레이어가 애를 먹었다.

R-TYPE Ⅰ

● 발매일 / 1988년 3월 25일 ● 가격 / 4,900엔
● 퍼블리셔 / 허드슨

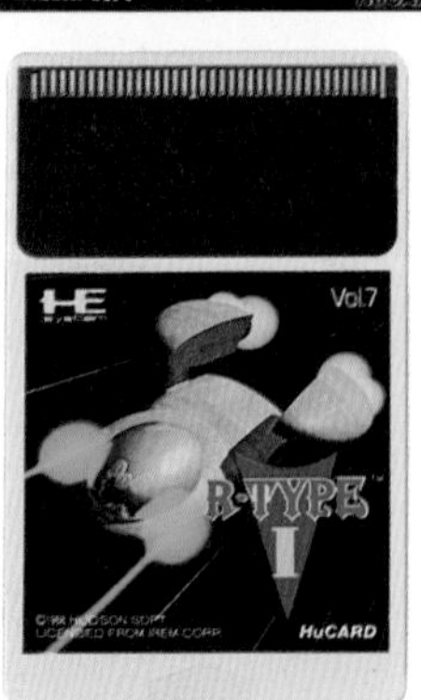

아케이드 게임으로 아이렘(アイレム)이 발매한 『R-TYPE』을 PC엔진에 이식한 작품. 용량 관계로 모든 스테이지를 수록하지 못했으며, 여기서는 전반의 4개 스테이지만 즐길 수 있다. 오리지널 아케이드 판과 비교해도 손색없는 그래픽은 충격적이며, 질이 떨어진 이식이 많았던 패미컴과의 하드웨어 성능 차이를 여실히 보여주었다. 게임 자체는 횡스크롤 슈팅게임인데, 그로테스크한 적 캐릭터나 한 화면에 다 담기지 않는 거대 전함 등 변화가 풍부한 스테이지가 이어져 플레이어를 지루하게 만들지 않았다.

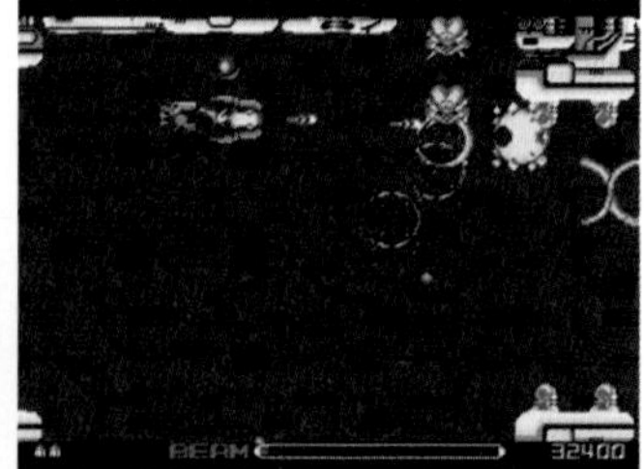

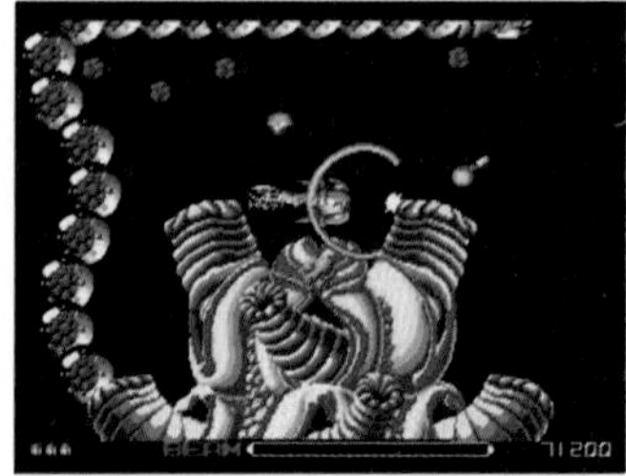

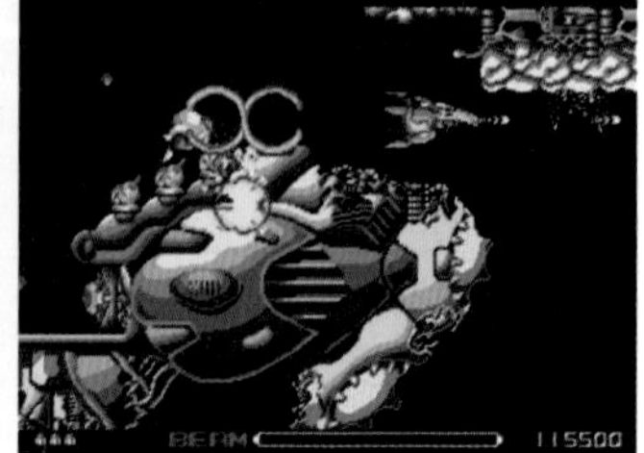

요괴도중기

● 발매일 / 1988년 2월 5일 ● 가격 / 4,900엔
● 퍼블리셔 / 남코

아케이드로 가동된 남코의 횡스크롤 액션게임을 이식했다. 오리지널도 그랬지만 난이도가 높아서 최상의 천계 엔드(天界エンド)에 도달하려면 상당한 테크닉이 필요하다.

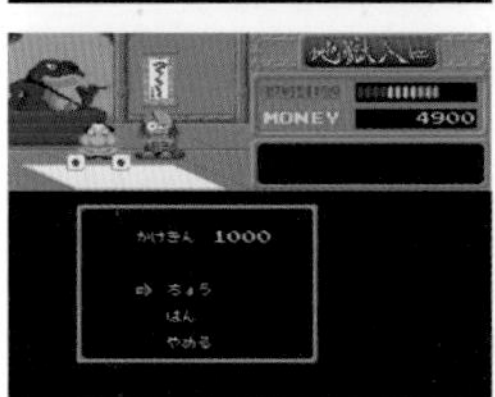

유유인생

● 발매일 / 1988년 4월 22일 ● 가격 / 4,500엔
● 퍼블리셔 / 허드슨

타카라(タカラ)의 보드게임인 「인생게임」을 PC엔진에 재현한 것으로, 5명이 동시에 플레이할 수 있다. 취직과 결혼을 경험하면서 목표를 향해 가고, 최종적으로 자금이 많은 플레이어가 승리하게 된다.

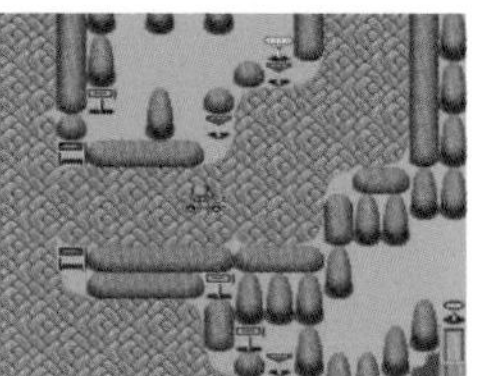

프로야구 월드 스타디움

● 발매일 / 1988년 5월 20일 ● 가격 / 4,900엔
● 퍼블리셔 / 남코

패미컴에서 대히트한 『패미스타』를 PC엔진용으로 세련되게 재구성한 게임. 에러 도입과 돔 구장 채용 이외에 스페셜 팀과 숨겨진 팀(隠しチーム)도 등장한다.

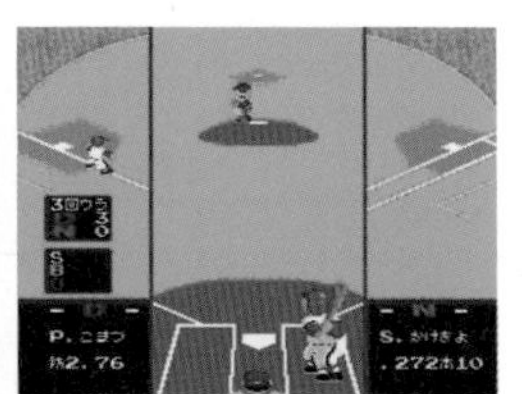
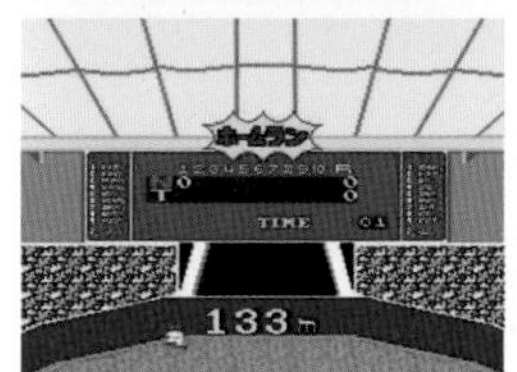

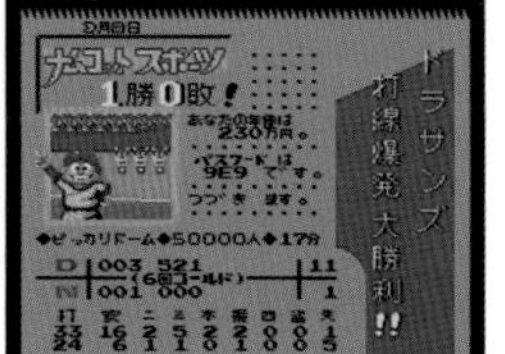

R-TYPE II

● 발매일 / 1988년 6월 3일 ● 가격 / 4,900엔
● 퍼블리셔 / 허드슨

『R-TYPE I』으로부터 패스워드를 이용해 장비를 넘기는 것이 가능하지만, 이 제품 단독으로도 즐길 수 있다. 난관이 연속되는 후반 5~8 스테이지를 수록해 플레이어의 솜씨를 시험한다.

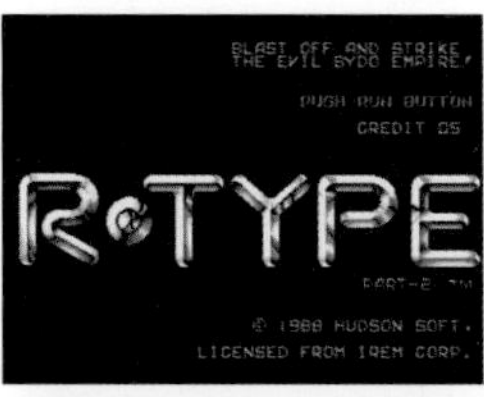

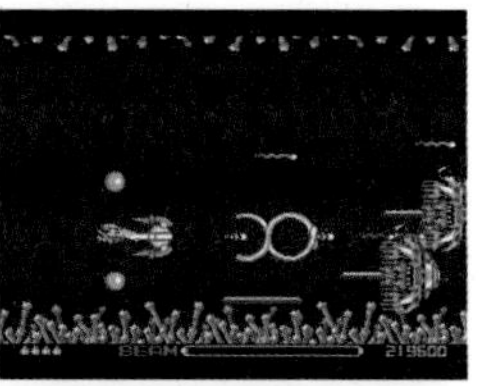
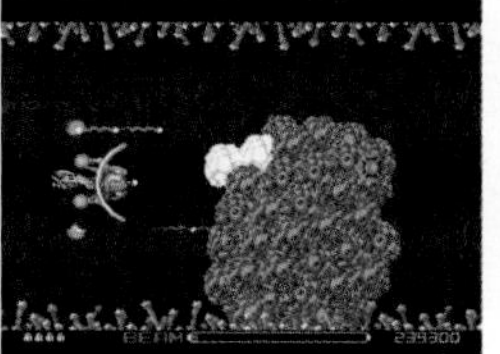
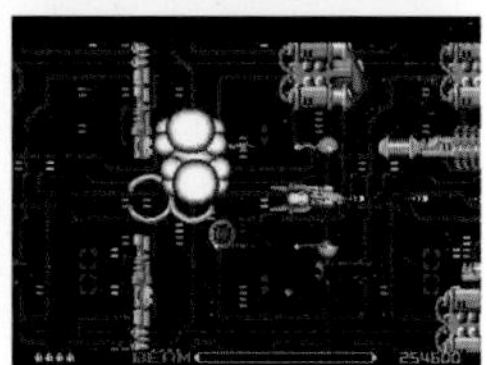

파워 리그

● 발매일 / 1988년 6월 24일 ● 가격 / 4,900엔
● 퍼블리셔 / 허드슨

리얼한 인체비율(頭身) 캐릭터가 펼치는 야구게임. 센트럴·퍼시픽리그 12구단을 모방한 팀과 숨겨진 팀 휴비즈(ヒュービーズ)가 존재한다. 속편이 다수 발매되어 긴 호흡의 시리즈가 된 게임이다.

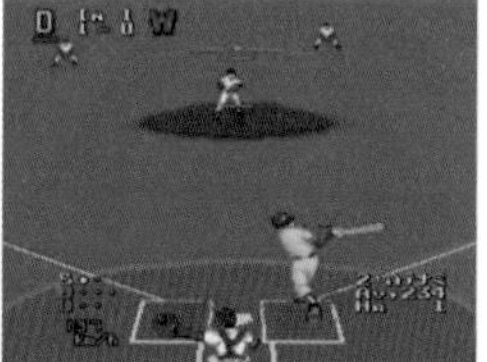
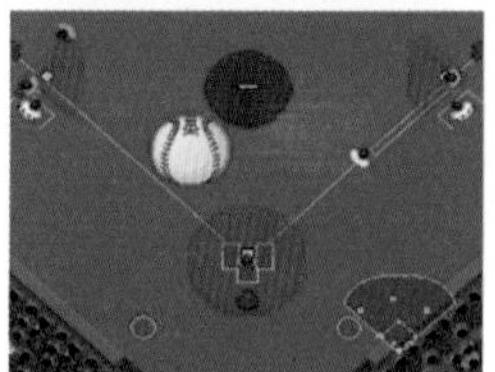

전국 마작

● 발매일 / 1988년 7월 8일 ● 가격 / 4,900엔
● 퍼블리셔 / 허드슨

전국시대 무장(武將) 가운데 3명을 골라 마작으로 승부한다. 무장은 각자 공격과 방어 전술이 다를 뿐 아니라, 승부처에서는 다양한 대사를 발한다. 천하통일을 노리며 차례로 상대를 이겨 끝까지 통과하는 회전(合戦) 모드와 노멀 모드가 있다.

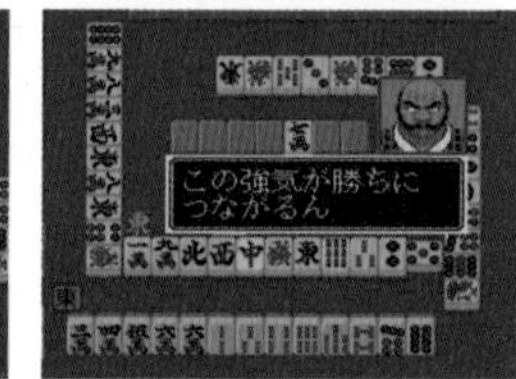

갤러가 88

● 발매일 / 1988년 7월 15일 ● 가격 / 4,900엔
● 퍼블리셔 / 남코

남코의 고정화면 슈팅게임을 PC엔진에 이식했다. 캡처빔에 의해 끌려간 자신의 기체(自機)를 구출해 합체하는 기믹(gimmick)에는 3기 합체도 추가되었다.

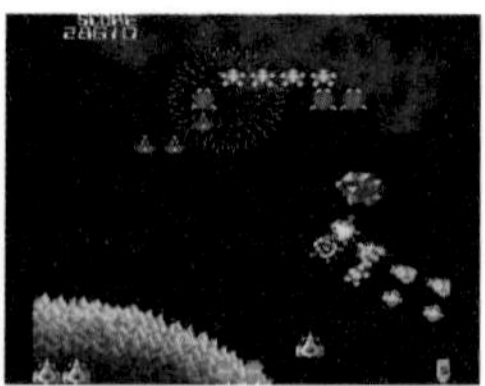
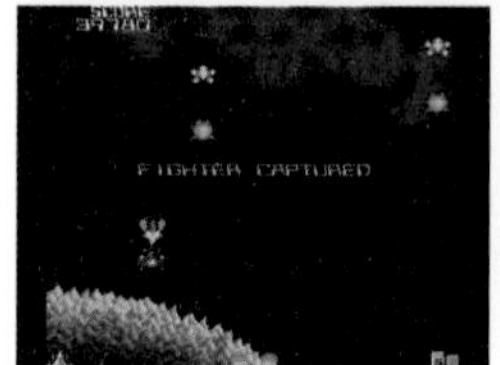

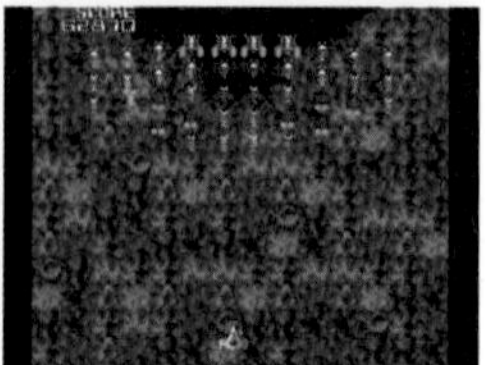

프로테니스 월드코트

● 발매일 / 1988년 8월 11일 ● 가격 / 4,900엔
● 퍼블리셔 / 남코

패미컴으로 발매된 『패밀리 테니스』를 PC엔진용으로 파워업 했다. 보너스 같은 존재인 퀘스트 모드는 RPG와 테니스게임을 융합한 참신한 작품이었다.

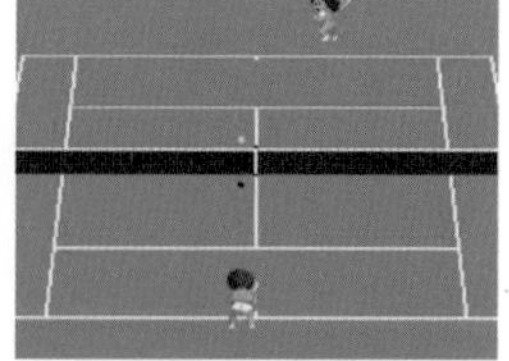
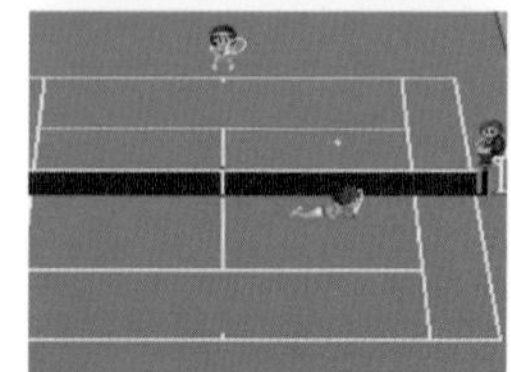

마신영웅전 와타루

● 발매일 / 1988년 8월 30일 ● 가격 / 4,900엔
● 퍼블리셔 / 허드슨

당시 방송되었던 아동용 애니메이션을 횡스크롤 액션게임으로 만들었다. 라이프제를 채용했지만, 가시가 박힌 바닥으로 떨어지면 즉시 게임오버가 된다. 적에게서 입수한 코인으로 쇼핑도 가능하다.

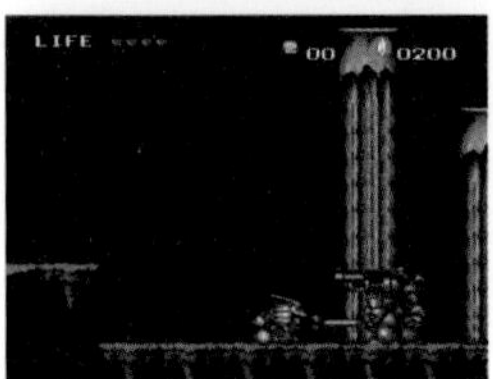

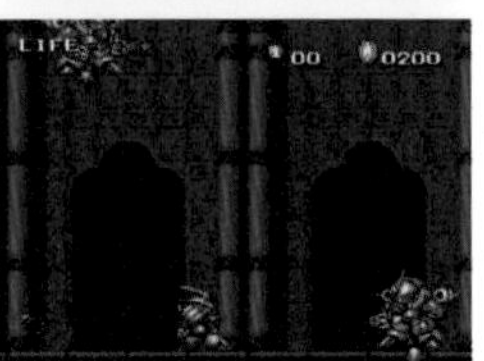

가이아의 문장

● 발매일 / 1988년 9월 23일 ● 가격 / 5,500엔
● 퍼블리셔 / 일본컴퓨터시스템(메사이어)

판타지 세계를 무대로 한 스테이지 클리어형 시뮬레이션 게임. 캠페인 모드에서는 포인트를 소비해 유닛을 고용하고, 빛의 군세로서 보젤이 거느리는 어둠의 군세와 싸운다.

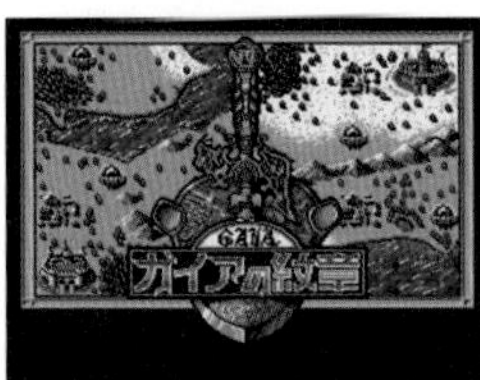

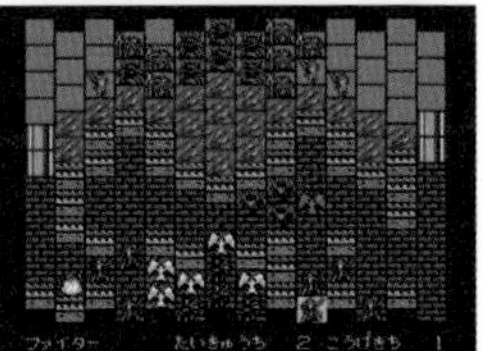

에일리언 크래쉬

● 발매일 / 1988년 9월 14일 ● 가격 / 5,200엔
● 퍼블리셔 / 나그자트

나그자트에서 PC엔진 플랫폼으로 발매한 첫 번째 작품. 한스 기거 풍의 무시무시한 에일리언을 필드에 새겨놓은 핀볼게임으로, 스코어가 카운터스톱 되면 핀볼대가 파괴된다.

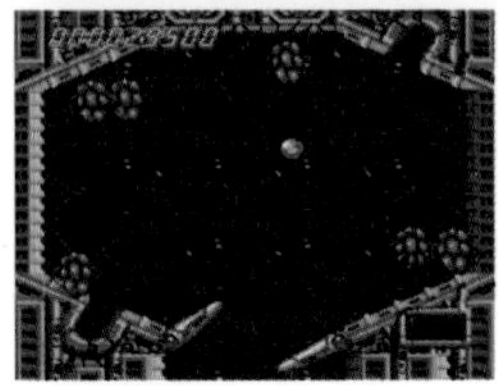

마경전설

● 발매일 / 1988년 9월 23일 ● 가격 / 5,200엔
● 퍼블리셔 / 빅터음악산업

주인공이 한 손에 도끼를 들고 싸우는 횡스크롤 액션. 공격 게이지가 쌓인 상태에서의 필살공격은 적의 기를 꺾는 효과가 있으며, 버튼 연타가 아니라 일격 이탈이 효과적인 전략이다.

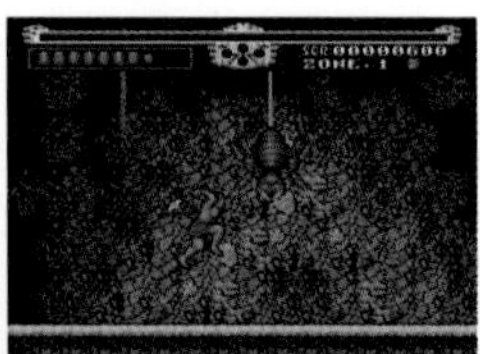
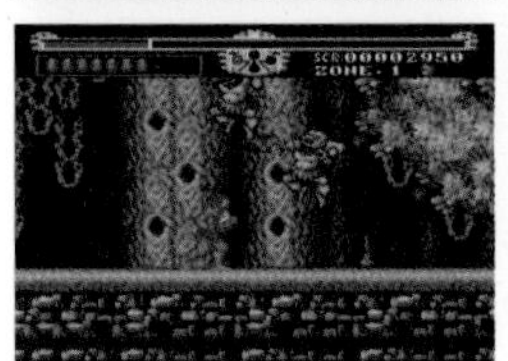
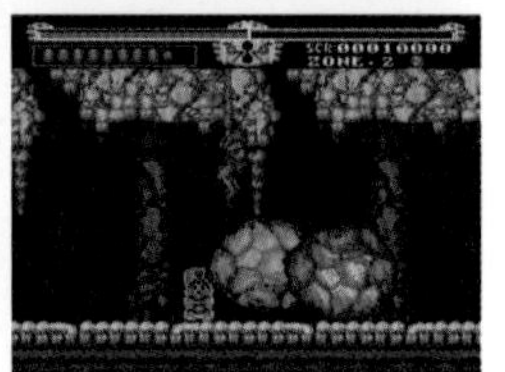

판타지 존

● 발매일 / 1988년 10월 14일 ● 가격 / 4,900엔
● 퍼블리셔 / NEC애버뉴

세가(セガ)의 인기 슈팅게임을 PC엔진에 이식했다. 좌우 방향으로의 자유로운 스크롤과, 적을 물리칠 때 획득한 돈으로 파워업을 구입할 수 있는 시스템이 참신했다.

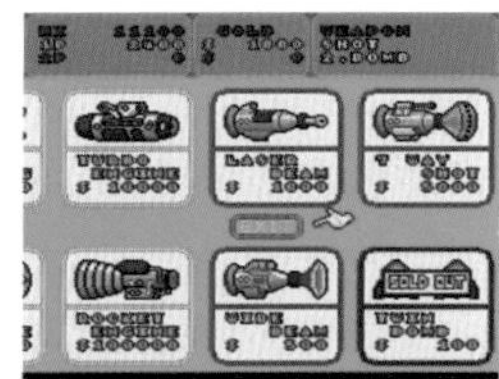

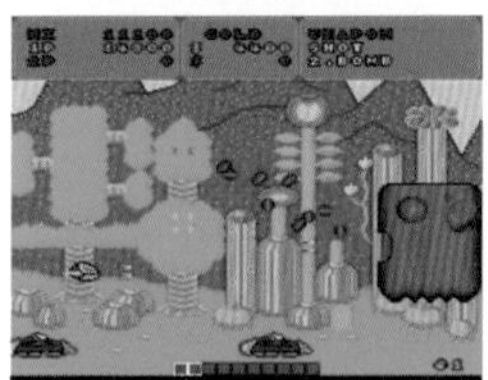

사다키치 세븐

● 발매일 / 1988년 11월 18일 ● 가격 / 4,900엔
● 퍼블리셔 / 허드슨

도고 류(東郷隆)의 소설을 원작으로 한 어드벤처 게임으로, 커맨드 선택 방식을 채용했다. 전편에 걸쳐 곳곳에 삽입된 개그와 간사이(関西) 사투리가 특징이다.

스페이스 해리어

● 발매일 / 1988년 12월 9일 ● 가격 / 6,700엔
● 퍼블리셔 / NEC애버뉴

세가의 아케이드용 체감 게임을 이식한 작품. 매우 많은 하드웨어로 발매된 게임이지만, 이 작품의 이식도는 상당히 높다. 발매시기도 가정용 하드웨어로서는 세가의 MKⅢ 다음으로 빨랐다.

드래곤 스피릿

● 발매일 / 1988년 12월 16일 ● 가격 / 5,500엔
● 퍼블리셔 / 남코

남코의 아케이드용 종스크롤 슈팅 게임. 이 작품이 가정용 하드웨어에 처음 이식되었다. 자신의 기체가 드래곤이고 적 캐릭터도 생물인 점 등등 판타지 세계를 무대로 했다.

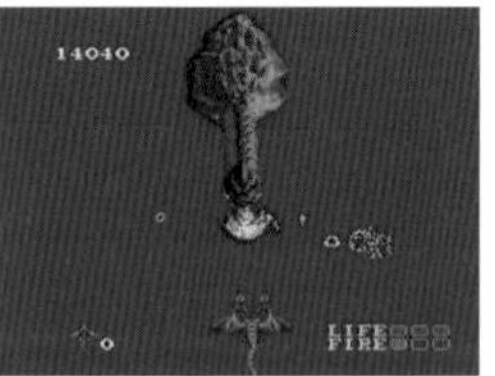

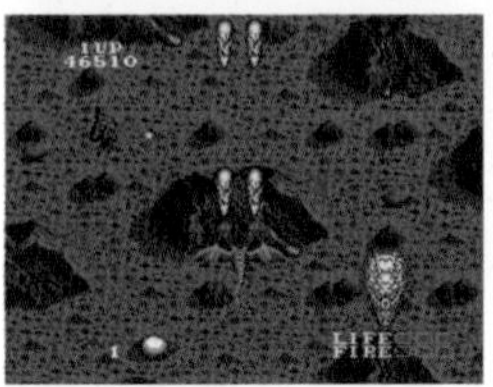

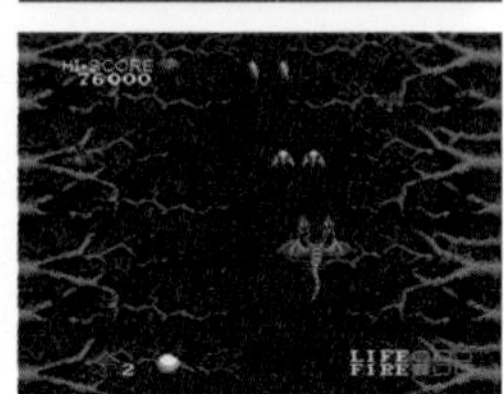

잘 했어 ! 게이트볼

● 발매일 / 1988년 12월 22일 ● 가격 / 4,900엔
● 퍼블리셔 / 허드슨

가정용 하드웨어 최초의 게이트볼 게임. 마이너 스포츠이지만, 게임 안에서 규칙을 상세하게 설명해주기 때문에 완전 초보자도 안심하고 즐길 수 있다. CPU는 만만치 않은 강적이다.

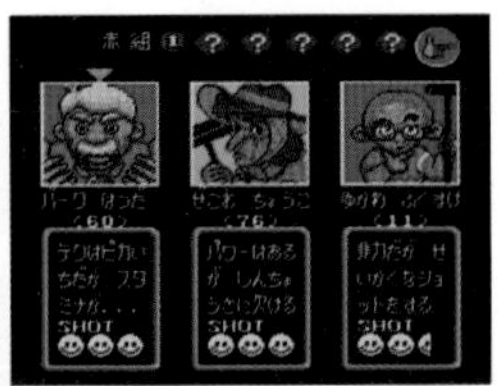

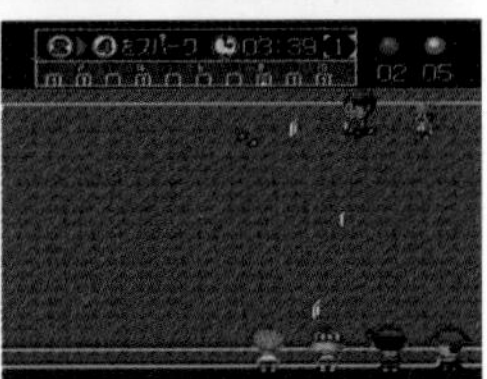

PC-KD863G

● 발매일 / 1988년 9월 27일 ● 가격 / 138,000엔
● 메이커 / NEC홈일렉트로닉스

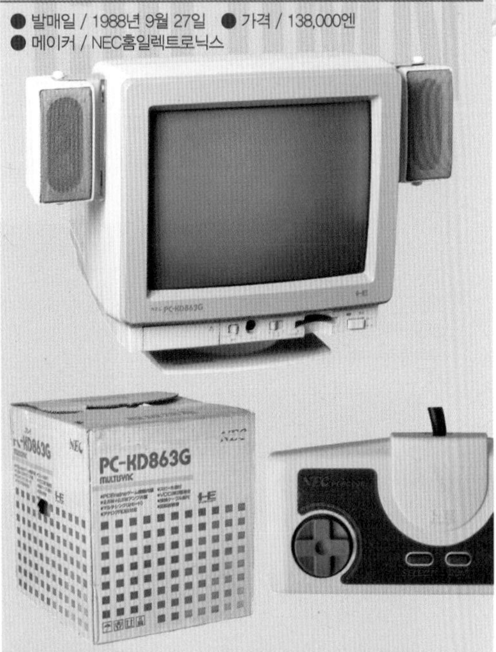

모든 하드웨어 가운데 유일하게 RGB 출력에 대응하며 플레이가 가능한 것은 Hu카드뿐이다. 부속 컨트롤러는 초대 PC엔진과 같은 성능의 제품이지만, 모니터에 직접 접속하기 때문에 코드가 길며, 제품번호의 마지막에 'L'이 붙어 있다.

사이드라벨 셀렉션 1

『No·Ri·Ko』 『파이팅 스트리트』 『빅쿠리맨 대사계』 『천외마경 ZIRIA』

게임소개 p.098 게임소개 p.098 게임소개 p.098 게임소개 p.099

왼쪽의 3개는 기념할만한 CD-ROM2의 런칭타이틀이다. PC엔진 사이드라벨의 일반적인 패턴은 앞부분에 타이틀과 캐치플레이즈가 들어가고, 뒷면에는 간단한 설명이 들어 있다는 것. 측면 라벨에는 타이틀명이 들어가는데, 설명서 앞면이나 CD의 표면, 게임 화면과는 다른 경우도 많다(서브타이틀 등이 생략되어 있다).

던전 익스플로러

● 발매일 / 1989년 3월 4일 ● 가격 / 5,800엔
● 퍼블리셔 / 허드슨

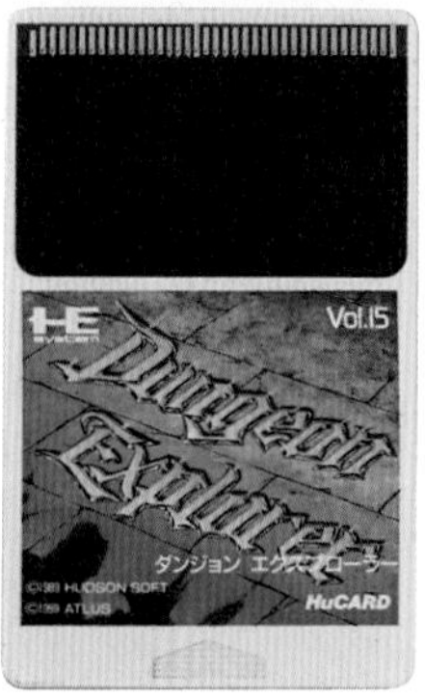

멀티탭을 사용해 최대 5명까지 참가 가능한 점이 화제가 된 액션 RPG. 파이터·씨프·엘프 등 특징이 다른 8개의 직업 중에 하나를 선택해 던전을 공략해 간다. 아이템을 취득하면 캐릭터는 레벨업 되고 각종 파라미터가 상승한다. 던전은 외길이 아니라 계단이나 워프존에 의해 몇 개의 계층을 형성하고 있으며, 최심부에 있는 보스를 쓰러뜨리면 클리어 된다. 또 혼자서 키운 캐릭터의 패스워드를 가져와서 협력 플레이를 즐기는 것도 가능했다.

개조정인 슈비빔맨

● 발매일 / 1989년 3월 18일 ● 가격 / 5,200엔
● 퍼블리셔 / 일본컴퓨터시스템(메사이어)

메사이어 브랜드를 대표하는 액션게임 시리즈의 첫 번째 작품이며, PC엔진으로는 모두 3작품이 발매되었다. 스테이지 클리어형 횡스크롤 액션 게임으로, 다이스케(大助)와 카피코(キャピ子) 두 주인공을 조종해 악의 조직과 싸운다. 공략할 스테이지는 맵 화면에서 선택할 수 있고, 클리어 하면 슈비빔을 쏠 수 있는 등 캐릭터가 강화되어 간다. 코믹한 분위기지만 내용은 양질의 액션 게임이며, PC엔진 초기의 인기 게임으로서 하드웨어 보급에 한 역할을 했다.

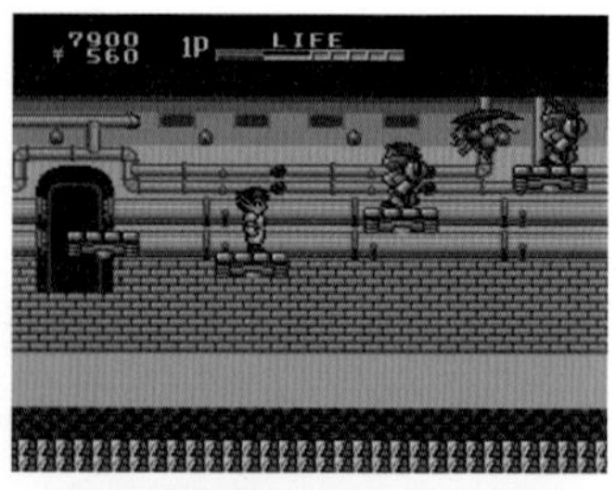

슈퍼 모모타로 전철

● 발매일 / 1989년 9월 15일 ● 가격 / 5,800엔
● 퍼블리셔 / 허드슨

패미컴으로 발매된 『모모타로 전철』을 대폭 파워업시켜 PC엔진용으로 발매했다. 시리즈 작으로서의 게임성은 이 작품에서 확립되었다. 그중에서도 이 작품에서 등장한 카드는 그 전까지 운에 맡기는 주사위 놀이 같은 게임성에 전략성을 추가하게 되어 대전(対戦)이 보다 고조되었다. 또 봄비코(ボンビーこ)와 빈보가미(貧乏神)가 이 작품에서 처음 등장했는데, 시리즈 작이 발매될 때마다 흉악해져 갔다. 이 시리즈는 가정용 하드웨어 보드게임의 최고 걸작이라고 할 수 있으며, 그중에서도 이 작품은 매우 중요한 위치를 차지한다.

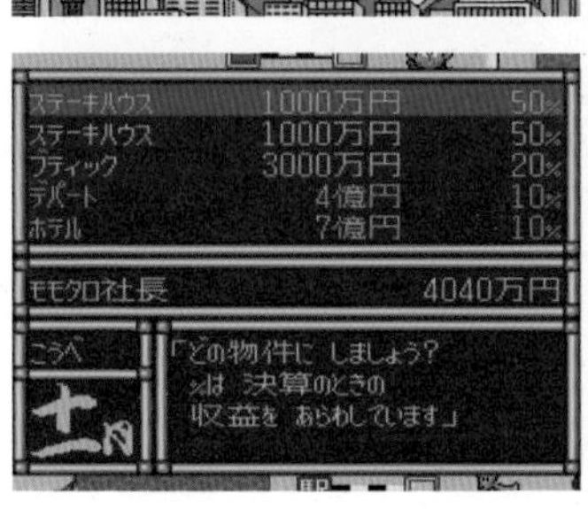

PC원인

● 발매일 / 1989년 12월 15일 ● 가격 / 5,800엔
● 퍼블리셔 / 허드슨

원시인이 주인공인 색다른 액션 게임으로, 「월간 PC엔진」에 게재된 만화가 원작이다. 공격은 봉쿠(ボンク)라고 불리는 박치기로 하며, 상황에 따라서 내용이 변화한다. 주인공은 뼈가 붙은 고기를 먹어서 파워업 하는데 1단계에서 PC원인(猿人), 2단계에서 PC괴짜(変人)로 변신한다. PC괴짜 때는 일정시간 무적(無敵)이 될 수 있다. 이 작품은 시리즈 작도 많고 다른 하드웨어로도 발매된 인기작인데, PC엔진의 액션 게임으로서는 최고의 판매부수를 기록. 한번쯤은 플레이하고 싶은 걸작이다.

비질란테

● 발매일 / 1989년 1월 14일 ● 가격 / 6,300엔
● 퍼블리셔 / 아이렘

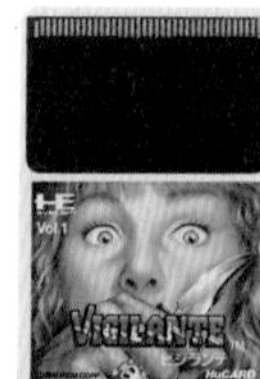

아케이드용 횡스크롤 액션게임을 이식했다. 펀치와 킥으로 공격해 총 5개 스테이지 클리어를 목표로 한다. 시스템은 잔기제(残機制)+라이프제(ライフ制)이고, 스테이지 마지막에는 보스가 등장한다.

손손II

● 발매일 / 1989년 1월 27일 ● 가격 / 5,400엔
● 퍼블리셔 / NEC애버뉴

캡콤의 아케이드게임 『블랙드래곤』의 그래픽을 업데이트하고 타이틀을 바꾸어 발매했다. 내용은 횡스크롤 액션게임이며, 동전을 모아 숍에서 파워업 할 수 있다.

넥타리스

● 발매일 / 1989년 2월 9일 ● 가격 / 5,800엔
● 퍼블리셔 / 허드슨

스테이지 클리어형 시뮬레이션 게임(SLG)의 걸작. 맵에 미리 배치된 유닛을 사용하여 클리어 목표를 달성한다. 중립 기지를 점령하면 새로운 유닛을 입수할 수 있고, 지형 효과와 포위 효과 개념도 있다.

모토로더

● 발매일 / 1989년 2월 23일 ● 가격 / 5,200엔
● 퍼블리셔 / 일본컴퓨터시스템(메사이어)

미니어처형(箱庭型) 레이스 게임으로, 멀티탭을 사용해 5명이 동시에 플레이할 수 있다. 레이스 상금으로 자신의 차를 파워업 시킬 수 있으며, 차끼리 충돌판정(当たり判定)이 없는 것이 특징이다.

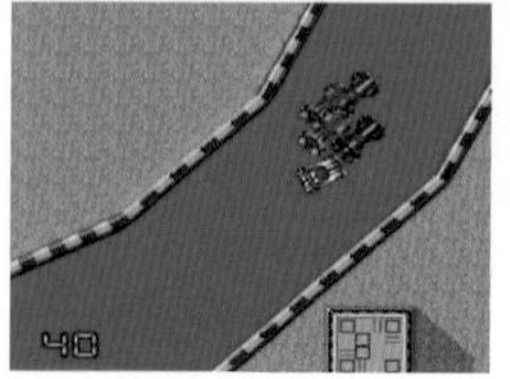
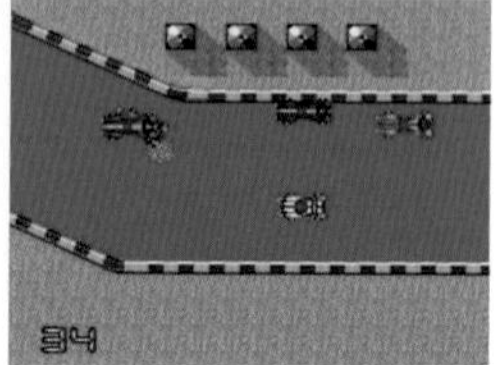

하니 인 더 스카이

● 발매일 / 1989년 3월 1일 ● 가격 / 5,200엔
● 퍼블리셔 / 페이스

하니와(ハニワ·흙으로 만든 인형)가 자신의 기체라는 보기 드문 슈팅게임. 버튼에 따라 샷의 방향을 바꿀 수 있는 것이 최대의 특징인데, 조작에 익숙해지기까지가 어렵다. 또 숍에서 파워업도 가능하다.

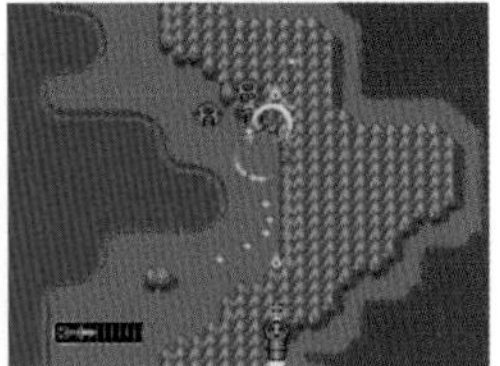

위닝샷

● 발매일 / 1989년 3월 3일 ● 가격 / 5,500엔
● 퍼블리셔 / 데이터이스트

PC엔진 최초의 골프게임. 당시 인기 프로선수를 모방한 캐릭터를 선택해 홀에 도전한다. 스트로크 플레이, 매치 플레이 외에 토너먼트 모드를 즐길 수도 있다.

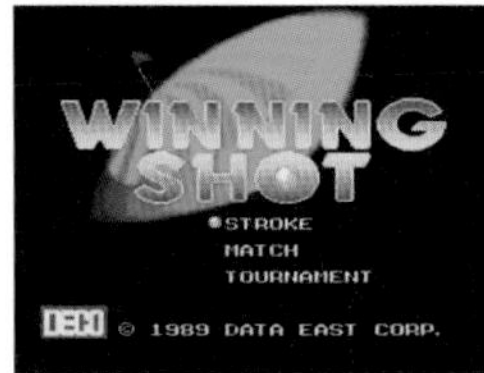

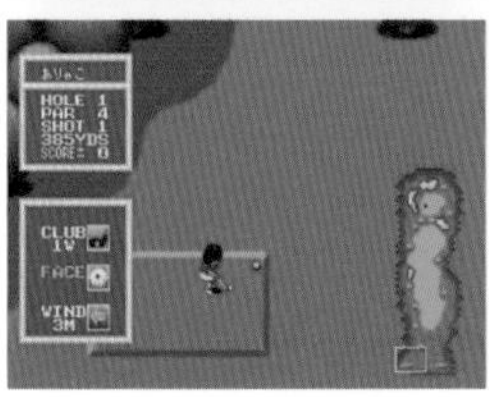
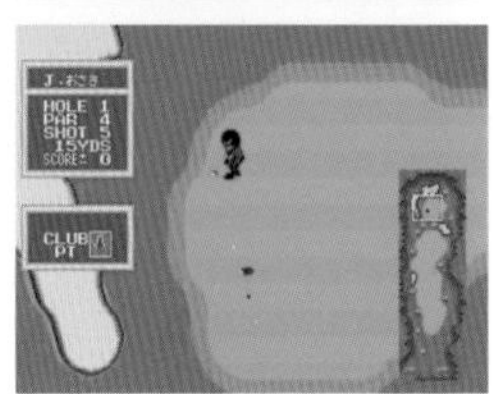

아웃라이브

● 발매일 / 1989년 3월 17일 ● 가격 / 5,600엔
● 퍼블리셔 / 선 전자

3D 던전+SF라는 특이한 조합의 RPG. 전투는 커맨드 식이며, 검과 마법 대신에 총과 미사일로 공격한다. 똑같은 풍경이 계속되는 던전은 맵핑이 필수다.

P-47 THE FREEDOM FIGHTER

● 발매일 / 1989년 3월 20일 ● 가격 / 5,200엔
● 퍼블리셔 / 에이콤

아케이드로 가동됐던 자레코(ジャレコ)의 횡스크롤 슈팅게임을 이식했다. 메인샷은 약하지만 4종류의 서브웨폰이 이를 보완하며, 아이템에 따라 변경 가능하다.

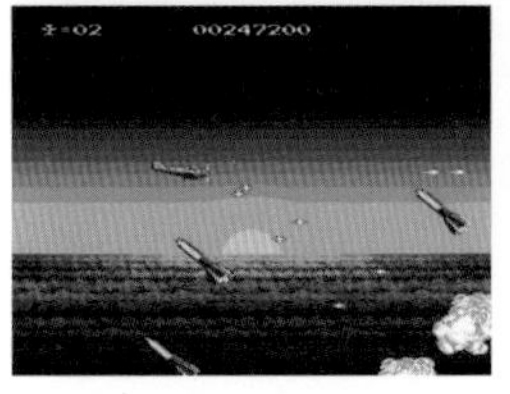

F-1 파일럿 너는 왕중의 왕

● 발매일 / 1989년 3월 23일 ● 가격 / 6,300엔
● 퍼블리셔 / 팩인비디오

F-1레이스를 모티브로 한 유사 3D 레이싱 게임이며, 드라이버 시점이 꽤나 박력 있다. 엄청 큰 백미러에 뒤쪽에서 쫓아오는 라이벌 카가 비치는 구성이다.

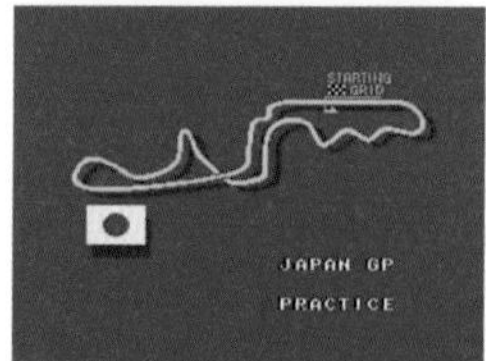

사령전선 WAR OF THE DEAD

● 발매일 / 1989년 3월 24일 ● 가격 / 5,500엔
● 퍼블리셔 / 빅터음악산업

MSX로 발매된 호러계 RPG를 이식했다. 주인공은 특수부대 신참대원으로, 탑뷰의 맵을 이동하고, 적과 교전할 때에는 사이드뷰 액션이 된다.

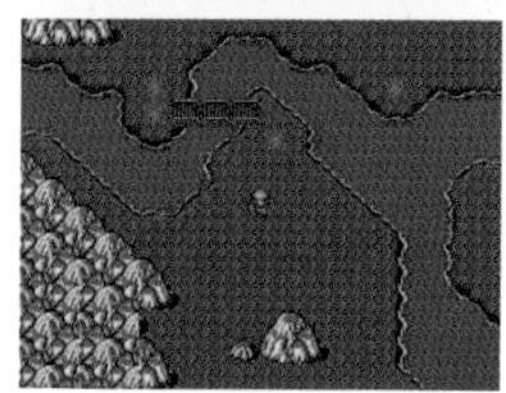
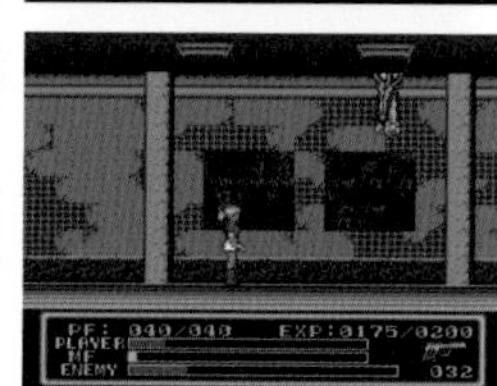

힘내라 ! 골프보이즈

● 발매일 / 1989년 3월 28일 ● 가격 / 5,300엔
● 퍼블리셔 / 일본컴퓨터시스템(메사이어)

4명까지 동시 플레이가 가능한 골프게임. 장거리구간(長丁場) 토너먼트에서는 패스워드에 의한 연속플레이가 가능하다. 본격적인 골프게임으로, 자세나 쥐는 법을 조절할 수 있다.

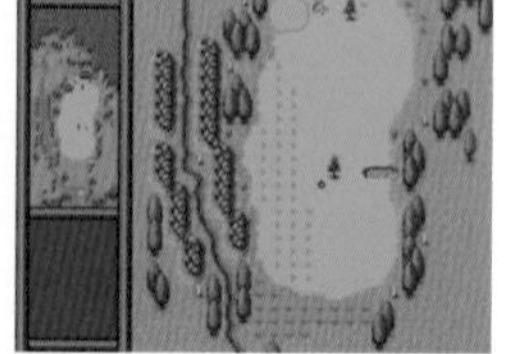

구극타이거

● 발매일 / 1989년 3월 31일 ● 가격 / 5,500엔
● 퍼블리셔 / 타이토

아케이드로 인기 있었던 종스크롤 슈팅게임의 PC엔진 이식 버전. 옆으로 긴 화면은 난점이지만, 당시 가정용 하드웨어로 이식된 버전 중에서는 가장 완성도가 높았다.

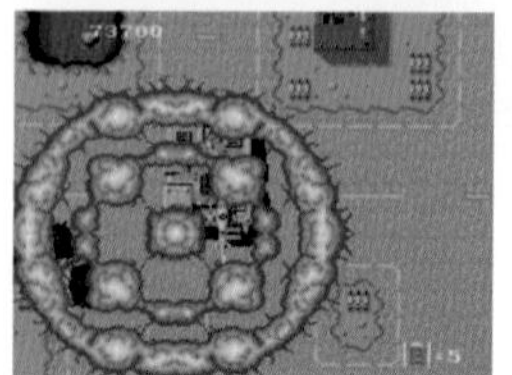

딥 블루 · 해저신화

● 발매일 / 1989년 3월 31일 ● 가격 / 5,300엔
● 퍼블리셔 / 팩인비디오

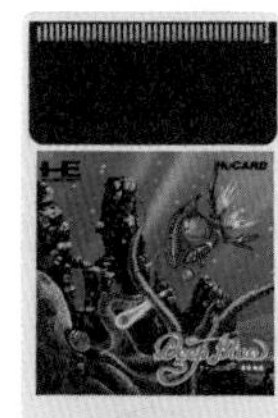

심해를 무대로 한 슈팅게임으로, 라이프제를 채용했으며, 플레이어 기체의 눈 색깔이 기준이 된다. 적은 총탄을 쏘지 않으며, 다수의 물량으로 육탄돌격해오는데, 플레이어 기체의 총탄은 연사가 먹히지 않아서 무척이나 어렵다.

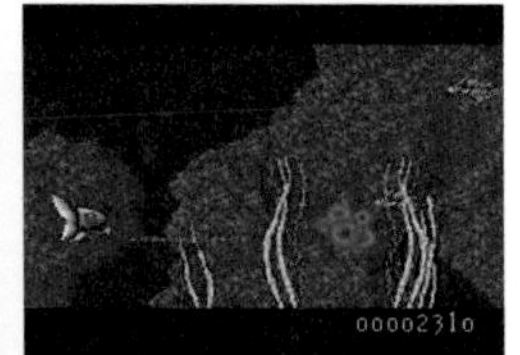

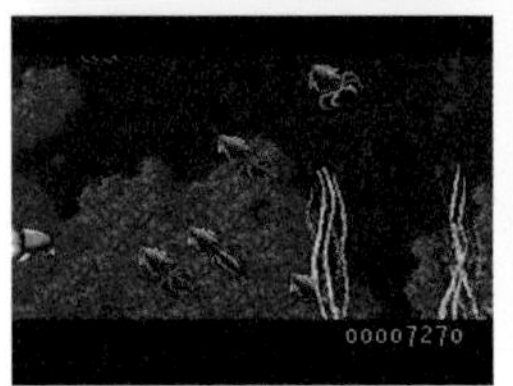

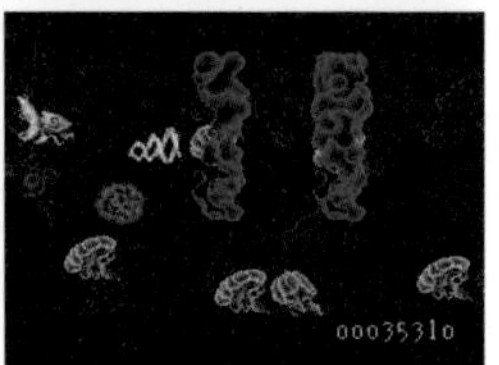

마계팔견전 SHADA

● 발매일 / 1989년 4월 1일 ● 가격 / 5,500엔
● 퍼블리셔 / 데이터이스트

데이터이스트에서 발매된 일본풍 액션 RPG로, 난소사토미핫켄덴(南総里見八犬伝)을 모티브로 한다. 초반에 착실하게 경험치와 돈을 벌지 않으면 금세 게임오버 돼버린다.

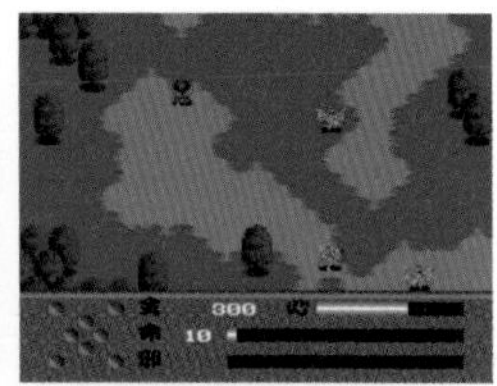

에너지

● 발매일 / 1989년 4월 19일 ● 가격 / 5 ,200엔
● 퍼블리셔 / 일본컴퓨터시스템(메사이어)

PC게임에서 이식했다. 사이드뷰 액션게임인데, 수수께끼풀이 요소도 많이 마련되어 있다. 조작성과 게임 내용에 어려운 점이 많아서 일반적으로 엄중한 평가를 받는 작품이다.

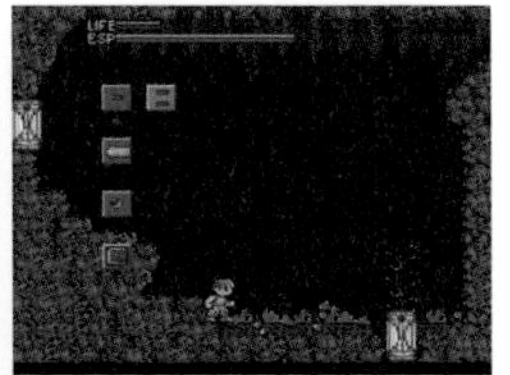

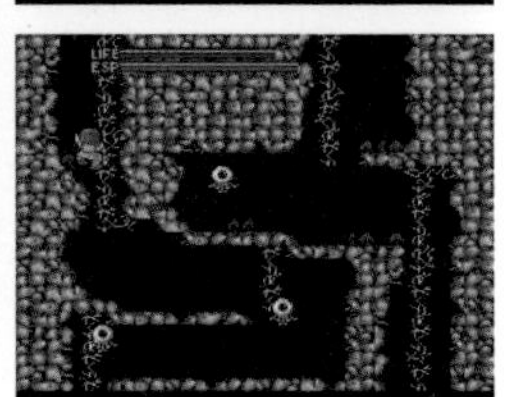

원더모모

● 발매일 / 1989년 4월 21일 ● 가격 / 5,200엔
● 퍼블리셔 / 남코

미소녀를 주인공으로 설정해 흥행을 노린 작품으로 아케이드에서 이식되었다. PC엔진 버전은 스테이지 수가 줄어든 대신 주인공의 비주얼신이 삽입되었다.

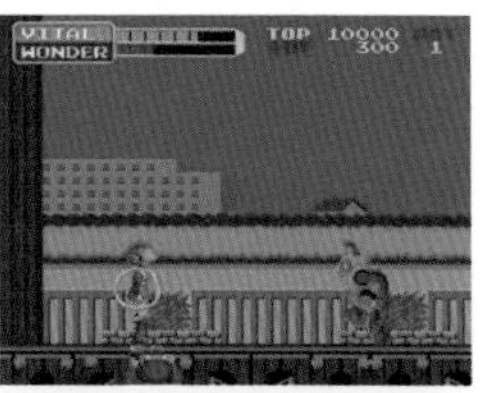

스사노왕 전설

● 발매일 / 1989년 4월 27일 ● 가격 / 6,500엔
● 퍼블리셔 / 허드슨

나가이 고(永井豪)의 만화를 원작으로 한 RPG로, 연재된 만화의 뒷이야기가 그려져 있다. 적의 모습이 보이는 심볼 인카운터 방식을 채용했으며, 전투에서는 행동 포인트를 소비해 공격한다.

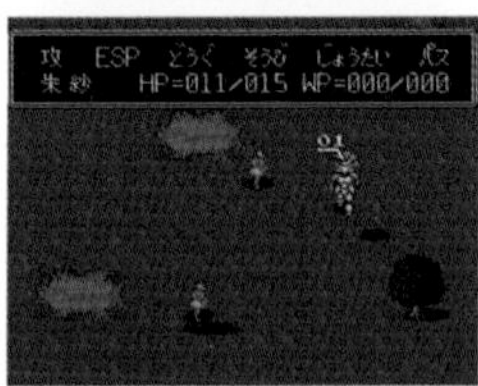

파워 골프

● 발매일 / 1989년 5월 25일 ● 가격 / 5,800엔
● 퍼블리셔 / 허드슨

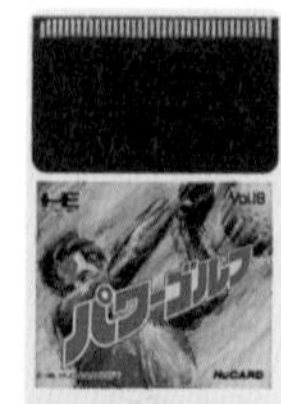

골프게임으로서는 매우 전형적인 시스템이며, 스윙미터로 타구의 강도와 훅·슬라이스가 결정된다. 모드는 스트로크 플레이·맵 플레이·컴피티션 중에서 선택.

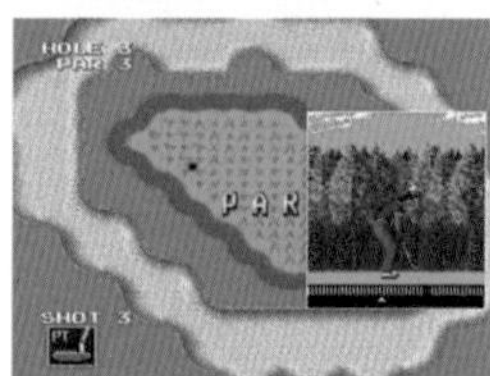

나그자트 오픈

● 발매일 / 1989년 5월 30일 ● 가격 / 6,300엔
● 퍼블리셔 / 나그자트

그해 4번째 골프게임으로, 유사 3D 샷 화면이 특징이다. 게임 모드는 18홀을 플레이하는 라운드플레이와 4일간의 스코어를 겨루는 나그자트 오픈 중에서 선택할 수 있다.

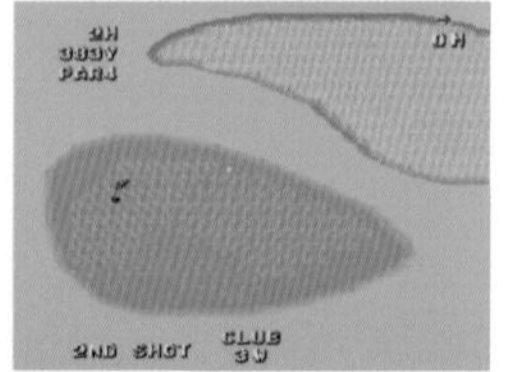

팩 랜드

● 발매일 / 1989년 6월 1일 ● 가격 / 5,200엔
● 퍼블리셔 / 남코

아케이드의 횡스크롤 액션게임을 이식했다. 먼저 발매한 패미컴 버전보다 이식도가 압도적으로 높았고, 오리지널을 방불케 하는 화면은 PC엔진의 하드웨어 성능에 대한 강한 인상을 남겼다.

와글와글 마작 유쾌한 마작친구들

● 발매일 / 1989년 6월 19일 ● 가격 / 5,800엔
● 퍼블리셔 / 비디오시스템

다양한 직업의 대전 상대 가운데 한 사람을 골라 2인 마작으로 승부한다. 패 쌓아놓기(積み込み) 등의 속임수는 쓸 수 없는 노멀한 사양으로, 선정성과는 무관한 모든 연령용 게임이다.

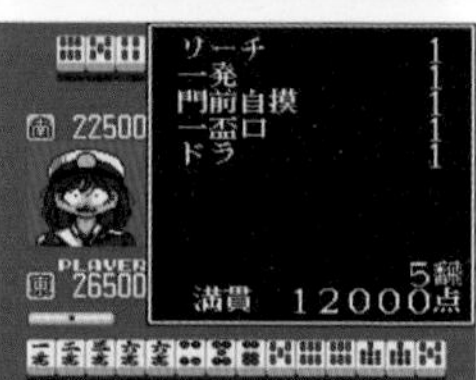

파이어 프로레슬링 콤비네이션 태그

● 발매일 / 1989년 6월 22일 ● 가격 / 6,300엔
● 퍼블리셔 / 휴먼

프로레슬링 게임의 금자탑으로 오래 사랑받은 인기 시리즈의 한 작품. 타이밍을 중시한 기예 시스템이나 링을 비스듬히 내려다보는 앵글 등 시리즈의 게임성은 이미 확립되었다.

사이버크로스

● 발매일 / 1989년 6월 23일 ● 가격 / 6,300엔
● 퍼블리셔 / 페이스

특촬(特撮) 히어로를 모티브로 하는 횡스크롤 액션게임으로, 연출에 힘을 쏟았다. 주인공은 아이템에 따라 적·녹·청 3색의 히어로로 변신할 수 있으며, 색깔에 따라 성능이 달라진다.

신무전승

● 발매일 / 1989년 6월 28일 ● 가격 / 6,700엔
● 퍼블리셔 / 빅클럽

유사 3D 액션슈팅게임. 주인공은 처음에 칼을 쓰는 접근전밖에 할 수 없지만, 아이템을 취득하면서 샷을 발사할 수 있게 된다. 임의의 스크롤로 역주행도 가능한데, 발 디딜 곳이 작은 스테이지는 난관이다.

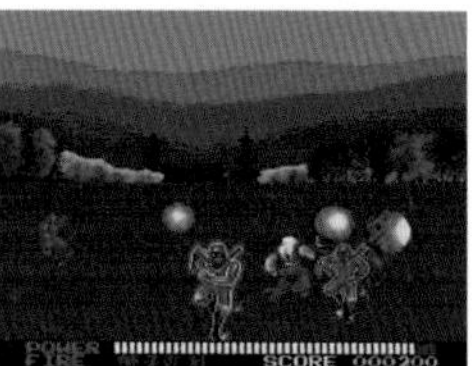

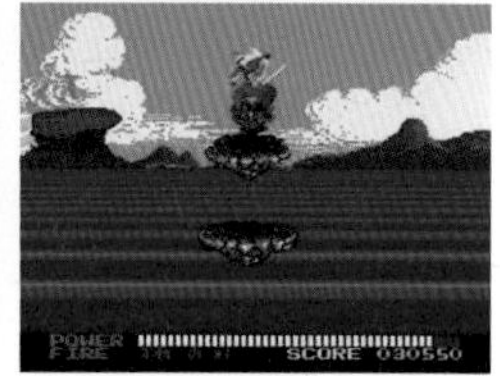

닌자 워리어즈

● 발매일 / 1989년 6월 30일 ● 가격 / 6,200엔
● 퍼블리셔 / 타이토

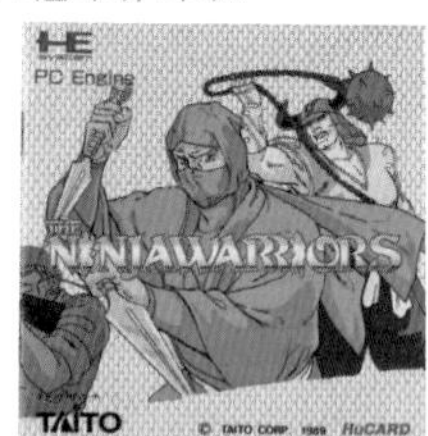

3화면 케이스(筐体)에서 가동되던 오리지널을 1화면으로 변경해 이식했다. 메카 닌자를 조작하는 횡스크롤 액션게임이다. 쿠나이(苦無)로 공격과 방어를 하며 수리검으로 원거리 공격도 할 수 있다.

건 헤드

● 발매일 / 1989년 7월 7일 ● 가격 / 5,800엔
● 퍼블리셔 / 허드슨

제5회 허드슨 전국 카라반 공식 소프트웨어. 메인·서브 무기가 총 4종류 있고, 아이템에 따라 변경 가능하다. 지금 플레이해도 전혀 진부함이 느껴지지 않는 종스크롤 슈팅게임의 명작이다.

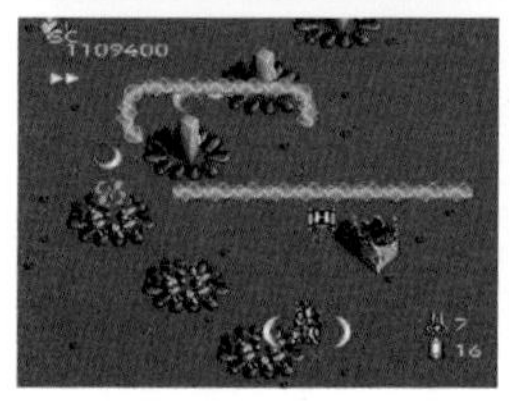
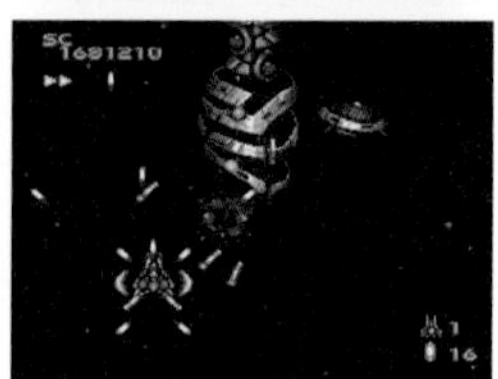

파이널랩 트윈

● 발매일 / 1989년 7월 7일 ● 가격 / 6,200엔
● 퍼블리셔 / 남코

통신기능으로 8명의 동시 플레이가 가능했던 아케이드 버전을 PC엔진에도 상하 2분할하여 두 사람이 즐길 수 있도록 이식했다. RPG풍의 패러디 게임인 퀘스트 모드도 할 수 있다.

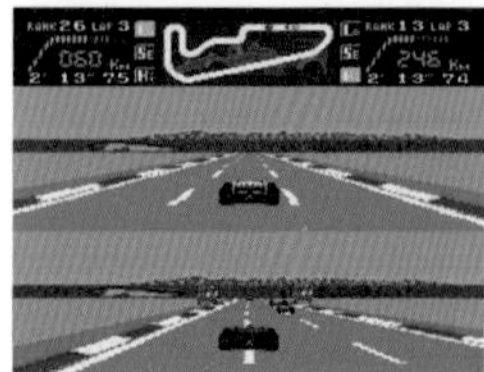

사이즈 암즈

● 발매일 / 1989년 7월 14일 ● 가격 / 5,400엔
● 퍼블리셔 / NEC애버뉴

캡콤의 아케이드 게임을 이식했다. 버튼으로 좌우방향 나누어 공격하기와 무기 전환이 가능하다. 아이템에 의해 합체하면 1회의 피탄(被彈)을 견딜 수 있고 공격도 강화된다.

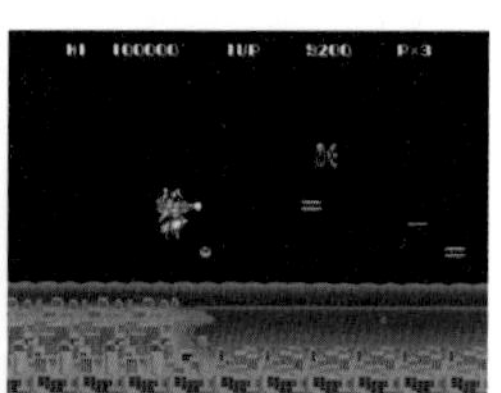
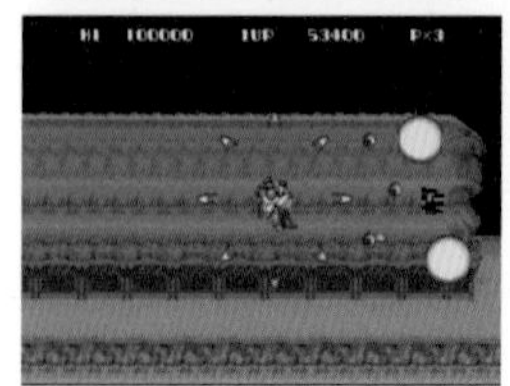
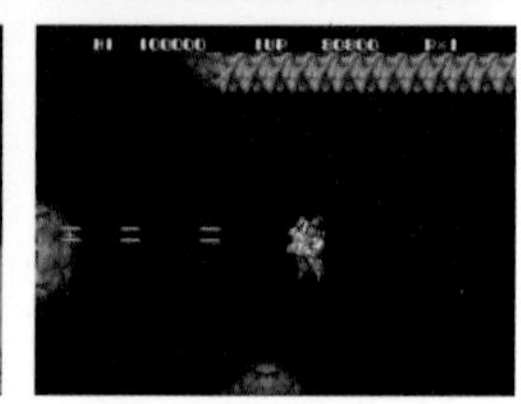

다케다 신겐

● 발매일 / 1989년 7월 28일 ● 가격 / 5,600엔
● 퍼블리셔 / 에이컴

다케다 신겐을 주인공으로 한 벨트스크롤 액션게임으로, 아케이드에서 이식한 작품이다. 방향키와 버튼의 조합으로 4종류의 기술을 구사할 수 있으며, 최종 보스는 우에스기 겐신(上杉謙信)이다.

메종일각

● 발매일 / 1989년 8월 4일 ● 가격 / 5,900엔
● 퍼블리셔 / 마이크로캐빈

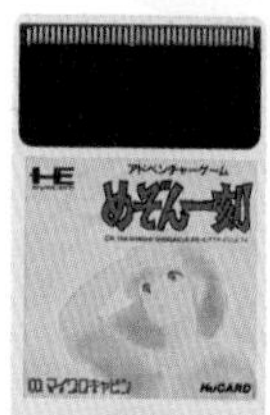

관리인실의 사진을 보기 위해 주인공 고다이(五代)군이 분주하게 돌아다니는 어드벤처게임(AVG)으로, PC용 게임에서 이식되었다. 시스템은 커맨드 선택식인데, 무작위대입(総当たり)으로는 풀 수 없게 되어 있다.

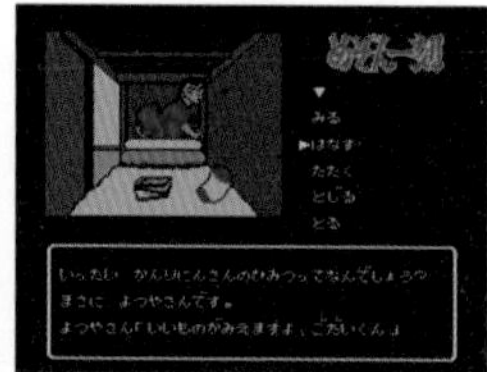

파워리그 II

● 발매일 / 1989년 8월 8일 ● 가격 / 5,800엔
● 퍼블리셔 / 허드슨

전년도에 발매된 『파워리그』 시리즈의 2번째 작품. 최대의 변경사항은 수비 화면이 탑뷰에서 일반적인 비스듬히 내려다보는 시점으로 바뀐 것인데, 플레이하기 무척 쉬워졌다.

브레이크 인

● 발매일 / 1989년 8월 10일 ● 가격 / 5,500엔
● 퍼블리셔 / 나그자트

PC엔진 최초의 당구 게임이다. 나인볼이나 로테이션 등 6종류의 모드를 선택할 수 있는 본격파다. 그중에서도 4구를 할 수 있는 당구 게임은 매우 드물다.

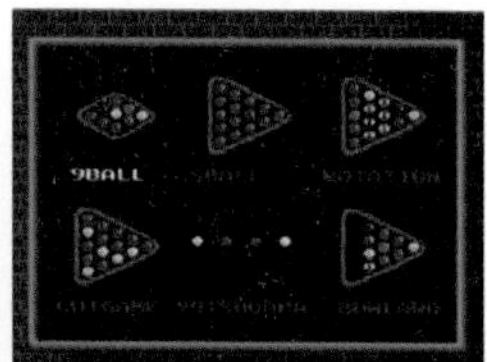

F-1 드림

● 발매일 / 1989년 8월 25일 ● 가격 / 5,400엔
● 퍼블리셔 / NEC애버뉴

오리지널은 캡콤의 아케이드용 탑뷰 레이스 게임이다. PC엔진으로 이식할 때 스토리가 추가되었으며, 자금에 따라서 부품 튜닝업과 메카닉 고용이 가능해졌다.

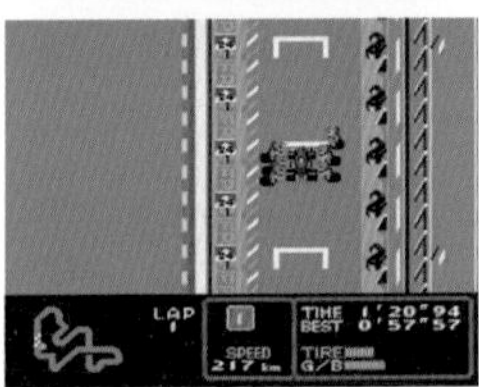

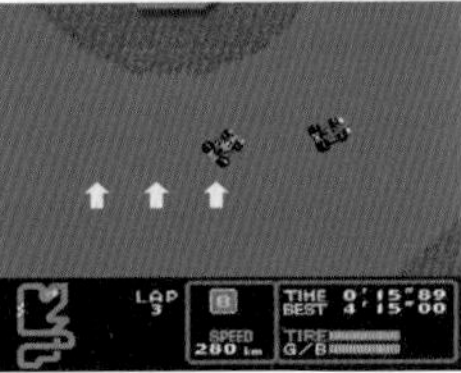

락온

● 발매일 / 1989년 8월 25일 ● 가격 / 6,700엔
● 퍼블리셔 / 빅클럽

PC엔진 오리지널의 횡스크롤 슈팅게임으로, 서브웨폰을 버튼으로 전환하며 진행해 간다. 아이템이 무척 풍부하게 출현하는데, 너무 스피드업하면 제어 불능에 빠진다.

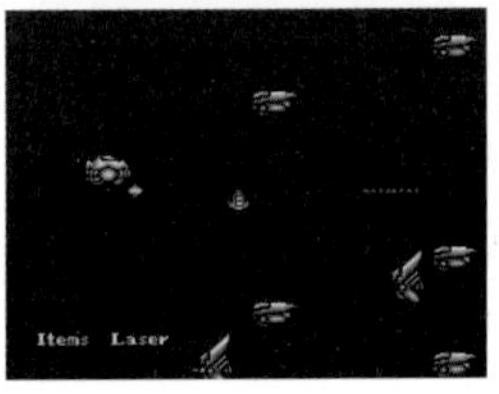

무뢰한 전투부대 블러디 울프

● 발매일 / 1989년 9월 1일 ● 가격 / 6,500엔
● 퍼블리셔 / 데이터이스트

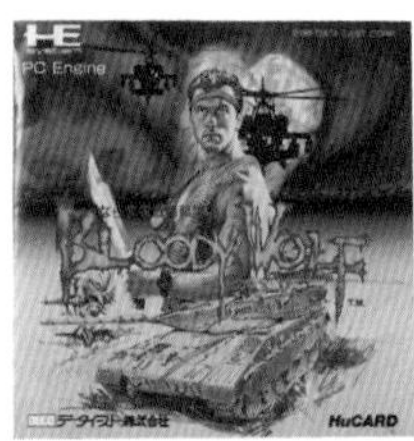

데이터이스트의 아케이드용 액션 슈팅게임을 이식. 건물 안에 숨겨진 아이템으로 파워업 하고 혼자서 적의 본거지로 돌진한다. 오리지널보다 스토리성이 강해졌다.

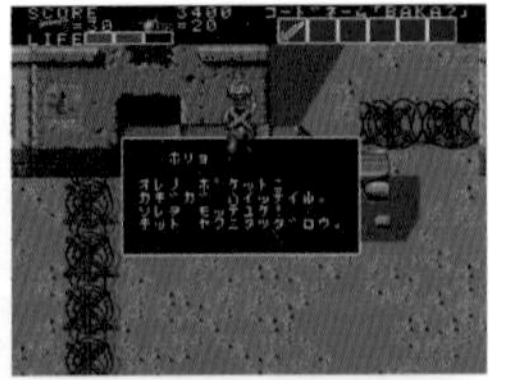

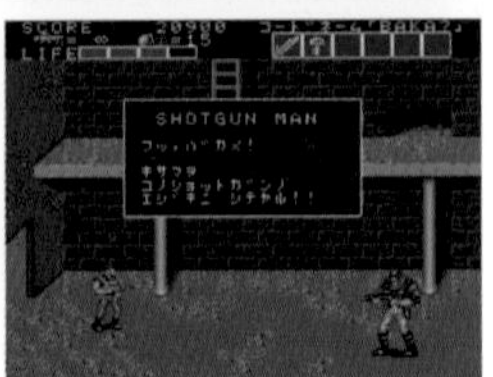

오다인

● 발매일 / 1989년 9월 8일 ● 가격 / 6,800엔
● 퍼블리셔 / 남코

남코의 아케이드 게임을 이식했다. 횡스크롤 슈팅게임으로, 쇼핑을 통해 파워업 할 수 있다. 적탄을 흡수할 수 있는 스톡봄버(ストックボンバー)가 매우 강력하고 필수적인 게임이다.

수왕기

● 발매일 / 1989년 9월 29일 ● 가격 / 6,800엔
● 퍼블리셔 / NEC애버뉴

세가의 아케이드용 횡스크롤 액션을 이식한 게임인데, HU카드용 발매 1주 전에 CD-ROM2판이 발매되었다. 처음에는 빈약했던 주인공이 아이템에 의해 점점 더 울끈불끈해지며, 마지막에는 충격의 변신을 한다.

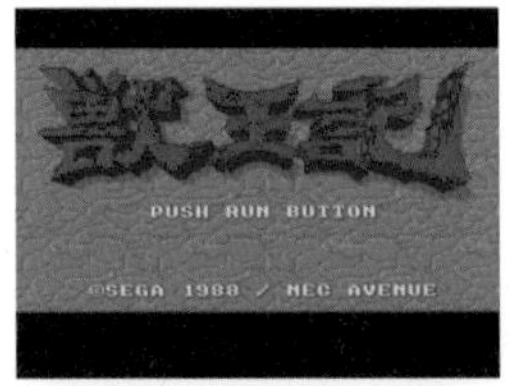

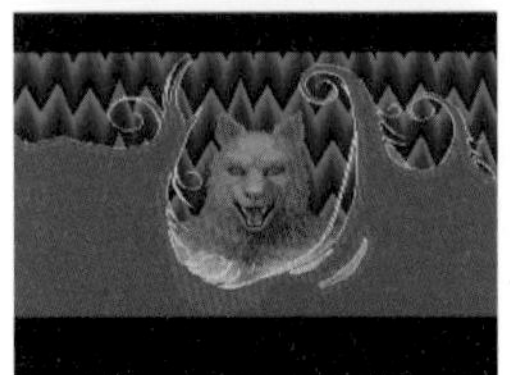

더블 던전

● 발매일 / 1989년 9월 29일 ● 가격 / 5,500엔
● 퍼블리셔 / 일본컴퓨터시스템(메사이어)

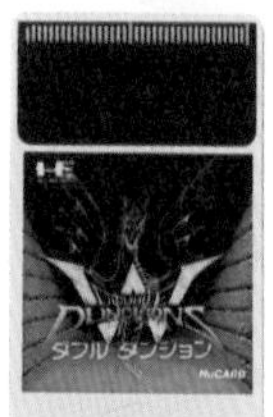

보기 드물게 2인 동시 플레이가 가능한 3D 던전 RPG다. 화면을 좌우로 분할하여 같은 던전 안을 둘이서 탐색한다. 짤막한 던전이 다수 마련되어 있으며, 좋아하는 순서대로 플레이할 수 있다.

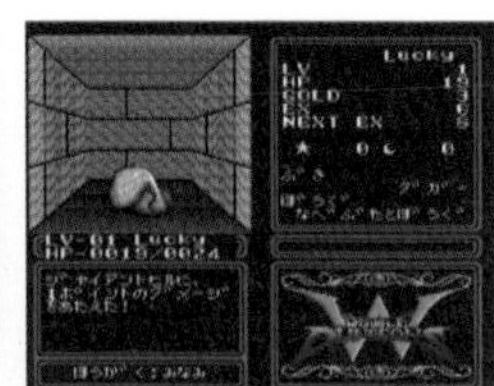
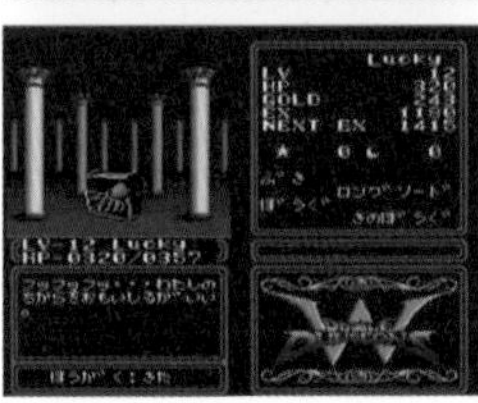
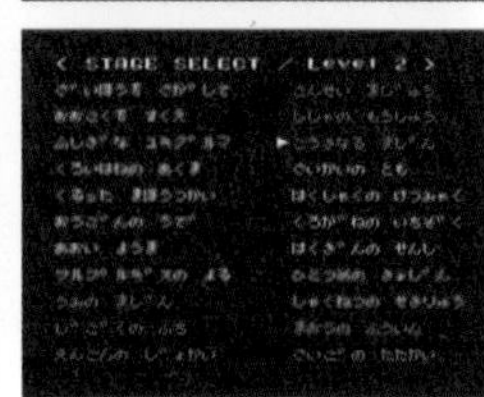

디지털 챔프 배틀 복싱

● 발매일 / 1989년 10월 13일 ● 가격 / 5,800엔
● 퍼블리셔 / 나그자트

커다란 캐릭터가 박력 만점인 복싱게임이다. 잽과 스트레이트에 더하여 3종류의 필살 펀치로 공격해 3번 다운시키거나 넉아웃시키고 다음 스테이지로 나아간다.

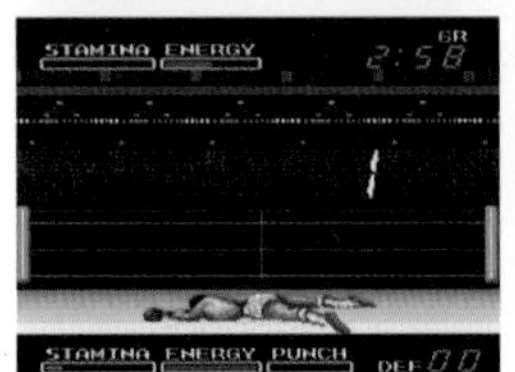

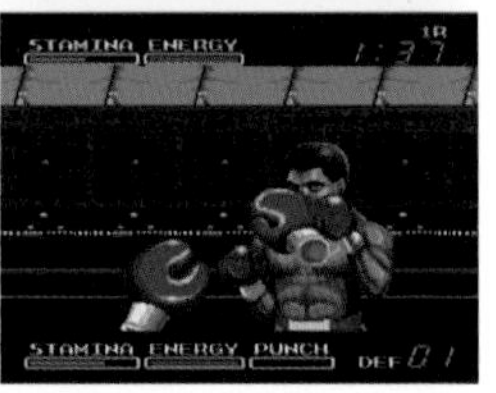

용의 아이 파이터

● 발매일 / 1989년 10월 20일 ● 가격 / 5,600엔
● 퍼블리셔 / 톤킨하우스

미야시타 아키라(宮下あきら)가 캐릭터 디자인한 횡스크롤 액션게임. 라이프제를 채용했지만 함정에 빠지면 한방에 게임오버. 스테이지 최후의 보스전에서는 주인공의 체형(頭身)이 커져 리얼 캐릭터로 변신한다.

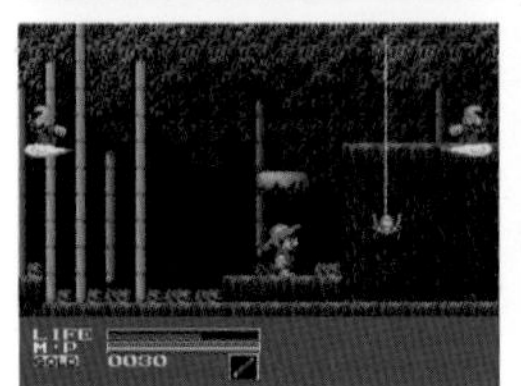

도라에몽 미궁대작전

● 발매일 / 1989년 10월 31일 ● 가격 / 4,900엔
● 퍼블리셔 / 허드슨

아케이드 액션퍼즐 『키드의 호레호레 대작전 キッドのホレホレ大作戦』을 기반으로 하며, 도라에몽을 주인공 자리에 앉혔다. 필드상의 도라야끼를 전부 모으면 열쇠가 나타난다. 적을 구덩이에 빠뜨리고 묻어버려서 해치운다.

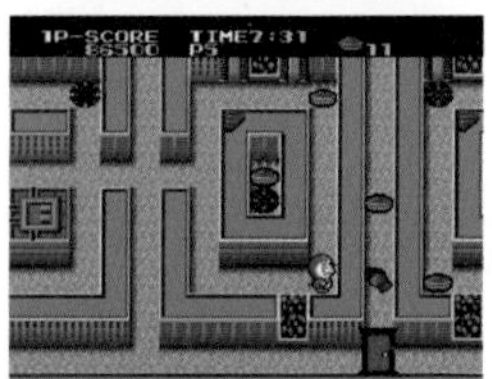

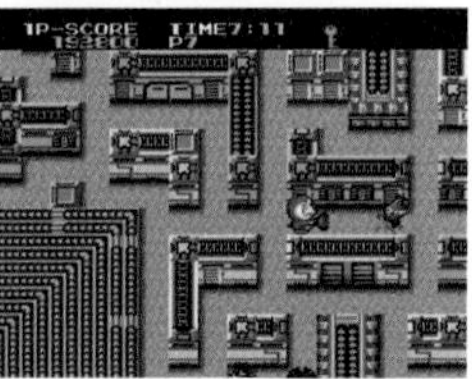

쓰루 데루히토의 실전주식 바이바이게임

● 발매일 / 1989년 11월 1일 ● 가격 / 9,800엔
● 퍼블리셔 / 인테크

주식매매를 시뮬레이션 한 버블경제 시기다운 게임으로, 주식을 사고팔아 목표금액에 도달하는 것이 내용이다. 채팅을 보며 주식의 명칭을 맞추는 퀴즈도 즐길 수 있다. 가격이 당시로서는 상당히 높다.

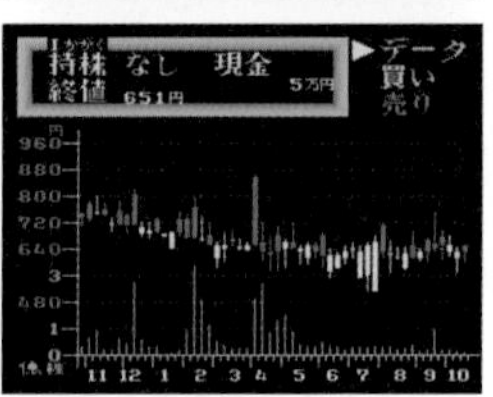

뉴토피아

● 발매일 / 1989년 11월 17일 ● 가격 / 5,800엔
● 퍼블리셔 / 허드슨

악마에게 빼앗긴 메다리온을 되찾고 공주를 구출해내는 스토리의 액션 RPG게임. 『젤다의 전설』과 빼닮은 게임성을 가졌는데, 조작성도 양호해서 만인을 위한 양질의 작품이다.

다이치군 크라이시스

● 발매일 / 1989년 11월 22일 ● 가격 / 6,400엔
● 퍼블리셔 / 사리오

오늘날 농업계 게임의 시초라고도 할 수 있는 시뮬레이션게임(SLG). 화산재를 제거한 토지에 야채 씨앗을 심고, 다 자란 야채를 수확해 판매하여 수입을 얻는다. 보스와의 대결은 액션게임 요소도 담고 있다.

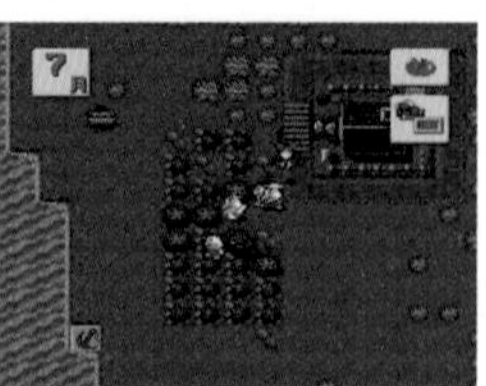
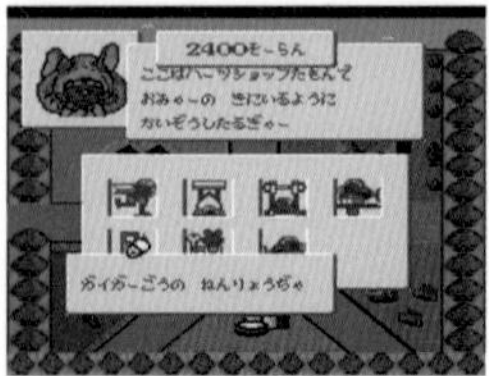

잭 니클라우스 챔피언십 골프

● 발매일 / 1989년 11월 24일 ● 가격 / 6,200엔
● 퍼블리셔 / 빅터음악산업

'제왕'이라 불리며 70~80년대 최고의 골퍼였던 잭 니클라우스의 이름을 건 골프게임이다. 해외 게임을 일본화 시키지 않고 그대로 이식했다.

마작학원 아즈마 소시로 등장

● 발매일 / 1989년 11월 24일 ● 가격 / 7,980엔
● 퍼블리셔 / 페이스

가정용 하드웨어 최초의 옷 벗기기 마작게임으로 화제가 되었다. 노출 수위가 높아 문제가 되어 판매부수는 많지 않았다. 게임 내용은 2인 마작으로, 파워를 소비해 속임수를 쓸 수 있다.

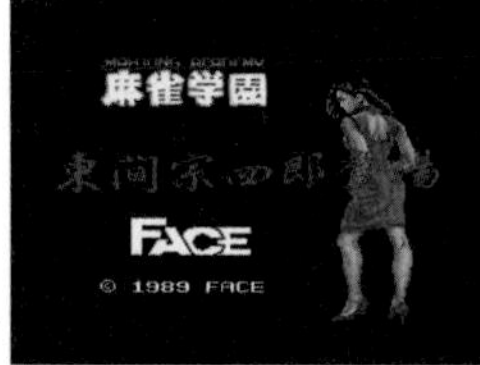
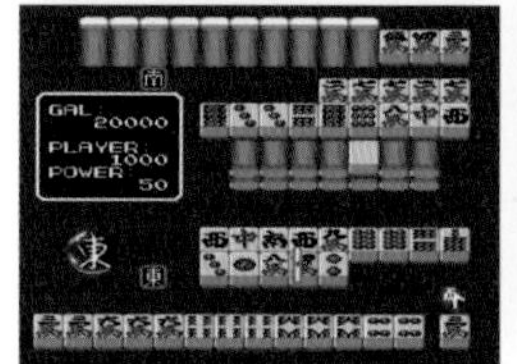

바리바리 전설

● 발매일 / 1989년 11월 29일 ● 가격 / 6,600엔
● 퍼블리셔 / 타이토

시게노 슈이치(しげの秀一)의 만화를 원작으로 한 바이크 레이스게임. 코스는 16종류로 풍부하며 그래픽도 아름답다. 레이스 시작 전의 바이크 선택이 랩타임을 단축하는 열쇠다.

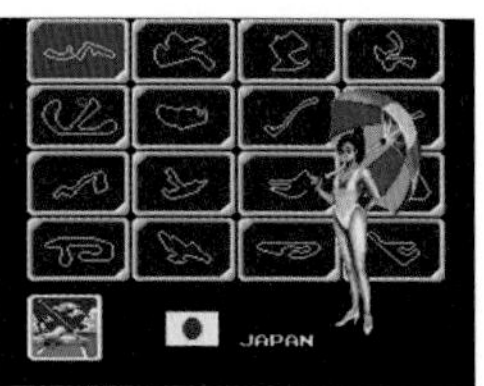
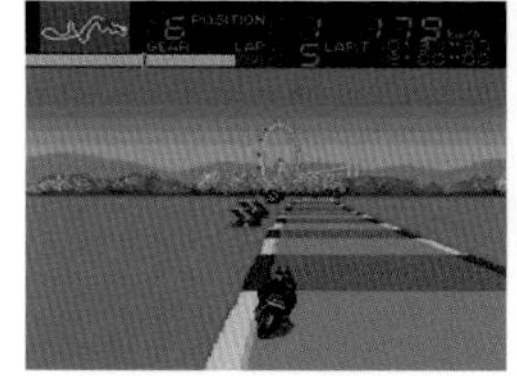

미스터 헬리의 대모험

● 발매일 / 1989년 12월 1일 ● 가격 / 6,700엔
● 퍼블리셔 / 아이렘

아케이드의 사이드뷰 슈팅게임을 이식했다. 원래 난이도 높은 게임으로 알려졌는데, 비교적 간단한 노멀 모드가 추가되었다. 플레이어의 기체 파워업은 쇼핑 방식이다.

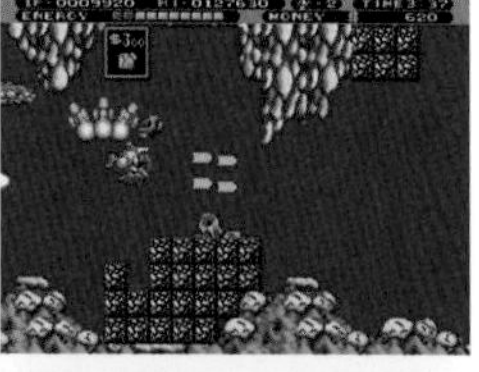
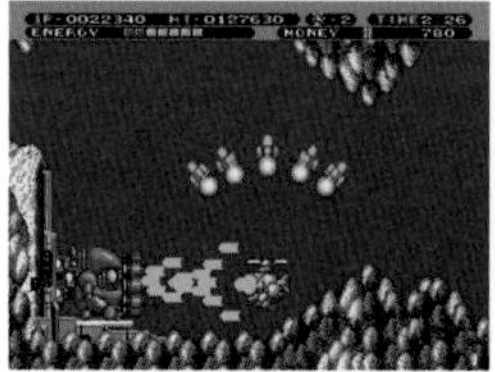

USA 프로농구

● 발매일 / 1989년 12월 1일 ● 가격 / 5,600엔
● 퍼블리셔 / 에이컴

8개 프로팀 가운데 하나를 선택해, CPU나 2플레이어와 토너먼트전·리그전·엑스시즌을 치른다. 조작이 간단하며, 코믹한 모습으로 삽입된 커트인은 리얼하고 박력 넘친다.

시노비

● 발매일 / 1989년 12월 8일 ● 가격 / 6,800엔
● 퍼블리셔 / 아스믹

세가의 아케이드용 횡스크롤 액션게임을 이식했다. 주인공인 닌자를 조종해 아이들을 구해내면서 막후인물을 쓰러뜨린다. PC엔진 버전은 스테이지 수가 축소되었으며 보너스 스테이지도 폐지되었다.

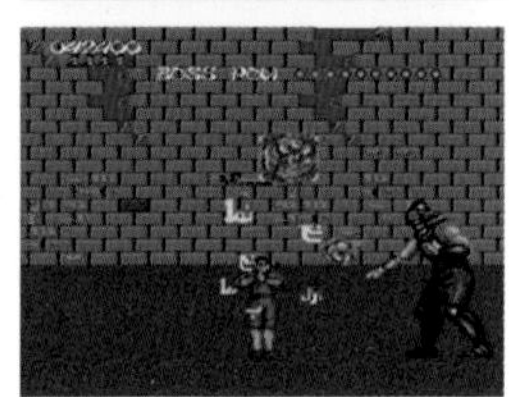

블루파이트 링의 패자

● 발매일 / 1989년 12월 8일 ● 가격 / 6,300엔
● 퍼블리셔 / 크림

순수한 복싱게임인 챔피언 모드와 서바이벌 모드 이외에 횡스크롤 액션이 더해진 파이팅 모드도 즐길 수 있다. 챔피언 모드에는 성장요소도 있다.

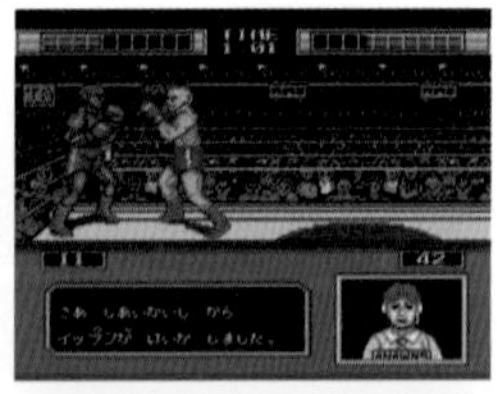

이것이 프로야구' 89

● 발매일 / 1989년 12월 20일 ● 가격 / 5,800엔
● 퍼블리셔 / 인테크

일본야구기구(NPB)의 인가를 받은 야구게임으로, 센트럴·퍼시픽리그 12구단의 팀 이름과 선수 이름이 실명으로 사용되었다. 선수에게 지시를 내리는 감독을 시뮬레이션 하는 것이 게임 내용이며, 선수를 직접 조작하지는 못한다.

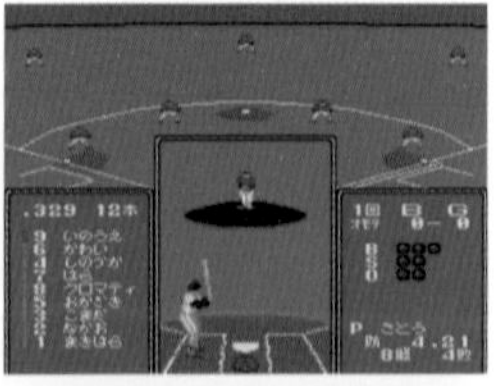

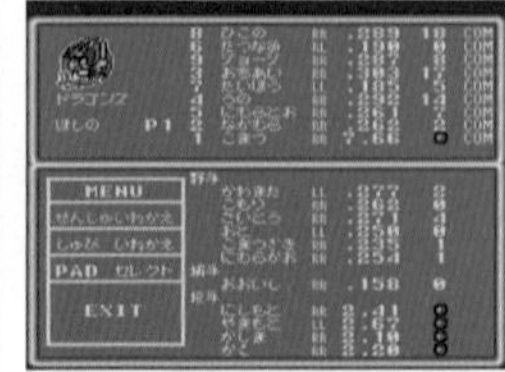

나이트라이더 스페셜

● 발매일 / 1989년 12월 22일 ● 가격 / 5,800엔
● 퍼블리셔 / 팩인비디오

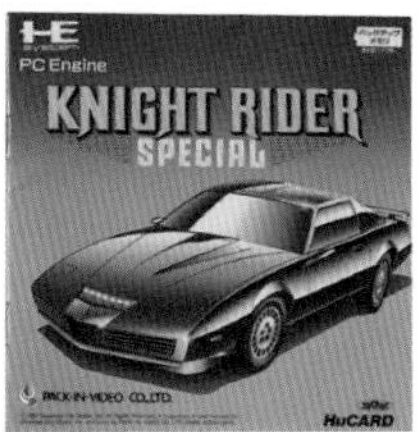

패미컴으로 발매된 『나이트라이더』의 개정판. 음성 합성에 의해 나이트 2000이 말을 하거나 하늘을 날기도 해서 팬이라면 안 하고는 못 배기는 작품이 되었다.

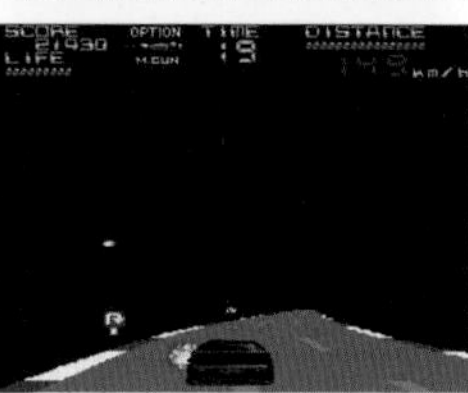

헤비유닛

● 발매일 / 1989년 12월 22일 ● 가격 / 6,600엔
● 퍼블리셔 / 타이토

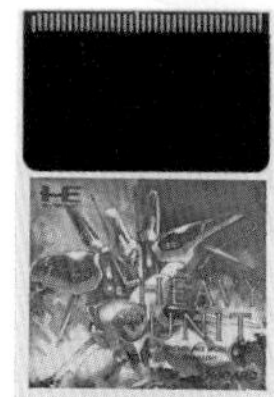

아케이드로 가동된 횡스크롤 슈팅게임으로, 플레이어의 기체는 전투기 형태와 로봇 형태로 변형 가능하다. PC엔진 버전의 이식도는 높지만 난이도는 약간 낮아졌다.

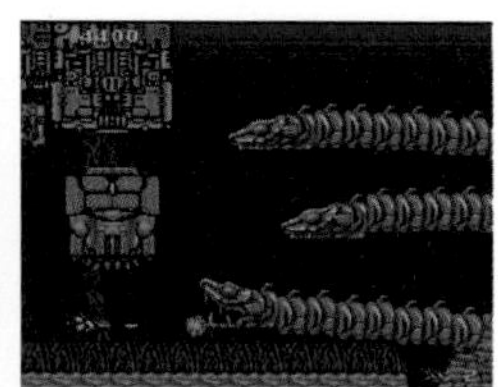

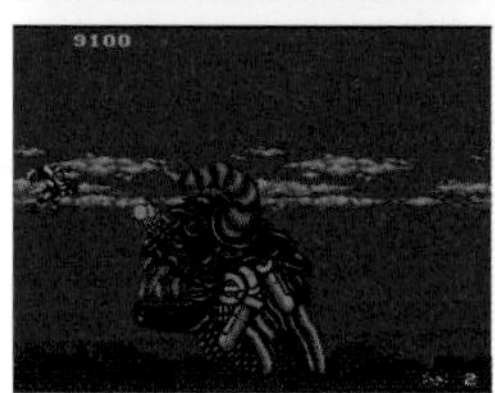

벤케이 외전

● 발매일 / 1989년 12월 22일 ● 가격 / 6,200엔
● 퍼블리셔 / 선소프트

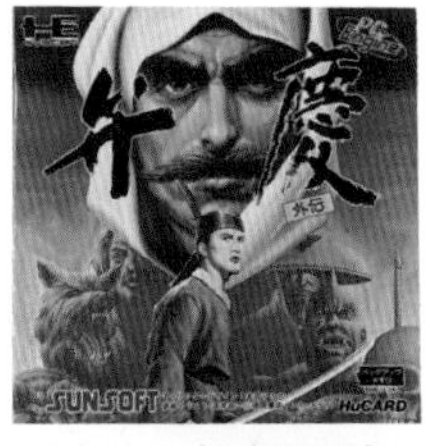

모토미야 히로시(本宮ひろ志)가 캐릭터 디자인한 RPG로, 가마쿠라 시대가 무대이다. 전투는 커맨드 선택식이며, 파티는 최대 4인까지. 일본풍의 세계관이 특징이며, 속편은 슈퍼패미컴으로 발매되었다.

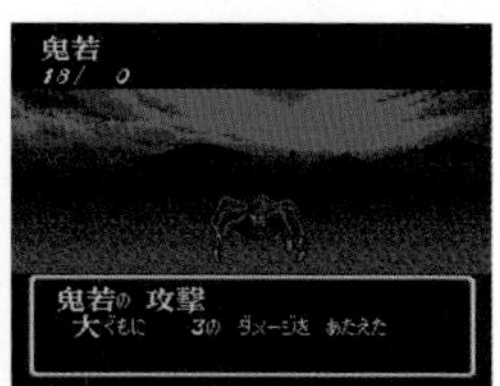

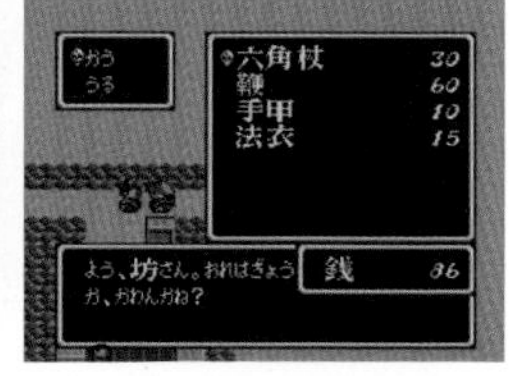

F1 트리플 배틀

● 발매일 / 1989년 12월 23일 ● 가격 / 6,300엔
● 퍼블리셔 / 휴먼

당시 수없이 발매된 F1 레이스게임 가운데, 이 작품 최대의 매력은 3인까지 동시 플레이이다. 가로로 3분할한 플레이 화면은 불필요한 것들을 완전히 덜어낸 심플한 모습이었다.

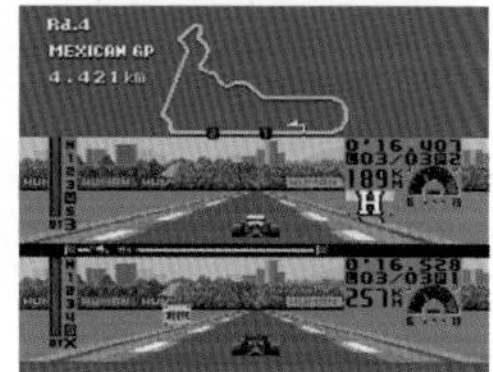

볼피드

● 발매일 / 1989년 12월 27일 ● 가격 / 6,600엔
● 퍼블리셔 / 타이토

아케이드로 가동되던 땅따먹기 게임을 이식했다. 화면의 80% 이상을 포위하면 스테이지 클리어 되는데, 퍼센트가 올라갈수록 클리어 보너스가 높아지며, 99.9%를 목표로 하는 것이 일반적이다.

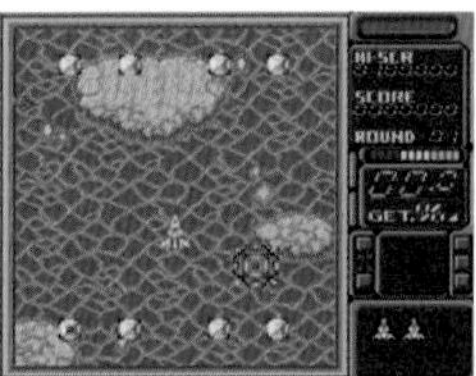

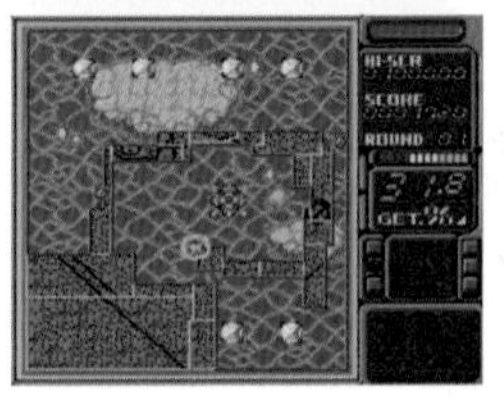

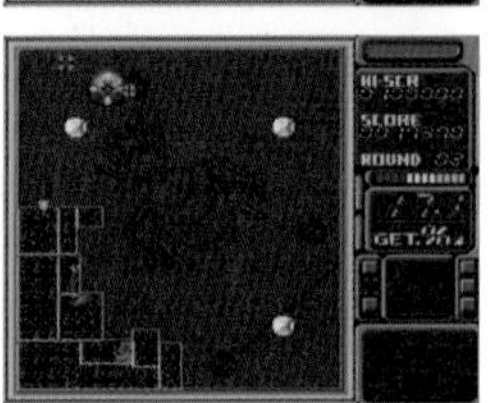

레이저액티브 (파이오니어 판)

● 발매일 / 1993년 8월 20일 ● 가격 / 89,800엔
● 메이커 / 파이오니어

CD, CDV, LD 플레이어 기능과 더불어, 주변기기를 장착함으로써 독자 규격의 LD-ROM 전용 타이틀, 그리고 SG를 제외한 전 타이틀 및 메가 드라이브와 메가 CD 소프트를 즐길 수 있다.

사이드라벨 셀렉션 2

『천사의 시』

게임소개 p.134

『드래곤 슬레이어 영웅전설』

게임소개 p.134

『파퓰러스 약속의 땅』

게임소개 p.135

이 3개의 사이드라벨는 SCD의 런칭 타이틀이다. 「슈퍼 CD-ROM2 시스템 슈퍼 프레젠트 캠페인」 응모권이 붙어있다. 슈퍼 시스템카드가 DUO에 붙어있는 응모엽서 + 대상이 되는 SCD 소프트(10타이틀 한정) 응모권 3매를 붙여 응모하면 추첨으로 5천 명에게 「DUO 오리지널 캐링백」이나 「천외마경II 만지마루 오리지널 블루종」 등을 선물로 주었다.

PC 엔진 전문지의 창간호

PC엔진 전문지는 1988년 10월에 「PC Engine FAN」 창간을 시작으로, 이미 패미컴 전문지 등으로 실적이 있는 대형출판사들의 창간이 이어졌다. 그만큼 기대가 큰 시장이었음을 엿볼 수 있다. 예를 들어 「완승(マル勝)PC엔진」은 독자참가형 기획이 풍부했고 소설이나 만화도 충실했으며, 「월간 PC엔진」에는 훗날 허드슨의 대표이사 부사장을 역임하게 되는 게임 크리에이터 나카모토 신이치(中本伸一)씨의 읽을 만한 가치가 풍부한 칼럼이 연재되는 등, 잡지마다 서로 다른 특징을 보였다.

『PC Engine FAN』

창간호 / 1988년 12월호
최종호 / 1996년 10월호
가격 / 380엔 → 1480엔*
발매 / 도쿠마쇼텐 인터미디어(徳間書店インターメディア)
※최종 3호는 부록 CD-ROM이 첨부되었기 때문. 최종 4호 전의 가격은 720엔

『월간 PC엔진』

창간호 / 1989년 1월호
최종호 / 1994년 3월호
가격 / 350엔 → 500엔
발매 / 쇼가쿠칸(小学館)

『완승 PC엔진』

창간호 / 1989년 1월호
최종호 / 1994년 3월호
가격 / 350엔 → 650엔
발매 / 가도가와쇼텐(角川書店)

『전격 PC엔진』

창간호 / 1993년 2월호
최종호 / 1996년 5월호
가격 / 490엔 → 740엔
발매 / 미디어웍스(メディアワークス)

『PC엔진 통신』

『PC엔진 SPECIAL』

왼쪽의 「PC엔진 통신」은 「패미컴 통신」 1989년 12월 22일 호의 별책으로 발매된 것. 가격은 360엔이었다. 한편 「PC엔진 SPECIAL」 은 코로코로코믹(コロコロコミック) 특별증간호로서, 「월간 PC엔진」 창간 전에 3호만 발행되었다. 가격은 350엔.

데빌 크래시

● 발매일 / 1990년 7월 20일 ● 가격 / 6,300엔
● 퍼블리셔 / 나그자트

1988년 발매된 『에일리언 크래시』에 이어지는 생물계 핀볼 게임 제2탄. I버튼으로 오른쪽 플리퍼(flipper)를, 방향키로 왼쪽 플리퍼를 움직이는 심플한 조작이지만, 수많은 기믹(gimmick)과 피처(feature) 덕분에 질리지 않는 게임성을 갖고 있다. 필드는 전작보다 많은 3단 구성이며, 보너스 스테이지 수도 늘어났다. 이 시리즈는 종래의 컴퓨터 핀볼과 비교해도 그래픽의 아름다움과 심오한 게임성 등이 압도적으로 진화했으며, 팬들에게서 높은 지지를 받았다.

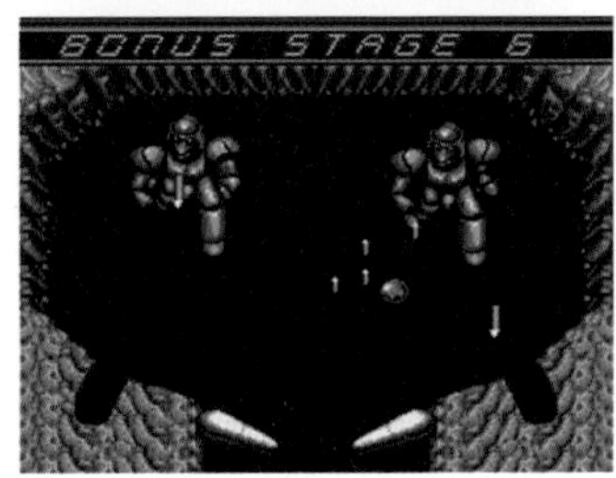

왈큐레의 전설

● 발매일 / 1990년 8월 9일 ● 가격 / 6,800엔
● 퍼블리셔 / 남코

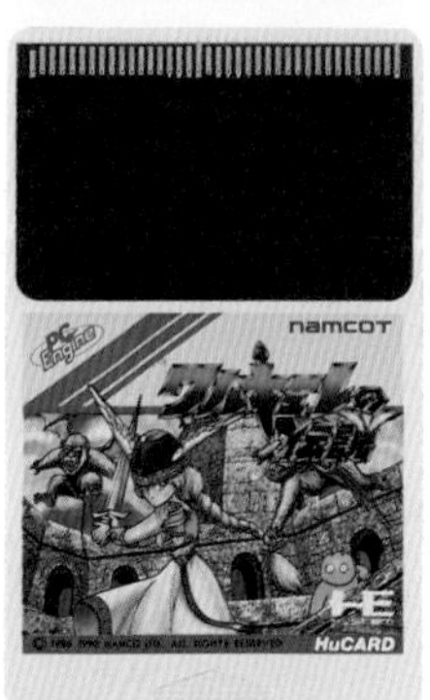

아케이드 판의 동명 타이틀을 PC엔진에 이식했다. 당시는 이 작품이 유일한 이식작이었다. 게임성은 탑뷰의 액션 어드벤처이며, 다방면으로 화면이 스크롤 된다. 주인공 왈큐레는 검에서 발사되는 샷으로 공격할 수 있을 뿐만 아니라, 도중에 입수한 마법을 쓰는 것도 가능하며, 숍에서 쇼핑을 하는 등 파워업도 가능하다. PC엔진 판에서는 2인 협력 플레이가 불가능해졌지만, 패스워드에 의한 컨티뉴가 더해졌고, 라이벌 캐릭터 '블랙 왈큐레'도 등장한다.

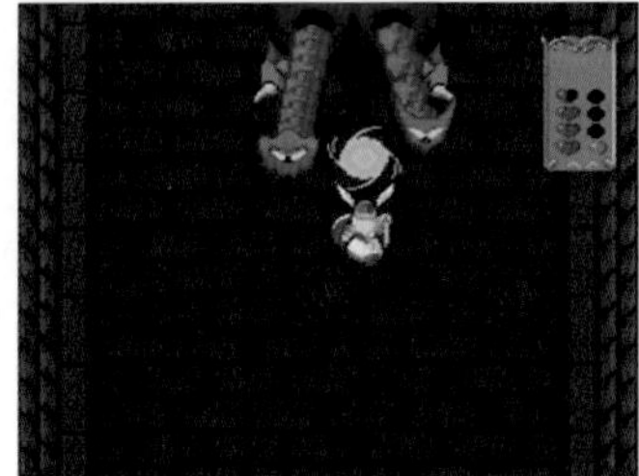

봄버맨

● 발매일 / 1990년 12월 7일 ● 가격 / 5,300엔
● 퍼블리셔 / 허드슨

패미컴에서 인기를 떨친 『봄버맨』을 PC엔진용으로 다시 만든 작품이다. 특히 그래픽의 질이 대폭 향상되었다. 1인용 게임에서는 라운드 최후 스테이지에 보스가 등장하도록 되어 있어 게임성에 변화가 가해졌다. 그리고 대전 모드에서는 멀티탭을 사용해 플레이어 5인까지 참가할 수 있게 되었으며, 여럿이 하는 대전은 엄청나게 달아올랐다. 원래 1인용 게임이었던 『봄버맨』 시리즈는 이 작품으로 대전이 메인이 되었다.

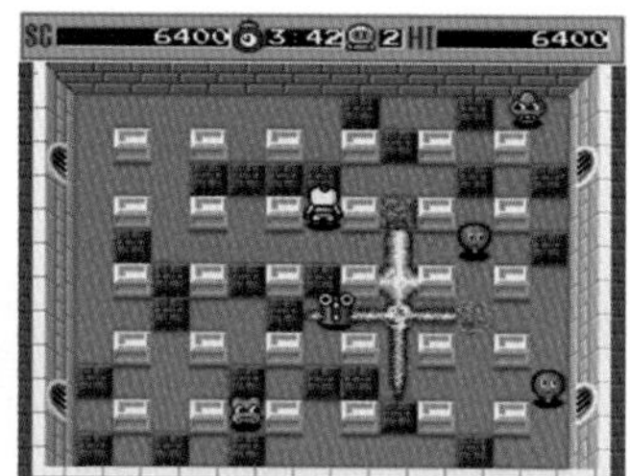

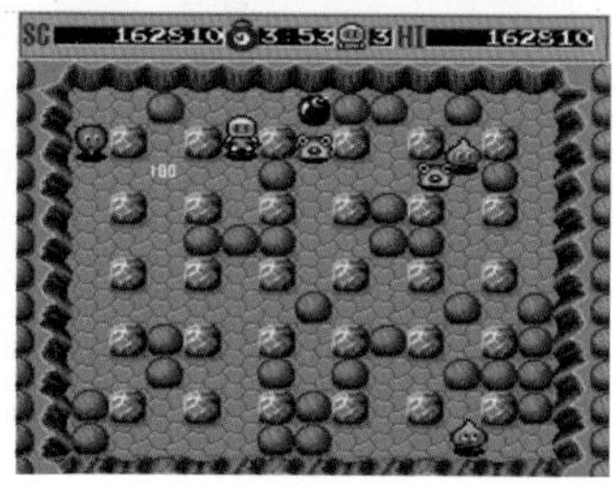

모모타로 전설 II

● 발매일 / 1990년 12월 22일 ● 가격 / 7,200엔
● 퍼블리셔 / 허드슨

같은 해에 발매된 『모모타로 전설 터보』의 속편에 해당한다. 일본의 옛이야기를 기초로 한 스토리는 건재하며, 주인공 모모타로 외에 개, 원숭이, 꿩 등의 친숙한 동물이 동료가 된다. 나아가 이 작품에서는 최대 20명의 캐릭터가 NPC로서 추가되었으며, 전원이 대열을 지어 필드를 이동하는 모습은 압권이다. 전투는 전형적인 커맨드 입력식이며, '싸움' 외에 '술법'도 쓸 수 있다. 술법은 신선 밑에서 수행해 터득하며, 쓸수록 단(段)이 올라가고 효과가 강해지게 되어 있다.

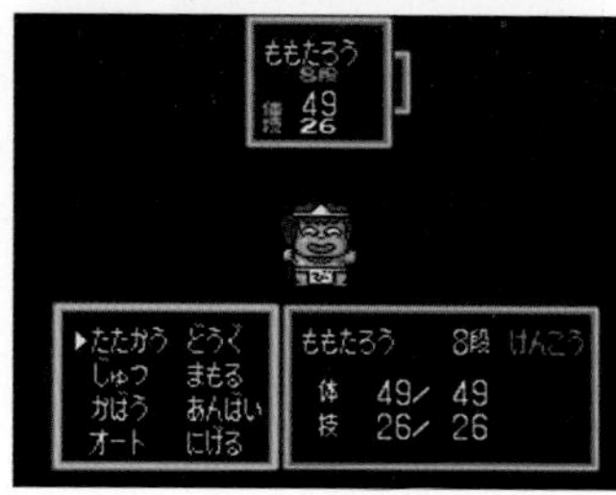

아토믹 로보키드

● 발매일 / 1990년 1월 19일 ● 가격 / 6,700엔
● 퍼블리셔 / 유피엘

동사의 아케이드용 횡스크롤 슈팅게임을 이식했다. 플레이어블 기체의 사이즈가 큰 것이 특징이고, 4종류의 샷을 전환해가며 나아간다. PC엔진 판에서는 라이프제가 채용되는 등의 변경사항이 있다.

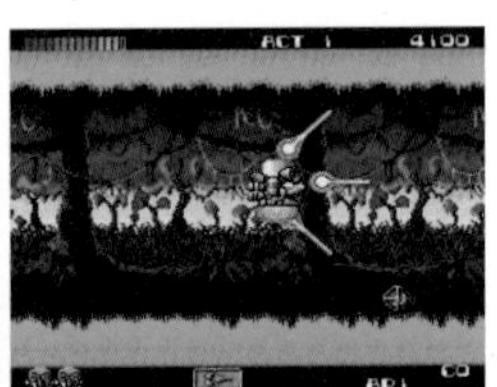

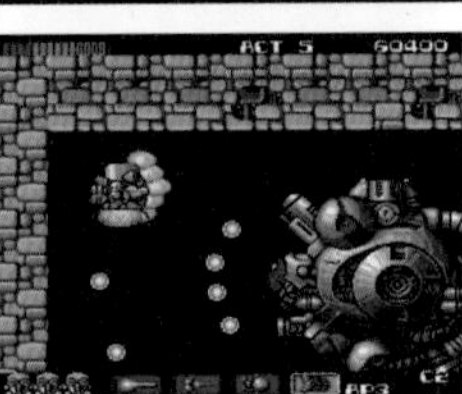

가이 프레임

● 발매일 / 1990년 1월 26일 ● 가격 / 5,800엔
● 퍼블리셔 / 일본컴퓨터시스템(메사이어)

1988년 발매된 『가이아의 문장』의 속편에 해당한다. 전작과 무대는 같지만, 4000년 후의 세계가 그려져 있으며, 유닛도 인간형 로봇과 전투기라는 메카(メカ·탑승용 로봇)가 되었다.

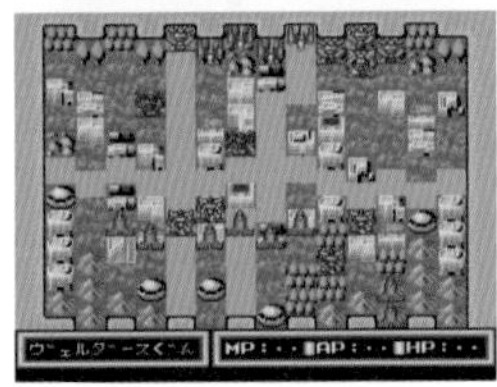
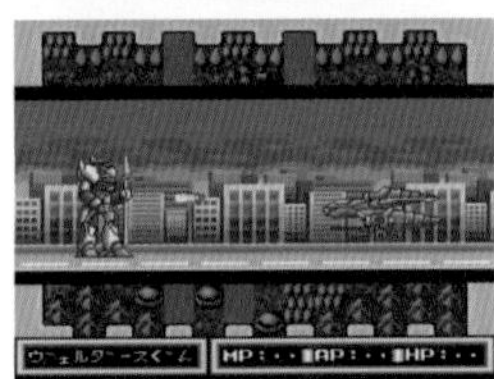

타이토 체이스

● 발매일 / 1990년 1월 26일 ● 가격 / 6,600엔
● 퍼블리셔 / 타이토

아케이드의 3D 레이스게임을 이식했다. 주인공은 형사로 범인을 추적하는 것이 목적이며, 자기 차를 도주차에 부딪쳐서 데미지가 쌓이게 하는데, 게이지가 가득 차면 체포된다.

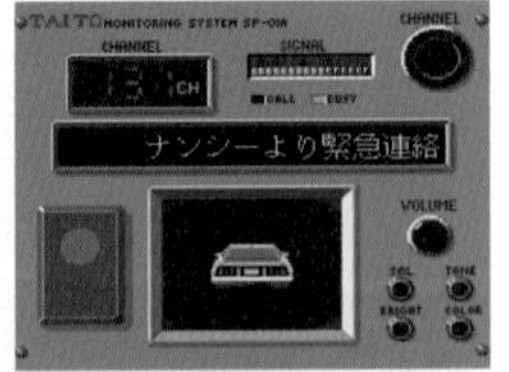

지쿠덴야 도베 「구비키리야카타」로부터

● 발매일 / 1990년 1월 26일 ● 가격 / 6,700엔
● 퍼블리셔 / 나그자트

BIT2가 개발한 MSX 2인용 AVG를 이식했다. 에도(江戸)시대 일본이 무대이며, 주인공은 곤경에 빠진 사람을 도주시키는 일을 생업으로 한다. 클리어가 불가능해지는 하마리(ハマリ) 상태에 빠지는 함정이 있다.

마작 자객열전 마작 워즈

● 발매일 / 1990년 2월 1일 ● 가격 / 5,400엔
● 퍼블리셔 / 일본물산

아케이드 탈의 마작의 이식작이지만, 원형을 남기지 않을 정도로 내용이 바뀌었다. PC엔진 버전은 옷을 벗지는 않지만 수수께끼 풀이 요소가 풍부한 롤플레잉 모드를 즐길 수 있다.

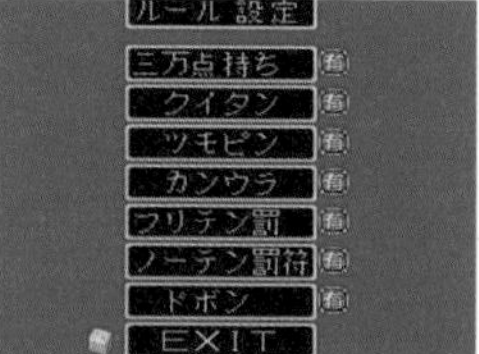

슈퍼 발리볼

● 발매일 / 1990년 2월 7일 ● 가격 / 5,800엔
● 퍼블리셔 / 비디오시스템

이 작품 역시 아케이드에서 이식된 작품으로, 사이드뷰의 배구게임이다. 조작은 간단하면서도 다양한 공격이 가능해 본격적인 배구를 즐길 수 있다.

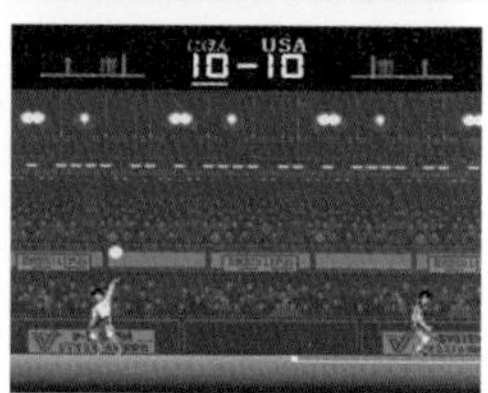

타이거 로드

● 발매일 / 1990년 2월 23일 ● 가격 / 6,700엔
● 퍼블리셔 / 빅터음악산업

캡콤의 횡스크롤 액션게임을 이식한 것인데, 그래픽을 비롯해 완성도가 대폭 개선되었으며 난이도는 낮아졌다. 컨티뉴는 3회까지인데, '하늘의 소리(天の声)2'가 있으면 무한히 계속할 수 있다.

뉴질랜드 스토리

● 발매일 / 1990년 2월 23일 ● 가격 / 6,600엔
● 퍼블리셔 / 타이토

날지 못하는 새 키위를 주인공으로 한 액션게임으로, 아케이드에서 이식되었다. 아이템이 풍부하며, 무기나 탈것을 전환해가면서 앞으로 나아가 동료를 구출하는 것이 목적이다.

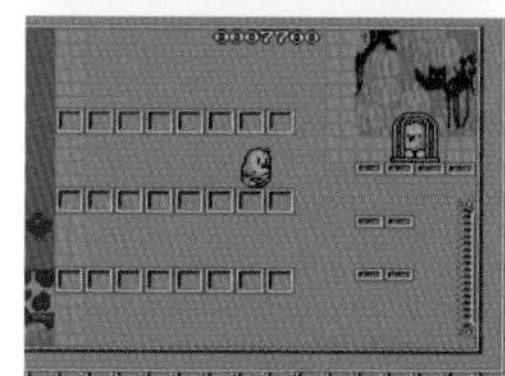

비장기병 카이자드

● 발매일 / 1990년 2월 23일 ● 가격 / 6,200엔
● 퍼블리셔 / 일본컴퓨터시스템(메사이어)

턴(turn) 방식의 시뮬레이션 게임으로 경험치에 의한 성장요소가 있다. 우주의 침략자를 격퇴하기 위해 새로운 고(高)기동 인간형 병기시스템을 투입한다. 효율적으로 성장시키려면 초반부터 전략적인 플레이가 요구된다.

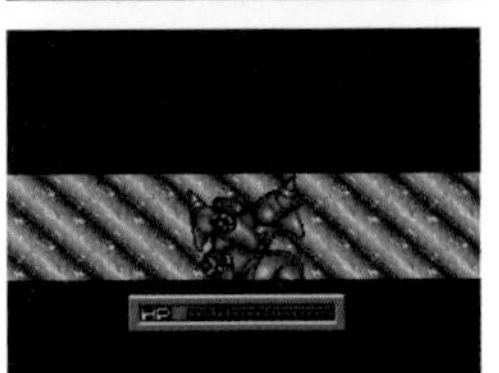

블로디아

● 발매일 / 1990년 2월 23일 ● 가격 / 4,500엔
● 퍼블리셔 / 허드슨

해외의 브로더번드(Brøderbund)사가 개발한 퍼즐게임을 이식했다. 일반적인 15퍼즐을 하는 요령으로 피스를 옮겨가며 모든 파이프에 볼을 통과시키면 스테이지가 클리어된다.

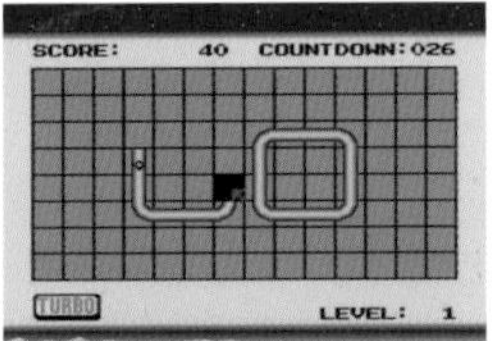

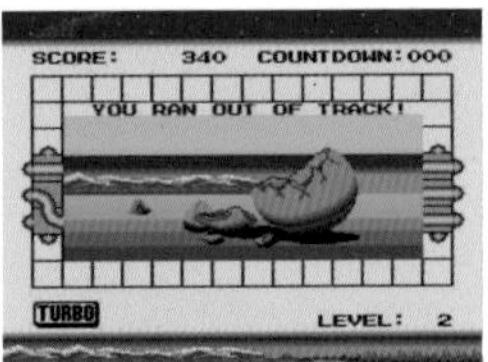

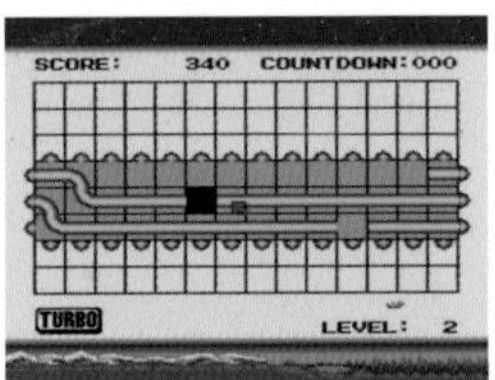

파라노이아

● 발매일 / 1990년 3월 1일 ● 가격 / 5,800엔
● 퍼블리셔 / 나그자트

정신병의 하나인 편집증을 타이틀로 내건 횡스크롤 슈팅게임. 새틀라이트라 불리는 옵션에서 3종류의 샷을 발사할 수 있다. 배색(配色)도 병적이고 미친 세계관을 표현한 게임이다.

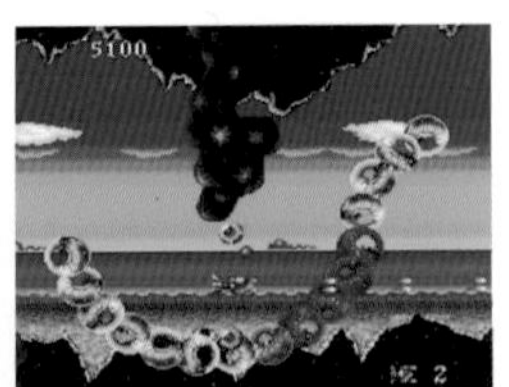
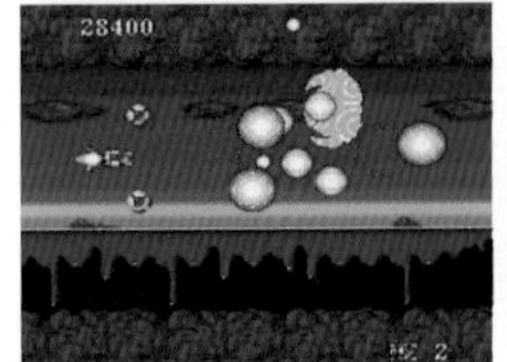

시티헌터

● 발매일 / 1990년 3월 2일 ● 가격 / 6,300엔
● 퍼블리셔 / 선소프트

호조 츠카사(北条司)의 만화가 원작인 횡스크롤 액션게임. 의뢰를 받아서 스테이지를 클리어해가는 방식이며, 입수한 무기를 사용할 수 있다. 시티헌터의 유일한 게임으로서 귀중한 작품이다.

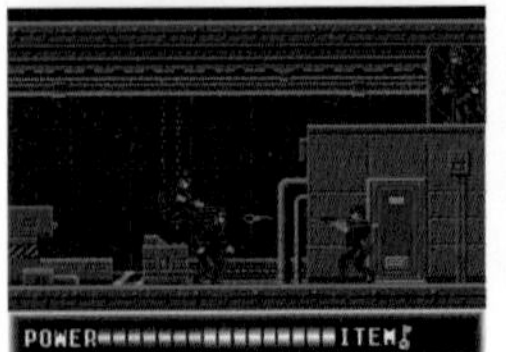

수수께끼의 가장무도회 전설의 양옥집 연속살인사건

● 발매일 / 1990년 3월 2일 ● 가격 / 6,000엔
● 퍼블리셔 / 일본컴퓨터시스템(메사이어)

PC게임 『호박색의 유언』을 이식했지만 상당히 각색되었다. 다이쇼(大正)시대 일본을 무대로 하며, 세피아 색감의 그래픽이 분위기를 자아낸다.

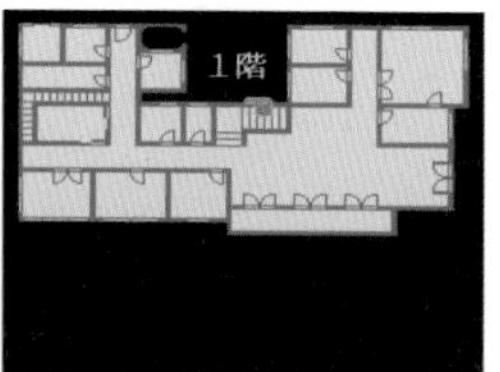

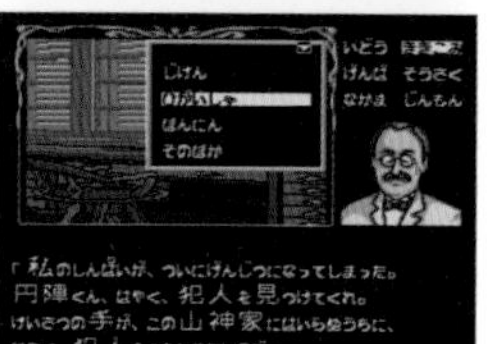

스페이스 인베이더 부활의 날

● 발매일 / 1990년 3월 3일 ● 가격 / 5,900엔
● 퍼블리셔 / 타이토

아케이드 게임 사상 최대 히트작인 『스페이스 인베이더』를 이식&리메이크. 분가 모드(分家モード)는 오리지널과 같은 고정화면 슈팅이면서도 다양한 어레인지가 더해졌다.

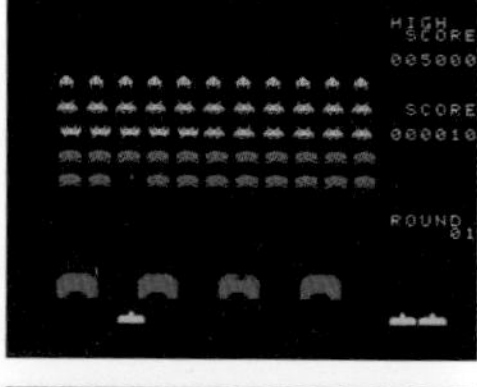

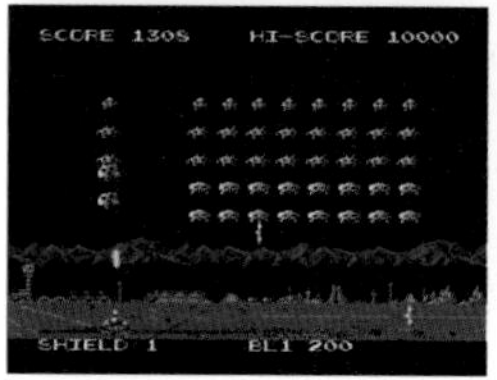

사이버 코어

● 발매일 / 1990년 3월 9일 ● 가격 / 6,700엔
● 퍼블리셔 / 아이지에스(IGS)

PC엔진 오리지널의 생물계 슈팅게임. 자신의 기체는 아이템에 따라 4단계 4종류의 파워업을 수행하는데 공격 방법이 각기 다르다. 적에 대해서는 대지(對地)·대공(對空)으로 나누어 공격할 필요가 있다.

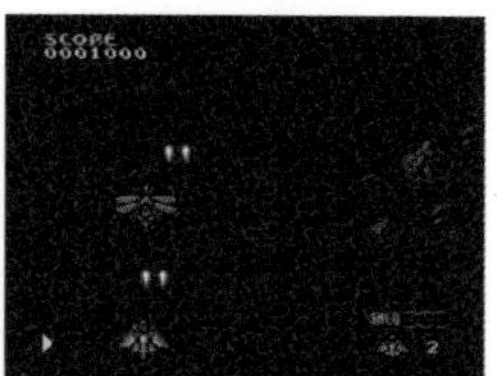

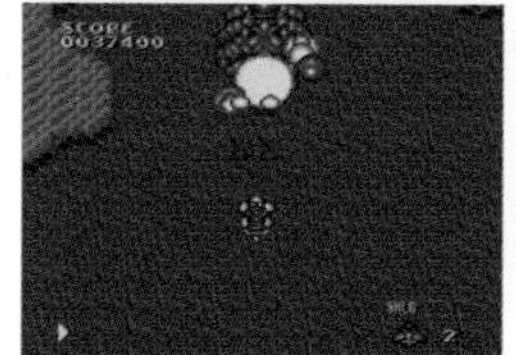

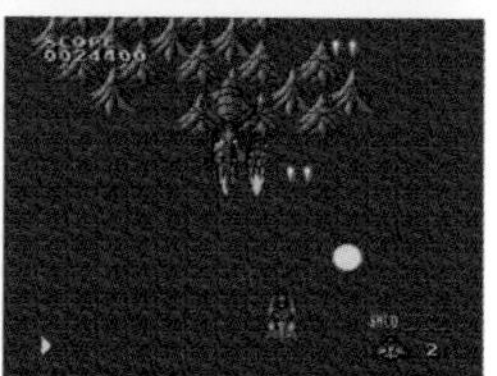

원평토마전

● 발매일 / 1990년 3월 16일 ● 가격 / 6,700엔
● 퍼블리셔 / 남코

아케이드 인기작을 이식했다. 게임은 가로모드·빅모드·평면모드 3종류가 있고, 목적지는 어느 도리이(鳥居)로 들어가느냐에 따라 결정된다. 최종 목적은 가마쿠라(鎌倉)에 있는 미나모토노 요리토모(源頼朝)를 타도하는 것이다.

소코반 월드

● 발매일 / 1990년 3월 16일 ● 가격 / 5,400엔
● 퍼블리셔 / 미디어링

원래 컴퓨터용이었던 퍼즐게임을 PC엔진용으로 이식했다. 짐을 정해진 위치로 옮기기만 하면 되는 심플한 룰이지만, 어려운 문제투성이로 플레이어의 사고능력을 시험한다.

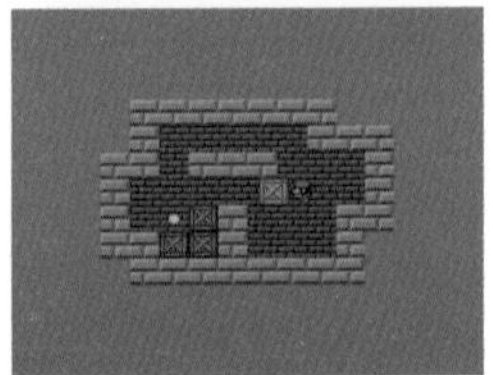
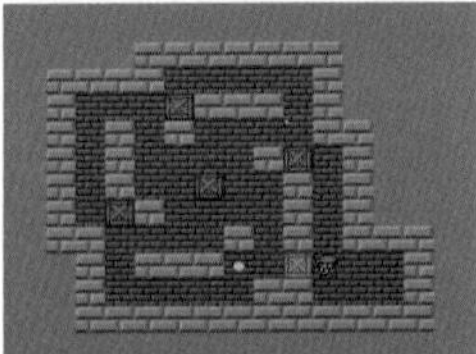

포메이션 암드 F

● 발매일 / 1990년 3월 23일 ● 가격 / 6,700엔
● 퍼블리셔 / 팩인비디오

일본물산의 아케이드용 종스크롤 슈팅게임을 이식했다. 자신의 기체 양옆에 붙은 무적의 자기(子機)가 특징으로, 이 포메이션을 제한된 횟수 내에서 바꿀 수 있다. PC엔진 버전은 화면이 가로로 길게 변경되었다.

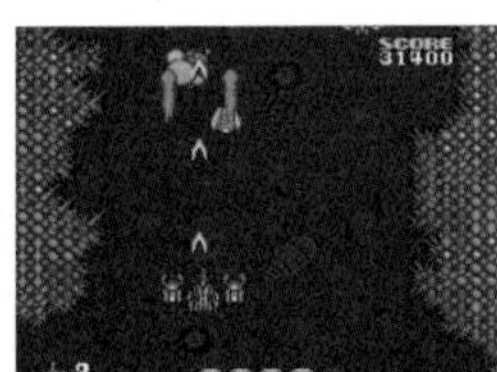

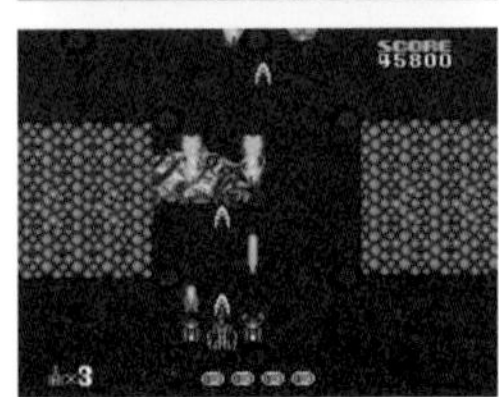

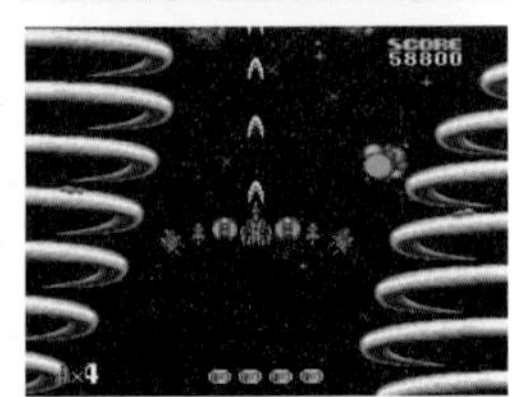

기기괴계

● 발매일 / 1990년 3월 27일 ● 가격 / 6,600엔
● 퍼블리셔 / 타이토

타이토의 아케이드용 액션슈팅 게임을 이식했다. 무녀가 주인공이며 근접공격인 '액막이봉(お祓い棒)', 원거리공격인 '부적(お札)'을 잘 가려 쓰는 것이 중요하다. 스테이지의 마지막에는 보스도 등장한다.

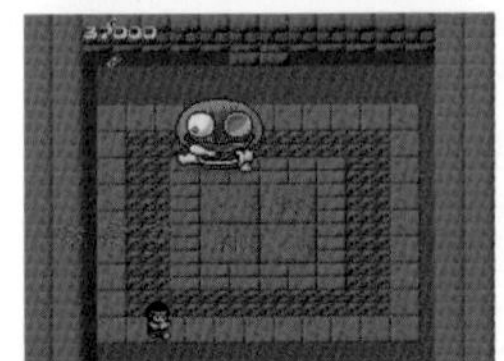

킹 오브 카지노

● 발매일 / 1990년 3월 30일 ● 가격 / 6,200엔
● 퍼블리셔 / 빅터음악산업

블랙잭, 포커, 키노, 슬롯머신, 룰렛 등 5종류의 게임을 즐길 수 있다. 각종 게임의 룰을 익히거나 카지노 기분을 즐기고 싶은 플레이어를 위한 게임이다.

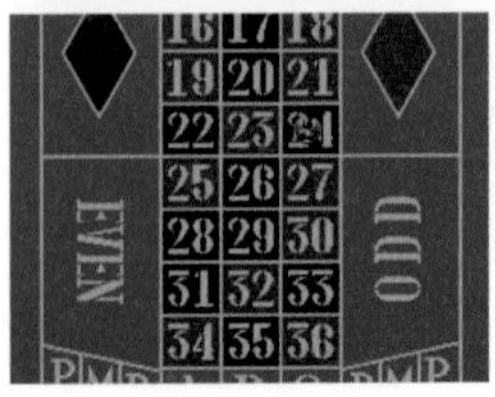

드롭 록 호라호라

● 발매일 / 1990년 3월 30일 ● 가격 / 5,900엔
● 퍼블리셔 / 데이터이스트

색다른 블록 깨기 게임인데, 블록 대신에 과일이 위에서 천천히 떨어진다. 여기에 패들이 닿으면 미스가 되기 때문에, 필드가 침략 당한다는 느낌이 플레이어를 초조하게 만든다.

열혈 고교 피구부 PC 번외편

● 발매일 / 1990년 3월 30일 ● 가격 / 5,800엔
● 퍼블리셔 / 나그자트

아케이드에서 인기였던 피구게임의 이식작으로, 이 작품은 아케이드 판과 패미컴 판의 중간적인 게임성을 갖는다. 퀘스트 모드에서는 물리친 팀의 주장을 자기편으로 만들 수 있다.

BE BALL

● 발매일 / 1990년 3월 30일 ● 가격 / 5,200엔
● 퍼블리셔 / 허드슨

PC엔진 오리지널의 액션퍼즐이다. 필드상의 구슬을 모두 같은 색의 블록 위에 올리면 클리어 되며, 구슬을 킥으로 날려서 적을 물리칠 수 있다. 또 이 킥을 이용한 대결 모드도 있다.

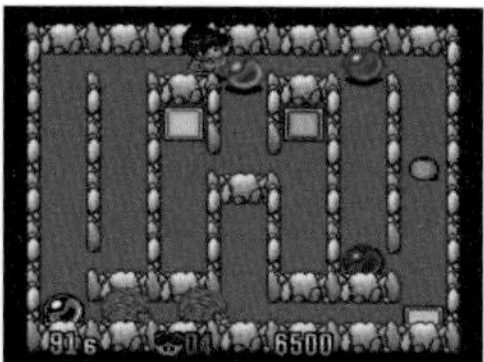
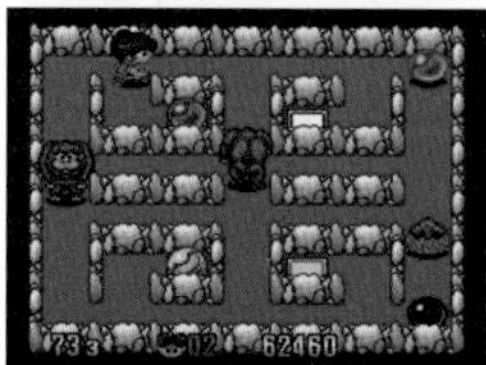
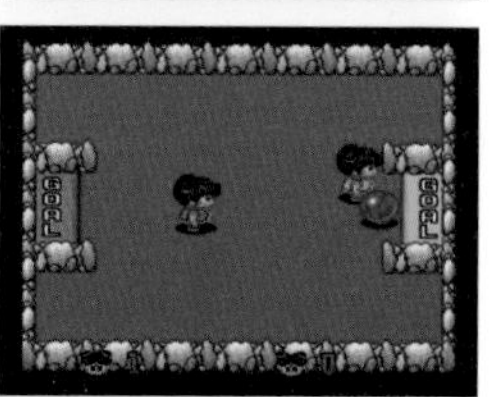

스플래터 하우스

● 발매일 / 1990년 4월 3일 ● 가격 / 6,800엔
● 퍼블리셔 / 남코

아케이드에서 호평을 받았던 호러 액션게임의 PC엔진 버전. 연인을 되찾기 위해 주인공 릭은 마스크의 기운을 빌려 괴이한 생물과 싸운다. 섬뜩한 적이나 그로테스크한 묘사가 중독성 있는 게임이다.

사이코 체이서

● 발매일 / 1990년 4월 6일 ● 가격 / 5,800엔
● 퍼블리셔 / 나그자트

2족 보행 로봇을 자신의 기체로 한 횡스크롤 슈팅게임. 4종류의 샷을 바꿔가며 진행한다. 적을 물리치고 입수한 사이코 에너지를 이용해 샷을 강화할 수 있다.

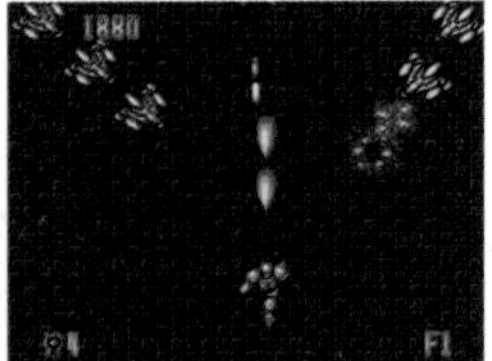
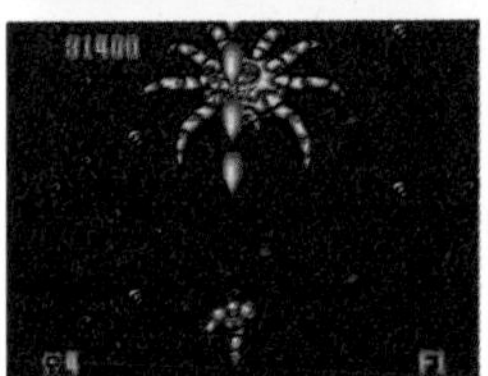
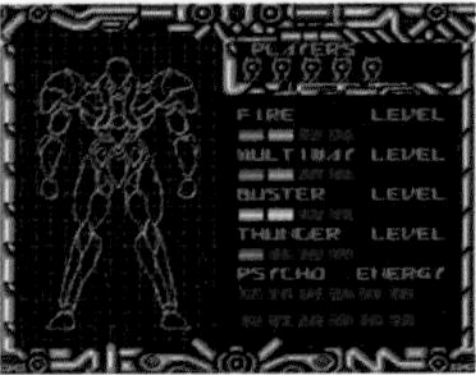

파워 드리프트

● 발매일 / 1990년 4월 13일 ● 가격 / 6,900엔
● 퍼블리셔 / 아스믹

세가의 체감형 레이싱 게임을 이식했다. 오르내림이 격렬한 롤러코스트 같은 코스를 그럴듯하게 재현했고 엑스트라 스테이지까지 수록했지만, 다소 아쉬운 이식작이라 볼 수있다.

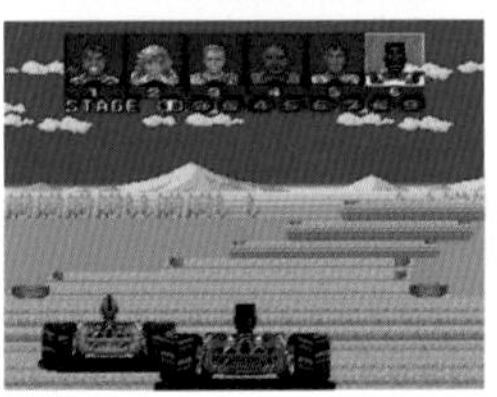

네크로스의 요새

● 발매일 / 1990년 4월 20일 ● 가격 / 6,800엔
● 퍼블리셔 / 아스크 코단샤

롯데에서 발매된 식품완구를 토대로 한 RPG. 삽입 영상(cut in)과 애니메이션을 많이 활용한 전투 장면과 속도감 있는 시나리오는 그 당시부터 높은 평가를 받았다.

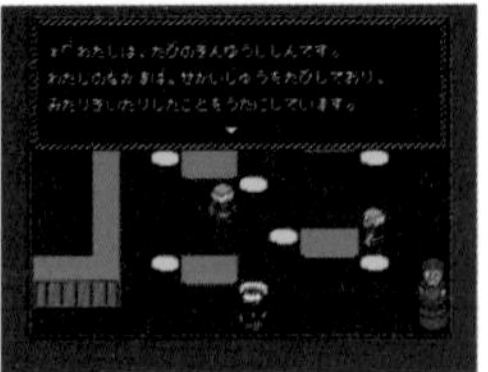

요술 망아지 브링크

● 발매일 / 1990년 4월 27일 ● 가격 / 6,200엔
● 퍼블리셔 / NHK엔터프라이즈(허드슨)

NHK에서 방송된 데즈카 오사무(手塚治虫) 원안의 애니메이션을 원작으로 한 횡스크롤 액션게임이다. SELECT 버튼을 눌러 파티의 선두를 바꿀 수 있는데, 캐릭터에 따라 성능에 차이가 있다.

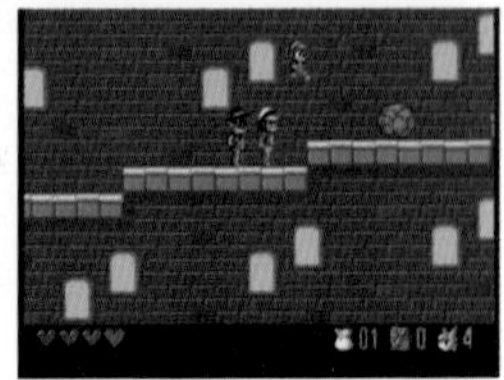

바룬바

● 발매일 / 1990년 4월 27일 ● 가격 / 6,800엔
● 퍼블리셔 / 남코

남코 최초의 PC엔진 오리지널 게임이다. 라이프제 횡스크롤 슈팅게임으로, 포대를 회전시켜 360도 전 방향을 공격할 수 있게 되었다.

포메이션 사커 휴먼컵

● 발매일 / 1990년 4월 27일 ● 가격 / 6,500엔
● 퍼블리셔 / 휴먼

인기 축구게임 시리즈 제1탄. 제목 그대로 포메이션이 가장 중요하며, 5종류 가운데서 선택할 수 있다. 세로 방향으로 스크롤 하는 필드가 독특한 플레이 감각을 가져다주었다.

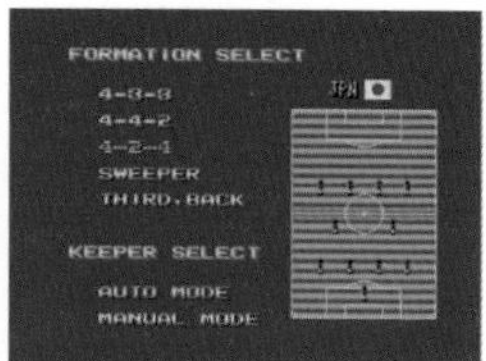

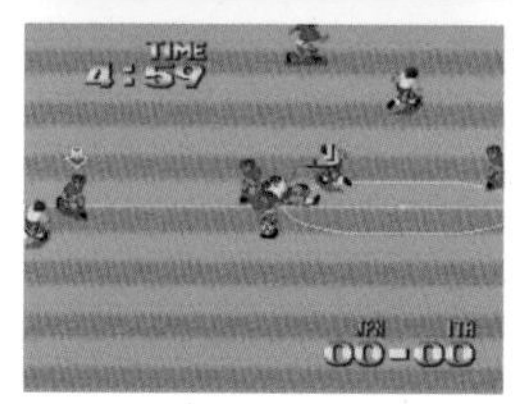

매니악 프로레슬링 내일을 향한 싸움

● 발매일 / 1990년 5월 25일 ● 가격 / 6,500엔
● 퍼블리셔 / 허드슨

액션성을 배제한 커맨드 입력 방식의 프로레슬링 게임이다. 시합 후에는 각종 파라미터가 올라가고, 신기술을 익혀간다. 아나운서의 열정적인 실황중계가 팬심을 사로잡는다.

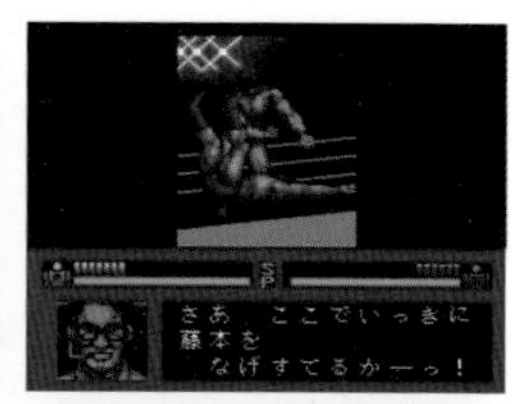

돈 도코 돈

● 발매일 / 1990년 5월 31일 ● 가격 / 6,600엔
● 퍼블리셔 / 타이토

타이토의 장기인 아케이드용 고정스크롤 액션게임을 이식했다. 주인공은 해머로 적을 공격하고, 기절한 적을 다른 적에게 집어던져 맞히면 연쇄적으로 득점할 수 있는 구조다.

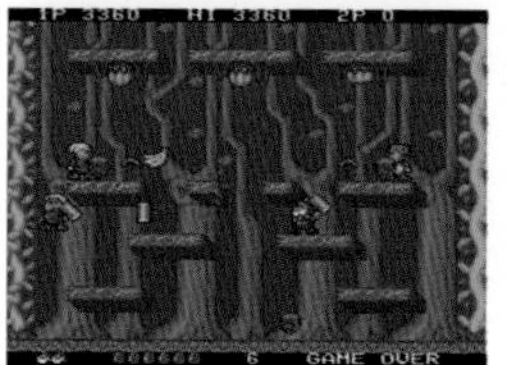

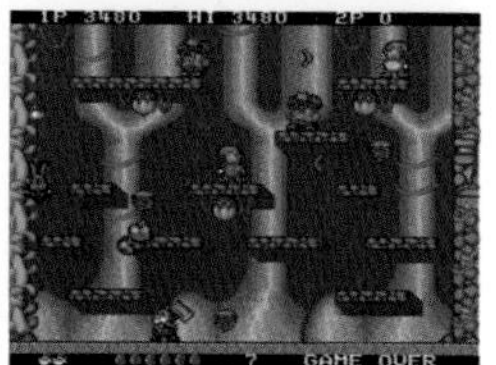

신밧드 지저의 대마궁

● 발매일 / 1990년 6월 2일 ● 가격 / 6,700엔
● 퍼블리셔 / 아이지에스

중세 아라비아를 무대로 한 RPG다. 전투는 커맨드 선택식이고, 파티는 일괄해서 레벨이 올라간다. 새로운 부분은 적고 옛날 그대로의, 다소 인내력이 필요한 밸런스다.

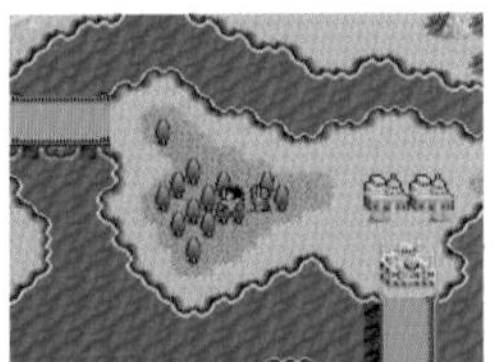
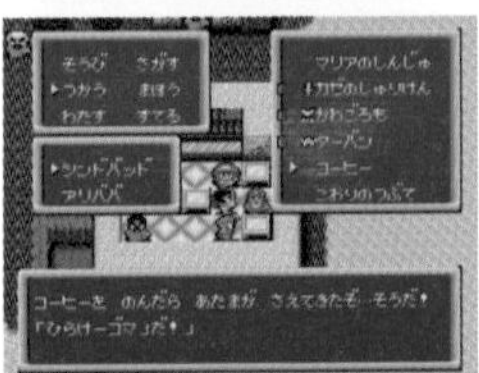
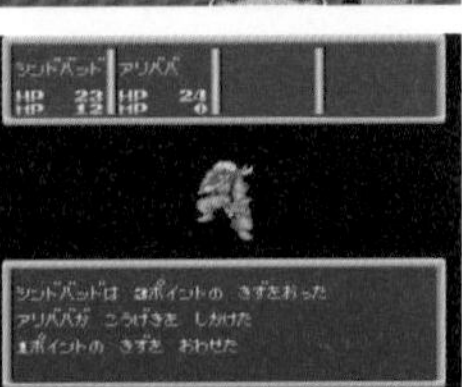

베이구스

● 발매일 / 1990년 6월 15일 ● 가격 / 6,700엔
● 퍼블리셔 / 빅터음악산업

게임아츠가 개발한 PC용 게임을 이식했다. 플레이어블 기체가 로봇인 횡스크롤 액션슈팅게임이다. 펀치나 빔·발칸 등으로 공격하고, 스테이지를 클리어할 때 파워업도 가능하다.

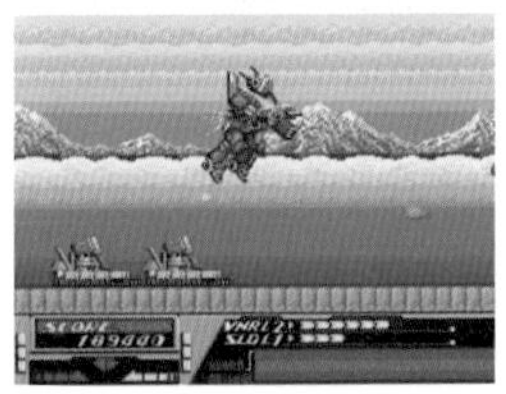
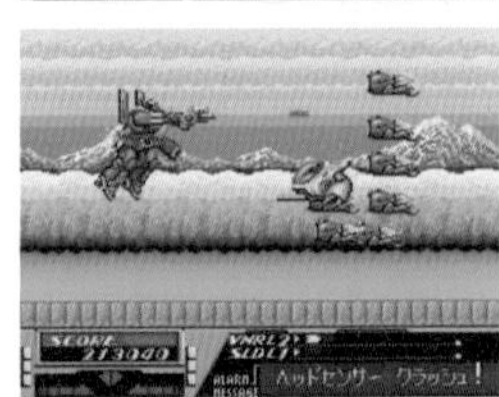

다운로드

● 발매일 / 1990년 6월 22일 ● 가격 / 6,800엔
● 퍼블리셔 / NEC애버뉴

스토리성 강한 횡스크롤 슈팅게임으로, 스테이지를 시작할 때 무기를 선택한다. 탄환을 맞으면 실드가 감소하고, 그에 따라 무기도 1단계 파워다운 되어 버린다.

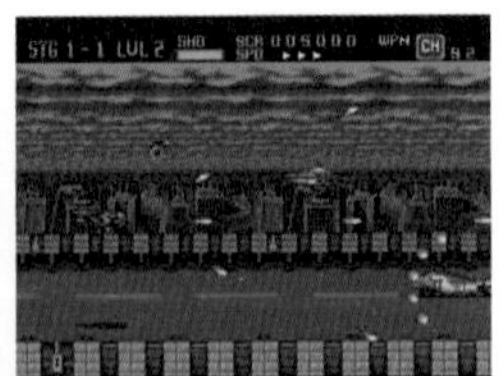

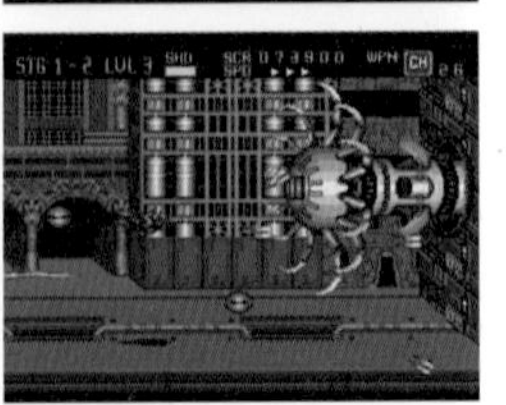

이것이 프로야구' 90

● 발매일 / 1990년 6월 29일 ● 가격 / 5,800엔
● 퍼블리셔 / 인테크

전년에 발매된 『이것이 프로야구' 89』의 속편이다. 게임 시스템은 거의 바뀌지 않았으며, 감독으로서 선수에게 지시를 내리며 야구를 즐기는 시뮬레이션 게임인데, 데이터가 1990년 당시의 것으로 바뀌었다.

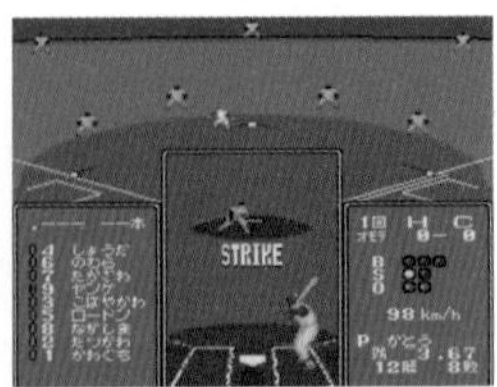

제비우스 파드라우트 전설

● 발매일 / 1990년 6월 29일 ● 가격 / 5,500엔
● 퍼블리셔 / 남코

아케이드에서 대히트한 슈팅게임 『제비우스』의 시리즈 작으로, MSX2와 PC엔진으로 발매되었다. 오리지널의 충실한 이식 버전과 파워업 된 어레인지 버전이 수록되었다.

퍼즈닉

● 발매일 / 1990년 6월 29일 ● 가격 / 5,900엔
● 퍼블리셔 / 타이토

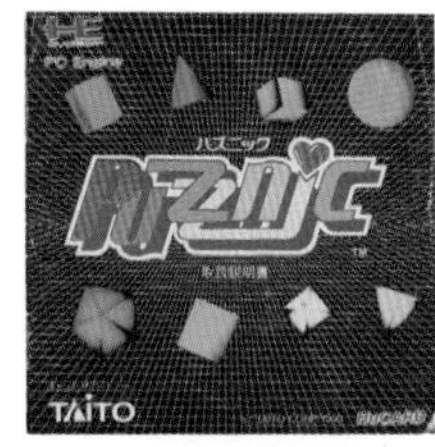

같은 종류의 블록을 2개 이상 접촉시켜 지워가는 퍼즐게임. 오리지널의 아케이드 버전은 여성의 탈의 화면이 표시되었지만, 이 작품에서는 그 대신에 노출을 억제한 여자아이가 표시된다.

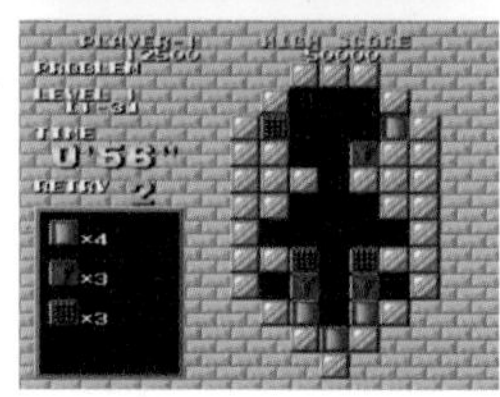
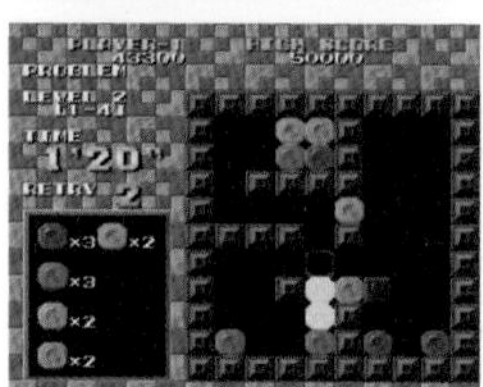

마작학원 MILD 아즈마 소시로 등장

● 발매일 / 1990년 6월 29일 ● 가격 / 7,980엔
● 퍼블리셔 / 페이스

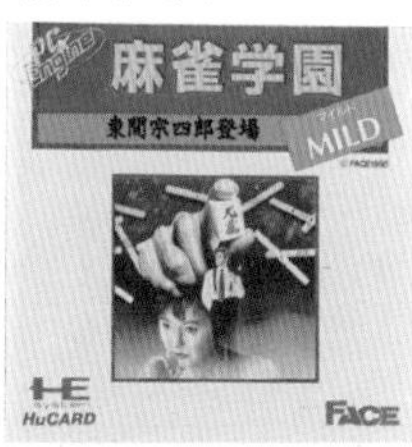

전년도에 발매되어 화제가 된 탈의 마작을 리뉴얼해 발매했다. 탈의는 건재하지만 노출 정도는 억제되었다. 그밖에도 컨티뉴 횟수의 증가 등 마이너 체인지 된 부분이 있다.

최후의 인도(마지막 닌자의 길)

● 발매일 / 1990년 7월 6일 ● 가격 / 7,000엔
● 퍼블리셔 / 아이렘

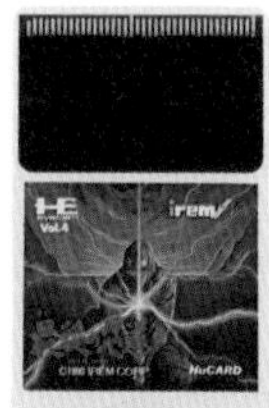

아케이드용 횡스크롤 액션게임의 PC엔진 이식판. 오리지널은 고난이도로 알려졌지만, 이 작품에서는 개량되었으며, 라이프제로 변경된 PC엔진 모드도 즐길 수 있다.

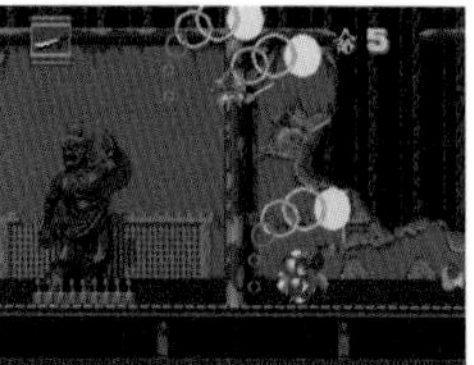

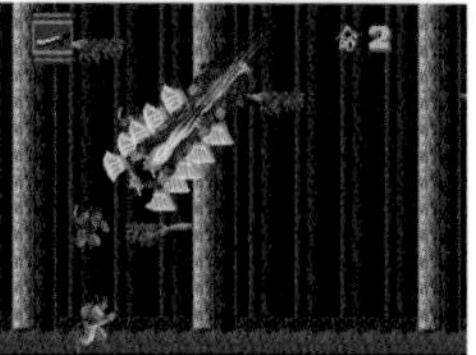

슈퍼스타 솔저

● 발매일 / 1990년 7월 6일 ● 가격 / 6,500엔
● 퍼블리셔 / 허드슨

패미컴으로 발매된 『스타 솔저』의 후속작에 해당하며, 그해 허드슨 전국 카라반에 사용되었다. 아이템에 따라 무기를 바꿔가는 종스크롤 슈팅게임이다.

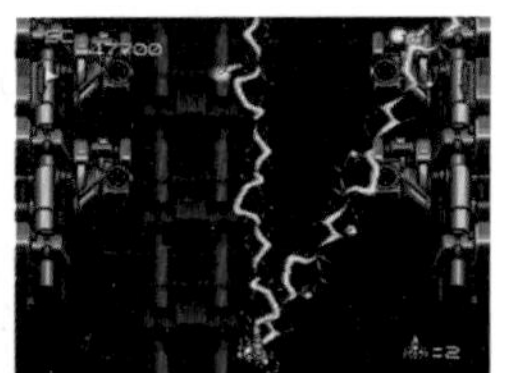

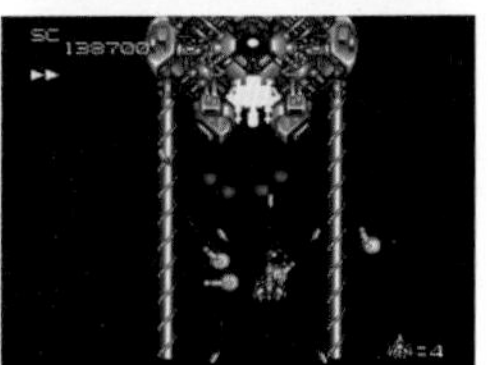

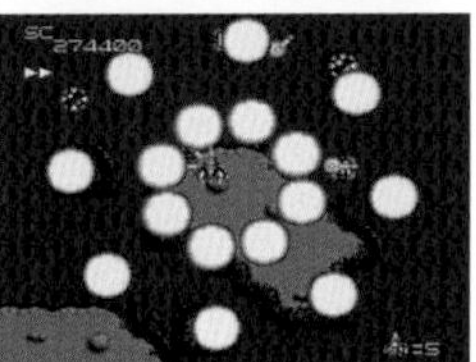

라스탄 사가II

● 발매일 / 1990년 7월 6일 ● 가격 / 6,600엔
● 퍼블리셔 / 타이토

울끈불끈 근육질의 전사가 싸우는 『라스탄 사가』의 속편에 해당하며, 이 작품은 아케이드에서 이식되었다. 무기는 아이템으로 변경 가능하며, 트랩이 가득한 미궁을 헤쳐 나가는 횡스크롤 액션게임이다.

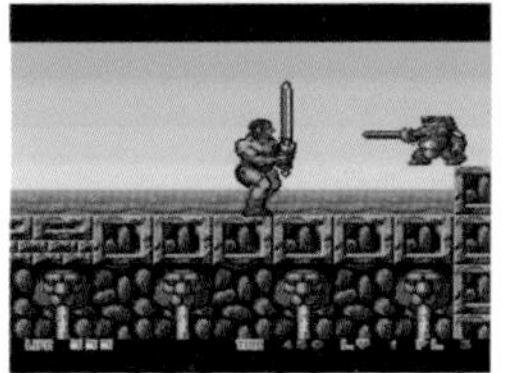

초절륜인 베라보맨

● 발매일 / 1990년 7월 13일 ● 가격 / 6,800엔
● 퍼블리셔 / 남코

동명의 아케이드 게임을 이식했다. 샐러리맨이 주인공으로 변신해 팔다리와 머리를 길게 늘려 공격한다. 시종 코믹한 분위기로 게임이 진행되지만 난이도는 결코 낮지 않다.

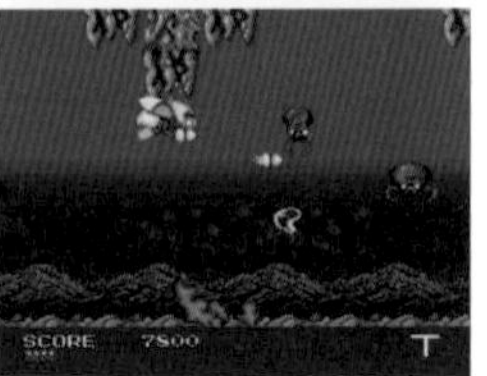

모모타로전설 터보

● 발매일 / 1990년 7월 20일 ● 가격 / 5,800엔
● 퍼블리셔 / 허드슨

패미컴으로 발매된 『모모타로 전설』의 리메이크 판에 해당한다. 기본적인 시스템이나 시나리오는 그대로이며, 게임 밸런스가 개량되고 다양한 부분이 수정되었다.

이미지 파이트

● 발매일 / 1990년 7월 27일 ● 가격 / 7,000엔
● 퍼블리셔 / 아이렘

아케이드용 종스크롤 슈팅게임을 이식했다. 당시 톱클래스였다는 난이도를 그대로 이식했으며, 특히 보습 스테이지는 놀랄 만큼 어려워서 어지간한 솜씨로는 클리어 할 수 없다.

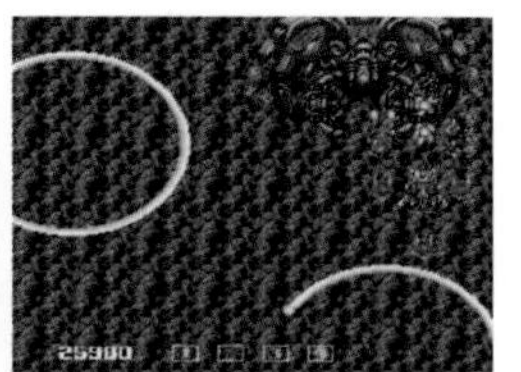

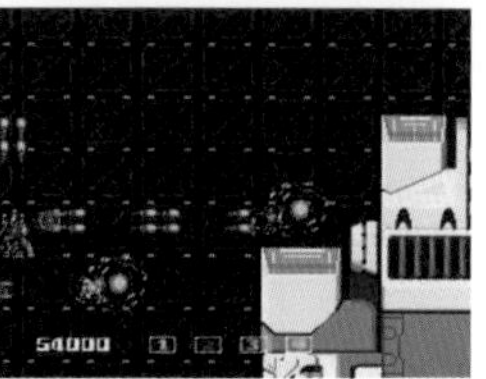

로드 런너 잃어버린 미궁

● 발매일 / 1990년 7월 27일 ● 가격 / 5,800엔
● 퍼블리셔 / 팩인비디오

세계적으로 대히트한 액션퍼즐 게임의 PC엔진 이식판. 그래픽이 전시대적이고 BGM이 나오지 않는 등의 문제는 있지만, 원래 시스템이 우수한 만큼 충분히 즐길 수 있다.

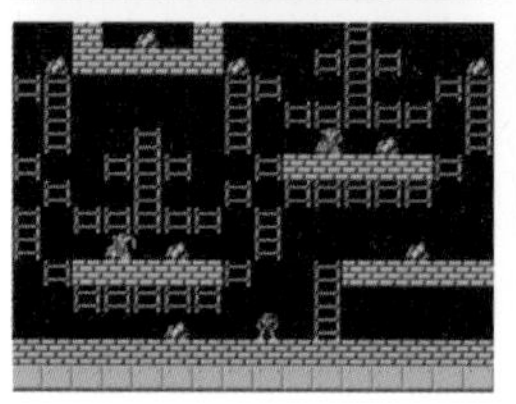
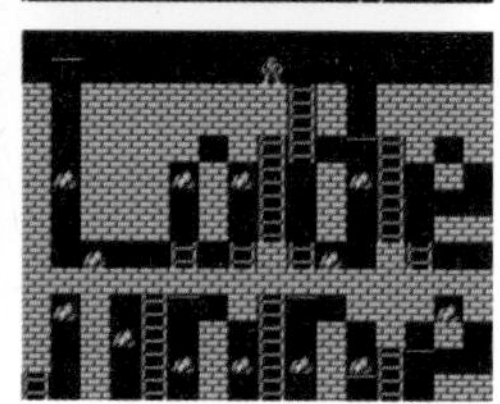

월드 비치발리 규칙편

● 발매일 / 1990년 7월 27일 ● 가격 / 5,700엔
● 퍼블리셔 / 아이지에스

몇 안 되는 비치발리볼 게임의 하나이며, 간단한 조작으로 대인(對人)전과 CPU전을 즐길 수 있다. 코트는 3종류 가운데 선택할 수 있고, 캐릭터의 파라미터도 변경 가능하다. 규칙편이라는 제목의 배경은 불분명하다.

지옥순례

● 발매일 / 1990년 8월 3일 ● 가격 / 6,600엔
● 퍼블리셔 / 타이토

꼬마가 지옥을 순례하며 염라대왕을 개심시키는 일본풍 횡스크롤 액션게임으로, 아케이드 게임을 이식했다. 마파주(魔破珠)라는 구슬을 던져 공격하며, 횟수 제한이 있는 스페셜 공격도 가능하다.

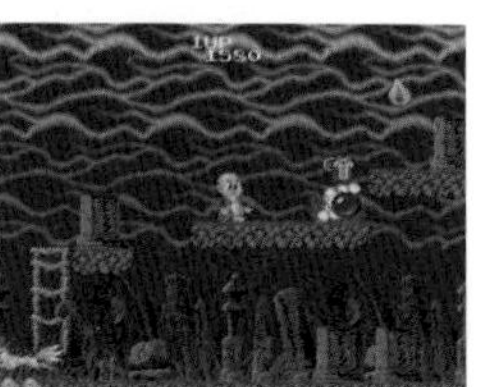
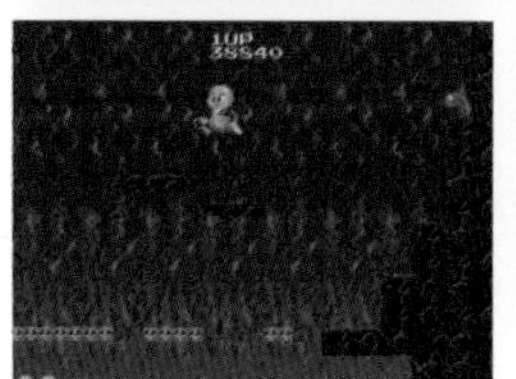
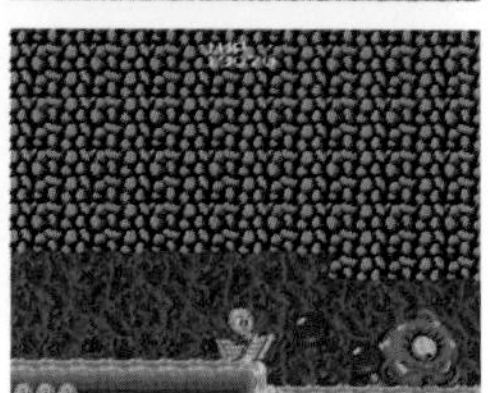

클랙스

● 발매일 / 1990년 8월 10일 ● 가격 / 5,900엔
● 퍼블리셔 / 텐겐

ATARI의 아케이드용 퍼즐게임을 이식했다. 화면 안쪽에서 굴러오는 패널을 받아서 가로 세로 대각선으로 같은 색을 3매 이상 나란히 놓아 지워간다. 조건을 달성하면 스테이지가 클리어 된다.

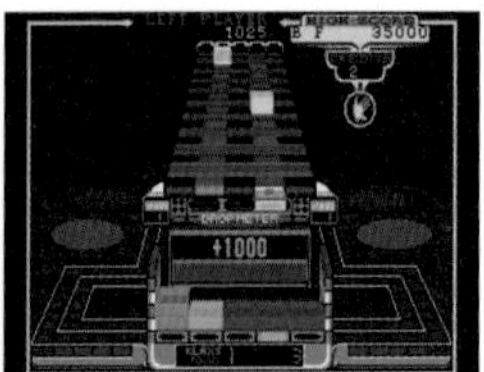

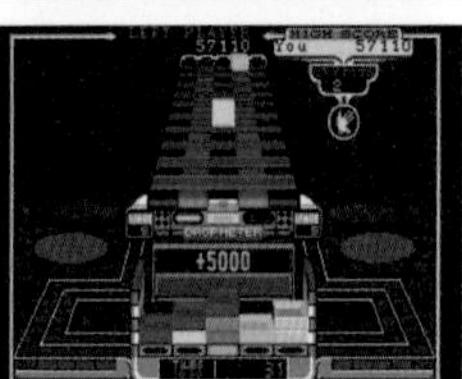

쇼기 초단 일직선

● 발매일 / 1990년 8월 10일 ● 가격 / 6,700엔
● 퍼블리셔 / 홈데이터

어린이용 장기인 모모타로 모드가 특징인데, 플레이어는 모모타로가 되어 도깨비를 물리쳐 간다. 본격적인 장기도 물론 있으며, 이기면 초단으로 인정받는다. 생각할 시간이 긴 것이 단점이라면 단점.

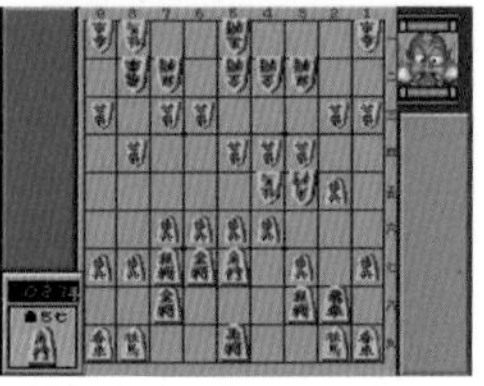
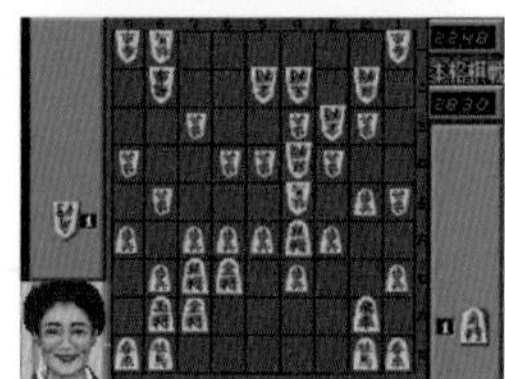

파워리그 III

● 발매일 / 1990년 8월 10일 ● 가격 / 5,800엔
● 퍼블리셔 / 허드슨

시리즈 3번째 작품이다. 전작과 크게 달라진 점은 없고, 선수 데이터를 교체한 버전에 해당한다. 팀명과 선수명은 가명이며, 실명이 사용된 것은 시리즈 5번째 작품부터다.

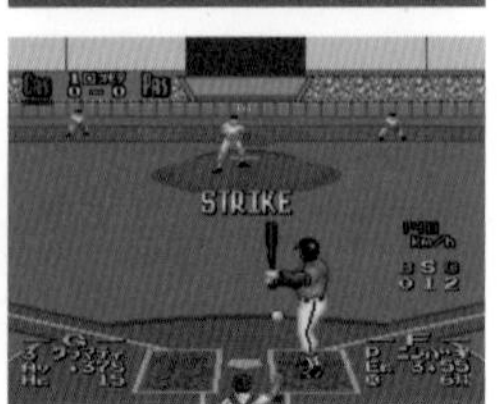

마작오공 스페셜

● 발매일 / 1990년 8월 10일 ● 가격 / 6,300엔
● 퍼블리셔 / 선소프트

샤노와르(シャノアール)가 개발한 정통파 4인 마작으로, AI의 높은 사고능력이 특징이다. 시리즈 첫 번째 작품은 패미컴의 디스크시스템으로 발매되었으며, 이 작품은 두 번째 작품에 해당한다.

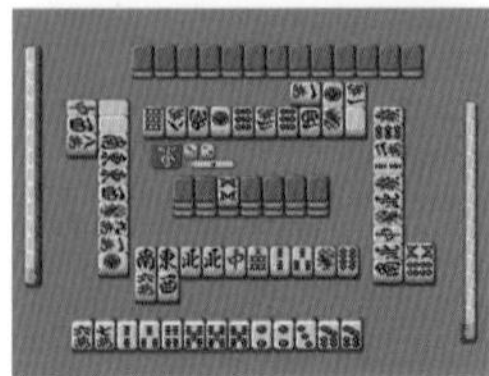
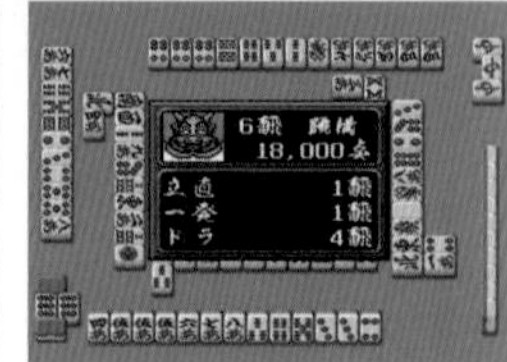

오퍼레이션 울프

● 발매일 / 1990년 8월 31일 ● 가격 / 7,200엔
● 퍼블리셔 / NEC애버뉴

타이토의 아케이드용 건 슈팅게임을 이식했다. 그러나 PC엔진에는 총의 유형을 입력하는 기기가 없기 때문에 패드로 커서를 이동시켜 조준하는 방식이 되었다.

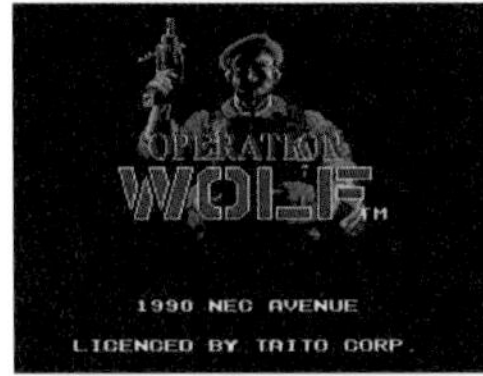

암흑전설

● 발매일 / 1990년 9월 7일 ● 가격 / 6,200엔
● 퍼블리셔 / 빅터음악산업

2년 전에 발매된 『마경전설』의 속편 격이다. 횡스크롤 액션게임이며, 무기는 아이템에 따라 칼·도끼·쇠사슬의 3종류로 변경 가능하다. 라이프제를 채용해서 구덩이에 빠지더라도 즉시 미스가 되지는 않는다.

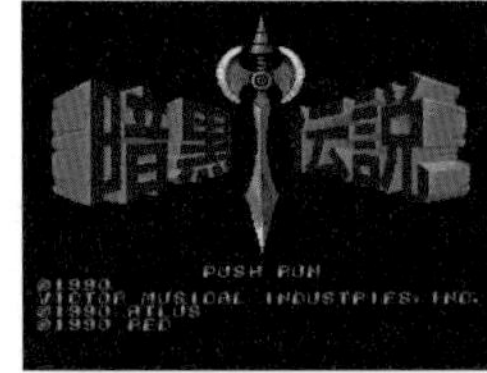

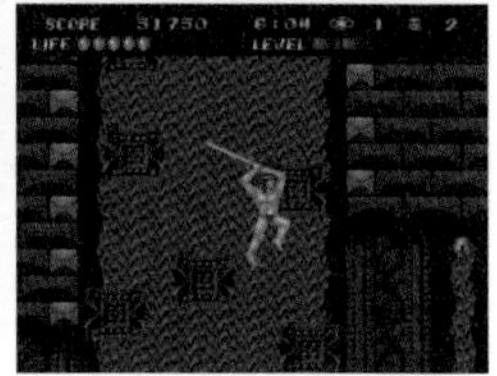

하니 온 더 로드

● 발매일 / 1990년 9월 7일 ● 가격 / 6,400엔
● 퍼블리셔 / 페이스

종스크롤 슈팅게임이었던 전작 『하니 인 더 스카이』와 달리 이 작품은 횡스크롤 액션게임이다. 킥에 의한 공격과 점프를 구사하여 앞으로 나아간다.

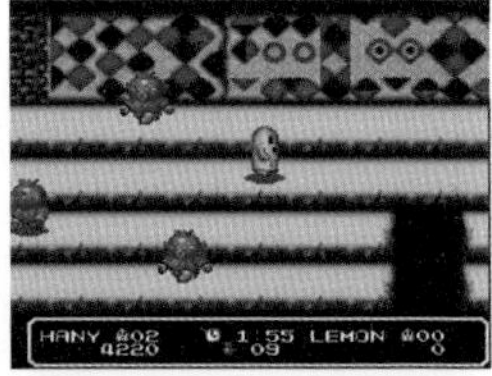

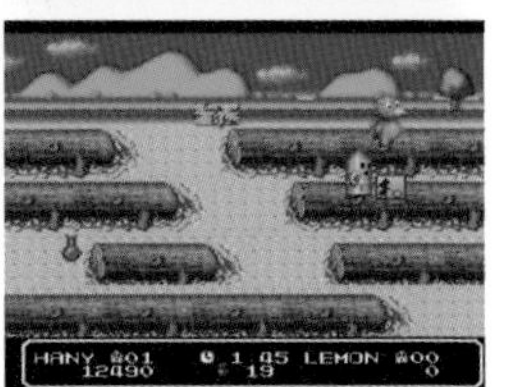

F1 서커스

● 발매일 / 1990년 9월 14일 ● 가격 / 6,900엔
● 퍼블리셔 / 일본물산

시리즈화 되어 오랫동안 인기였던 F1게임의 한 작품이다. 초고속 스크롤이 매력이며, 같은 타입의 게임에서는 유례없는 스피드 감으로 플레이어를 사로잡았다.

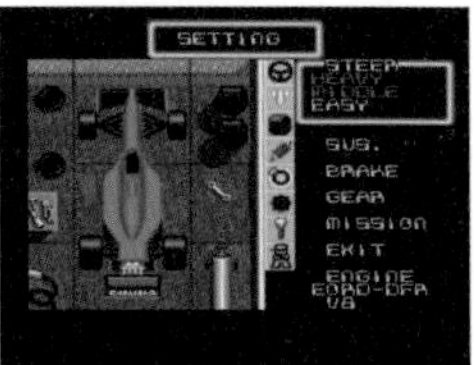

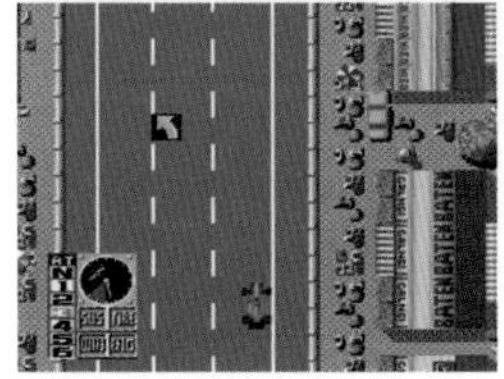
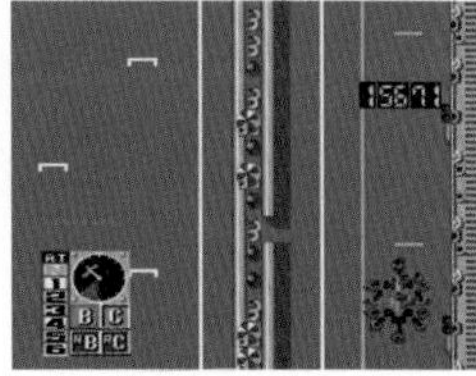

세키가하라

● 발매일 / 1990년 9월 14일 ● 가격 / 6,800엔
● 퍼블리셔 / 톤킨하우스

세키가하라 전투를 테마로 한 역사 시뮬레이션게임. 플레이어는 서군(西軍)을 담당하고, 도쿠가와 이에야스(徳川家康) 타도를 노린다. 컷인 영상을 건너뛸 수 없는 등 템포가 나쁘다는 지적을 받았다.

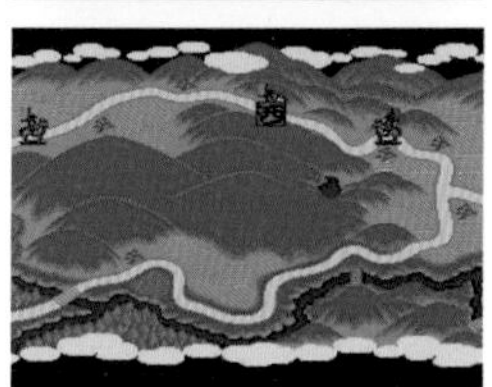

다라이어스 플러스

● 발매일 / 1990년 9월 21일 ● 가격 / 9,800엔
● 퍼블리셔 / NEC애버뉴

아케이드 판을 이식한 『슈퍼 다라이어스』를 Hu에 이식했다. 게임 밸런스 개선과 버그 해소 등 좋은 부분도 있지만, 보스가 삭제된 것은 유감스런 대목이다.

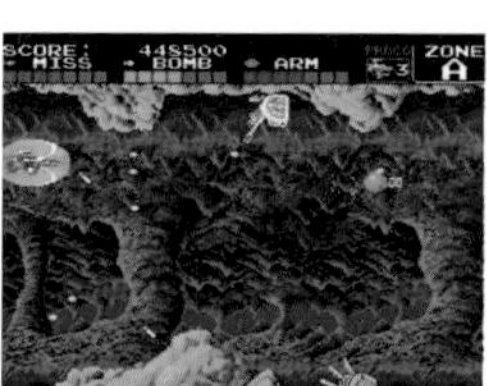
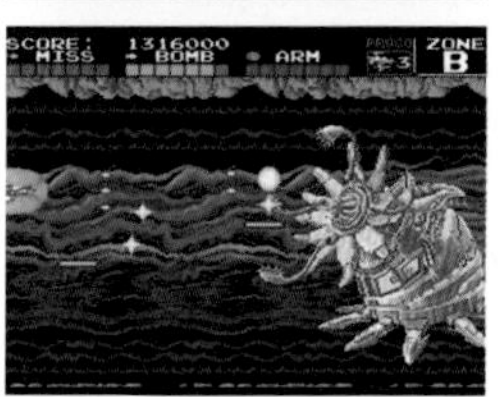
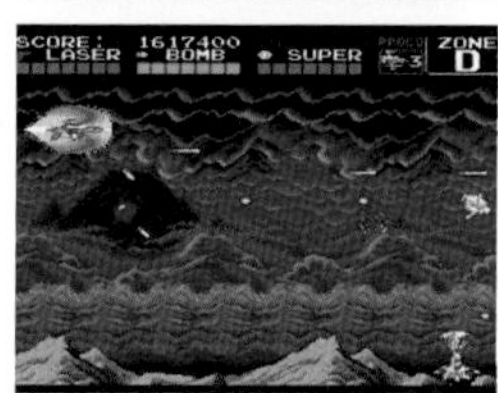

모모타로 활극

● 발매일 / 1990년 9월 21일 ● 가격 / 6,500엔
● 퍼블리셔 / 허드슨

모모타로 시리즈 첫 번째 액션게임으로, 난이도가 다른 4개의 모드를 선택할 수 있다. 스테이지를 클리어할 때마다 개·꿩·원숭이 행자가 동료가 되며, 경단을 먹이면 힘을 보태어준다.

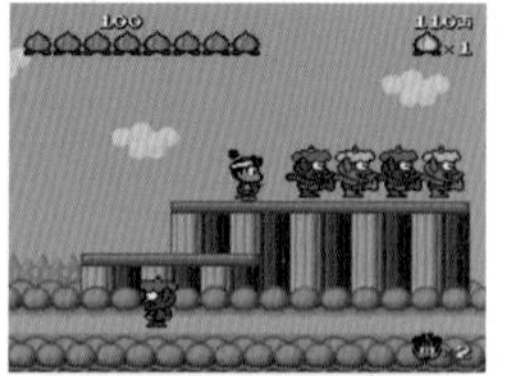

애프터버너 II

● 발매일 / 1990년 9월 28일 ● 가격 / 7,200엔
● 퍼블리셔 / NEC애버뉴

세가의 아케이드용 체감게임을 이식했다. 유사 3D 화면에서 전투기의 공중전을 즐길 수 있다. 화면처리 지연(処理落ち)도 거의 없고, 8비트기로서는 상당히 양호한 이식이었다.

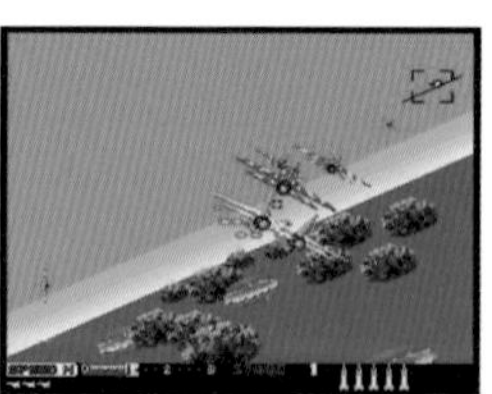
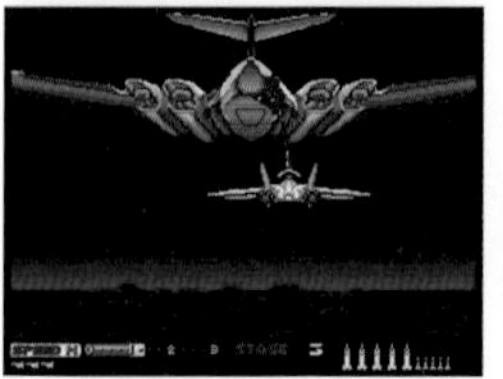

고모라 스피드

● 발매일 / 1990년 9월 28일 ● 가격 / 6,700엔
● 퍼블리셔 / 유피엘

PC엔진 오리지널의 괴이한 액션게임. 자기 기체는 처음에는 머리만 있는데, 동체 파츠와 접촉하면서 커져 간다. 그 동체로 먹이를 에워쌓아 포식하고, 모두 먹어치우면 스테이지 클리어다.

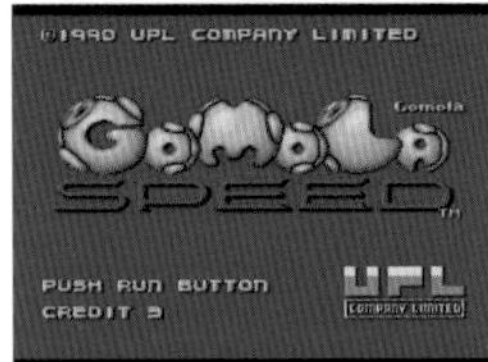

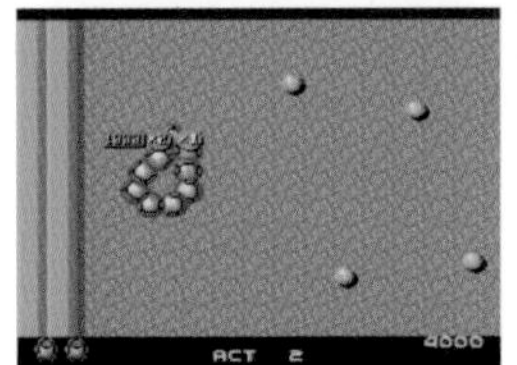

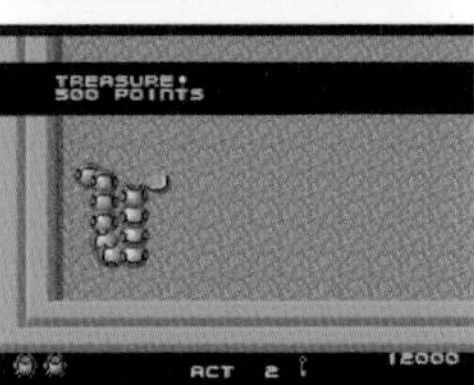

다이하드

● 발매일 / 1990년 9월 28일 ● 가격 / 7,200엔
● 퍼블리셔 / 팩인비디오

대히트 영화를 원작으로 한 액션슈팅게임. 주인공은 처음에는 맨손인데, 아이템을 취득하면 총기 공격이 가능해진다. 다만 탄약 수의 제한이 있어서 탄약을 다 쓰면 맨손으로 되돌아간다.

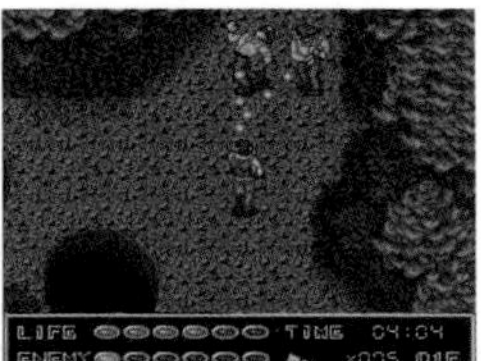

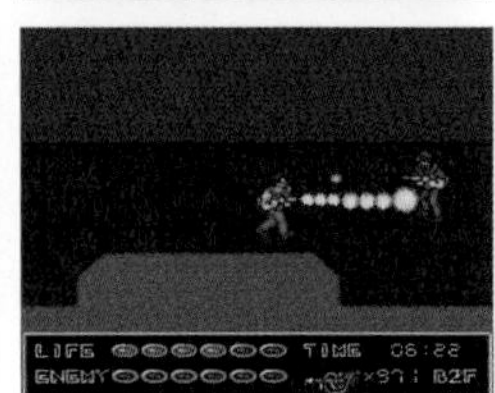

더블 링

● 발매일 / 1990년 9월 28일 ● 가격 / 6,300엔
● 퍼블리셔 / 나그자트

PC엔진 오리지널의 횡스크롤 슈팅게임. 아이템에 따라 자신의 기체에 링이 붙으며, 여기에 적탄을 맞추어 되받아치거나 링을 적에게 접촉시켜 데미지를 줄 수 있다.

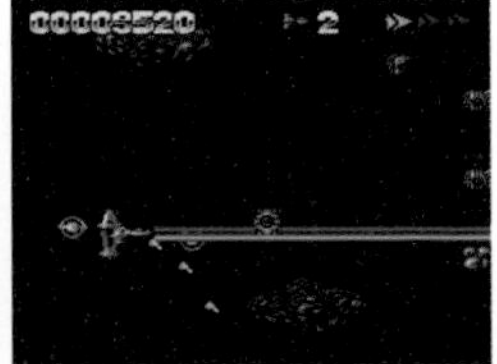

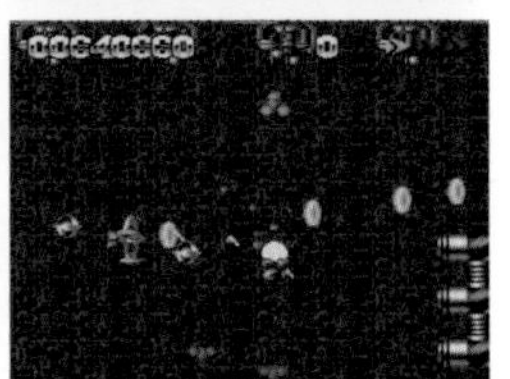

파이널 블라스터

● 발매일 / 1990년 9월 28일 ● 가격 / 6,800엔
● 퍼블리셔 / 남코

남코의 『보스코니안』 시리즈 3번째 작품에 해당한다. 아이템에 따라 샷의 파워업과 옵션 부착이 가능하다. 게임 후반의 난이도는 상당히 높아졌다.

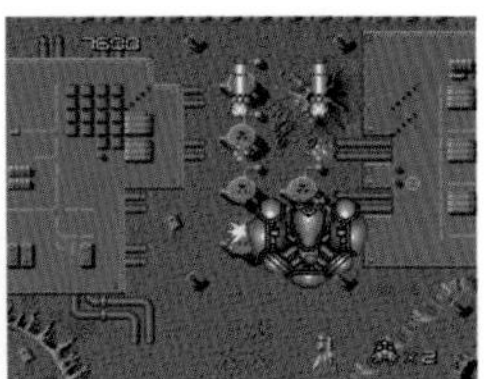
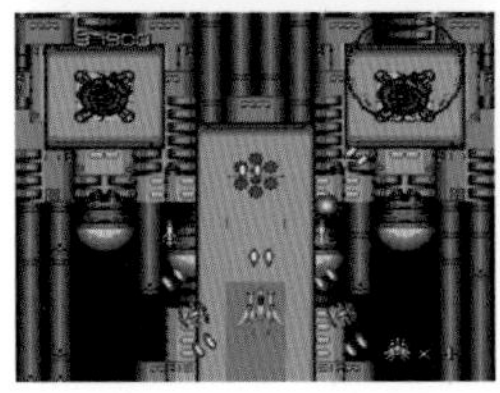
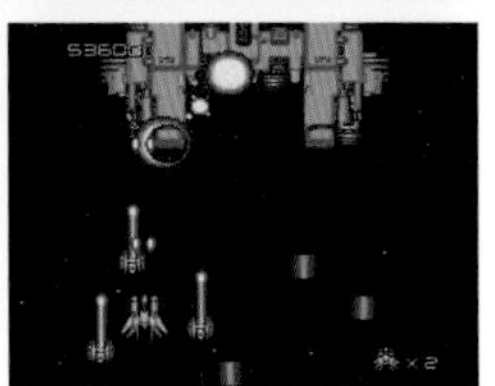

사이버 나이트

● 발매일 / 1990년 10월 12일 ● 가격 / 6,800엔
● 퍼블리셔 / 톤킨하우스

야스다 히토시(安田均), 오오카와라 쿠니오(大河原邦男) 등의 실력자들이 개발에 관여한 SF RPG다. 장갑복을 몸에 두른 용병이 주인공으로, 전투는 택티컬 컴배트 방식이다. 나중에 슈퍼패미컴에 이식되었다.

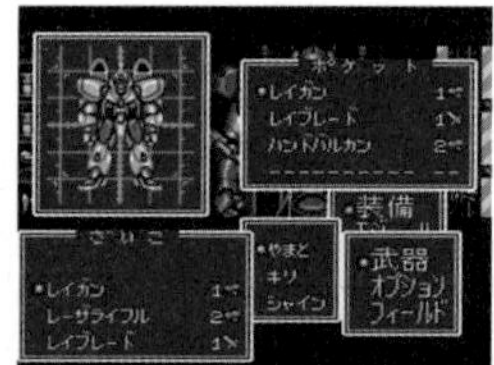

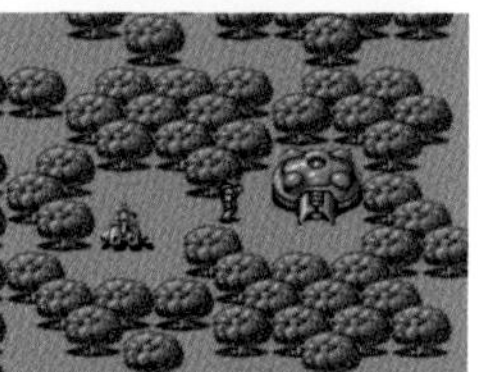

배트맨

● 발매일 / 1990년 10월 12일 ● 가격 / 6,500엔
● 퍼블리셔 / 선소프트

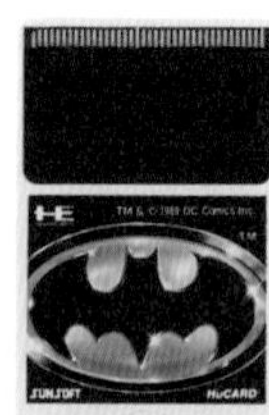

배트맨을 주인공으로 한 액션게임으로, 스테이지마다 조건을 충족하면 클리어 된다. 배트랑(부메랑 모양의 무기)으로 공격하며, 아이템에 따라 파워업도 가능하다.

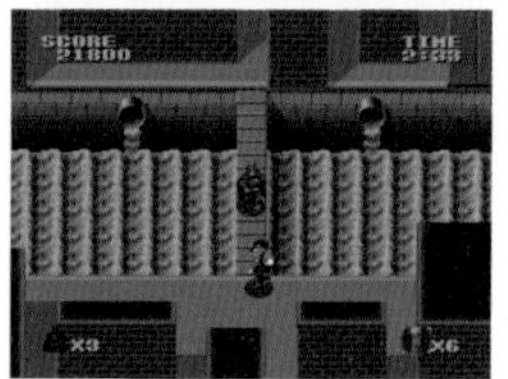

라비오 레프스 스페셜

● 발매일 / 1990년 10월 19일 ● 가격 / 6,800엔
● 퍼블리셔 / 비디오시스템

아케이드용 횡스크롤 슈팅게임을 이식했다. 플레이어의 기체는 토끼 모양으로 귀여운데 적은 섬뜩한 디자인이 많다. 샷 외에 탄수 제한이 있는 미사일로 적을 공격해 간다.

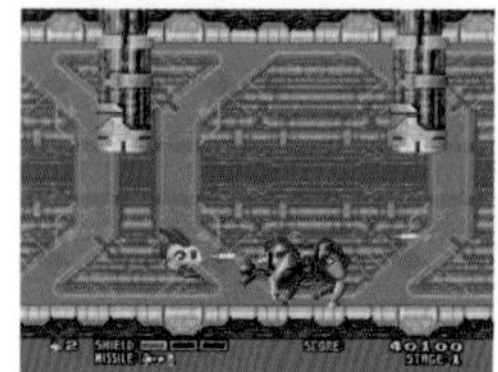

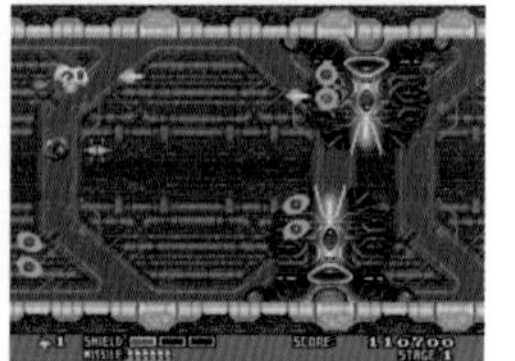

나그자트 스타디움

● 발매일 / 1990년 10월 26일 ● 가격 / 6,800엔
● 퍼블리셔 / 나그자트

당시 수없이 발매된 『패미스타』풍의 야구게임이며 팀 편집이 가능하다. 대단한 특징이 없는 만큼, 야구게임을 좋아한다면 처음 하는 플레이에도 별다른 위화감 없이 조작이 가능하다.

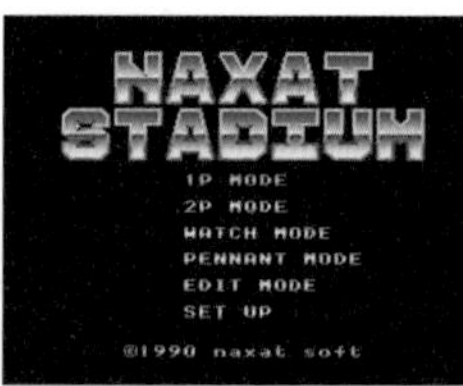

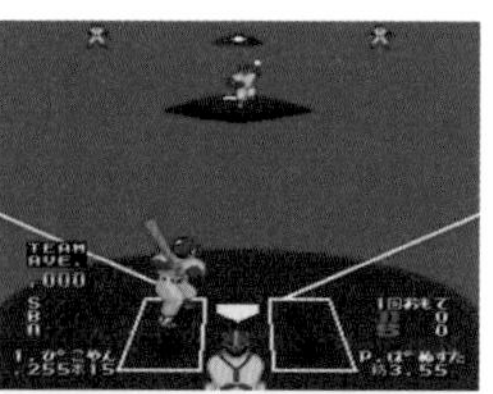

류큐

● 발매일 / 1990년 10월 26일 ● 가격 / 5,400엔
● 퍼블리셔 / 페이스

트럼프를 이용한 낙하물 퍼즐. 카드를 필드에 낙하시켜 가로 세로 대각선의 5장으로 포커의 역(役)을 만들어간다. 규정점수에 도달하면 다음 스테이지로 나아가며, 축하 이미지도 나온다.

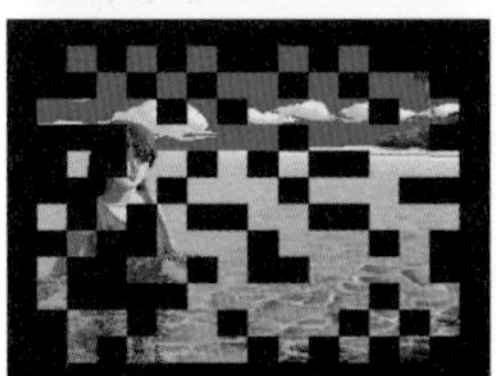
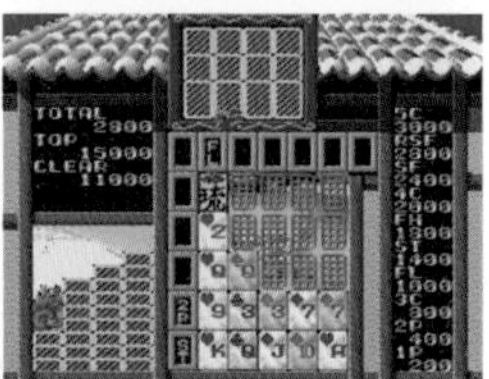

에어로 블래스터즈

● 발매일 / 1990년 11월 2일 ● 가격 / 6,500엔
● 퍼블리셔 / 허드슨

카네코(カネコ)가 개발한 아케이드용 횡스크롤 슈팅게임 『에어버스터』를 이식했다. 2P의 동시 플레이가 가능하며, 아이템에 따라 서브웨폰 체인지와 메인샷 파워업이 가능하다.

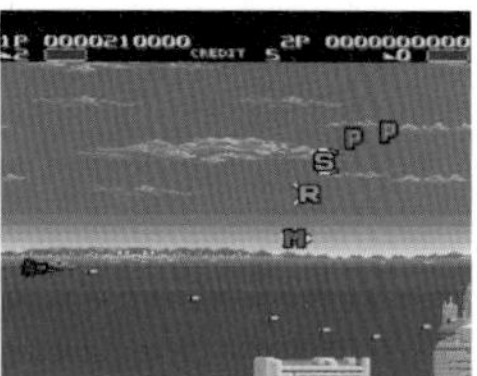

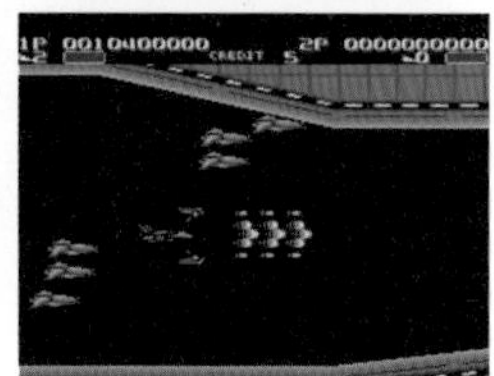

캇토비 ! 택배군

● 발매일 / 1990년 11월 9일 ● 가격 / 6,500엔
● 퍼블리셔 / 톤킨하우스

제목대로 짐 배달이 목적인 액션게임이다. 주인공은 자전거나 스쿠터를 타고 목적지로 향한다. 방해하는 적 캐릭터는 숍에서 구입한 폭탄으로 공격할 수 있다.

킥볼

● 발매일 / 1990년 11월 23일 ● 가격 / 6,200엔
● 퍼블리셔 / 일본컴퓨터시스템(메사이어)

어릴 적에 잘 놀았던 발야구를 게임화한 작품이다. 투수와 타자 모두 필살기를 쓸 수 있어서 사라지는 마구를 던지거나 강력한 슈퍼 킥을 찰 수도 있다.

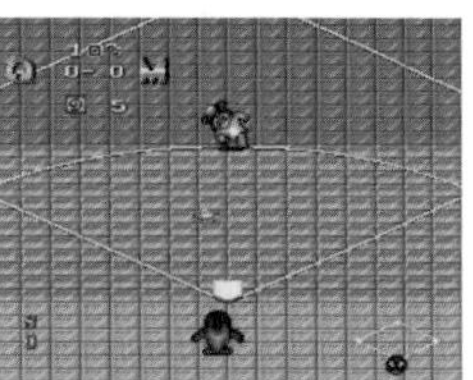
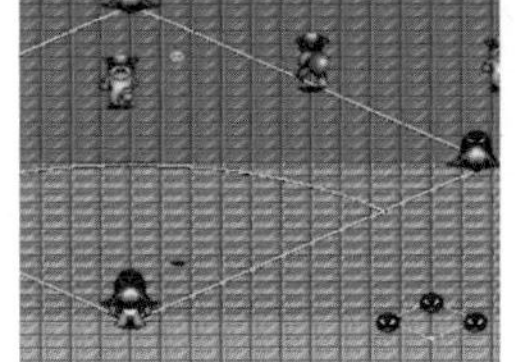
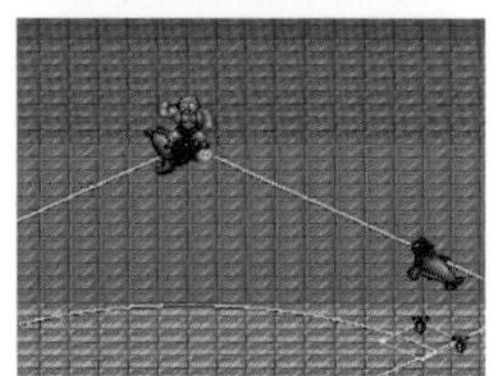

썬더블레이드

● 발매일 / 1990년 12월 7일 ● 가격 / 7,200엔
● 퍼블리셔 / NEC애버뉴

세가의 체감게임을 이식했다. 자신의 기체는 전투 헬기로, 지상과 공중의 적을 파괴하며 나아간다. 2D와 유사 3D 스테이지가 교대로 전개되며, 이식도는 가정용 하드웨어 중에서는 양호한 편이었다.

버닝 엔젤

● 발매일 / 1990년 12월 7일 ● 가격 / 6,700엔
● 퍼블리셔 / 나그자트

섹시한 요소가 있는 종스크롤 슈팅게임으로, 자신의 기체가 합체하는 것도 매력의 하나이다. 2인용은 물론 1인용에서도 합체는 가능하며, 단독의 경우보다 강력한 공격을 할 수 있다.

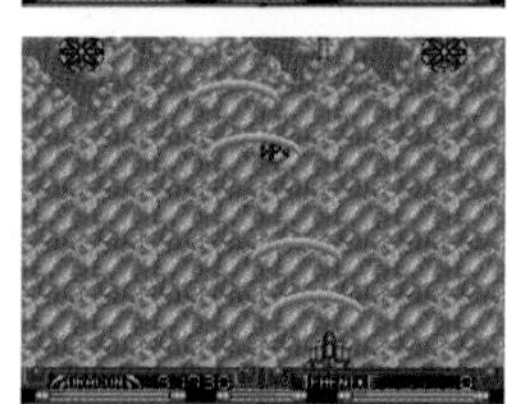

이상한 꿈의 앨리스

● 발매일 / 1990년 12월 7일 ● 가격 / 6,400엔
● 퍼블리셔 / 페이스

이상한 나라의 앨리스를 모티브로 하고 앨리스를 주인공으로 내세운 횡스크롤 액션게임이다. 소리로 공격하며 마법도 쓸 수 있다. 겉모습과는 반대로 난이도가 높지만, 다행히도 컨티뉴는 있다.

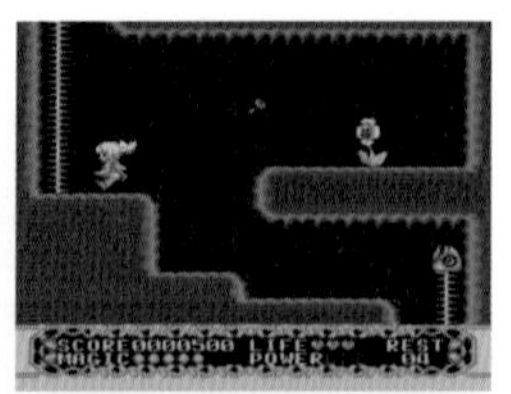

메르헨 메이즈

● 발매일 / 1990년 12월 11일 ● 가격 / 5,500엔
● 퍼블리셔 / 남코

남코의 아케이드용 종스크롤 액션슈팅게임으로, 이것도 모티브는 이상한 나라의 앨리스다. 비눗방울 공격과 샴푸를 구사해 앞으로 나아간다.

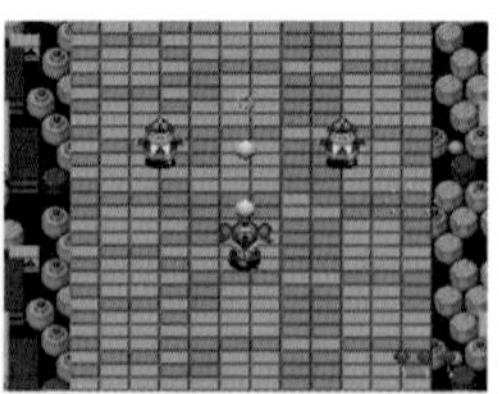
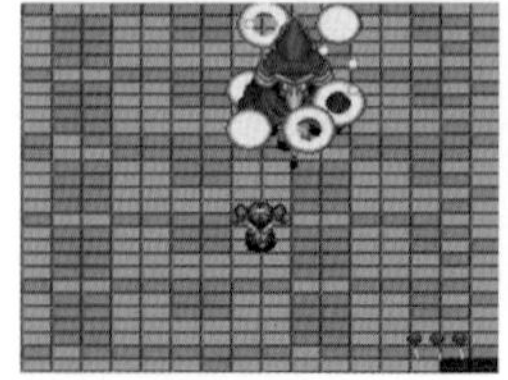
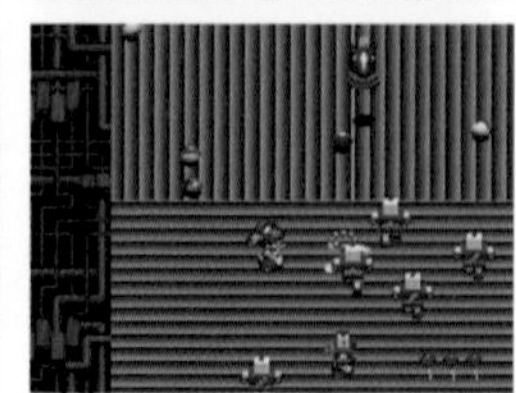

지팡구

● 발매일 / 1990년 12월 14일 ● 가격 / 6,200엔
● 퍼블리셔 / 팩인비디오

아케이드와 패미컴용 액션퍼즐게임 『솔로몬의 열쇠』를 이식한 작품인데, 제목이 크게 바뀌었다. 기본 시스템은 같지만 캐릭터 등 개작된 부분도 많다.

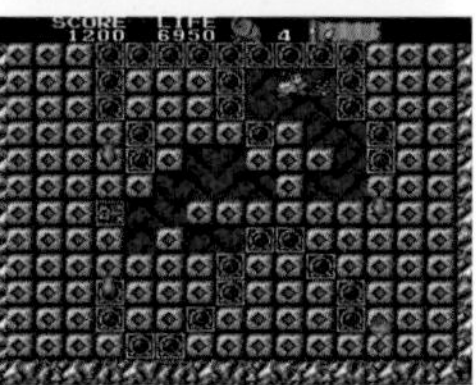

대선풍

● 발매일 / 1990년 12월 14일 ● 가격 / 7,200엔
● 퍼블리셔 / NEC애버뉴

타이토의 아케이드용 종스크롤 슈팅게임을 이식했다. 『비상교(飛翔鮫)』의 흐름을 받아들인 작품으로, 게임성은 수수하지만 옛날식 슈팅게임을 좋아하는 사람에게는 더할 나위 없는 게임이다.

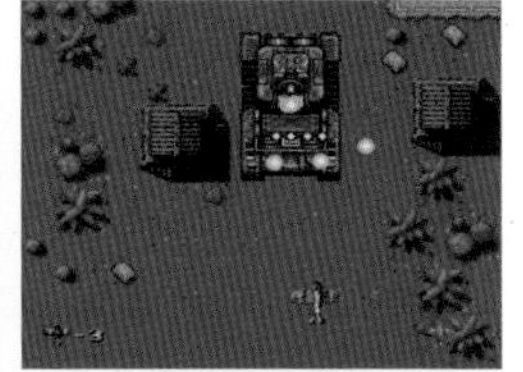
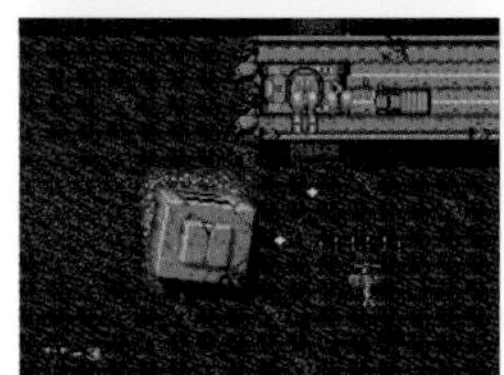
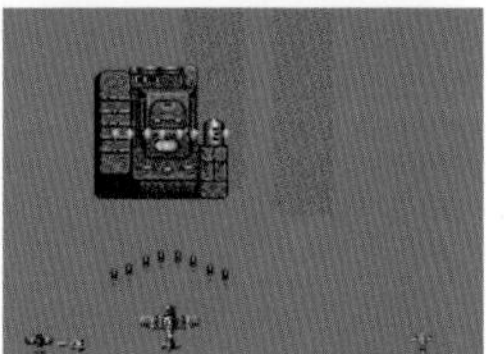

스핀페어

● 발매일 / 1991년 12월 14일 ● 가격 / 5,900엔
● 퍼블리셔 / 미디어링

PC엔진 오리지널 게임으로, 『뿌요뿌요(ぷよぷよ)』 분위기의 낙하물 퍼즐이다. 이른바 엔드리스한 노멀 모드, 노르마 클리어형 스토리모드, 대전형 모드를 즐길 수 있다.

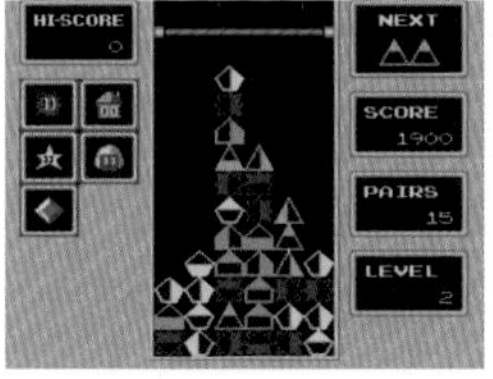

챔피언 레슬러

● 발매일 / 1990년 12월 14일 ● 가격 / 6,600엔
● 퍼블리셔 / 타이토

아케이드용 프로레슬링 게임을 이식했다. 8종류의 레슬러 중 1인을 선택해 2P 또는 CPU와 싸운다. PC엔진 판은 싱글매치 최종전에 CPU 전용 보스 캐릭터가 등장한다.

토이숍 보이즈

● 발매일 / 1990년 12월 14일 ● 가격 / 6,200엔
● 퍼블리셔 / 빅터음악산업

3인의 소년이 주인공인 종스크롤 슈팅게임이다. 버튼으로 전투 캐릭터를 전환하면 공격 방법이 바뀌는데, 장면에 따라 대처해갈 필요가 있다.

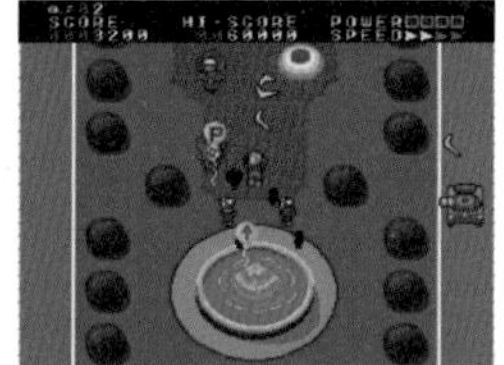

바이올런트 솔저

● 발매일 / 1990년 12월 14일 ● 가격 / 6,400엔
● 퍼블리셔 / 아이지에스

PC엔진 오리지널의 횡스크롤 슈팅게임이다. 3종류의 메인샷은 아이템으로 교체 가능하며, 모아 쏘기(タメ撃ち)도 있다. 자기 기체의 앞쪽 주둥이 부분은 무적(無敵)이며, 버튼으로 열고 닫을 수 있다.

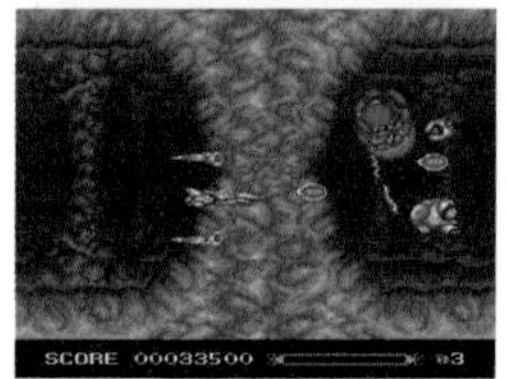
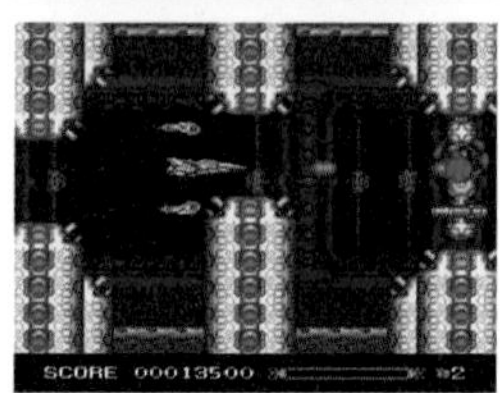

왈라비

● 발매일 / 1990년 12월 14일 ● 가격 / 6,500엔
● 퍼블리셔 / 일본컴퓨터산업(메사이어)

소형 캥거루인 왈라비를 기르는 시뮬레이션 게임이다. 왈라비를 레이스에 내보내고 상금으로 아이템을 구입해준다. 최종목표는 킹컵 제패다.

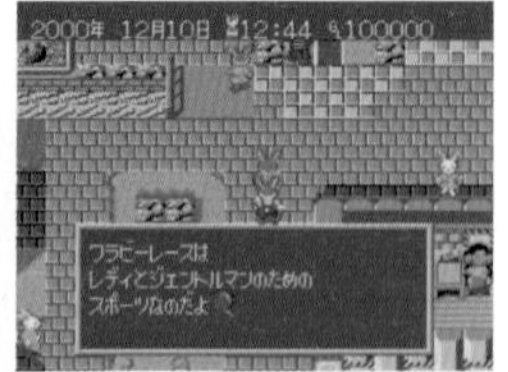
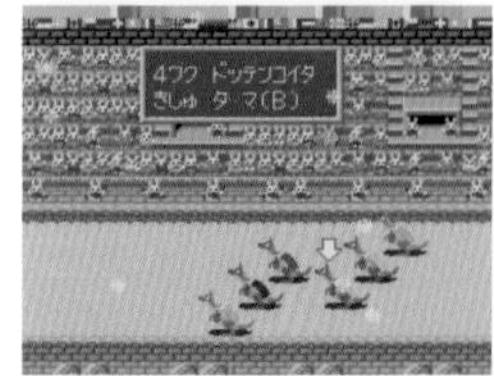

아웃런

● 발매일 / 1990년 12월 21일 ● 가격 / 7,200엔
● 퍼블리셔 / NEC애버뉴

세가의 대히트 레이싱게임을 이식했다. PC엔진 버전은 뿌리가 해외판이기도 하고 이식도가 조금 부족했지만, 당시는 『아웃런』을 집에서 할 수 있다는 것만으로도 대만족이었다.

크로스와이버 사이버 컴뱃 폴리스

● 발매일 / 1990년 12월 21일 ● 가격 / 6,780엔
● 퍼블리셔 / 페이스

전년도에 발매된 『사이버크로스』의 속편. 주인공은 영웅으로 변신해 싸운다. 도중에 슈팅 스테이지도 삽입되었는데, 전작에 비해 전체적으로 파워다운 되었다.

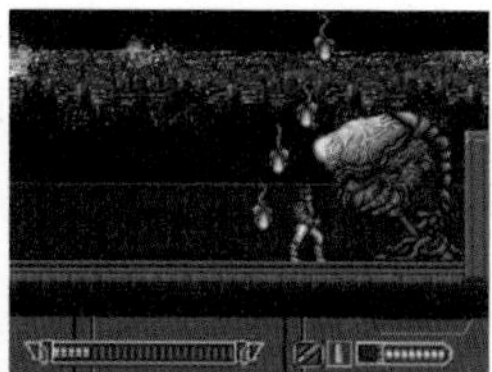
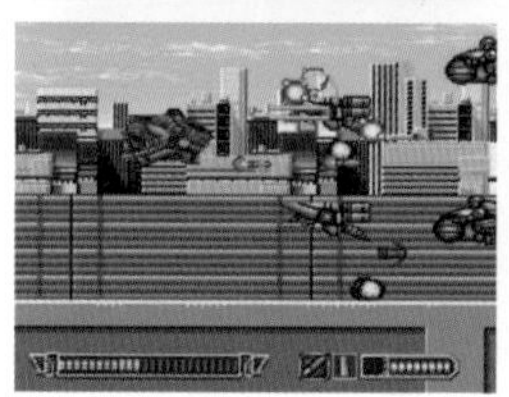
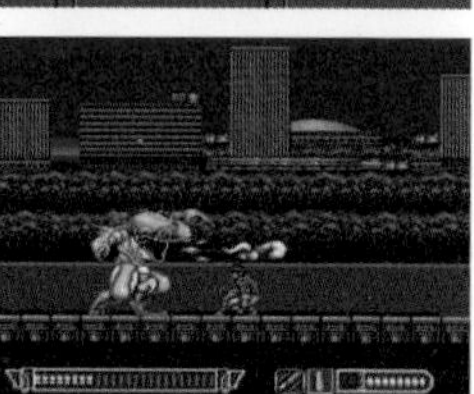

천성룡

● 발매일 / 1990년 12월 21일 ● 가격 / 7,200엔
● 퍼블리셔 / 에이컴

드래곤 모양의 자기 기체가 특징인 아케이드용 횡스크롤 슈팅게임을 이식했다. 꼬리 부분은 무적이며 적탄을 없앨 수도 있다. 패턴 요소가 강한 게임으로 난이도는 높은 편이다.

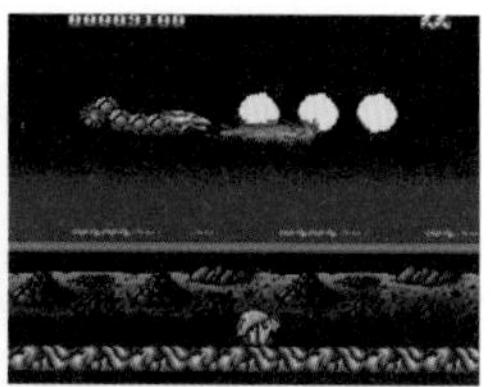
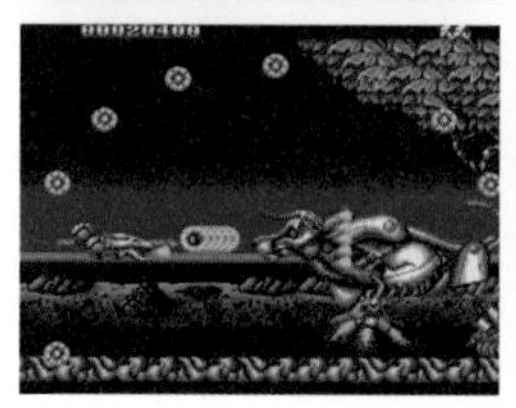
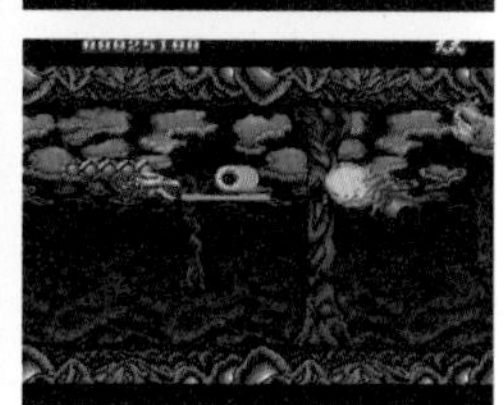

마계 프린스 도라봇짱

● 발매일 / 1990년 12월 21일 ● 가격 / 6,700엔
● 퍼블리셔 / 나그자트

나그자트의 마스코트 캐릭터 '도라봇짱'을 주인공으로 한 횡스크롤 액션게임. 코믹한 캐릭터는 귀엽지만, 스테이지가 약간 단조롭고 조작성이 나쁘다는 단점도 안고 있다.

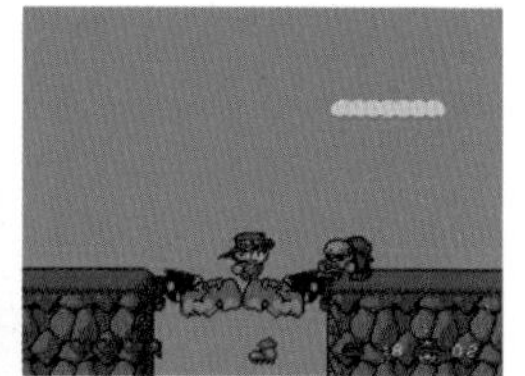
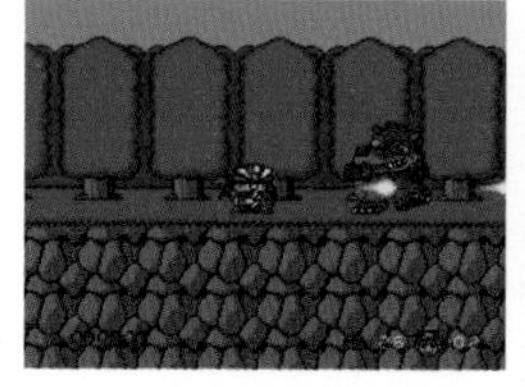

레이저액티브 (NEC홈일렉트로닉스 판)

● 발매일 / 1993년 12월 1일 ● 가격 / 89,800엔
● 메이커 / NEC홈일렉트로닉스

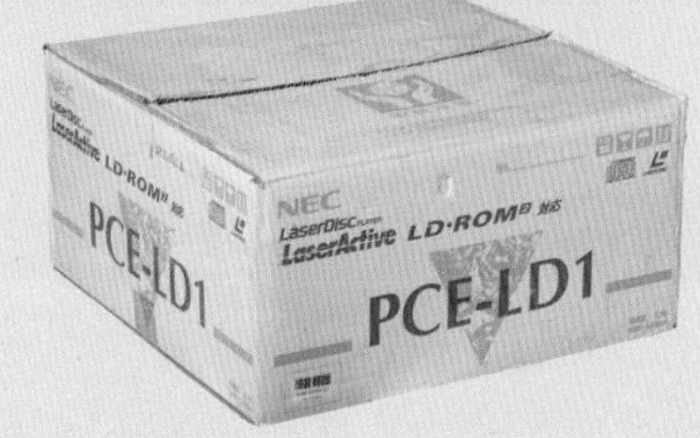

파이오니아 버전과는 카테고리가 다르지만 성능 면에 차이는 없다. LD는 이미 DVD로 대체되었지만, 아케이드의 LD게임을 그대로 즐길 수 있는 등 게이머의 로망으로 가득 찬 게임기였다.

매지컬 체이스

● 발매일 / 1991년 11월 15일 ● 가격 / 7,800엔
● 퍼블리셔 / 팔소프트

『택틱스 오우거(タクティクスオウガ)』 등으로 유명한 퀘스트(クエスト)가 개발한 횡스크롤 슈팅게임이며, 프리미엄 가격의 레어 소프트로 알려졌다. 자기 기체 주위에 적탄을 없앨 수 있는 별 모양의 옵션이 있으며, 기체의 이동에 맞춰 앞뒤로 움직일 수 있다. 파워업은 숍에서 구입하는 방식으로, 적을 무찌를 때 출현하는 크리스털을 취하면 자금이 늘어난다. 초회 판과 재판매 판은 패키지에 차이가 있지만 모두 중고 가격이 높다. 유통 수량이 적을 뿐 아니라 내용적으로도 우수한 프리미엄 소프트웨어다.

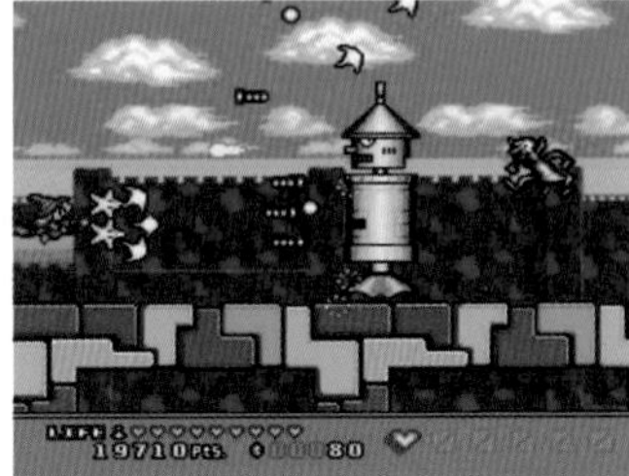

오버라이드

● 발매일 / 1991년 1월 8일 ● 가격 / 6,500엔
● 퍼블리셔 / 데이터이스트

데이터이스트에서 발매된 PC엔진 오리지널의 종스크롤 슈팅게임. 샷을 쏘지 않고 있으면 모아 쏘기가 가능해지며, 화면 전체를 공격하는 강력한 샷을 쏠 수 있다.

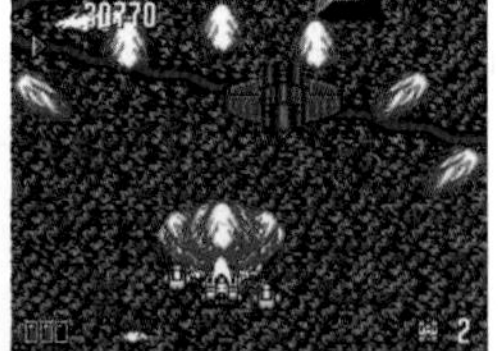

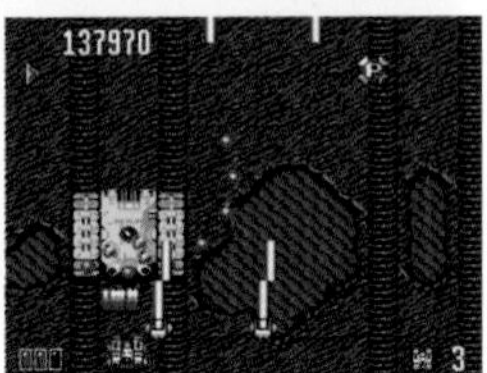

카다쉬

● 발매일 / 1991년 1월 18일 ● 가격 / 6,600엔
● 퍼블리셔 / 타이토

아케이드 액션 RPG를 이식했다. 캐릭터에 따라서 PC엔진 판은 다소 엄격했던 시간 제한이 사라져 충분히 레벨업 하고 나서 앞으로 나아갈 수 있지만 그 대신에 컨티뉴가 없다.

비매품에 대하여

「슈퍼 리얼 마작 PII · PIII 커스텀 스페셜」 등 위작이 대량 유통되고 있는 것, 배포 경로가 불분명한 「요괴도중기 골드 버전」 등은 아래의 목록에서 제외했다. 또한 「라플라스의 마녀 PREVIEW DISK」는 비매품이라기보다 통신판매에 가까운 형태지만, 만약을 위해 게재했다는 점을 표기해둔다. 또한 등장 시기는 잡지 등의 자료에서 추정한 것이기 때문에 주의하시길.

비매품 (Hu카드)

타이틀	등장시기	퍼블리셔	비고
다라이어스 알파	1990년	NEC애버뉴	'슈퍼 다라이어스' 설명서의 로고마크나 '다라이어스 알파'의 앙케이트 엽서로 응모
컴뱃 스페셜 버전	1989년	허드슨	카라반 대회장이나 PC엔진 전문지의 현상공모 외에 '프로디어 W 찬스 캠페인(퀴즈)'으로도 배포
솔저 블레이드 스페셜 버전	1992년	허드슨	카라반 대회장이나 PC엔진 전문지의 현상공모 외에 허드슨에 선정된 '마스터클래스' 인정자에게도 배포
파워리그 올스타	1988년	허드슨	멤버 표 · 허드슨 특제 슬리브가 부족. 코로코로코믹(88년 8월호 여름방학 증간호)의 '올스타 인기투표' 응모자에게 추첨으로 배포. 세세 · 파파(セセ · パパ) 양 리그 올스타팀만 수록
PC원인3 체험판	1993년	허드슨	'PC원인3 데모플레이 체험' 캠페인 참가점 (전국의 완구점 약 400점포)에 배포
파이널 솔저 스페셜 버전	1991년	허드슨	
봄버맨 유저 배틀	1990년	허드슨	'대전(對戰) 봄버맨 대회' 캠페인 참가점 (전국의 완구점 약 400점포)에 배포
봄버맨 '93 스페셜 버전	1992년	허드슨	'봄버맨 '93대회' 캠페인 참가점 외에 월간 PC엔진 기획 '폭렬!! 봄버클럽'에서 배포

비매품 (슈퍼 CD-ROM2)

타이틀	등장시기	퍼블리셔	비고
천외마경 ZIRIA	1992년 10월 20일	허드슨	PC엔진 DUO&CD-ROM2 백만대 돌파!! 기념세일로서 'DUO' 구입자와 '매지쿨(マジクール)'의 마법 64개 전부를 발견한 사람 등에게 선물로 증정.
천외마경 덴덴노덴	1994년	허드슨	'천외마경 덴덴노카부키전' 허드슨의 회보지 '유머네트워크' 94년도 정기구독회원 등에 선물로 증정.
DUO-RX 발매기념 특별판 PC엔진 하이퍼 카탈로그 CD-ROM A DISC	1994년 8월 22일	NEC홈 일렉트로닉스	'DUO-RX 발매기념 특별판 PC엔진 CD-ROM 캡슐'에 부속
DUO-RX 발매기념 특별판 PC엔진 하이퍼 카탈로그 CD-ROM B DISC	1994년 8월 22일	NEC홈 일렉트로닉스	'DUO-RX 발매기념 특별판 PC엔진 CD-ROM 캡슐'에 부속
라플라스의 악마 프리뷰 디스크	1993년 1월	휴먼	캠페인 포스터가 게시된 숍의 매장 앞에서 응모용지를 받아 퍼블리셔에 신청해 구입할 수 있었다(휴먼클럽회원이라면 배송료 · 수수료 포함 1,000엔). 체험판의 캐릭터를 제품판으로 이어서 하는 것도 가능
페이스볼 체험판	1993년 10월 1일	리버힐소프트	'미로의 벽 신문(迷路の壁　新聞)' 부속
플래시 하이더즈	1993년	라이트스터프	PC엔진 전문지 등으로 배포.
봄버맨 '94 체험판	1993년 7월	허드슨	제1회 허드슨 슈퍼카라반의 각 대회장 (포인트랠리 pointrally) 등에서 선물로 증정.

'천외마경 ZIRIA' (비매품)

PC엔진 DUO&CD-ROM2 백만대 돌파!! 기념세일로서 DUO 구입자나 SCD '매지쿨'에서 'NEC로부터의 도전장 마법 찾기 캠페인' (게임 안에 총 64개의 마법을 전부 발견한다) 등의 경품으로 배포되었다.

재키 찬

● 발매일 / 1991년 1월 18일 ● 가격 / 6,500엔
● 퍼블리셔 / 허드슨

세계적 액션스타 '재키 찬(성룡)'과 제휴한 작품으로, 장르는 물론 액션 게임이다. 거의 동시에 발매된 패미컴 판과는 스테이지 구성 등이 다르다.

S.C.I

● 발매일 / 1991년 1월 25일 ● 가격 / 7,200엔
● 퍼블리셔 / 타이토

카 체이스로 범인을 막다른 곳까지 추격하는 『체이스H.Q.』의 속편이며 아케이드 게임에서 이식되었다. 기본 시스템은 전작과 같은데, 이 작품에서는 몸싸움 외에 총기 공격도 가능해졌다.

파라솔 스타

● 발매일 / 1991년 2월 15일 ● 가격 / 6,600엔
● 퍼블리셔 / 타이토

아케이드에서 히트한 『버블보블(バブルボブル)』 속편 제3탄으로, PC엔진 전용 타이틀로 발매된 것이 이 작품이다. 점프와 우산 개폐를 이용해 화면상의 적을 모두 물리치면 스테이지 클리어.

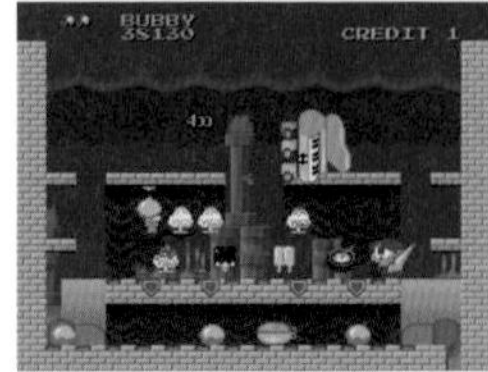

퍼즐보이

● 발매일 / 1991년 2월 22일 ● 가격 / 6,400엔
● 퍼블리셔 / 일본텔레네트

원조는 게임보이의 작품인데, PC엔진에도 이식되었다. 조종 장치를 이용해 포테링(ポテリん)을 골을 향해 가게 하는 퍼즐게임이며, PC엔진 GT의 대전에도 대응했다.

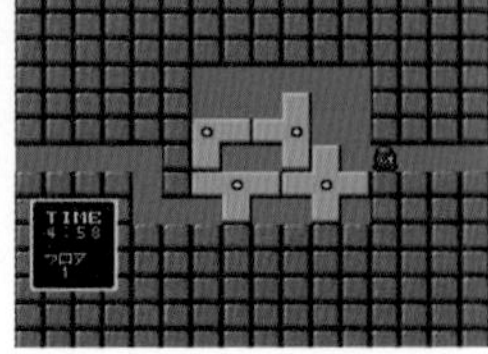

데드문 달세계의 악몽

● 발매일 / 1991년 2월 28일 ● 가격 / 7,400엔
● 퍼블리셔 / 티에스에스

티에스에스라는 마이너 퍼블리셔가 개발한 횡스크롤 슈팅게임이다. 잔기제(殘機制)이지만, 자신의 기체가 파워업 상태라면 피격되더라도 곧장 미스가 되지 않는다는 특징이 있다.

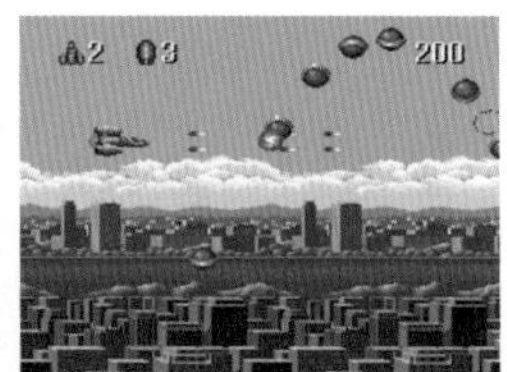

파이널매치 테니스

● 발매일 / 1991년 3월 1일 ● 가격 / 5,700엔
● 퍼블리셔 / 휴먼

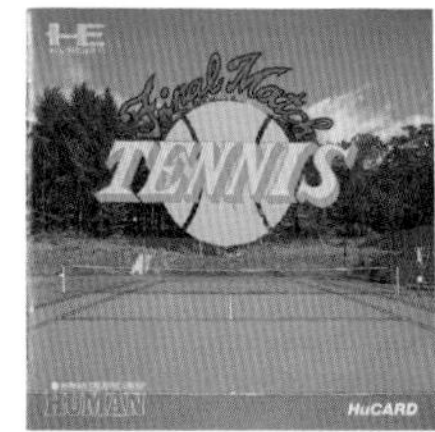

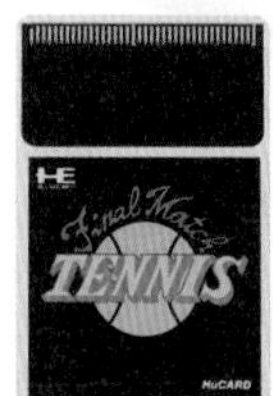

휴먼이 개발한 테니스게임이다. 만듦새는 마니아 취향이며, 상대 코트로 되받아치려면 정밀한 타이밍이 요구된다. 그 때문일까? 트레이닝 모드를 탑재했다.

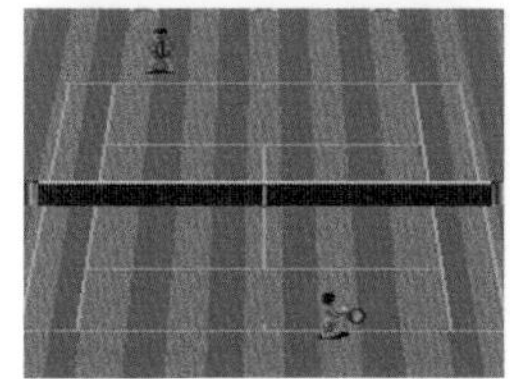

제로 4 챔프

● 발매일 / 1991년 3월 8일 ● 가격 / 6,900엔
● 퍼블리셔 / 미디어링

다수의 하드웨어로 전개한 『제로4 챔프』 시리즈의 첫 번째 작품이다. 등장 차종은 실제 차종이고, 자금을 벌기 위한 요소로서 미니게임이 수록되었으며 어드벤처 색채가 짙다.

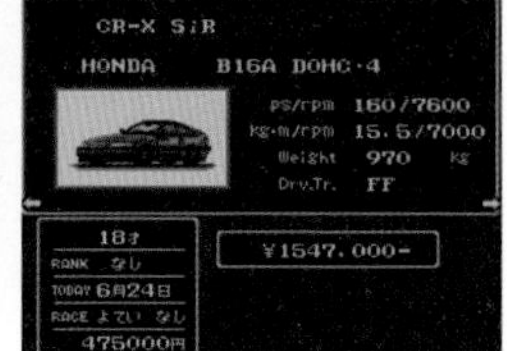

레전드 오브 히어로 톤마

● 발매일 / 1991년 3월 13일 ● 가격 / 7,000엔
● 퍼블리셔 / 아이렘

주인공의 이름이 불쌍한 액션게임. 샷과 점프를 구사해 유괴된 공주를 구출한다. 오리지널은 아케이드 게임으로, 가정용 게임기로는 PC엔진이 유일하다.

오봇차마군

● 발매일 / 1991년 3월 15일 ● 가격 / 6,800엔
● 퍼블리셔 / 남코

고바야시 요시노리(小林よしのり) 원작의 개그만화 및 애니메이션과 제휴한 작품이다. 장르는 횡스크롤 액션게임으로, 십자 키와 버튼을 조합해 다양한 차마(茶魔)의 개그 액션을 즐길 수 있다.

타이탄

● 발매일 / 1991년 3월 15일 ● 가격 / 5,900엔
● 퍼블리셔 / 나그자트

『타이탄』은 색다른 블록 깨기 게임이다. 고정화면이 아니라 넓은 필드에서 스크롤 하는 것이 특징. 제한시간 내에 블록을 전부 없애면 스테이지는 클리어 된다.

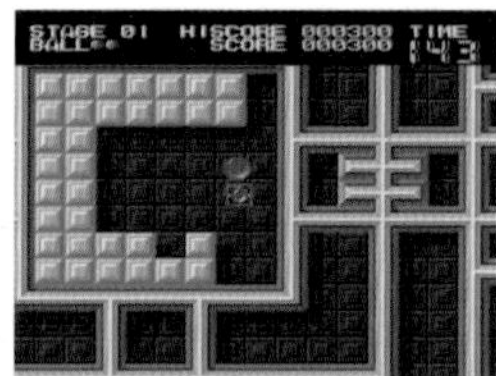
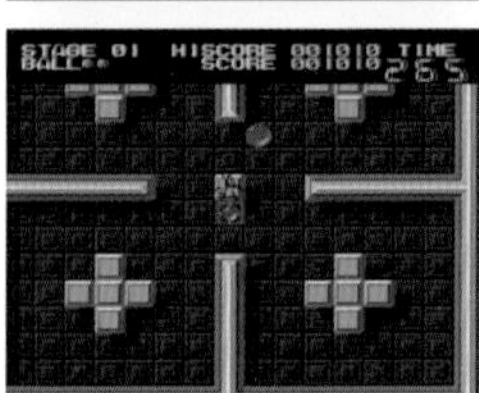

프로야구 월드 스타디움' 91

● 발매일 / 1991년 3월 21일 ● 가격 / 5,800엔
● 퍼블리셔 / 남코

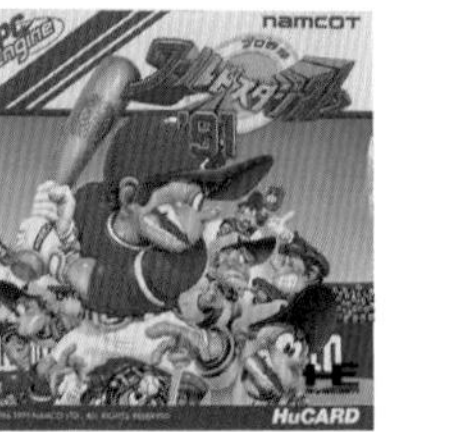

『패미스타』 시리즈의 PC엔진 판인 『워-스타』 두 번째 작품이다. 파인플레이나 타자의 호조(好調) 상태 등이 도입되었다. 멀티탭을 이용한 협력 플레이도 가능하다.

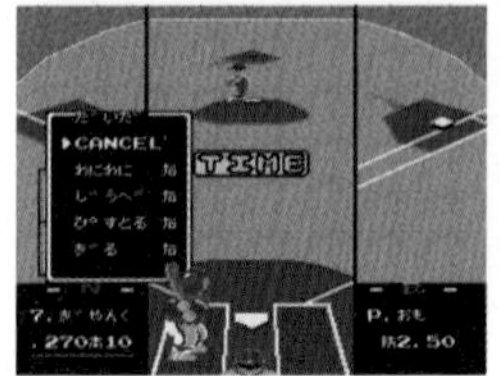
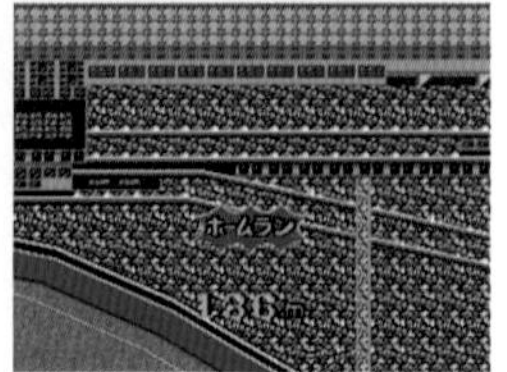

1943 개(改) 미드웨이 해전

● 발매일 / 1991년 3월 22일 ● 가격 / 7,200엔
● 퍼블리셔 / 나그자트

이 작품은 아케이드의 종스크롤 슈팅게임 『1943 미드웨이 해전』의 마이너 체인지 판을 이식했다. 본가는 캡콤의 작품이지만, 이 작품은 나그자트가 개발·판매했다.

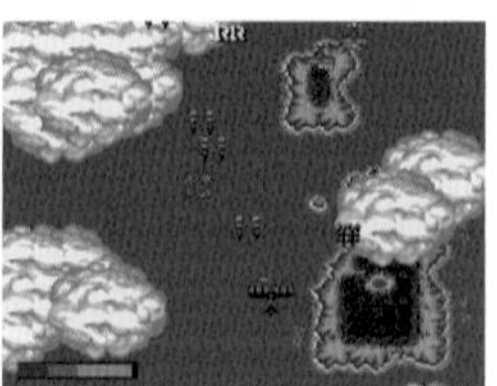
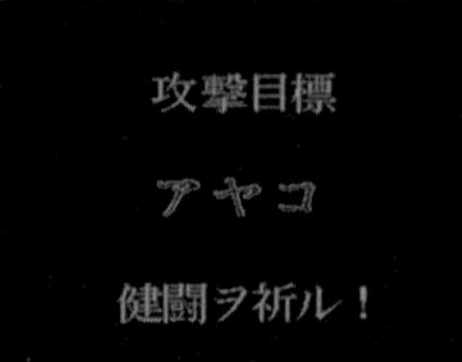

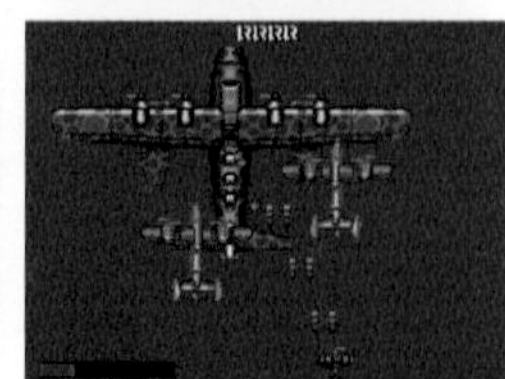

컬럼스

● 발매일 / 1991년 3월 29일 ● 가격 / 6,400엔
● 퍼블리셔 / 일본텔레네트

세가가 개발한 연쇄 개념을 도입한 낙하물 퍼즐게임으로, 보석을 쌓아 올려 없애 간다. 아케이드로부터 수많은 하드웨어에 이식되었으며, PC엔진 판은 일본텔레네트가 발매했다.

사일런트 디버거즈

● 발매일 / 1991년 3월 29일 ● 가격 / 6,800엔
● 퍼블리셔 / 데이터이스트

『사일런트 디버거즈』는 1인칭 시점의 유사 3D 슈팅게임이다. 모습이 보이지 않는 적을 소리에 의지해 찾아내기 때문에 게임 중에는 BGM이 흐르지 않는데, 이것이 공포감을 연출한다.

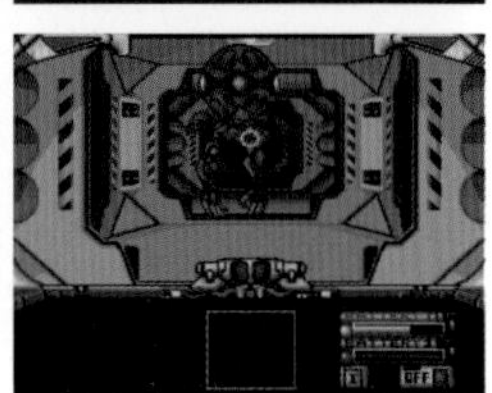

TV 스포츠·풋볼

● 발매일 / 1991년 3월 29일 ● 가격 / 6,700엔
● 퍼블리셔 / 빅터음악산업

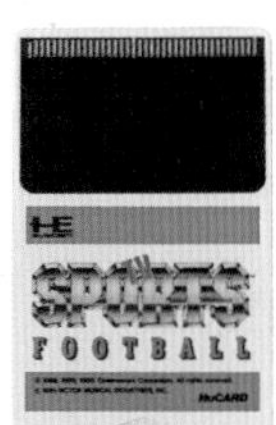

빅터가 PC엔진에서 전개한 『TV 스포츠』 시리즈의 한 작품. 미식축구 시합을 리얼하게 재현하였으며, 선수 개별적으로 지시를 내릴 수 있는 등 세세한 부분에도 신경을 썼다.

모토로더 II

● 발매일 / 1991년 3월 29일 ● 가격 / 6,500엔
● 퍼블리셔 / 일본컴퓨터시스템 (메사이어)

1989년에 발매된 『모토로더』의 속편. 뭐든지 다 있는 레이싱게임으로, 전작보다 방해요소가 늘었다. 그래서 멀티탭을 이용한 다인전이 뜨겁게 달아올랐다.

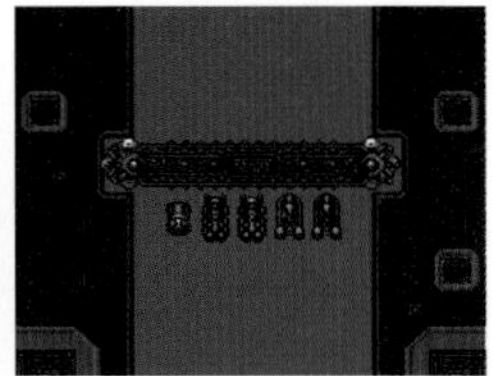

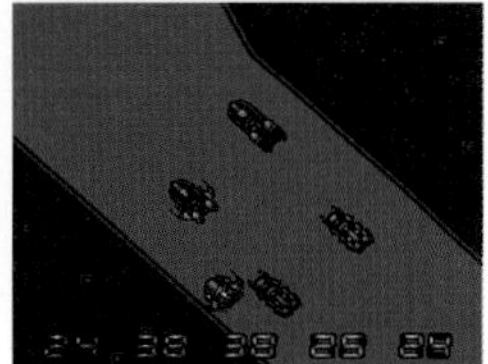

파퓰러스

● 발매일 / 1991년 4월 5일 ● 가격 / 7,800엔
● 퍼블리셔 / 허드슨

플레이어는 신이 되어 민족을 번영시키고, 최종적으로는 적대하는 민족을 멸망시키는 것이 목적이다. 갓(god)게임으로 불리는 리얼타임 시뮬레이션으로, 원래는 해외 PC게임이다.

이터널 시티 도시전송계획

● 발매일 / 1991년 4월 12일 ● 가격 / 6,900엔
● 퍼블리셔 / 나그자트

공각기동대의 작가인 시로 마사무네(士郎正宗)가 직접 캐릭터 디자인을 한 슈팅게임. 아르기데로스(アルギデロス)라는 로봇을 조작해 적을 무찌르며 광대한 맵을 탐색해 간다.

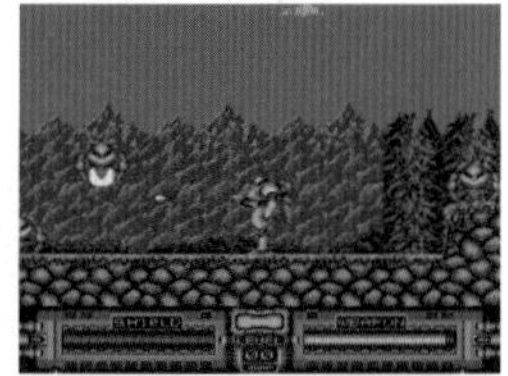

어드벤처 아일랜드

● 발매일 / 1991년 4월 19일 ● 가격 / 5,300엔
● 퍼블리셔 / 허드슨

이 작품은 아케이드게임 『원더보이 몬스터랜드』의 속편이다. 드래곤의 주술로 리자드맨이 돼버린 주인공이 본래의 모습을 되찾기 위해 모험여행을 나서는 액션 RPG.

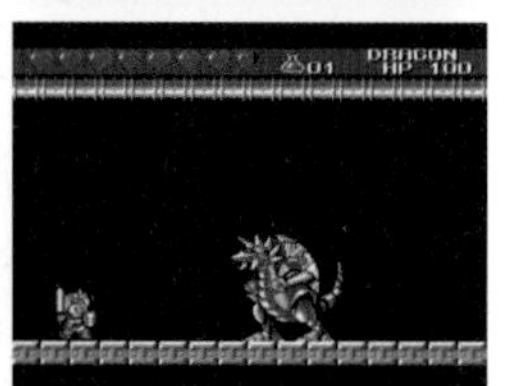

레이저액티브 컨트롤팩

● 발매일 / 1993년 8월 20일 ● 가격 / 39,000엔
● 퍼블리셔 / 파이오니아

팩을 장착해서 PC엔진, ROM2, SCD에 더해 레이저액티브 전용 LD-ROM2를 즐길 수 있다. 제품번호는 PAC-N1. 아울러 메가드라이브, 메가CD, 메가LD를 즐길 수 있는 주변기기의 제품번호는 PAC-S1.

개조정인 슈비빔맨 2 새로운 적

● 발매일 / 1991년 4월 27일 ● 가격 / 6,600엔
● 퍼블리셔 / 일본컴퓨터시스템(메사이어)

1989년에 발매된 『개조정인 슈비빔맨』의 속편. 플레이 캐릭터는 다이스케나 캬피코 중 하나를 선택할 수 있다. 게임은 주로 액션 파트와 슈팅 파트로 나뉜다.

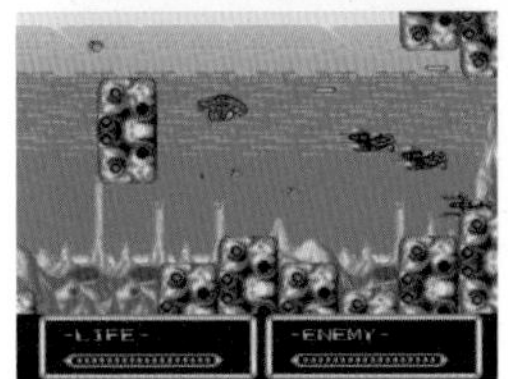

해트리스

● 발매일 / 1991년 5월 24일 ● 가격 / 5,800엔
● 퍼블리셔 / 마이크로캐빈

『테트리스』 제작자 알렉세이 파지노프가 직접 작업한 유니크한 낙하물 퍼즐게임을 이식했다. 낙하해 오는 모자를 같은 종류끼리 5개 겹치면 지워지는 시스템이다.

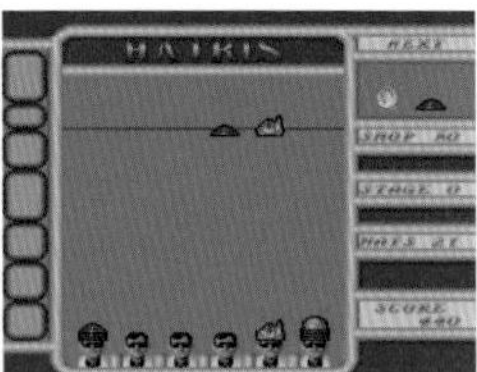

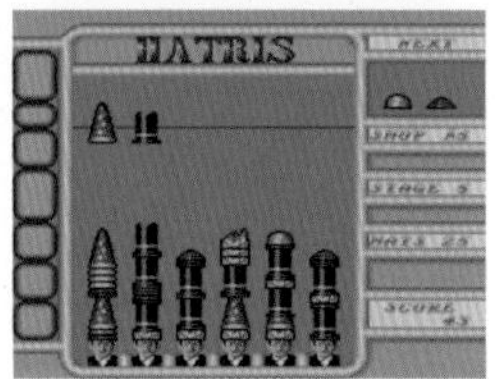

파워일레븐

● 발매일 / 1991년 6월 21일 ● 가격 / 5,800엔
● 퍼블리셔 / 허드슨

이 작품은 허드슨이 PC엔진에서 전개한 『파워』 시리즈의 한 작품으로, 패널티킥 전이나 시합 관전 등 다채로운 모드를 탑재한 축구게임이다. 연출에 공을 들였으며 캐릭터 그림도 인상적이다.

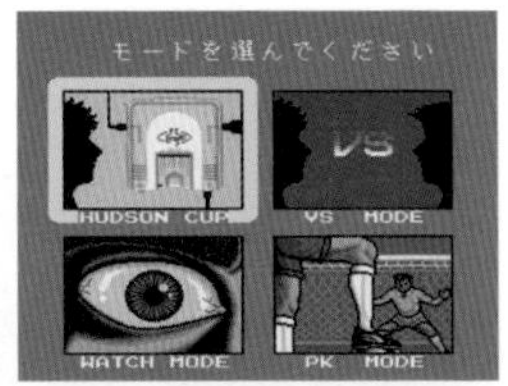

파이널 솔저

● 발매일 / 1991년 7월 5일 ● 가격 / 6,500엔
● 퍼블리셔 / 허드슨

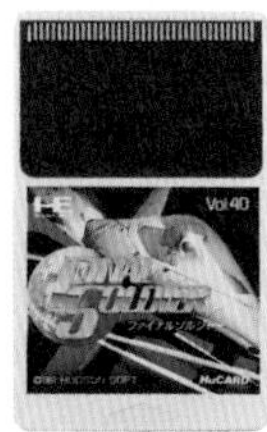

제7회 허드슨 전국 카라반에서 사용된 슈팅게임. 『스타 솔저』 시리즈의 계보를 이은 작품이기도 하다. 메인모드에서는 시작 전에 샷의 성능이나 난이도를 선택할 수 있다.

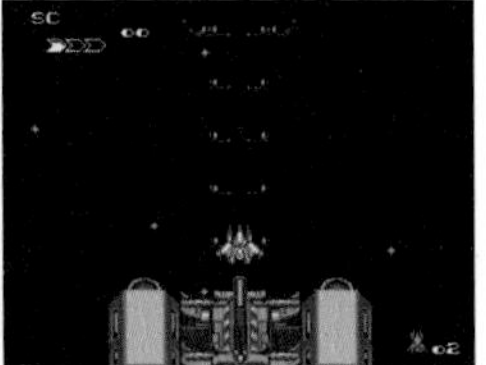

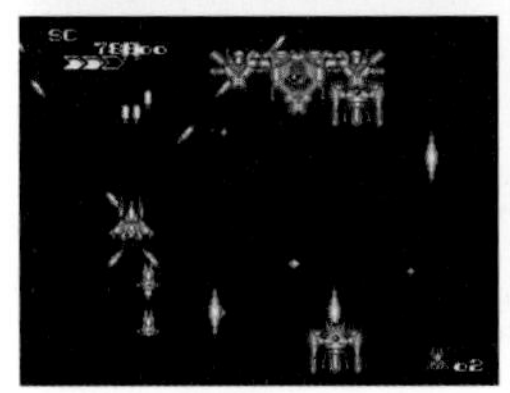

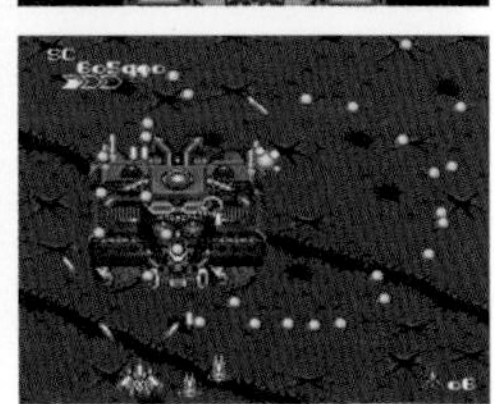

트릭키

● 발매일 / 1991년 7월 6일 ● 가격 / 6,700엔
● 퍼블리셔 / 아이지에스

『트릭키』는 스토리성이 있는 퍼즐게임이다. 주인공이 6인이며, 스테이지를 공략해 가면 비주얼신이 흐른다. 동일한 대상물을 걷어차서 없애 가는 것이 규칙이다.

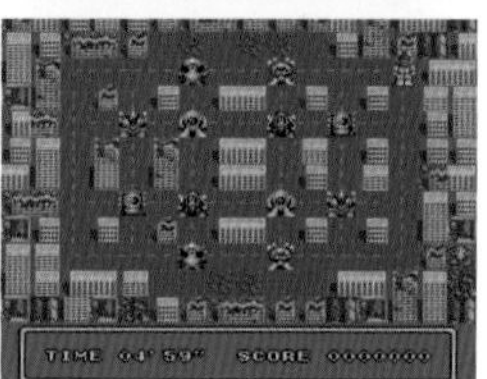

F1 서커스' 91

● 발매일 / 1991년 7월 12일 ● 가격 / 6,900엔
● 퍼블리셔 / 일본물산

『F1서커스』 시리즈 제2탄. 전작보다 도전 코스가 늘어났고 전체적으로 난이도가 높아졌다. 머신 세팅이나 피팅 전략도 계승되었다.

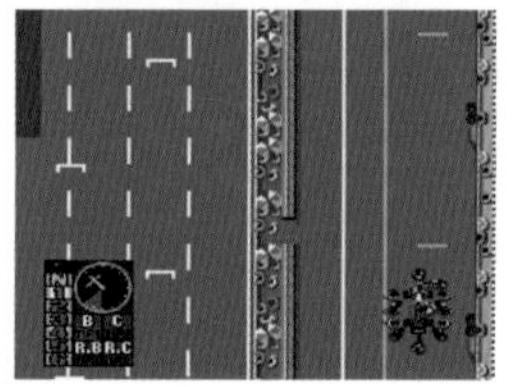

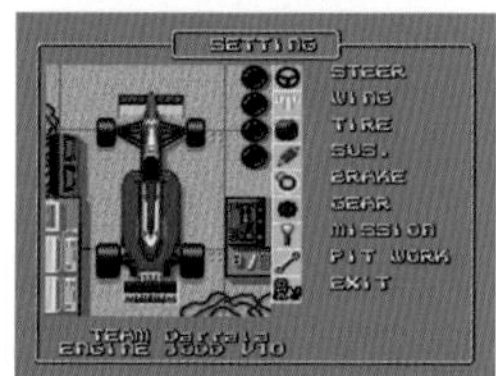

메탈 스토커

● 발매일 / 1991년 7월 12일 ● 가격 / 6,980엔
● 퍼블리셔 / 페이스

이 작품은 사이버 전차를 조작해 각 에리어를 공략해가는 전방위 스크롤형 슈팅게임이다. 임의로 8방향 이동이 가능하며, 샷의 방향고정 버튼이 할당되었다.

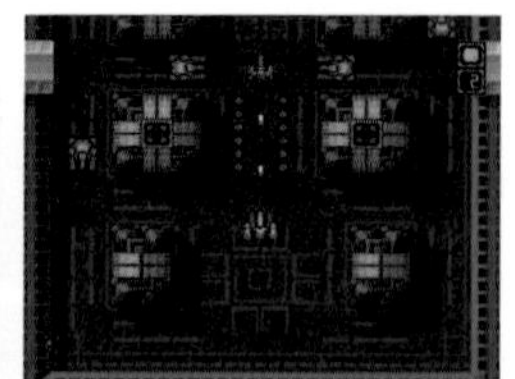

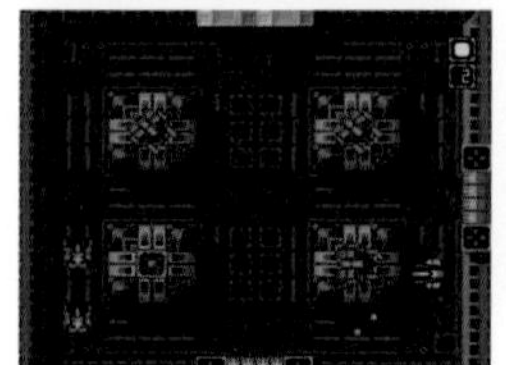

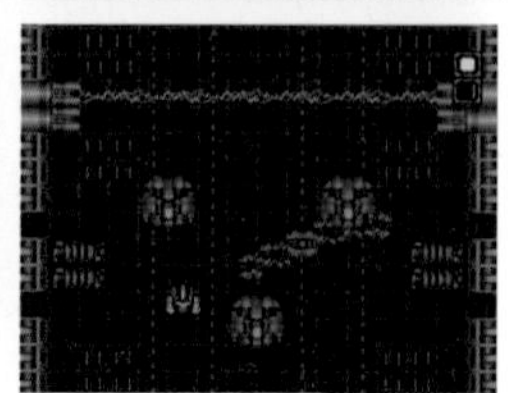

PC원인 2

● 발매일 / 1991년 7월 19일 ● 가격 / 5,800엔
● 퍼블리셔 / 허드슨

1989년에 발매된 『PC원인』의 속편이다. 사용할 수 있는 액션이 늘어났고 만화고기(マンガ肉)로 변신하는 형태도 새로워졌다. 스테이지의 무대도 다양성이 풍부하며 세계관이 더 코믹해졌다.

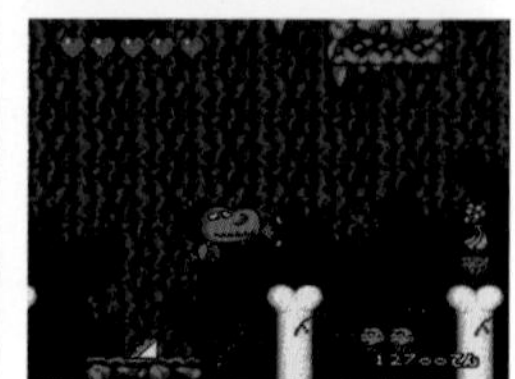

레이싱 혼

● 발매일 / 1991년 7월 19일 ● 가격 / 7,000엔
● 퍼블리셔 / 아이렘

아이렘이 발매한 바이크 레이스게임. 게임보이에서 이식한 작품으로 레이스 전에 머신 세팅이 가능하다. 레이스 화면이 상하로 분할된 것이 특징이다.

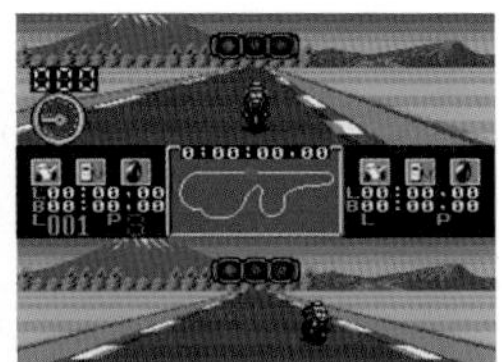
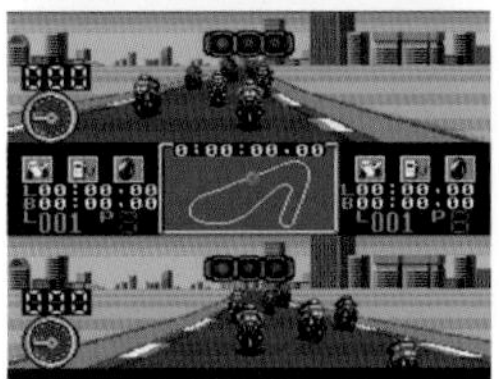

스퀵

● 발매일 / 1991년 8월 2일 ● 가격 / 6,400엔
● 퍼블리셔 / 빅터음악산업

화면상의 적을 피하거나 또는 물리치면서 패널의 색깔을 핑크로 바꿔 칠해가는 액션퍼즐게임. 스테이지에는 제한시간도 마련되었다. 오리지널은 프랑스산 PC게임.

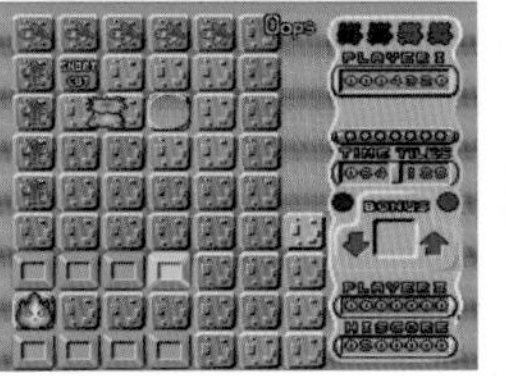

하나 타카 다카 (기고만장)!?

● 발매일 / 1991년 8월 9일 ● 가격 / 7,200엔
● 퍼블리셔 / 타이토

이 작품은 타이토가 판매한 PC엔진 오리지널 슈팅게임이다. 횡스크롤로 전개되는 게임은 텐구(天狗)를 조작해서 총 6스테이지를 클리어 하는 것이 목표다. 텐구는 대·중·소 3사이즈로 변화한다.

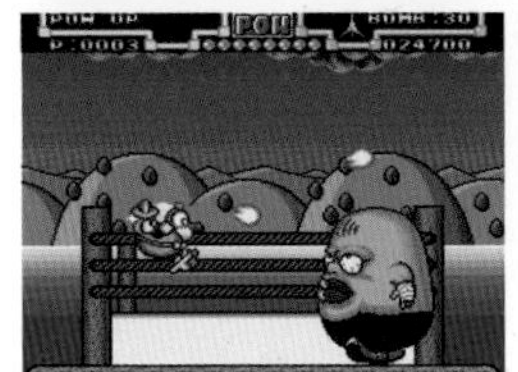
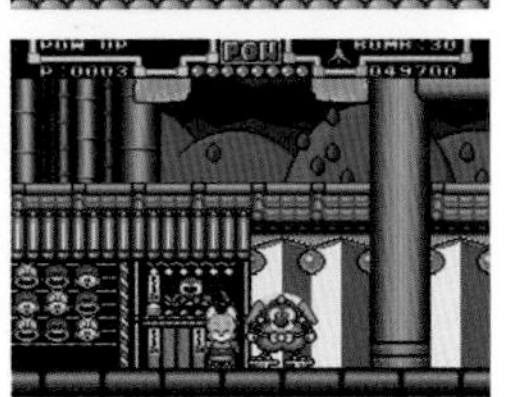

파워리그 4

● 발매일 / 1991년 8월 9일 ● 가격 / 6,500엔
● 퍼블리셔 / 허드슨

허드슨의 리얼계 야구게임 4번째 작품. 시스템은 기본적으로 전작과 같지만, 주루도 오토 모드를 이용할 수 있게 되었다. 편집 기능과 홈런 경쟁 모드도 건재하다.

파워게이트

● 발매일 / 1991년 8월 30일 ● 가격 / 6,200엔
● 퍼블리셔 / 팩인비디오

『파워게이트』는 횡스크롤 슈팅게임. 라이프 시스템과 잔기 시스템을 채용한 것이 특징이다. 셀렉트 버튼을 사용하면 후방의 적을 공격하는 백 파이어를 발사할 수 있다.

파이어 프로레슬링 2nd BOUT

● 발매일 / 1991년 8월 30일 ● 가격 / 6,900엔
● 퍼블리셔 / 휴먼

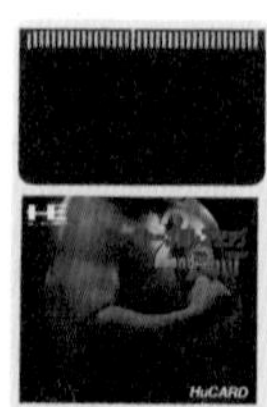

『파이어 프로레슬링』 시리즈의 2번째 작품. 이번 작품에서는 태그 상대를 자유롭게 결정할 수 있게 된 것 이외에, 럼버잭 데스매치도 가능하게 되었다. 비법으로 등장하는 숨겨진(隠し) 레슬러도 늘어났다.

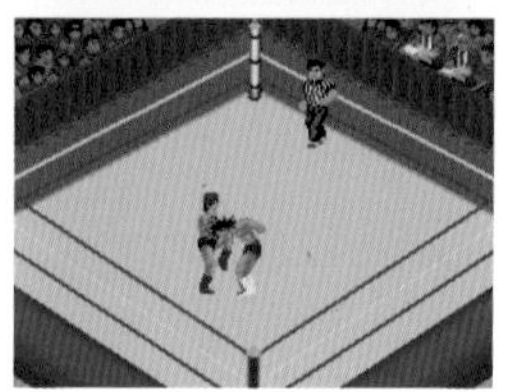

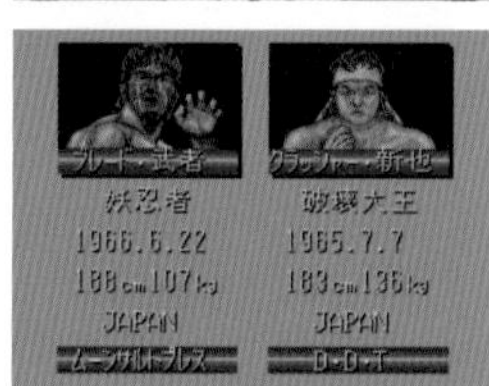

히트 디 아이스

● 발매일 / 1991년 9월 20일 ● 가격 / 6,800엔
● 퍼블리셔 / 타이토

이 작품은 아케이드에서 이식된 아이스하키 게임이다. 개성적인 캐릭터가 링크를 마구 날뛰는 내용이며, 사타구니를 걷어차는 등의 거친 플레이도 식은 죽 먹기다.

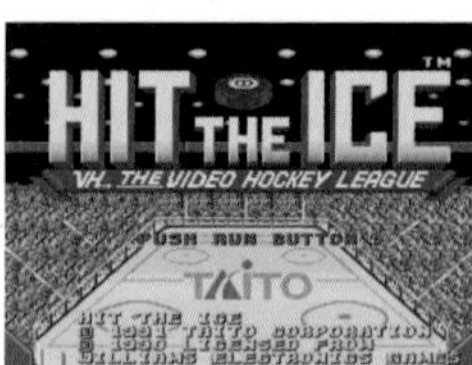

월드자키

● 발매일 / 1991년 9월 20일 ● 가격 / 5,800엔
● 퍼블리셔 / 남코

1987년에 패미컴용으로 발매된 『패밀리자키』의 PC엔진 판. 그래픽이 대폭 강화되었고, 멀티탭을 통한 4인 대전도 가능해졌다.

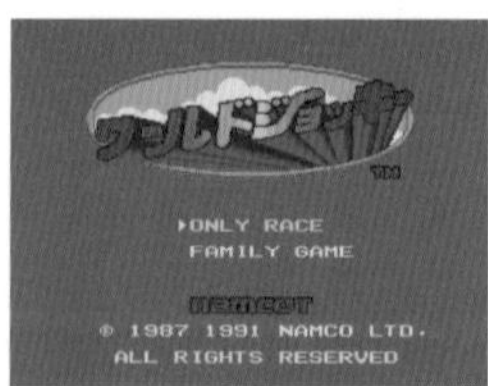

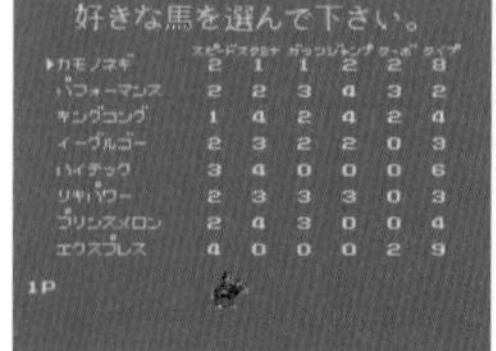

드래곤 EGG!

● 발매일 / 1991년 9월 27일 ● 가격 / 6,500엔
● 퍼블리셔 / 일본컴퓨터산업(메사이어)

용 조련사(竜使い)의 후예인 엘란이 마족(魔族) 카오스를 물리치는 스토리의 액션게임. 무기인 용의 알이 파워업 하면 드래곤이 되고, 성장시키면 보다 강력한 공격이 가능해진다.

뉴토피아 II

● 발매일 / 1991년 9월 27일 ● 가격 / 7,200엔
● 퍼블리셔 / 허드슨

1989년에 발매된 액션RPG의 속편. 다시 마물(魔物)이 나타나게 된 뉴토피아 땅에서 전작의 주인공 프레이(フレイ)의 아들이 행방불명된 아버지의 수색과 세계를 구하기 위해 미궁으로 여행을 떠나는 스토리다.

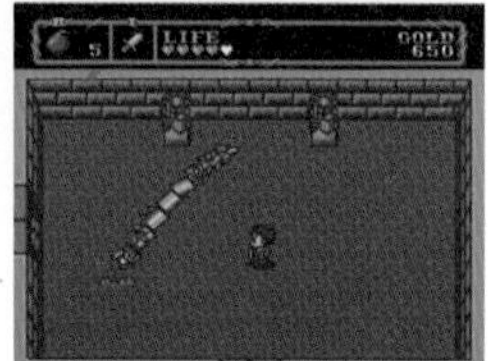

모리타 쇼기 PC

● 발매일 / 1991년 9월 27일 ● 가격 / 7,200엔
● 퍼블리셔 / NEC애버뉴

컴퓨터 장기 소프트웨어의 표준 『모리타 쇼기』의 PC엔진 판. 입문교실 모드에서는 말을 몬스터로 바꾼 색다른 대국이 마련되었다. 물론 통상적인 대국도 가능하다.

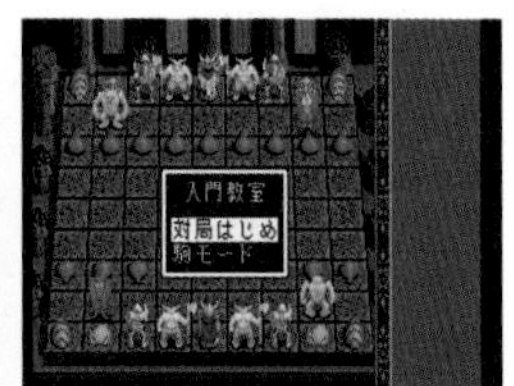

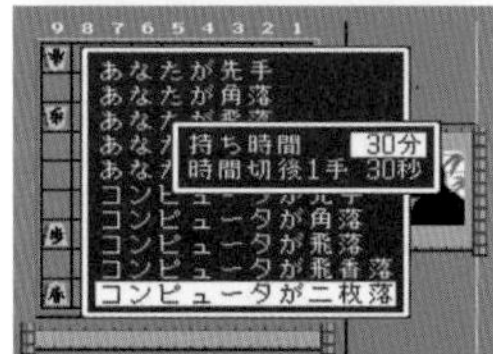

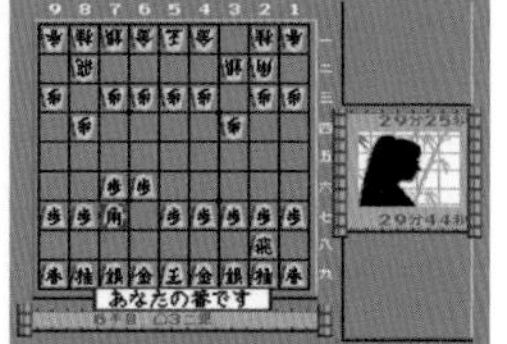

메소포타미아

● 발매일 / 1991년 10월 4일 ● 가격 / 6,800엔
● 퍼블리셔 / 아틀라스

아틀라스가 발매한 이채로움을 뽐내는 액션게임이 바로 이 『메소포타미아』. 추억의 장난감 슬링키(スリンキー) 같은 스프링 모양의 물체가 주인공인 액션게임이며, 별자리와 연관된 보스를 물리쳐 간다.

월드서킷

● 발매일 / 1991년 10월 18일 ● 가격 / 5,800엔
● 퍼블리셔 / 남코

실제 서킷을 모방한 코스에서 포뮬러 카 레이스를 벌이는 『패밀리서킷』의 PC엔진 판. 스프린트 레이스와 내구 레이스를 벌이는 모드도 존재한다.

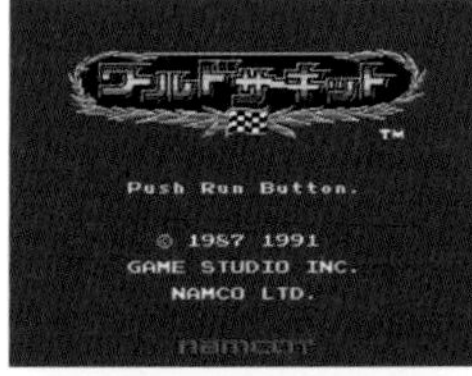

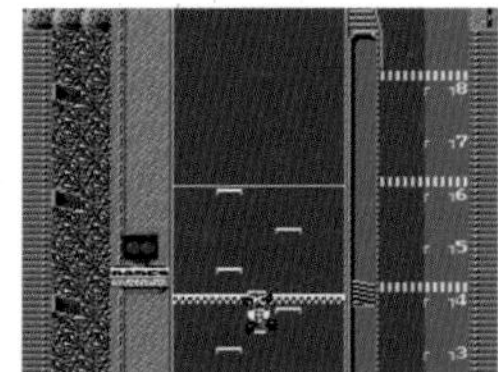
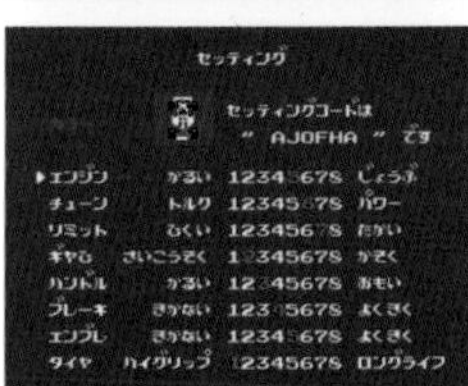

타임크루즈 II

● 발매일 / 1991년 11월 8일 ● 가격 / 7,200엔
● 퍼블리셔 / 페이스

PC엔진에서는 수가 적은 핀볼 게임. 제목 그대로 시공간을 탐색하는 내용이다. 기본은 플리퍼를 조작하는 것뿐이지만, 핀볼대 흔들기(台揺らし)라는 거친 기술(荒技)도 마련되었다.

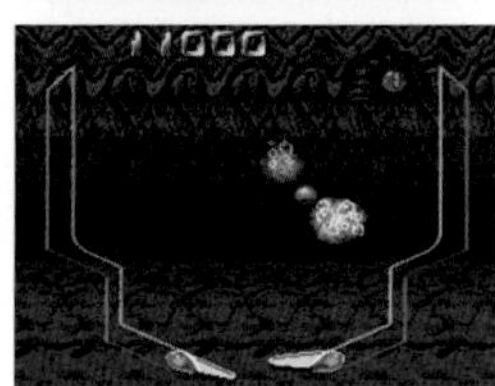

그라디우스

● 발매일 / 1991년 11월 15일 ● 가격 / 6,000엔
● 퍼블리셔 / 코나미(コナミ)

횡스크롤 슈팅게임의 걸작 『그라디우스』의 PC엔진 판. 게임 내용은 원조 아케이드 판의 이식이 아니라 MSX 판을 모티브로 했다.

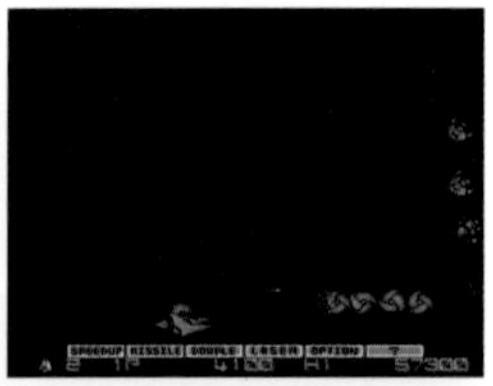
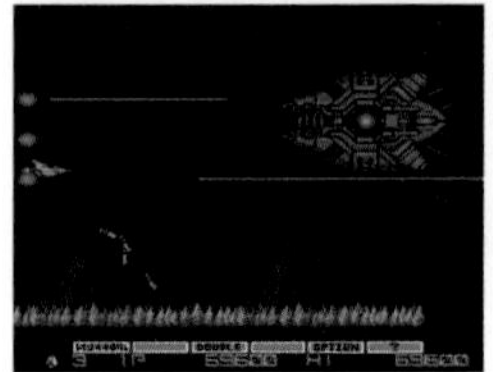
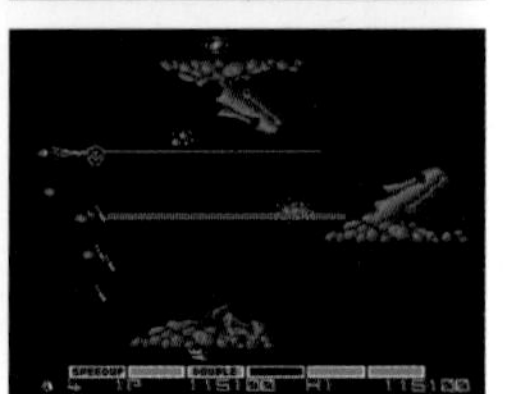

라이덴

● 발매일 / 1991년 11월 22일 ● 가격 / 7,200엔
● 퍼블리셔 / 허드슨

초고공 전투폭격기를 조작하는 종스크롤 슈팅게임. 샷과 폭탄으로 공략해가는 게임성은 심플하면서도 상쾌한 느낌이다. 원래는 '세이부 개발(セイブ開発)'이 제작한 아케이드 게임이다.

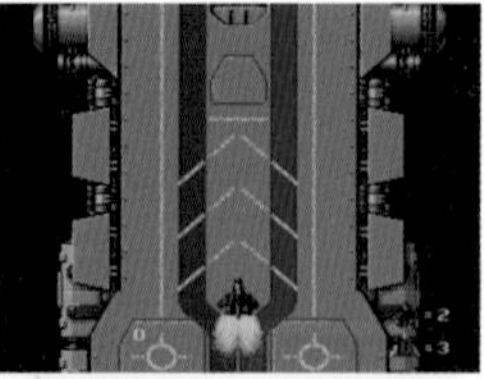

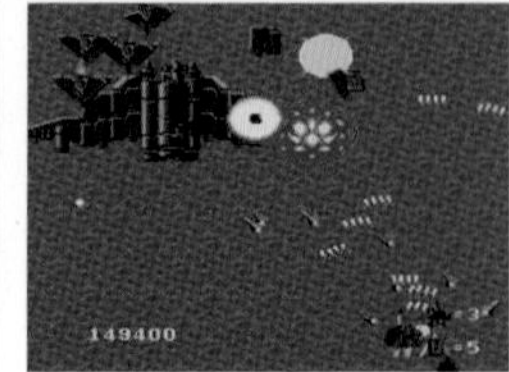

코륜

● 발매일 / 1991년 11월 29일 ● 가격 / 6,800엔
● 퍼블리셔 / 나그자트

드래곤의 새끼인 코륜이 민트공주를 구하기 위해 싸우는 슈팅게임. 고난이도의 동일한 장르를 제작했던 나그자트의 작품 중에서는 저연령층도 즐길 수 있는 쉬운 사양이다.

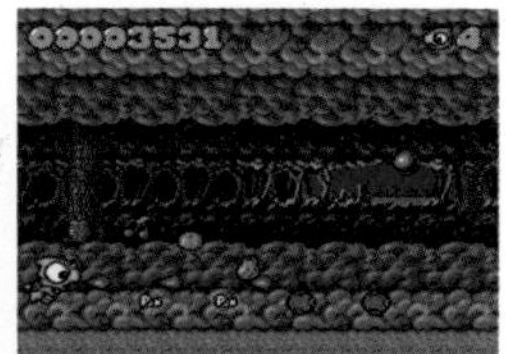

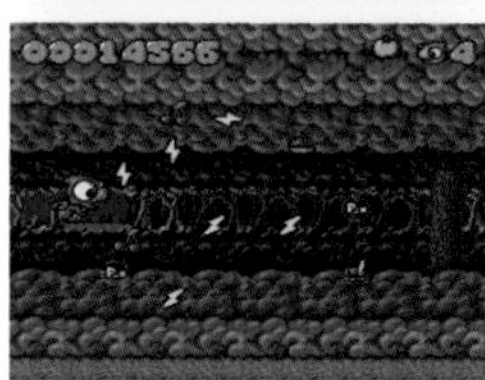

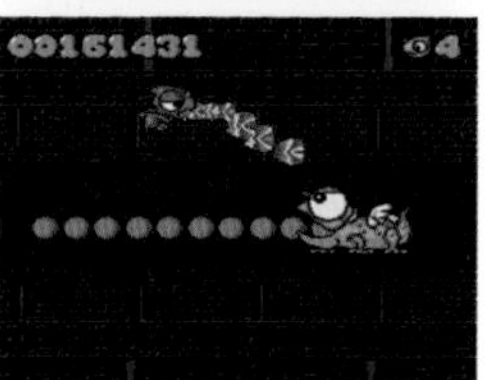

쇼기 초심자 무용

● 발매일 / 1991년 11월 29일 ● 가격 / 7,300엔
● 퍼블리셔 / 홈데이터

『쇼기 초단 일직선』의 홈데이터가 발매한 차기작 장기 게임. 대국을 TV 중계하는 것처럼 음성으로 말의 움직임을 읽어주는 등 만듦새에 공을 들였으며, 외통 장기(詰め将棋) 모드도 있다.

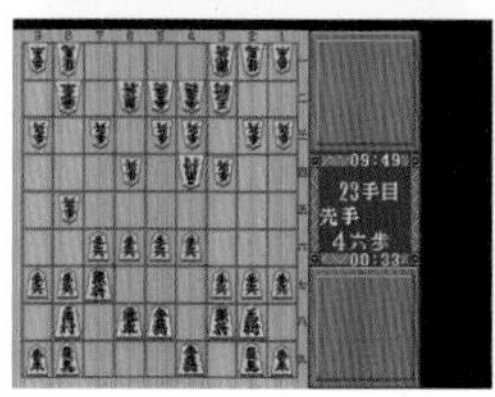

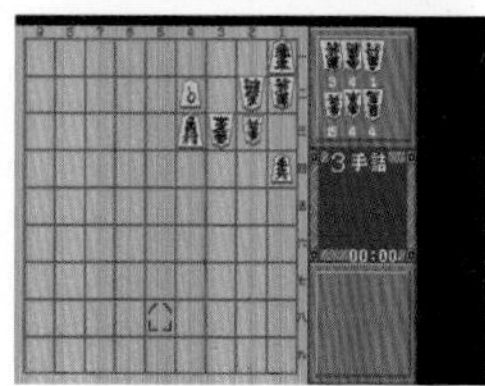

슈퍼 메탈 크러셔

● 발매일 / 1991년 11월 29일 ● 가격 / 6,200엔
● 퍼블리셔 / 팩인비디오

『슈퍼 메탈 크러셔』는 로봇끼리 싸우게 하는 격투 시뮬레이션 게임이다. 싸움에 이기면 포인트를 받을 수 있고, 그것을 임의로 각종 파라메타에 할당해 강화해 간다.

파이팅 런

● 발매일 / 1991년 11월 29일 ● 가격 / 6,900엔
● 퍼블리셔 / 일본물산

로봇끼리 싸움을 해 적을 파괴하는 것이 목적인 격투액션게임. 다양한 장치가 있는 코스를 주행해 가며 싸우는 것이 특징이다. 승리하면 포인트나 웨폰이 추가된다.

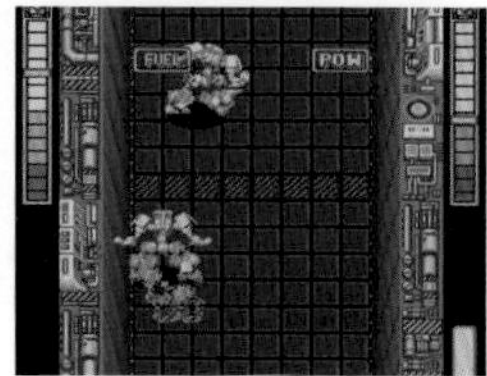

몬스터 프로레슬링

● 발매일 / 1991년 11월 29일 ● 가격 / 6,800엔
● 퍼블리셔 / 아스크코단샤

프로레슬링 게임 중에서도 대단히 이색적인 작품이 바로 『몬스터 프로레슬링』이다. 익살스런 요소를 가득 담고 있으며, 독자적인 세계관을 구축했다. 시합을 커맨드와 룰렛으로 하는 것도 특징이다.

사라만다

● 발매일 / 1991년 12월 6일 ● 가격 / 6,000엔
● 퍼블리셔 / 코나미

『그라디우스』 후속작이며 아케이드로 릴리즈된 『사라만다』의 이식판. 그래픽의 재현도는 높지만, 시스템은 가정용 게임기용으로 조정된 부분이 많아 보인다.

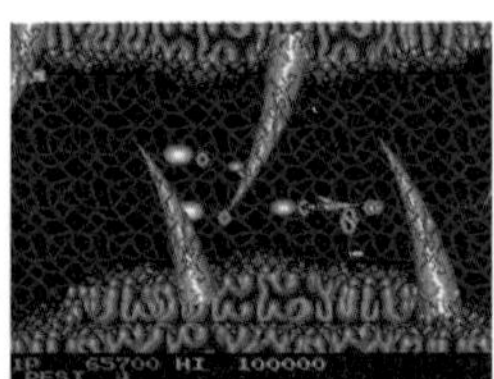
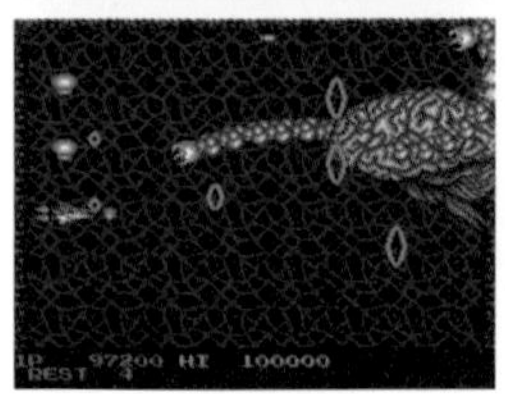
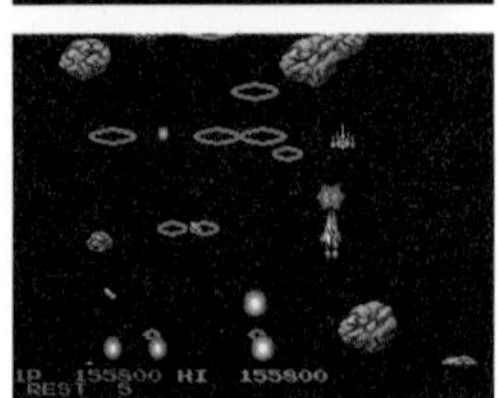

도라에몽 진구의 도라비안 나이트

● 발매일 / 1991년 12월 6일 ● 가격 / 5,800
● 퍼블리셔 / 허드슨

PC엔진의 『도라에몽』 게임으로서는 2번째 타이틀. 동명의 영화를 소재로 한 액션게임이 되었으며, 비밀도구를 늘려가며 스테이지를 공략해 가는 내용이다.

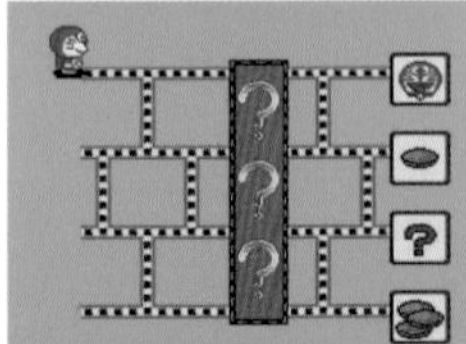

버블검 크래쉬 !

● 발매일 / 1991년 12월 6일 ● 가격 / 7,200엔
● 퍼블리셔 / 나그자트

OVA(Original Video Animation) '버블검 크라이시스'의 속편을 게임화했다. 장르는 어드벤처이며, 근미래를 무대로 나이트세이버즈(ナイトセイバーズ)와 악의 싸움을 그렸다. 각종 미니게임이나 섹시한 장면도 있다.

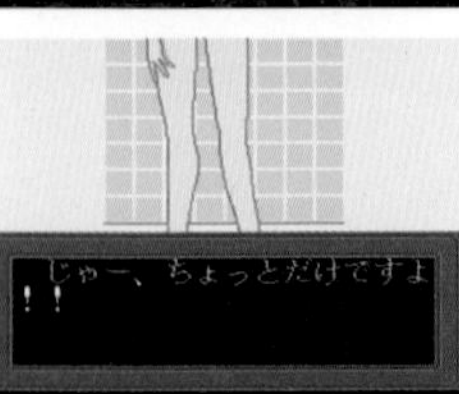

니코니코 푼~

● 발매일 / 1991년 12월 13일 ● 가격 / 6,500엔
● 퍼블리셔 / NHK엔터프라이즈

NHK교육에서 방송된 어린이 프로그램을 소재로 한 액션게임. 자자마루(じゃじゃまる)·피코로(ぴっころ)·포로리(ぽろり) 중에서 캐릭터를 선택하고, 지정된 과일을 모아 공룡에게 전하면 스테이지가 클리어 된다.

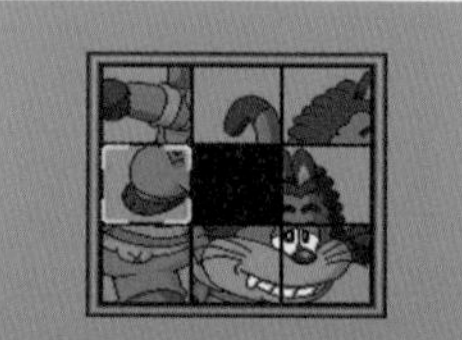

겐지 통신 아게다마

● 발매일 / 1991년 12월 13일 ● 가격 / 5,800엔
● 퍼블리셔 / NEC홈일렉트로닉스

발매원인 NEC가 동명의 애니메이션 스폰서였기에 게임화가 실현됨. 내용은 액션슈팅이며, 상한을 개방함으로써 최대 16단계의 모아 쏘기를 할 수 있다.

스파이럴 웨이브

● 발매일 / 1991년 12월 13일 ● 가격 / 6,900엔
● 퍼블리셔 / 미디어링

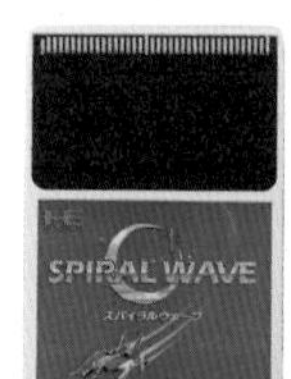

이 작품은 3D 슈팅과 어드벤처 요소를 조합한 게임이다. 미지의 물체 스파이럴 웨이브의 수수께끼를 해명하는 것이 목적이다. 슈팅 파트는 자신의 기체가 약한 초반전이 어렵다.

발리스틱스

● 발매일 / 1991년 12월 13일 ● 가격 / 6,900엔
● 퍼블리셔 / 코코넛저팬

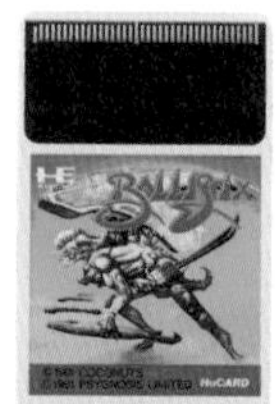

『발리스틱스』는 포탄으로 볼을 쏘아 적의 골을 노린다는 룰의 액션게임이다. 배틀의 무대는 다양한 장애물이 출현하고, 자기 기체 조작의 어려움도 더해져 골을 방해한다.

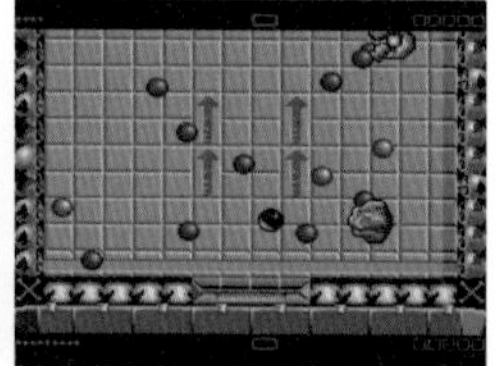

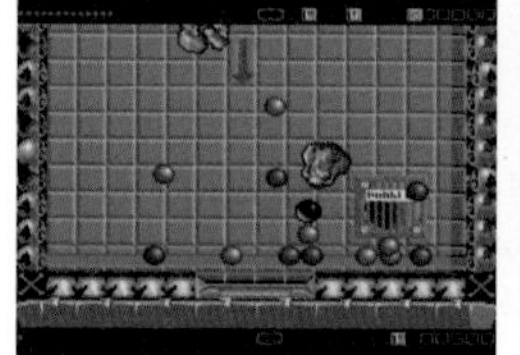

슈퍼 모모타로 전철II

● 발매일 / 1991년 12월 20일 ● 가격 / 6,800엔
● 퍼블리셔 / 허드슨

사쿠마 아키라(さくまあきら)가 작업한 친숙한 주사위놀이형 게임 시리즈의 3번째 작품. 이 작품에서 처음으로 킹봄비가 등장하며, 카드 종류의 증가 등 전체적으로 볼륨이 늘어났다.

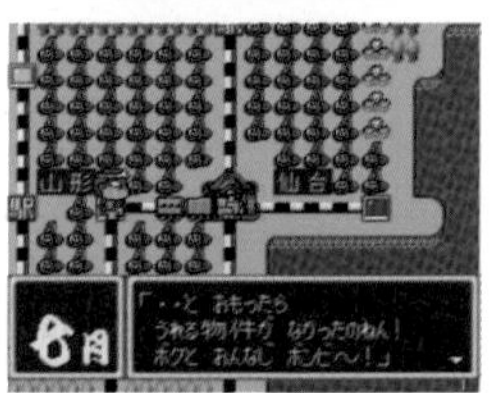

드래곤 세이버

● 발매일 / 1991년 12월 27일 ● 가격 / 6,800엔
● 퍼블리셔 / 남코

『드래곤 스피릿』의 속편으로, 아케이드 게임에서 이식한 작품이다. 아이템에 따른 다채로운 파워업과 대공(對空) 공격을 모아두면 쏠 수 있는 익스플로드샷이 매력이다.

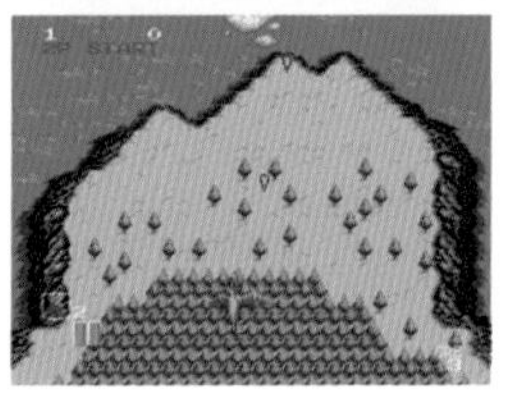
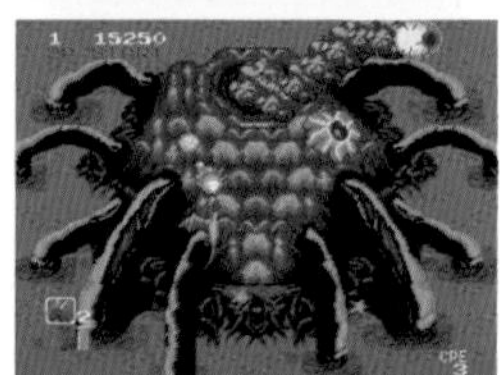

사이드라벨 셀렉션 3

COLUMN

『퀴즈 카라반 컬트Q』

게임소개 p.130

『레인보우 아일랜드』

게임소개 p.131

『실파이어』

게임소개 p.169

『쇼기 데이터베이스 기우(棋友)』

게임소개 p.201

CD-ROM2의 라스(ラス)2와 토리(トリ)를 장식한 소프트웨어 『레인보우 아일랜드』는 프리미엄화 되었다.

레어 소프트 모두 고가에 거래되고 있다.

모험남작 돈 THE LOST SUNHEART

● 발매일 / 1992년 1월 4일 ● 가격 / 6,800엔
● 퍼블리셔 / 아이맥스

기발한 제목의 이 타이틀은 전형적인 내용의 횡스크롤 슈팅게임. 타이틀에 뒤질세라 등장 캐릭터나 스토리도 익살 게임 취향이다.

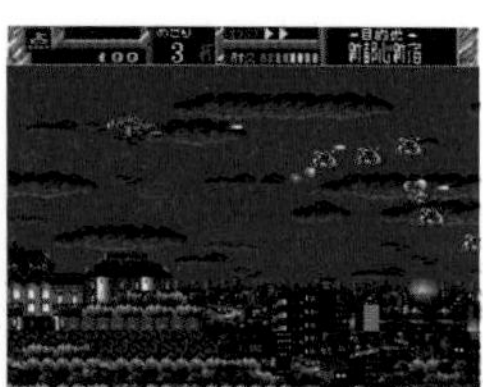

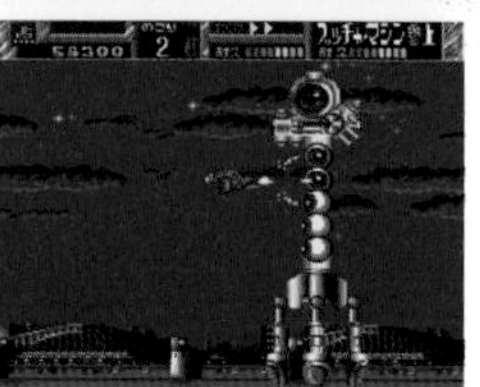

치비 마루코짱 퀴즈로 피하라

● 발매일 / 1992년 1월 10일 ● 가격 / 6,800엔
● 퍼블리셔 / 남코

사쿠라 모모코(さくらももこ) 원작의 '치비 마루코짱'을 게임화했다. 장르는 퀴즈이며 4개의 선택지에서 정답을 고르려면 액션을 해낼 필요가 있다. 출제는 원작과 관련된 문제이다.

미즈바쿠 대모험

● 발매일 / 1992년 1월 17일 ● 가격 / 7,200엔
● 퍼블리셔 / 타이토

물폭탄을 던지는 히포포(ヒポポ)를 조작해서 파이어 사탄으로부터 평화를 지키는 횡스크롤 액션게임. 원작은 1990년에 가동된 아케이드 게임이다.

닌자용검전

● 발매일 / 1992년 1월 24일 ● 가격 / 6,500엔
● 퍼블리셔 / 허드슨

고난도 액션으로 알려진 『닌자용검전』을 패미컴에서 이식했다. 그래픽과 BGM을 쇄신하고, 일부 캐릭터 이름도 변경했다. 스토리는 원전에 바탕을 두었다.

NHK 대하드라마 태평기

● 발매일 / 1992년 1월 31일 ● 가격 / 6,500엔
● 퍼블리셔 / NHK엔터프라이즈

사나다 히로유키(真田広之) 주연의 동명 드라마를 모티브로 한 작품. 가마쿠라 막부의 멸망, 남북조 시대의 대란이라는 2개의 시나리오에 도전하는 시뮬레이션 게임이다. 시나리오에는 시간제한이 존재한다.

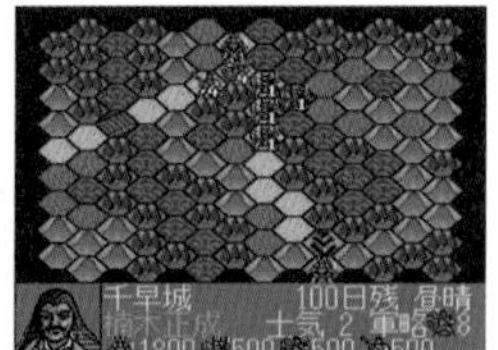

사이버 닷지

● 발매일 / 1992년 1월 31일 ● 가격 / 6,800엔
● 퍼블리셔 / 톤킨하우스

닌자나 해골군단 등 개성적인 팀이 꾸려진 피구 게임이다. 각 팀의 리더와 서브리더는 필살기를 사용할 수 있다. 1P 모드에서는 사용 팀이 고정된다.

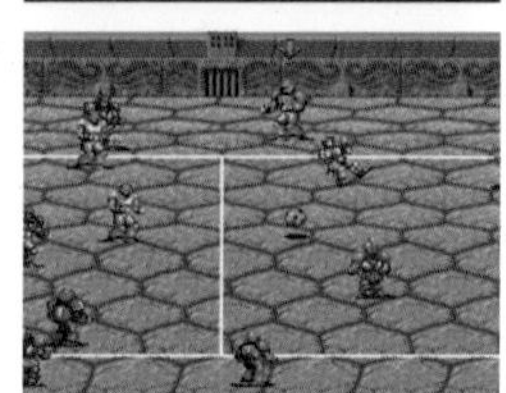

파로디우스다! – 신화에서 웃음으로

● 발매일 / 1992년 2월 21일 ● 가격 / 9,800엔
● 퍼블리셔 / 코나미

『그라디우스』의 시스템을 기반으로 코나미의 패러디를 넉넉히 담아낸 슈팅게임을 이식했다. 재현도는 상당히 높지만, 용량 문제로 스테이지 5와 8이 삭제되었다.

나왔다! 트윈비

● 발매일 / 1992년 2월 28일 ● 가격 / 6,800엔
● 퍼블리셔 / 코나미

이것도 코나미의 인기 슈팅게임 시리즈를 이식했다. 『트윈비』 시리즈로서는 5번째 작품. 역시 용량 문제로 간략해진 부분이 있지만 게임의 완성도는 높다.

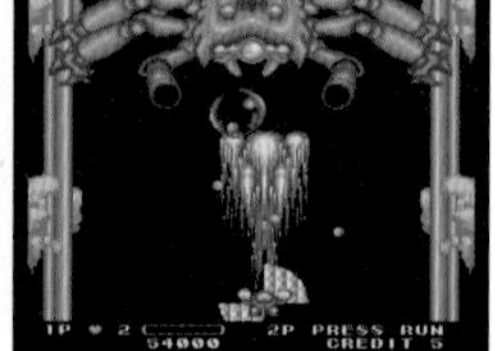

마작패왕전 카이저스퀘스트

● 발매일 / 1992년 2월 28일 ● 가격 / 7,200엔
● 퍼블리셔 / 유비엘

이 작품은 나라 빼앗기(国盗り)게임과 마작게임을 융합시킨 작품이다. 공격할 나라를 정해서 맵 상의 적과 마작으로 대결하는 시스템으로, 공주가 있는 나라의 왕을 꺾으면 섹시한 장면을 볼 수 있다.

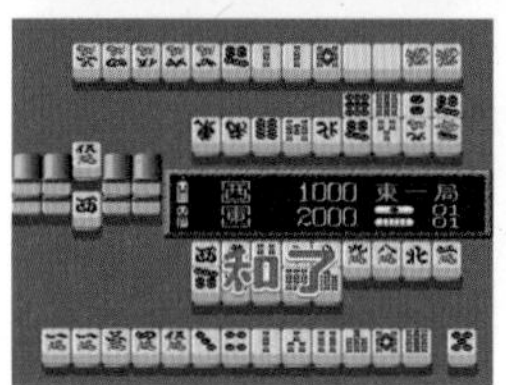

토일렛 키즈

● 발매일 / 1992년 3월 6일 ● 가격 / 6,900엔
● 퍼블리셔 / 미디어링

배설물이나 성기를 모방한 적들이 잇달아 출현하는 저속한 슈팅게임. 게다가 퍼블리셔와 제휴해 산포르(サンポール)나 세본(セボン) 같은 실제 화장실용품까지 등장시켰다는 점에서 상당히 놀랍다.

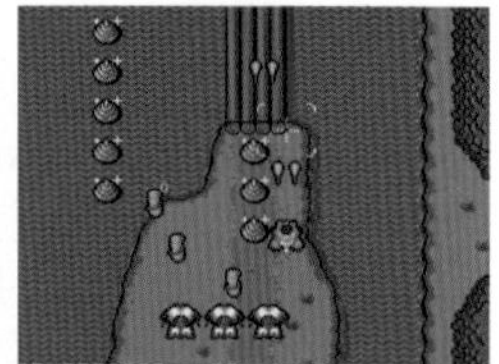

극락 ! 중화대선

● 발매일 / 1992년 3월 13일 ● 가격 / 6,800엔
● 퍼블리셔 / 타이토

1988년에 아케이드로 가동을 시작한 슈팅게임 『중화대선』을 리메이크한 작품. 적탄의 속도나 만만찮은 보스(硬いボス) 등, 귀여운 겉모습과 달리 난이도가 높다.

파치오군 열판 승부

● 발매일 / 1992년 3월 13일 ● 가격 / 7,900엔
● 퍼블리셔 / 코코넛재팬

『파치오군』 시리즈의 PC엔진 버전 2번째 작품. 게임은 파친코 기계 기술자(釘師) 집단과 대결하는 스토리이며, 파친코 기계를 5대 사용 정지시키면 다음으로 나아가는 시스템이다.

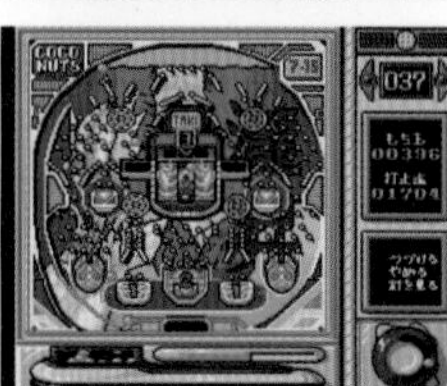

열혈고교 피구부 PC 축구 편

● 발매일 / 1992년 4월 3일 ● 가격 / 6,900엔
● 퍼블리셔 / 나그자트

이 작품은 패미컴의 『열혈고교 피구부 축구편』을 이식한 작품으로, 시스템과 그래픽이 업그레이드 되었다. 『쿠니오 군(くにおくん)』 시리즈에 속하는 작품이기에 시합은 당연히 아주 거칠다.

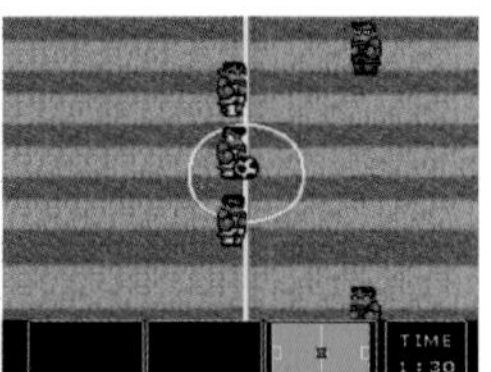

원평토마전 제2권

● 발매일 / 1992년 4월 7일 ● 가격 / 6,800엔
● 퍼블리셔 / 남코

아케이드에서 절대적인 지지를 받은 액션게임 『원평토마전』의 속편. PC엔진 오리지널 타이틀이며, 전작에서 말하는 BIC모드만으로 구성되었다. 섬뜩한 세계관도 건재하다.

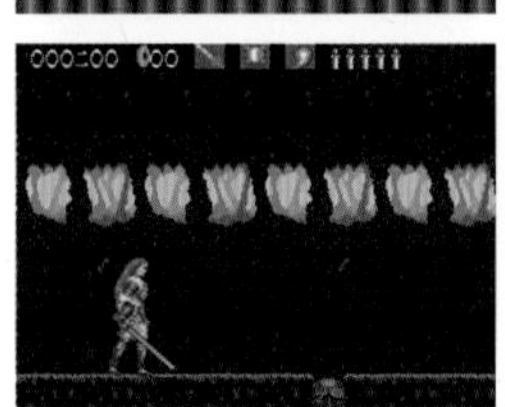
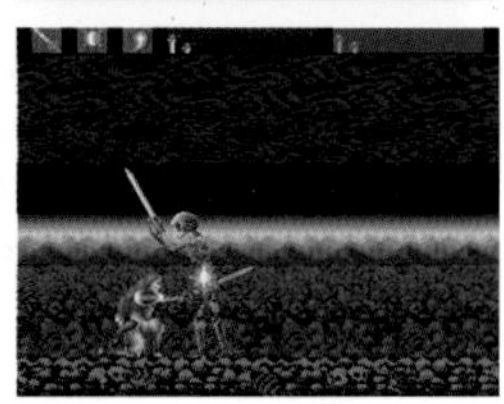

드루아가의 탑

● 발매일 / 1992년 6월 25일 ● 가격 / 6,800엔
● 퍼블리셔 / 남코

엔도 마사노부(遠藤雅伸)가 작업한 명작 액션RPG의 PC엔진 버전. 이식이라기보다는 리메이크에 가까우며, 시점이나 아이템 사용 제약 등 다양한 포인트가 재구축되었다.

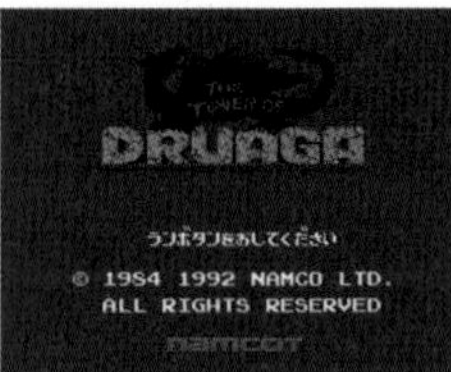

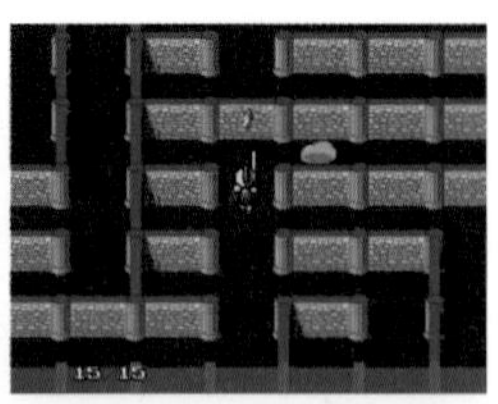

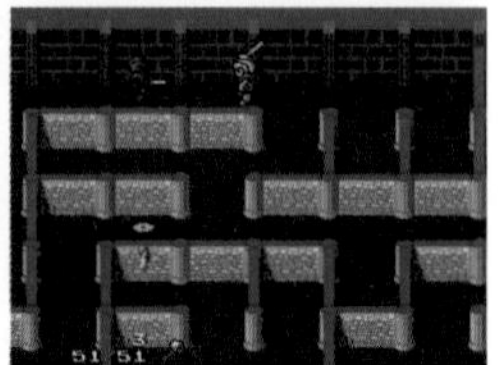

다카하시 명인의 신모험도

● 발매일 / 1992년 6월 26일 ● 가격 / 6,500엔
● 퍼블리셔 / 허드슨

16연사로 이름을 떨친 다카하시 명인을 플레이어 캐릭터로 내세운 액션게임. 시리즈화 되었지만, PC엔진으로 릴리즈된 것은 이 작품뿐이며, 게임성은 초대(初代)작을 답습했다.

솔저 블레이드

● 발매일 / 1992년 7월 10일 ● 가격 / 6,500엔
● 퍼블리셔 / 허드슨

『솔저 블레이드』는 제8회 전국 카라반 공식 인정 소프트다. 3색의 파워 업은 각각 별도 계통의 웨폰에 대응하며, 최대 3단계까지 강화된다. 비주얼 면도 전작보다 진화했다.

스트라테고

● 발매일 / 1992년 7월 24일 ● 가격 / 6,900엔
● 퍼블리셔 / 빅터음악산업

꽤나 마니아 취향의 테이블게임을 게임화한 작품이다. 말하자면 일본 군인 장기의 해외판으로, 총 40개의 말을 배치하고 싸워서 적의 깃발을 빼앗는다. 전략성이 요구되는 게임이다.

타수진

● 발매일 / 1992년 7월 24일 ● 가격 / 7,200엔
● 퍼블리셔 / 타이토

아케이드에서 이식한 작품. 화려한 공격과 고난이도 슈팅게임 제작으로 정평이 난 토아플랜(東亜プラン開発)이 개발한 만큼, 이 작품의 내용도 거기서 벗어나지 않는다.

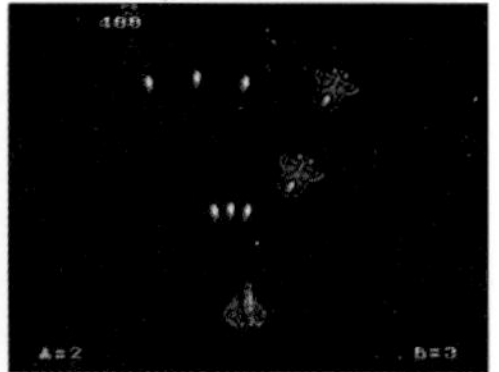
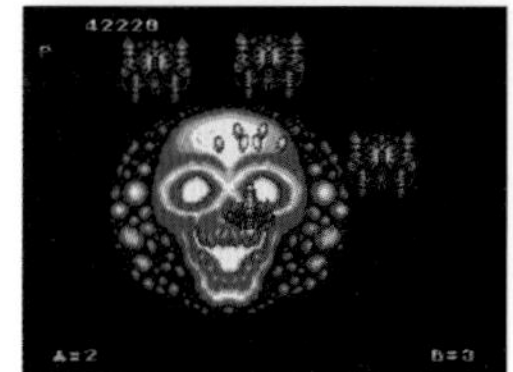
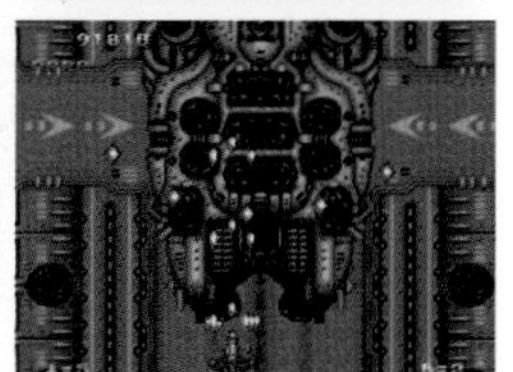

파워리그 5

● 발매일 / 1992년 8월 7일 ● 가격 / 6,800엔
● 퍼블리셔 / 허드슨

『파워리그』시리즈의 5번째 작품. 이 작품부터 일본야구기구(NPB)의 라이센스를 얻어 구단과 선수명은 실명으로 표시하게 되었다. 구장도 각각의 홈그라운드가 마련되었다.

불꽃의 투구아 돗지탄평

● 발매일 / 1992년 9월 25일 ● 가격 / 6,500엔
● 퍼블리셔 / 허드슨

코로코로코믹스에 연재된 동명의 만화를 원작으로 한 피구게임으로, 메인 모드는 RPG풍이며 정보를 얻어 선수를 키워 간다. 다만 중요한 시합은 약간 템포가 좋지 않다.

격사보이

● 발매일 / 1992년 10월 2일 ● 가격 / 7,000엔
● 퍼블리셔 / 아이렘

카메라맨을 지망하는 주인공을 조작해서 특종을 노리는 횡스크롤 액션게임. 거리에서 일어나는 다양한 사건에 초점을 맞춰 사진을 찍고, 그 성과에 따라 포인트가 가산되는 구조다.

파워스포츠

● 발매일 / 1992년 10월 10일 ● 가격 / 6,500엔
● 퍼블리셔 / 허드슨

18종목을 즐길 수 있는 스포츠게임으로, 최대 5인까지 동시에 참가할 수 있다. 말하자면 올림픽을 테마로 한 게임이며, 육상 트랙경기나 사격, 수영 등으로 실력을 겨룰 수 있다.

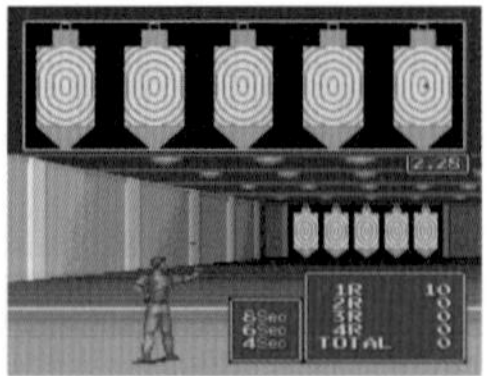

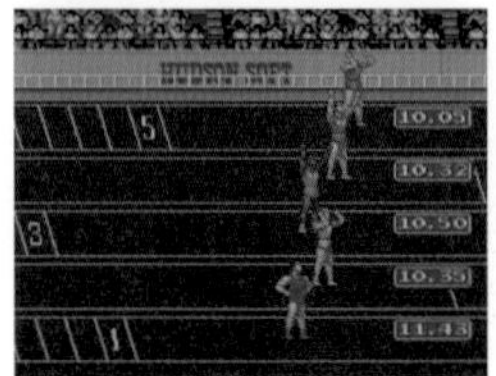

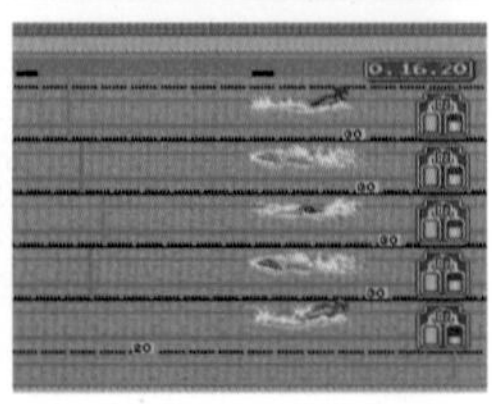

파이어 프로레슬링 3 레전드 바우트

● 발매일 / 1992년 11월 13일 ● 가격 / 7,900엔
● 퍼블리셔 / 휴먼

인기 프로레슬링 게임의 3번째 작품. 기본적인 시스템은 그대로이며 레슬러가 늘어났다. 신일본(新日)·전일본(全日)·해외(海外勢) 프로레슬링 외에 숨겨진 레슬러로 왕년의 유명 선수를 모델로 한 캐릭터도 참가한다.

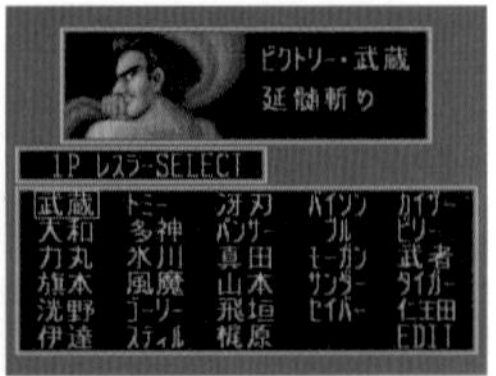

PC원인 시리즈 PC전인

● 발매일 / 1992년 11월 20일 ● 가격 / 6,500엔
● 퍼블리셔 / 허드슨

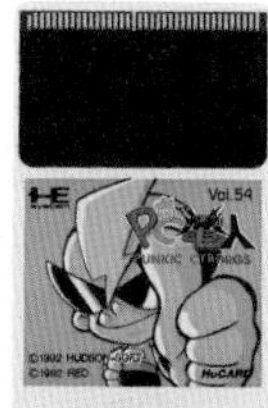

PC원인 시리즈의 파생작품으로 횡스크롤 슈팅게임이다. 동료와 합체하거나 모아 쏘기를 할 수 있는 등 공격 방법이 다채롭다. 득점의 자릿수가 굉장해졌다.

테라 크레스타 II 만드라의 역습

● 발매일 / 1992년 11월 27일 ● 가격 / 6,900엔
● 퍼블리셔 / 허드슨

아케이드용 종스크롤 슈팅게임의 속편으로 PC엔진 오리지널 작품이다. 자신의 기체인 1호기 외에 2~5호기와 합체 가능하며, 포메이션에 의한 분산 공격도 가능하다.

모모타로 전설 외전 제1집

● 발매일 / 1992년 12월 4일 ● 가격 / 6,500엔
● 퍼블리셔 / 허드슨

3편의 시나리오를 수록한 옴니버스 RPG. 우라시마 타로(浦島太郎), 빈보가미(貧乏神), 야샤히메(夜叉姫)가 각 시나리오의 주인공이며, 모모타로는 조연으로 출연한다. 전투는 커맨드 선택 방식이다.

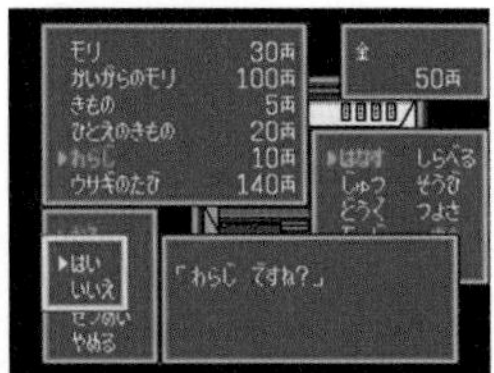

봄버맨' 93

● 발매일 / 1992년 12월 11일 ● 가격 / 6,500엔
● 퍼블리셔 / 허드슨

1990년에 발매된 PC엔진 판 『봄버맨』을 토대로 해, 대전을 중심으로 파워업 되었다. 그중에서도 VS 모드는 PC엔진 GT를 2대 사용하는 실로 호사스런 게임이다.

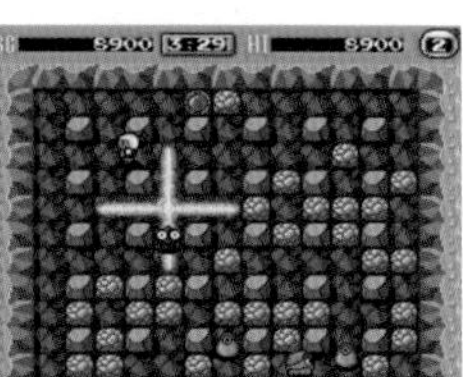
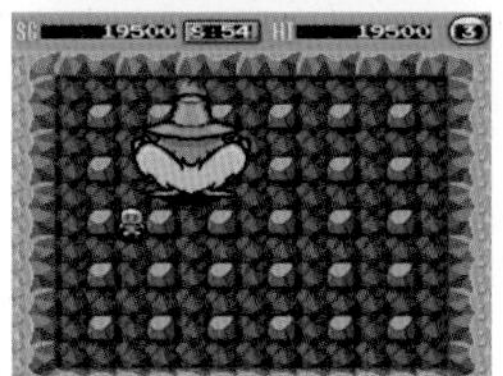

F1 서커스' 92

● 발매일 / 1992년 12월 18일 ● 가격 / 7,400엔
● 퍼블리셔 / 일본물산

PC엔진에서의 시리즈 4번째 작품이다. 이 작품부터 라이선스를 취득해 팀과 드라이버의 실명을 쓰게 되었다. 게임성은 이미 확립되었으며, 최대의 특징인 고속 스크롤도 건재하다.

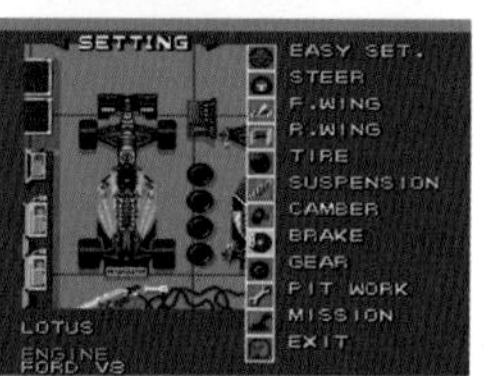

레이저액티브 PC 엔진팩

● 발매일 / 1993년 12월 1일 ● 가격 / 39,000엔
● 메이커 / NEC홈일렉트로닉스

내용은 파이오니아 버전의 컨트롤팩과 동일하다. SG를 제외하고 모든 타이틀을 즐길 수 있지만, 극히 일부는 정상적으로 작동하지 않는 타이틀도 확인되었다.

사이드라벨 셀렉션 4

『마도물어 1』

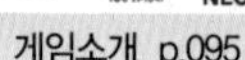

게임소개 p.095

『일하는 소녀 데키파키 워킹러브』

게임소개 p.204

『데드 오브 더 브레인 1&2』

게임소개 p.204

『은하부경전설 사파이어』

게임소개 p.095

슈퍼CD-ROM2의 라스2와 토리를 장식한 소프트웨어
추가발매 된 『데드 오브 더 브레인』은
1999년에 특정 숍에서만 판매된 레어 소프트

레어 소프트

스트리트 파이터 II 대시

● 발매일 / 1993년 6월 12일 ● 가격 / 9,800엔
● 퍼블리셔 / NEC홈일렉트로닉스

격투게임 붐의 계기를 만든 작품으로, 게임사에 이름을 남길 명작 『스트리트 파이터 II』 상위버전을 이식했다. 사천왕을 플레이어 캐릭터로 사용할 수 있게 되었으며, 대전 밸런스가 개선되는 등 전작에서 변경된 사항이 많다. 6개의 버튼을 사용하는 게임이기에 3버튼 패드에서는 셀렉트 버튼으로 펀치와 킥을 전환해야 해서 다소 사용하기 어려워졌으며, 실질적으로 6버튼 패드를 구입해야만 게임을 할 수 있다. 캐릭터의 움직임이 매끄럽고 배경도 아름다워서 도저히 8비트 하드웨어에 이식했다고는 생각되지 않을 만큼 완성도가 높았다.

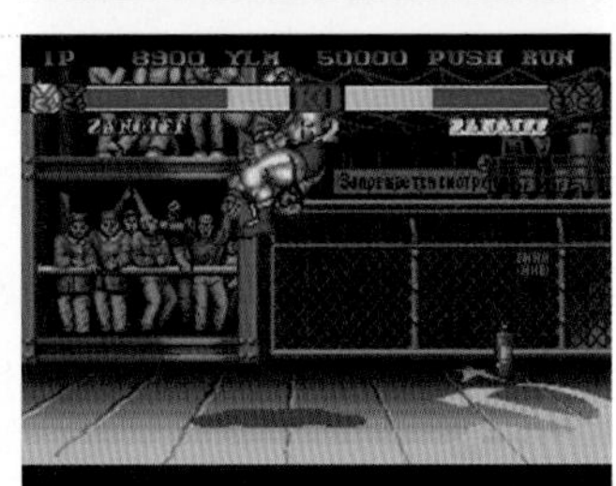

배틀 로드런너

● 발매일 / 1993년 2월 10일 ● 가격 / 5,800엔
● 퍼블리셔 / 허드슨

대전 플레이가 가능한 『로드런너』로, 최대 5인까지 참가 가능해졌다. 퍼즐모드는 50스테이지를 수록했으며, 대전모드는 3종류 중에서 선택할 수 있는데, 각각 규칙이 달랐다.

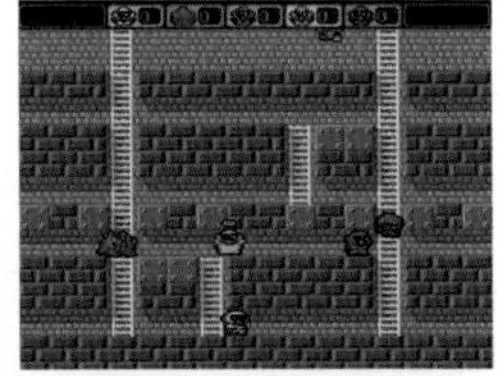

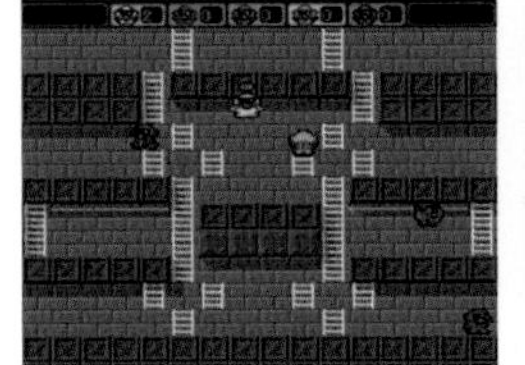

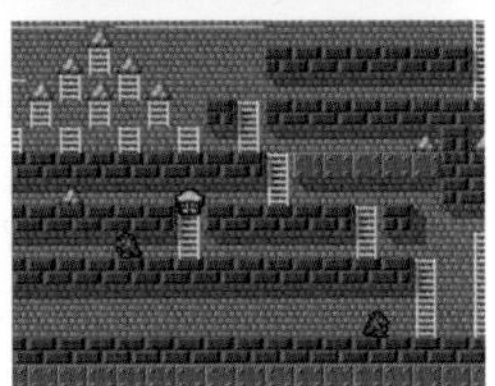

밀어치기 스모 헤이세이 판

● 발매일 / 1993년 2월 19일 ● 가격 / 6,800엔
● 퍼블리셔 / 나그자트

패미컴으로 발매된 『밀어치기 스모』의 속편에 해당하며, 자신만의 역사(力士)를 만들어 요코즈나(横綱)를 목표로 정식시합(本場所)에 도전한다. 미니게임을 통한 훈련으로 파워업도 할 수 있다.

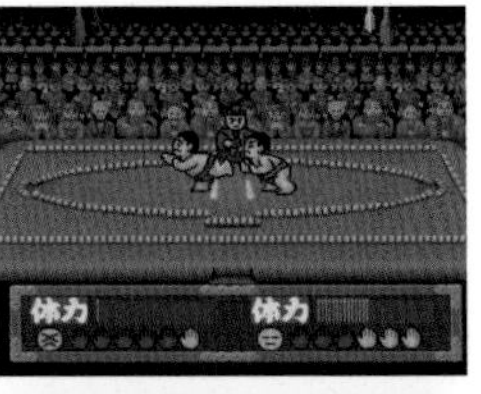

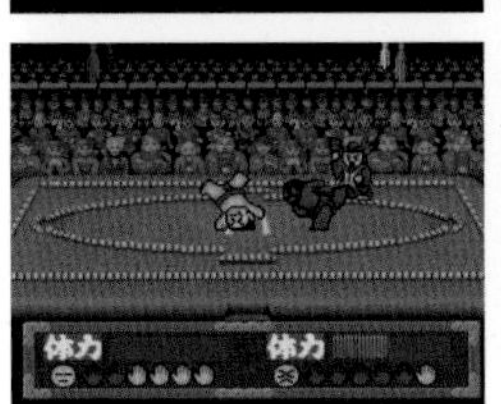

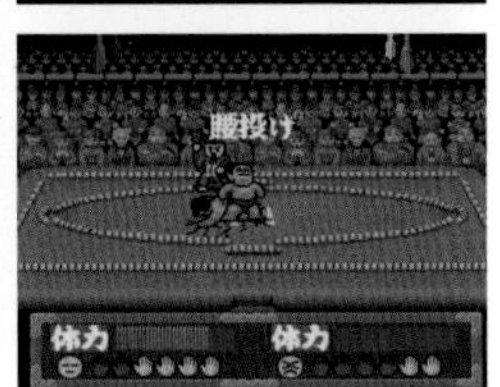

PC원인 3

● 발매일 / 1993년 4월 2일 ● 가격 / 7,200엔
● 퍼블리셔 / 허드슨

시리즈 3번째 작품. 이 작품부터 주인공의 사이즈 변화가 추가되었다. 캔디를 집으면 원시인(原人)이 커지거나 작아지기도 하며, 특히 대원인은 질릴 정도로 커져서 플레이어의 웃음을 자아냈다.

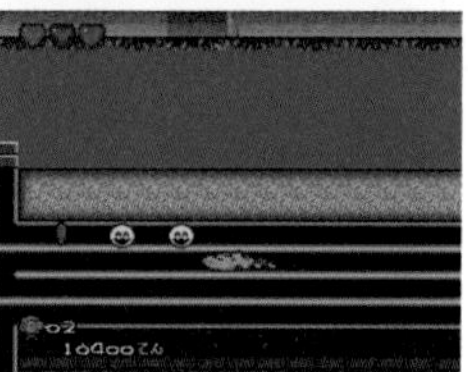

TV 스포츠·아이스하키

● 발매일 / 1993년 4월 29일 ● 가격 / 7,200엔
● 퍼블리셔 / 빅터음악산업

세로로 긴 필드가 특징적인 아이스하키 게임으로 5인 동시 플레이가 가능하다. 작지만 리얼한 캐릭터와 깜빡이는 작은 화면은 제법 볼만하다. 난투 장면도 훌륭하게 재현했다.

TV 스포츠·농구

● 발매일 / 1993년 4월 29일 ● 가격 / 7,200엔
● 퍼블리셔 / 빅터음악산업

아이스하키와 같은 날 발매되었으며, 이것도 5인까지 참가 가능하다. 코트의 중반은 가로 화면인데, 골대 주변으로 가면 세로 화면으로 전환된다. 상당히 드문 시스템이지만 다소 템포가 나쁘다.

J 리그 그레이티스트 일레븐

● 발매일 / 1993년 5월 14일 ● 가격 / 7,400엔
● 퍼블리셔 / 일본물산

J리그 개막에 맞춰 발매된 축구게임으로, 선수와 팀이 실명으로 등장한다. 포메이션을 선택할 수 있게 하는 등의 여지는 있지만, 축구게임 중에서는 평범한 제품이다.

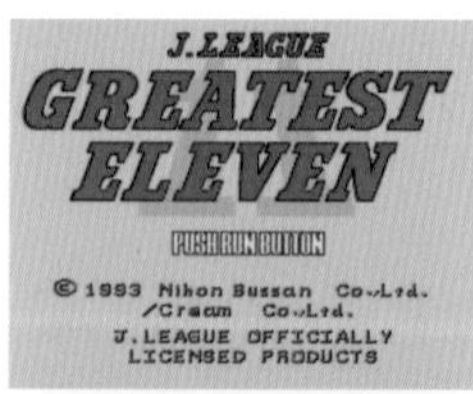

파워 테니스

● 발매일 / 1993년 6월 25일 ● 가격 / 6,500엔
● 퍼블리셔 / 허드슨

허드슨에서 발매된 테니스 게임으로, 복식은 4인까지 참가 가능하다. 선수는 가명이지만 26명이나 되며, 코트는 3종류 중에서 고를 수 있다. 월드투어는 자신만의 선수로 대회에 도전하는 모드이다.

파워리그' 93

● 발매일 / 1993년 10월 15일 ● 가격 / 6,800엔
● 퍼블리셔 / 허드슨

PC엔진에서 시리즈로서는 마지막 작품이다. 게임성에 큰 변화 없이 안정되게 즐길 수 있지만, 반대로 말하면 특징이 사라졌다. 그 때문일까, 발매 당시에 주목도는 낮았다.

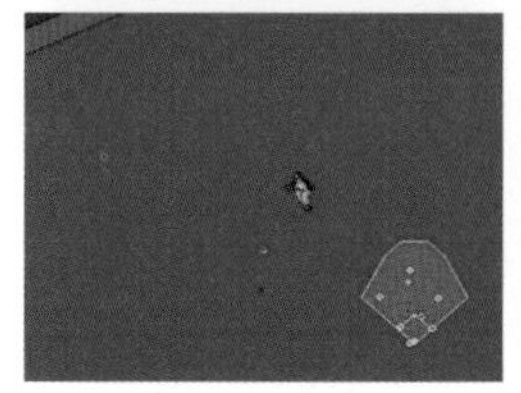

봄버맨' 94

● 발매일 / 1993년 12월 10일 ● 가격 / 6,800엔
● 퍼블리셔 / 허드슨

PC엔진에서의 시리즈 3번째 작품이자 최후의 작품이다(퍼즐게임은 제외). 전체적으로 전작의 흐름을 받아들인 사양이지만, 루이(ルーイ)가 등장했으며 주인공이 탈 수 있다.

사이드라벨 셀렉션 5

『파퓰러스』 『스트리트 파이터 II 대시』

게임소개 p.064 게임소개 p.083

Hu카드에서 사이드라벨이 있는 것은 이 2개의 타이틀뿐.

포메이션 사커 온 J 리그

● 발매일 / 1994년 1월 15일 ● 가격 / 6,500엔
● 퍼블리셔 / 휴먼

PC엔진으로서는 시리즈 2번째 작품이며, J리그의 라이선스를 취득해 실명 선수가 등장한다. 규칙도 J리그에 맞추었으며, 골든골(Vゴール) 방식이 발 빠르게 도입되었다.

후지코·F·후지오의 21 에몽 노려라! 호텔왕

● 발매일 / 1994년 12월 16일 ● 가격 / 6,800엔
● 퍼블리셔 / NEC홈일렉트로닉스

HuCard 최후의 작품이 되는 보드게임. 출하된 제품 수가 적어서 프리미엄 가격으로 거래된다. 호텔을 건설하여 다른 플레이어로부터 숙박료를 받는 게임이며, 미니게임도 삽입되어 있다.

사이드라벨 셀렉션 6

『롬롬 가라오케 VOL5 가라오케 막간』

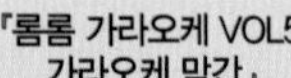

『롬롬 가라오케 VOL5』

『카제키리』

『레니 블래스터』

게임소개 p.106 게임소개 p.107 게임소개 p.181 게임소개 p.198

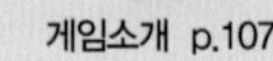

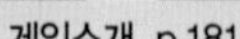

각각의 가라오케 시리즈 최후의 작품

레어 소프트 모두 프리미엄화

발매 후 곧바로 프리미엄이 된 「매지컬 체이스」

1991년 11월 15일 발매된 슈팅게임 「매지컬 체이스」는 각 전문지의 리뷰에서 높은 평가를 연속해서 받았다. 그러나 당시는 유통과 관련해 여러 문제가 있어서 원래 출하량이 적었던 점, 또 발매원인 팔소프트가 도산한 점 등이 겹쳐서 프리미엄 소프트가 되었다. 더욱이 제작을 담당한 것은 훗날 『전설의 오우거 배틀伝説のオウガバトル』 『택틱스 오우거タクティスオウガ』 등의 명작을 만들게 되는 퀘스트(クエスト). 이 작품에서도 높은 기술력이 곳곳에 발휘되었으며, 극한까지 심혈을 기울인 아름다운 그래픽에 더해 적의 출현에 맞춰 음악을 동조시키는(잡지 인터뷰에서 관계자 발언) 등 PC엔진의 한계를 넘어선 연출을 실현했다. 발매된 지 대략 2년 후인 1993년 9월 30일에는 전문지 「PC엔진 FAN」에서 독자의 강한 요청에 응하는 형태로 재판매를 결정했다. 「창간 5주년 기념 특별 판매 소프트」라는 방식의 완전예약 한정 재판매였는데, 결과적으로 이 재판매 버전도 프리미엄이 되었다. 게임 내용은 내부 프로그램을 포함해 전부 똑같다.

「매지컬 체이스」 1991년 11월 15일 발매 , 7,800엔 (세금별도), 팔소프트

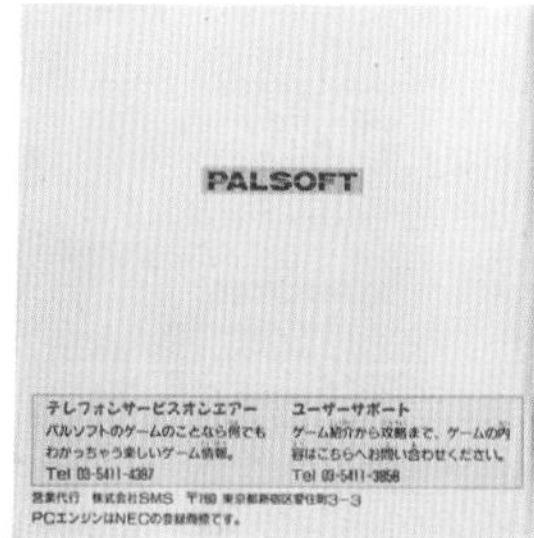

「매지컬 체이스(재판매 판)」 1993년 9월 30일 발매, 8,000엔 (세금, 배송료 포함), 도쿠마쇼텐

「매지컬 체이스」 통신판매 고지와 예약신청용지 (월간지 「PC엔진 FAN」에서)

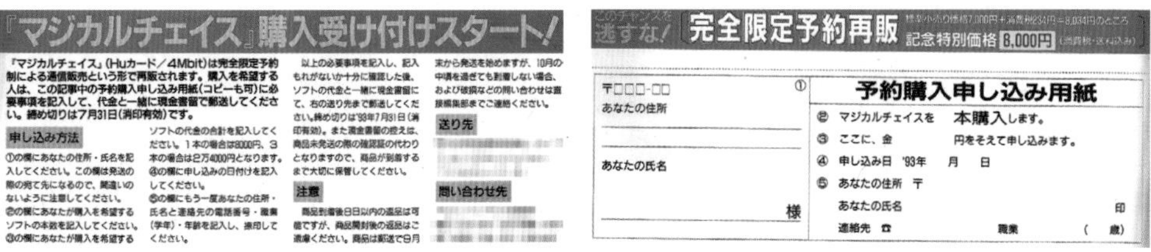

『マジカルチェイス』購入受け付けスタート!

『マジカルチェイス』(Huカード/4Mbit)は完全限定予約制による通信販売という形で再販されます。購入を希望する人は、この記事中の予約購入申し込み用紙(コピーも可)に必要事項を記入して、代金と一緒に現金書留で郵送してください。締め切りは7月31日(消印有効)です。

申し込み方法

①の欄にあなたの住所・氏名を記入してください。この欄は発送の際の宛て先になるので、間違いのないように注意してください。
②の欄にあなたが購入を希望するソフトの本数を記入してください。
③の欄にあなたが購入を希望するソフトの代金の合計を記入してください。1本の場合は8000円、3本の場合は2万4000円となります。
④の欄に申し込みの日付けを記入してください。
⑤の欄にもう一度あなたの住所・氏名と連絡先の電話番号・職業(学年)・年齢を記入し、捺印してください。

以上の必要事項を記入し、記入もれがないか十分に確認した後、ソフトの代金と一緒に現金書留にて、右の送り先まで郵送してください。締め切りは'93年7月31日(消印有効)。また現金書留の控えは、商品未発送の際の確認証の代わりとなりますので、商品が到着するまで大切に保管してください。

注意

商品到着後8日以内の返品は可能ですが、商品開封後の返品はご遠慮ください。商品は郵送で9月末から発送を始めますが、10月の中旬を過ぎても到着しない場合、および破損などの問い合わせは直接編集部までご連絡ください。

送り先

問い合わせ先

このチャンスを逃すな! 完全限定予約再販 標準小売り価格7,000円+消費税234円=8,034円のところ 記念特別価格 8,000円 (消費税・送料込み)

予約購入申し込み用紙

① 〒□□□-□□
あなたの住所
あなたの氏名
様

② マジカルチェイスを 本購入します。
③ ここに、金 円をそえて申し込みます。
④ 申し込み日 '93年 月 日
⑤ あなたの住所 〒
あなたの氏名 印
連絡先 ☎ 職業 (歳)

잡지·무크의 부록 & 서점 전매 소프트

지금이야 CD-ROM이 딸린 잡지가 드물지 않지만, 1990년대 초엽에는 잡지 부록에 CD-ROM을 붙일 수 없었기 때문에 데모 화면이나 체험판을 수록한 CD-ROM이 딸린 책은 무크지로 간행하는 것이 통례였다. 또 서점 전매(專賣)라는 형태의 소프트도 발매되었으며, 유통량이 일반적인 소프트에 비해 '매우 적다=가치가 있다'고 해서 「아키야마 진(秋山仁)」은 현재도 상당한 가격에 거래되고 있다.

잡지·무크의 부록

타이틀	발매일	가격	퍼블리셔명
에메랄드 드래곤 체험판	1993년 12월 13일	2,408엔	미디어웍스 / 슈후노토모샤
바람의 전설 재너두 체험 CD-ROM 게임 가이드	1994년 1월 28일	2,427엔	가도가와쇼텐
성야물어AnEarth Fantasy Stories 체험판	1994년 12월 13일	2,408엔	미디어웍스 / 슈후노토모샤
슈퍼PC엔진팬 딜럭스 특별부록2 Develo Magazine 출장소	1996년 11월 29일	1,922엔	도쿠마쇼텐 인터미디어 / 도쿠마쇼텐
천외마경 에덴의 동쪽 풍운가부키전 출격의 서	1993년 6월 15일	1,922엔	쇼가쿠칸
DUO COMIC 폭렬 헌터	1994년 6월 30일	2,427엔	미디어웍스 / 슈후노토모샤
PC엔진 하이퍼 카탈로그	1992년 12월 11일	2,408엔	쇼가쿠칸
PC엔진 하이퍼 카탈로그2 CD-ROM	1993년 5월 21일	2,816엔	쇼가쿠칸
PC엔진 하이퍼 카탈로그3 CD-ROM	1993년 8월 9일	2,816엔	쇼가쿠칸
PC엔진 하이퍼 카탈로그4 CD-ROM	1993년 11월 19일	2,816엔	쇼가쿠칸
PC엔진 하이퍼 카탈로그5 CD-ROM	1994년 4월 23일	2,524엔	쇼가쿠칸
PC엔진 하이퍼 카탈로그6 CD-ROM A DISC	1994년 7월 29일	2,816엔	쇼가쿠칸
PC엔진 하이퍼 카탈로그6 CD-ROM B DISC	1994년 7월 29일	2,816엔	쇼가쿠칸
PCEngine FAN Special CD-ROM2 Vol.1	1996년 6월 29일	1,437엔	도쿠마쇼텐 인터미디어 /도쿠마쇼텐
슈퍼PC엔진 팬 딜럭스 특별부록2 모테케타마고	1997년 3월경	2,171엔	도쿠마쇼텐 인터미디어 /도쿠마쇼텐
로도스도전기 부활	1994년 11월 11일	2,894엔	가도가와쇼텐
로도스도전기II 체험	1994년 11월 26일	2,602엔	가도가와쇼텐

서점 전매

타이틀	발매일	가격	퍼블리셔명
서커스라이도	1991년 4월 6일	5,243엔	유니포스트
아키야마 진의 수학미스터리 숨겨진 보물 '인도의 불꽃'을 사수하라!	1994년 12월 10일	7,767엔	NHK소프트웨어

『서커스라이도』

한때는 『아키야마 진』과 쌍벽을 이루는 프리미엄 소프트였지만, 어느날 Amazon에 신품이 대량으로 출품되며 대폭락. 단번에 가격이 내려앉았다.

『아키야마 진의 수학미스터리 숨겨진 보물 '인도의 불꽃'을 사수하라!』

이것은 현재도 입수가 어렵다. 수십만 엔에 거래되는 일도 흔하다.

PC 엔진

SUPER GRAFX ARCADE CARD

PC ENGINE COMPLETE GUIDE

배틀에이스

● 발매일 / 1989년 12월 8일 ● 가격 / 6,500엔
● 퍼블리셔 / 허드슨

PC엔진 슈퍼그래픽스(SG)와 동시 발매된 런칭 소프트. 이 하드웨어는 PC엔진의 그래픽 칩을 2개 탑재하여 스프라이트의 표시 능력과 배경의 묘사 능력을 배가했다. 그 데몬스트레이션이라고도 할 수 있는 게임이 바로 이 작품으로, 콕핏 시점의 유사 3D 슈팅게임이다. 무기는 탄수 무제한 발칸포와 시간으로 회복하는 미사일이며, 후자는 자동 추적된 적을 향해 유도된다. 박력 있는 화면과 매끄러운 움직임은 당시 가정용 게임으로서는 고도의 수준이었다.

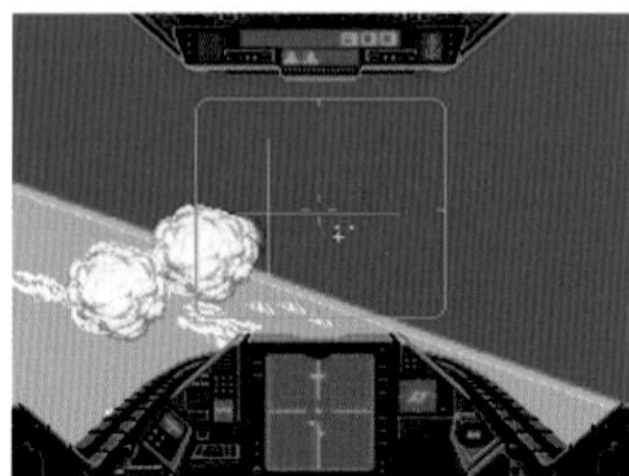

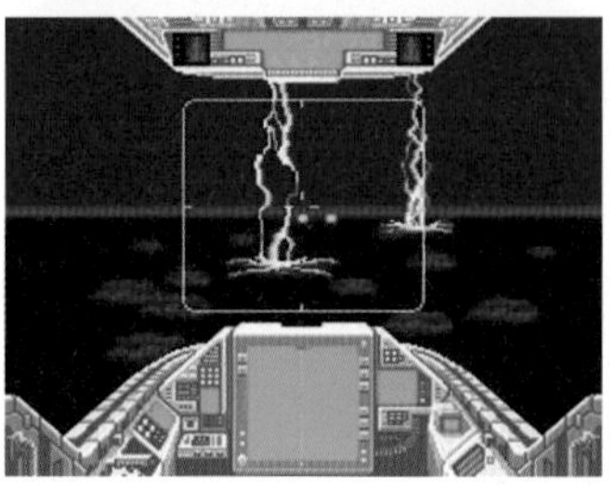

대마계촌

● 발매일 / 1990년 7월 27일 ● 가격 / 10,800엔
● 퍼블리셔 / NEC애버뉴

아케이드의 인기 타이틀을 이식한 작품으로, SG의 성능이 유감없이 발휘되었다. 게임 내용은 횡스크롤(일부 종스크롤) 액션으로, 주인공 아서(アーサー)가 포로가 된 공주를 구하기 위해 단신으로 마계에 뛰어든다. 무기는 아이템으로 전환 가능하며, 황금갑옷을 몸에 두를 때는 모아 쏘기로 마법도 발동할 수 있다. 대담하게 변화해 가는 스테이지와 높은 난이도 역시 특징 중 하나다. 이 SG판은 당시 가정용 하드로서는 이식도가 높았고, 16비트기인 메가드라이브 버전을 상회하는 부분도 많다.

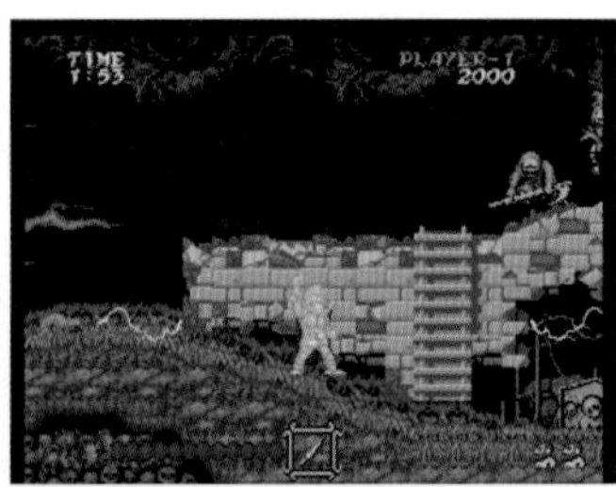

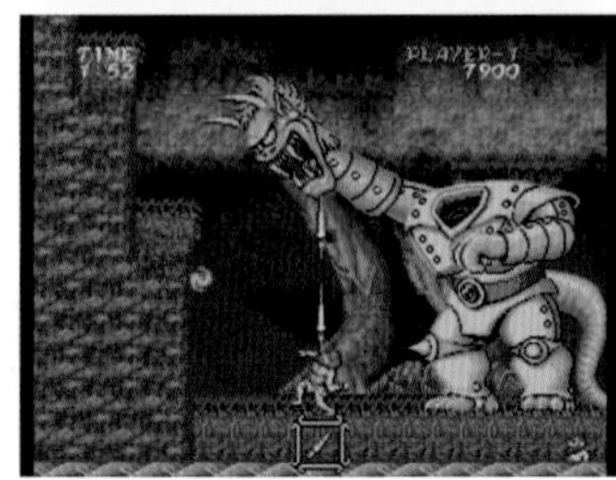

슈퍼 그랑죠

● 발매일 / 1990년 4월 6일 ● 가격 / 6,500엔
● 퍼블리셔 / 허드슨

당시 방영된 TV 애니메이션을 원작으로 한 횡스크롤 액션게임. RUN 버튼으로 로봇을 3가지 형태로 전환하는데, 각각 보통의 공격과 모아 쏘기 방법이 다르다.

올디네스

● 발매일 / 1991년 2월 22일 ● 가격 / 9,800엔
● 퍼블리셔 / 허드슨

PC엔진 오리지널의 횡스크롤 슈팅게임. 셔틀 사용법이 관건이며, 자신의 기체를 따라갈지 적을 뒤쫓을지 전환할 수 있다. 거대한 보스 등 SG의 성능을 잘 살렸다.

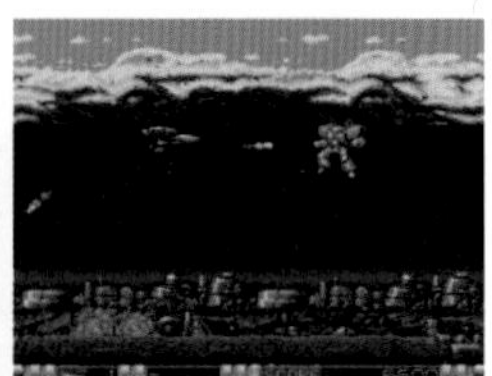

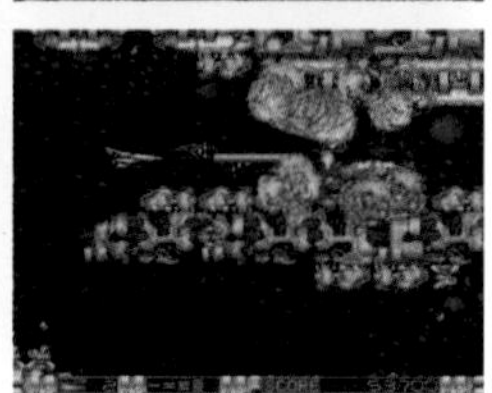

1941 카운터어택

● 발매일 / 1991년 8월 23일 ● 가격 / 9,800엔
● 퍼블리셔 / 허드슨

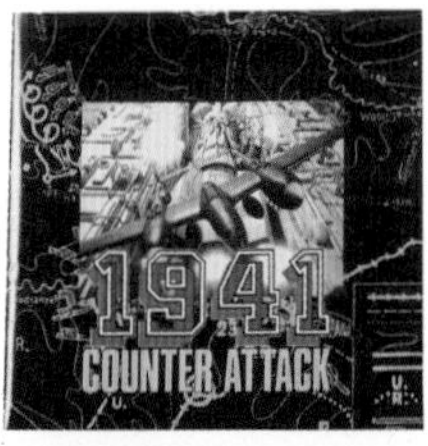

캡콤의 아케이드용 종스크롤 슈팅게임으로, 일본에서는 SG에만 이식되었다. 공중회전의 폐지, 모아 쏘기 채용 등 종래의 『194X』 시리즈와 달라진 점이 많다.

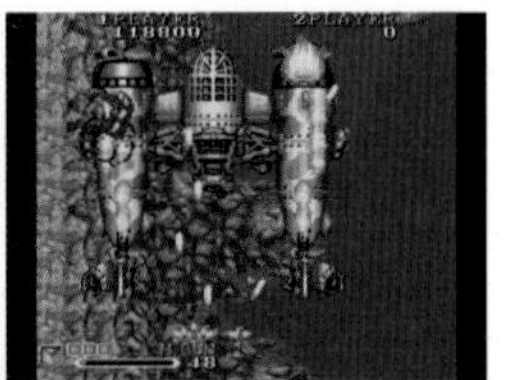

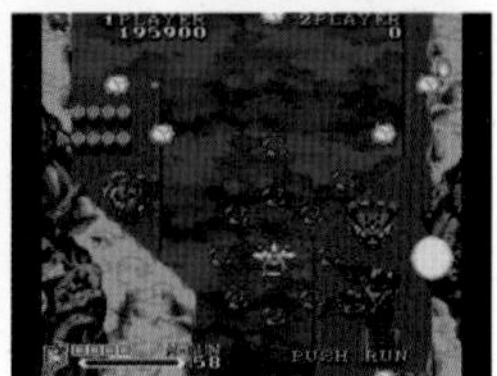

사이드라벨 셀렉션 7

『퀴즈애버뉴』 『컬러워즈』

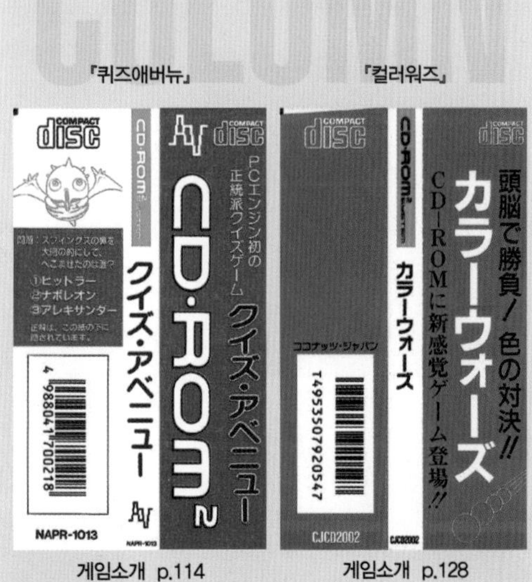

게임소개 p.114 게임소개 p.128

왼쪽은 사이드라벨에 퀴즈가 수록된 보기 드문 패턴. 오른쪽은 측면 라벨의 CD-ROM2 색상이 검정색(보통은 흰색)

아랑전설 2 새로운 싸움

● 발매일 / 1994년 3월 12일 ● 가격 / 6,900엔
● 퍼블리셔 / 허드슨

SNK의 인기 격투게임 시리즈 2번째 작품. 전작과 비교해 플레이어가 사용하는 캐릭터가 2배 이상 늘었고 게임성이 눈에 띄게 향상되었다. 연속기(連続技)가 존재하지 않는 특수한 시스템이지만, 회피공격(避け攻撃)과 초필살기라는 『스트리트 파이터 II』에는 없는 요소로 차별화를 꾀했다. 다양한 요소가 삭제된 슈퍼패미컴 버전이나 개작된 부분이 많은 메가드라이브 버전과 비교해도 이 작품은 이식도가 높았으며, 아케이드 버전 같은 감각으로 플레이할 수 있다. 다만 스테이지마다 로딩 시간이 길다는 단점도 존재했다.

매드 스토커 풀 메탈 포스

● 발매일 / 1994년 9월 15일 ● 가격 / 5,800엔
● 퍼블리셔 / NEC홈일렉트로닉스

X68000용 횡스크롤 액션을 이식한 작품. 당시 주류였던 격투게임의 영향을 강하게 받았으며, 커맨드 입력으로 특수기술을 발휘하거나, 통상기술을 취소하고 특수기에 연결하는 연속기도 가능해졌다. 배경은 입체감이 부족한 편이며, 벨트스크롤 액션의 게임성에 가깝다. 다른 플레이어나 CPU와의 대전도 가능하며, 1장의 소프트로 2개의 게임을 즐길 수 있고, 애니메이션을 구사한 오프닝 무비도 우수하다. 출하량이 적어서 현재는 프리미엄 가격으로 거래된다.

용호의 권

● 발매일 / 1994년 3월 26일 ● 가격 / 6,900엔
● 퍼블리셔 / 허드슨

SNK의 대전 격투게임을 이식했다. 솔로 플레이는 '료'나 '로버트'를 사용할 수 있고, 2인 대전에서는 10인의 캐릭터 중 하나를 선택 가능하다. 당시로서는 이식도가 높았지만, 로딩시간이 길다는 단점도 있었다.

월드 히어로즈 2

● 발매일 / 1994년 6월 4일 ● 가격 / 6,900엔
● 퍼블리셔 / 허드슨

ADK의 대전 격투게임 시리즈 2번째 작품을 이식했다. 타임머신을 타고 각 시대의 영웅들이 싸운다는 내용으로, 게임 밸런스는 다소 아쉬웠지만, 화려한 게임을 좋아하는 사람에게는 더없이 좋은 게임이다.

스트라이더 비룡

● 발매일 / 1994년 9월 22일 ● 가격 / 6,000엔
● 퍼블리셔 / NEC애버뉴

캡콤의 아케이드용 횡스크롤 액션게임을 이식한 작품이다. 주인공 비룡은 벽에 달라붙거나 다채로운 액션이 가능하며, 사이퍼 광선검(サイファー)으로 공격한다. PC엔진 판에는 일본어 데모 버전이 추가되었다.

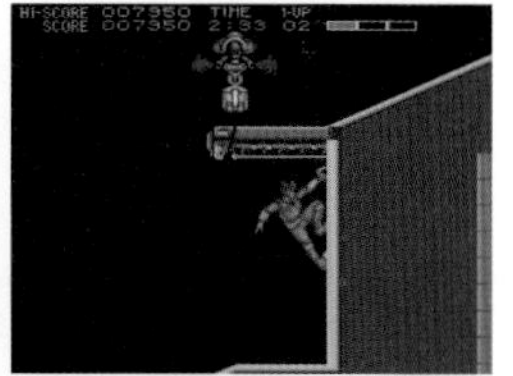

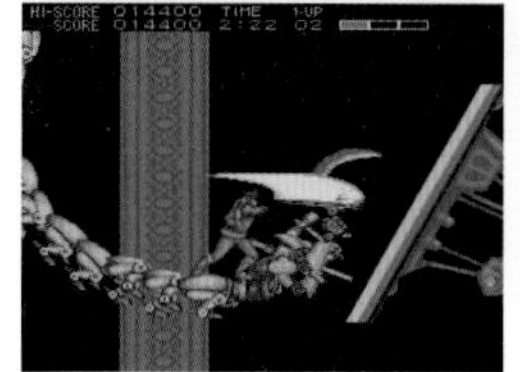

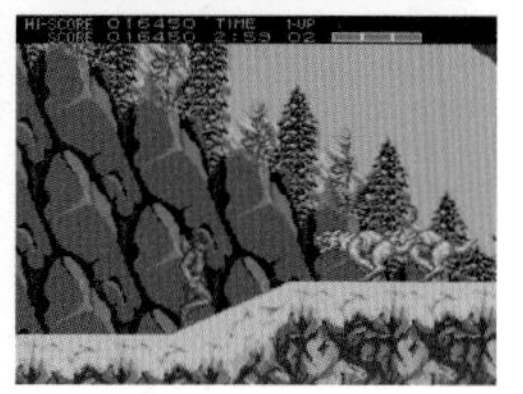

신일본프로레슬링' 94 배틀필드 in 투강도몽

● 발매일 / 1994년 11월 25일 ● 가격 / 9,800엔
● 퍼블리셔 / 후지콤

슈퍼패미컴의 프로레슬링 게임을 이식했다. 20명의 레슬러는 모두 실명이며, 오프닝의 레슬러 소개는 실사(実写)를 삽입해 엄청 호화롭다. 게임모드는 4종류가 있다.

아랑전설 스페셜

● 발매일 / 1994년 12월 2일 ● 가격 / 6,900엔
● 퍼블리셔 / 허드슨

『아랑전설 II』의 버전 업으로, 아케이드에서 이식된 작품이다. CPU 전용 캐릭터였던 보스 캐릭터 4인을 플레이어 캐릭터로 사용할 수 있게 되었고, 콤보 연결이 가능하게 되었다.

파이어프로 여자 동몽초녀대전 전녀 vs JWP

● 발매일 / 1995년 2월 3일 ● 가격 / 9,800엔
● 퍼블리셔 / 휴먼

『파이어프로』 시리즈의 하나로, 전일본여자프로레슬링과 JWP여자프로레슬링이라는 두 단체에 소속된 여자 레슬러를 사용할 수 있다. 시스템적인 부분은 『파이어프로』를 거의 그대로 답습했다.

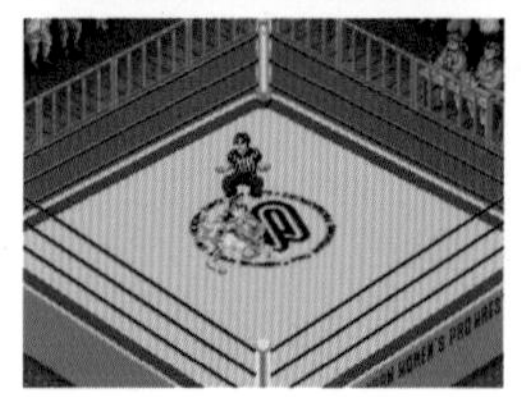

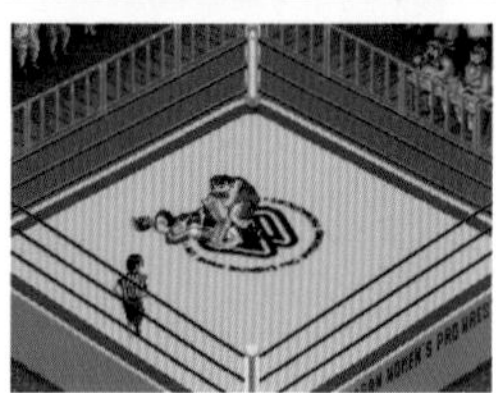

가부키 일도양단

● 발매일 / 1995년 2월 24일 ● 가격 / 7,800엔
● 퍼블리셔 / 허드슨

『천외마경』 시리즈의 캐릭터를 사용한 대전 격투게임. 펀치와 킥으로 6개의 버튼을 사용하는 『스트리트 파이터 II』와 같은 조작 방법인데, 거의 6버튼 패드 전용 게임이다.

작신전설 QUEST OF JONGMASTER

● 발매일 / 1995년 2월 24일 ● 가격 / 6,900엔
● 퍼블리셔 / NEC홈일렉트로닉스

아케이드 게임인 『마작퀘스트』의 속편에 해당하는 게임이다. 스토리성이 강한 RPG모드와 자유대전 VS모드를 즐길 수 있다. 2인 마작으로 속임수 기술도 사용가능하다.

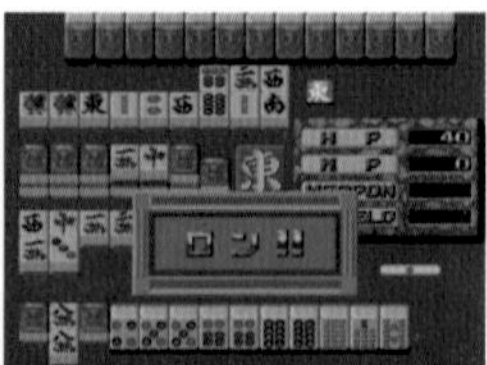

은하부경전설 사파이어

● 발매일 / 1995년 11월 24일 ● 가격 / 6,800엔
● 퍼블리셔 / 허드슨

미소녀 4인 중에서 주인공을 선택하는 종스크롤 슈팅게임. 비주얼 중시로 여겨지기 쉽지만 의외로 정통파적인 게임이다. 출하 수량이 적어서 상당히 고가에 거래된다.

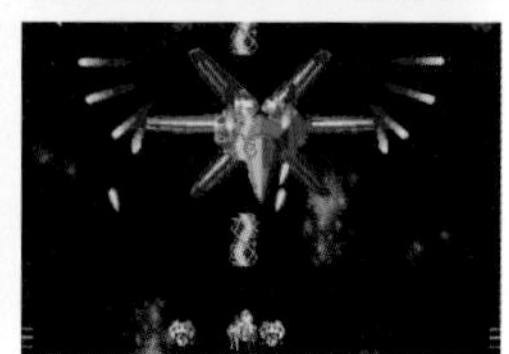

마도물어 I 불꽃의 졸원아

● 발매일 / 1996년 12월 13일 ● 가격 / 7,800엔
● 퍼블리셔 / NEC애버뉴

PC엔진 말기의 작품으로 프리미엄 소프트의 하나다. MSX2용 『마도물어 1-2-3』의 이식판이며, 에피소드1을 수록했다. 오리지널보다 비주얼이 강화되었고 음성도 수록되었다.

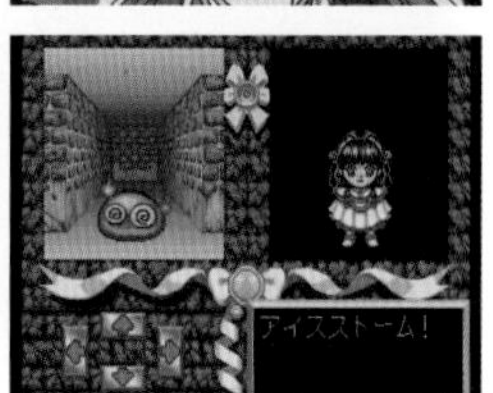

사이드라벨 셀렉션 8

『악마성 드라큘라X 피의 윤회』

게임소개 p.157

『이미지 파이트2』

게임소개 p.152

『더 티비쇼』

게임소개 p.200

『바자르 데 고자루』

게임소개 p.203

가격은 날마다 변동되는데,
1만 엔 이하로 구입할 수 있는 것도 있고, 5만 엔 가까이 하는 것도 있다.

『우루세이 야츠라』『은하 아가씨 전설 유나』 재판매 판

같은 작품이라도 통상판과 재판매 판에서 재킷이나 미디어 디자인이 다른 경우가 있다. 『은하 아가씨 전설 유나』 재판매판에는 같은 소프트 통상판 발매 당시에 만들어진 프로모션 비디오(HuVIDEO에 수록)와 디지털 화집이 들어간 CD-ROM이 딸려 있다. 그밖에 오리지널 굿즈가 당첨되는 캠페인 응모권이 동봉되었다.

타이틀	발매일	퍼블리셔	가격	퍼블리셔명
우루세이 야츠라 스테이 위드유 & 허드슨 CD-ROM2 음악전집	1990년 12월 22일	허드슨	6,800엔	「CD-ROM2 발매 2주년 기념 스페셜 허드슨 CD-ROM2 음악전집」 부속
은하 아가씨 전설 유나	1995년 6월 16일	허드슨	6,800엔	오리지널 비디오(HuVIDEO)와 아키타카 미카 선생 디지털 화집이 들어간 CD-ROM, HuVIDEO 해설카드와 캠페인 응모권 동봉

『우루세이 야츠라』(왼쪽은 통상판의 재킷 뒷면, 가운데가 2주년 기념 재킷의 뒷면)

『은하 아가씨 전설 유나』(아래 상단의 왼쪽은 통상판, 오른쪽은 재판매판)

PC 엔진

CD-ROM²

PC ENGINE COMPLETE GUIDE

노·리·코

● 발매일 / 1988년 12월 4일 ● 가격 / 4,980엔
● 퍼블리셔 / 허드슨

당시 아이돌 여배우로 인기였던 오가와 노리코(小川範子)를 피처링한 AVG다. 그녀의 정기권을 주운 주인공이 콘서트에 초대받는…다는 내용으로 완전히 팬을 위한 게임이었다.

파이팅 스트리트

● 발매일 / 1988년 12월 4일 ● 가격 / 5,980엔
● 퍼블리셔 / 허드슨

『스트리트 파이터 II』의 원류인 초대 『스트리트 파이터』 이식판. 버튼을 누르는 시간으로 펀치와 킥의 강약을 재현했으며, 2버튼 패드로도 플레이를 할 수 있게 되었다.

빅쿠리만 대사계

● 발매일 / 1988년 12월 23일 ● 가격 / 4,980엔
● 퍼블리셔 / 허드슨

게임이 아니라 데이터베이스다. 500매나 되는 빅쿠리만 씰의 데이터와 퀴즈 등을 수록했다. 대용량 CD-ROM 매체의 활용 방식으로 파문을 일으킨 작품이기는 하다.

사이드라벨 셀렉션 9

『이스 I·II』 『슈퍼 슈바르츠실트2』

게임소개 p.099 게임소개 p.151

명작 한정판이 존재하는 소프트의 통상판 『이스 I·II』를 제외하고, 사이드라벨의 색깔이 다르다.

천외마경 ZIRIA

● 발매일 / 1989년 6월 30일 ● 가격 / 7,200엔
● 퍼블리셔 / 허드슨

가정용 하드웨어의 CD-ROM 매체로서는 최초의 RPG다. 종래와 비교도 안 되는 용량의 여유를 살려서 대단히 볼륨 있는 작품이 되었다. 중요한 장면에서 삽입되는 무비와 음성은 훗날 같은 매체의 게임에 지대한 영향을 미쳤다. 시스템적으로는 전형적인 커맨드 선택식 전투를 채용하는 등 새로워진 부분은 적지만, 가공세계 지팡구라는 세계관과 주인공 지라이야(自來や)를 비롯해 쓰나데(綱手), 오로치마루(大蛇丸)라는 캐릭터도 구축되어 플레이어들에게 인기도 많았다.

이스 I · II

● 발매일 / 1989년 12월 21일 ● 가격 / 7,800엔
● 퍼블리셔 / 허드슨

PC용 액션 RPG로 폭넓은 인기를 누렸던 『이스』와 그 속편을 결합해서 이식했다. 단순한 이식에 머물지 않는 어레인지가 우수하며, 다수의 하드웨어로 발매된 『이스』 중에서도 완성도는 톱클래스다. 게임은 『Ⅰ』에서 『Ⅱ』의 순서로 플레이하게 되어 있으며, 『Ⅱ』부터 먼저 플레이할 수는 없다. 또한 게임의 스토리를 보다 완성도 있게 수정해서, 본래의 세계관에 가까워졌다. 음원의 사운드와 유명 성우를 기용한 음성도 팬들로부터 높은 평가를 받았다.

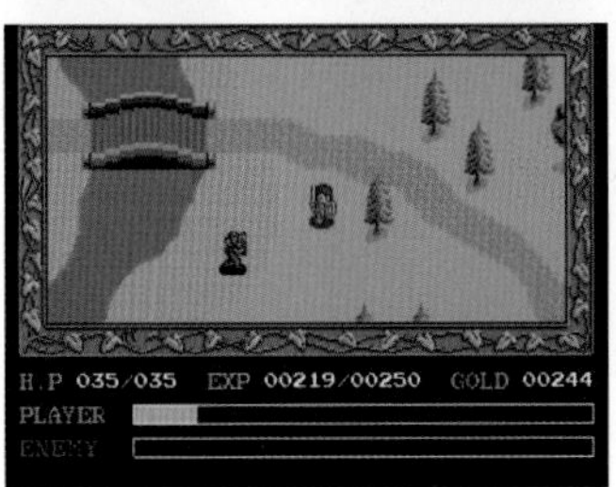

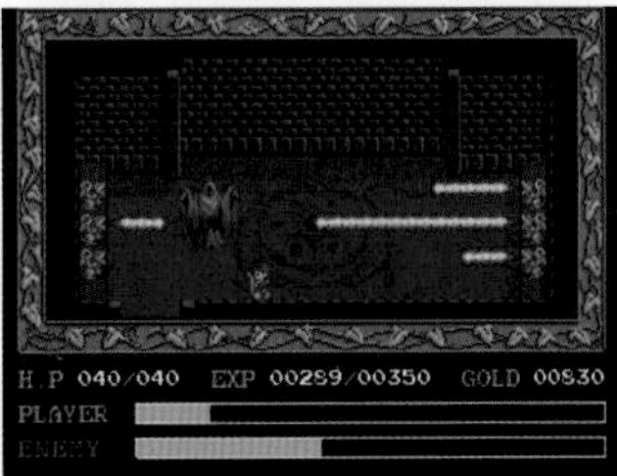

스페이스 어드벤처 코브라 흑룡왕의 전설

● 발매일 / 1989년 3월 31일 ● 가격 / 5,980엔
● 퍼블리셔 / 허드슨

3개지에 걸쳐 연재된 인기 만화를 원작으로 한 어드벤처게임. 원작자인 데라사와 부이치(寺沢武一)가 각본 · 원화에 참가했으며, 원작의 분위기를 깨지 않고 게임화 하는 데 성공했다. 시스템적으로는 커맨드 선택 방식을 채용했는데, 수수께끼풀이 요소는 적고 시나리오를 즐기는 게임이 되었다. 스토리는 원작 제2부 '흑룡왕' 편을 중심으로 했으며, 애니메이션이나 대량의 일러스트가 게임의 열기를 북돋았다. 난해한 부분도 없어서 AVG 초심자도 플레이하기 쉬운 작품이었다.

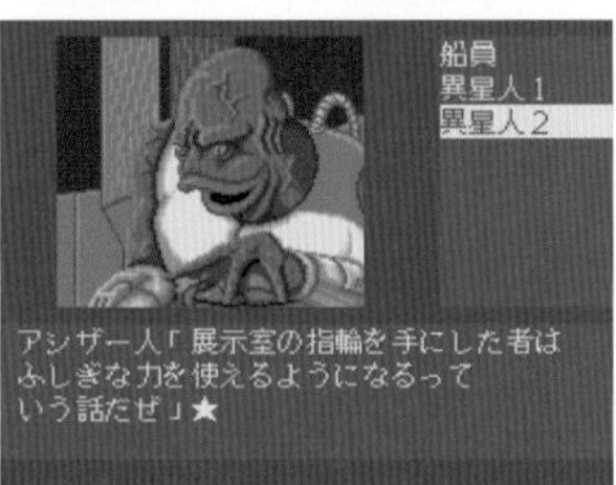

바리스 II

● 발매일 / 1989년 6월 23일 ● 가격 / 6,780엔
● 퍼블리셔 / 일본텔레네트

세일러복 차림의 소녀가 주인공이라고 해서 화제가 된 인기 액션게임의 속편. 원래 비주얼을 중시한 게임이었는데, 이 작품에도 CD-ROM의 대용량을 활용한 연출이 많다.

몬스터 레어 원더보이III

● 발매일 / 1989년 8월 31일 ● 가격 / 5,800엔
● 퍼블리셔 / 허드슨

아케이드용 액션슈팅을 이식했다. 스테이지의 전반은 횡스크롤 액션이고, 후반은 슈팅이다. PC엔진 버전만의 특전은 없지만 이식도는 높다.

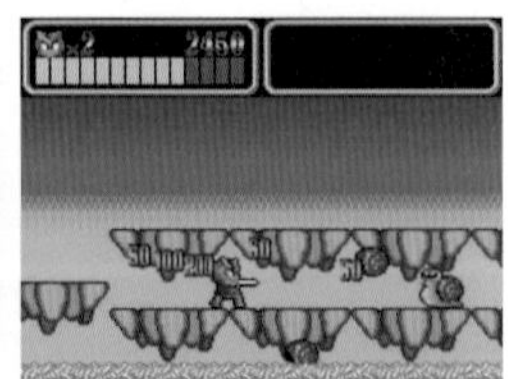

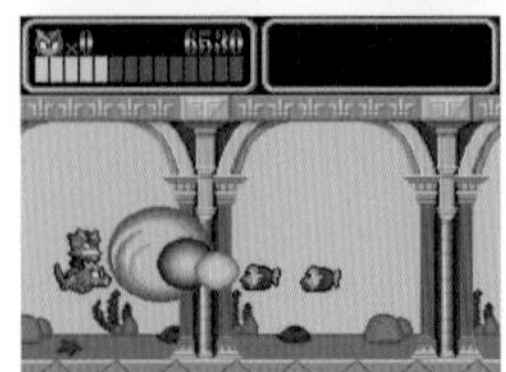

슈퍼 알바트로스

● 발매일 / 1989년 9월 14일 ● 가격 / 6,780엔
● 퍼블리셔 / 일본텔레네트

PC용 골프게임을 상당 부분 개작해서 이식했다. 특히 매치플레이 모드는 과장되기까지 한 스토리가 더해졌으며, 개성적인 캐릭터와 골프로 승부를 겨룬다.

수왕기

● 발매일 / 1989년 9월 22일 ● 가격 / 5,800엔
● 퍼블리셔 / NEC애버뉴

HuCARD 판보다 먼저 발매된 CD-ROM2 판이다. 스토리 모드가 추가된 데다가 가격도 1000엔 더 싸다. 수인(獸人)으로 변신해 싸우는 게임성은 오리지널과 똑같다.

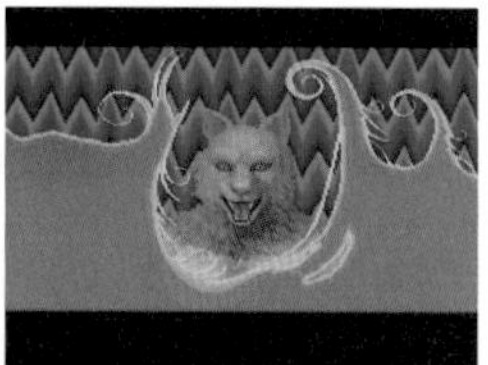

거울나라의 레전드

● 발매일 / 1989년 10월 27일 ● 가격 / 6,750엔
● 퍼블리셔 / 빅터음악산업

사카이 노리코(酒井法子) 팬을 위한 작품으로, 내용적으로는 커맨드 선택식 어드벤처 게임이다. 사카이 노리코의 노래 4곡을 게임 내에서 들을 수 있으며, 주인공의 이름을 불러주는 장치도 있다.

롬롬 가라오케 VOL.1

● 발매일 / 1989년 10월 27일 ● 가격 / 4,800엔
● 퍼블리셔 / NEC애버뉴

가정에서 즐길 수 있는 가라오케 소프트웨어 시리즈로, 마이크는 12월에 발매되었다. 이 작품에는 당시 인기 있던 가요곡을 중심으로 8곡이 수록됐으며, 영상도 흐르게 만들었다.

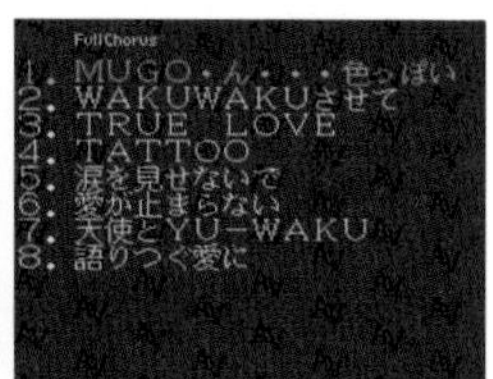

롬롬 가라오케 VOL.2

● 발매일 / 1989년 10월 27일 ● 가격 / 4,800엔
● 퍼블리셔 / NEC애버뉴

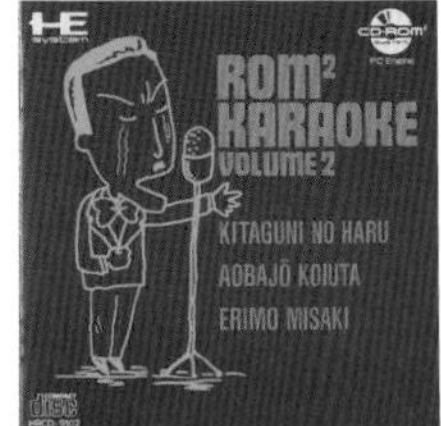

가라오케 시리즈 2번째 작품이지만 타이틀 화면은 VOL.1으로 표시된 채로 발매되었다. 이 작품은 엔카 8곡을 수록했는데, 한 번쯤 들어본 적 있는 명곡을 방 안에서 연습할 수 있다.

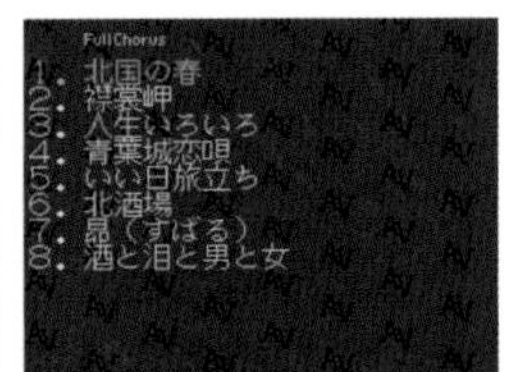

갬블러 자기중심파 CD 다 전원집합 격투 36 마작사

● 발매일 / 1989년 11월 24일 ● 가격 / 5,800엔
● 퍼블리셔 / 허드슨

가타야마 마사유키(片山まさゆき)의 만화에 등장하는 캐릭터와 대전할 수 있는 마작게임으로, 오리지널은 PC게임이다. 자유 대전·토너먼트 외에 짝꿍 캐릭터와 함께 싸우는 타코 토벌전(タコ討伐戦) 모드가 있다.

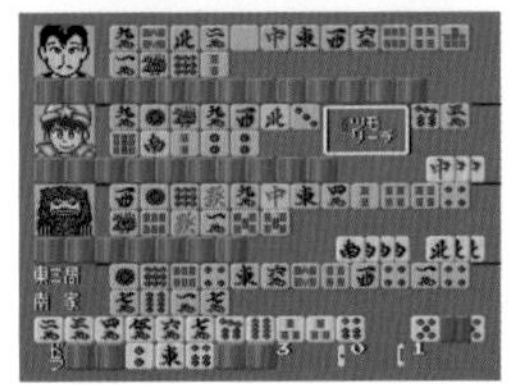

사이드 암즈 스페셜

● 발매일 / 1989년 12월 15일 ● 가격 / 5,800엔
● 퍼블리셔 / NEC애버뉴

같은 해 7월에 HuCARD 판이 먼저 발매됐다. Hu 버전과 같은 내용의 게임 외에 어레인지 버전도 수록되어 있으며, CD 1장으로 시스템이 다른 2개의 게임을 즐길 수 있게 되었다.

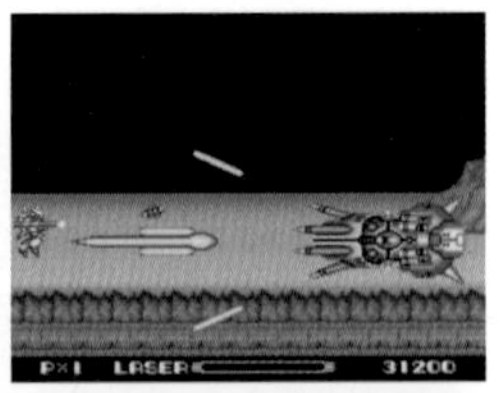

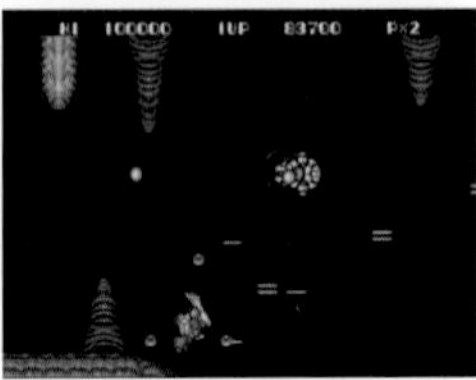

롬롬 가라오케 VOL.3

● 발매일 / 1989년 12월 20일 ● 가격 / 4,800엔
● 퍼블리셔 / NEC애버뉴

가라오케 소프트웨어 3번째 작품으로, 당시 인기였던 밴드계 가요 8곡이 수록되었다. 곡과 함께 흐르는 영상은 '마리오네트'인데, 줄에 매달린 인형이 춤을 추는 흔해빠진 영상이었다.

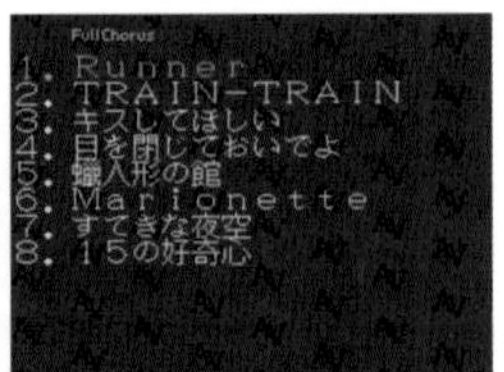

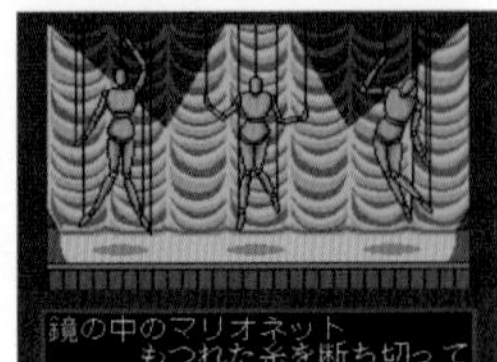

롬롬 스타디움

● 발매일 / 1989년 12월 22일 ● 가격 / 6,200엔
● 퍼블리셔 / 일본컴퓨터시스템(메사이어)

CD-ROM2로서는 최초의 야구게임으로, 시스템은 전형적이고 조작도 무난하다. 편집모드에서는 플레이어가 독자적인 팀을 만들 수 있으며, 패스워드로 반출하는 것도 가능하다.

레드 얼럿

● 발매일 / 1989년 12월 28일 ● 가격 / 6,780엔
● 퍼블리셔 / 일본텔레네트

영화 '람보' 풍의 액션슈팅게임. 적을 물리칠 때마다 경험치가 들어오고 주인공이 성장해 간다. 뜨거운 비주얼신에 음성까지 수록되었으며, 게임 본편 외의 것들도 즐길 수 있다.

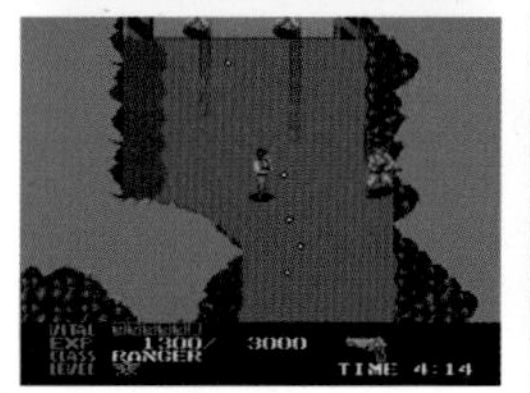

사이드라벨 셀렉션 10

『Go! GO! 버디 찬스 Go! GO!』

게임소개 p.202

『섹시 아이돌 마작 야구권의 시』

SUPER CD·ROM²
16人のセクシーアイドル登場!!
セクシーアイドル麻雀 野球拳の詩
ジャンケンで勝負！
NBCD4007

게임소개 p.195

『스팀 하츠』

게임소개 p.202

『진원령전기 』

게임소개 p.200

레어 소프트
여기에 열거한 것은 비교적 저렴한 가격으로 입수할 가능성이 있다.

롬롬 가라오케 VOL.4

● 발매일 / 1990년 1월 19일 ● 가격 / 4,800엔
● 퍼블리셔 / NEC애버뉴

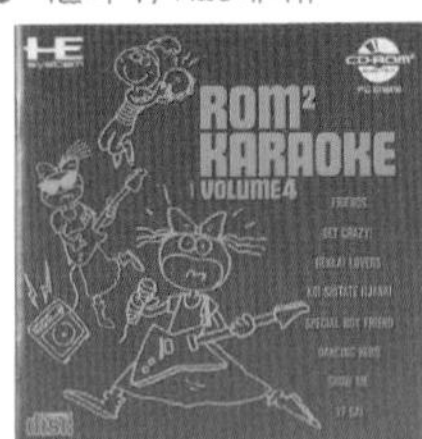

NEC애버뉴 발매 가라오케 시리즈 4번째 작품이다. 수록된 노래는 8곡이며, 노래에 맞춰 무비가 흐르는 것도 마찬가지다. 다소 추억의 노래 중심의 선곡이다.

북두성의 여자

● 발매일 / 1990년 2월 23일 ● 가격 / 6,300엔
● 퍼블리셔 / 나그자트

추리소설의 거장 니시무라 교타로(西村京太郎) 원작의 AVG이며, 커맨드 선택 방식을 채용했다. 표시되는 그래픽은 회화 형식으로 되어 있는데, 그것이 이 작품의 고유한 분위기를 자아내고 있다.

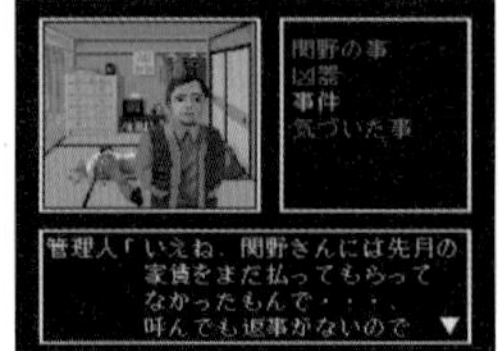

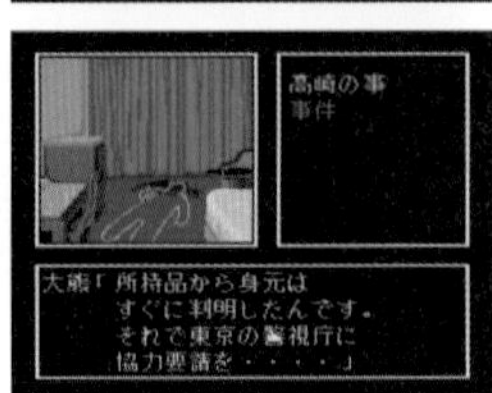

골든 액스

● 발매일 / 1990년 3월 10일 ● 가격 / 6,780엔
● 퍼블리셔 / 일본텔레네트

세가의 아케이드용 벨트스크롤 액션게임을 이식했다. 3명 중에서 주인공을 골라 데스아더(デス=アダー) 군과 싸운다. 적이 타고 있는 것을 빼앗아 타거나, 포션(물약)을 모아서 마법을 쓸 수 있는 등의 특징이 있다.

슈퍼 다라이어스

● 발매일 / 1990년 3월 16일 ● 가격 / 6,800엔
● 퍼블리셔 / NEC애버뉴

타이토의 3화면 횡스크롤 슈팅게임을 독자적인 어레인지로 이식한 작품. 오리지널보다도 보스의 수가 늘어났으며, 사운드의 평가도 매우 높아졌다.

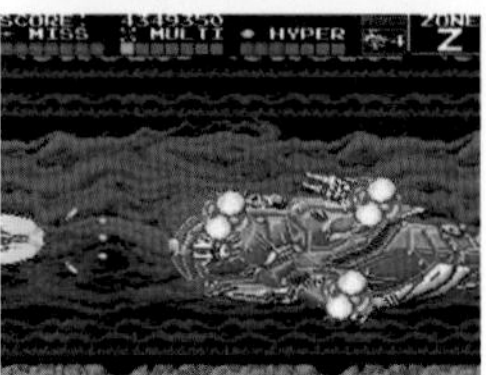

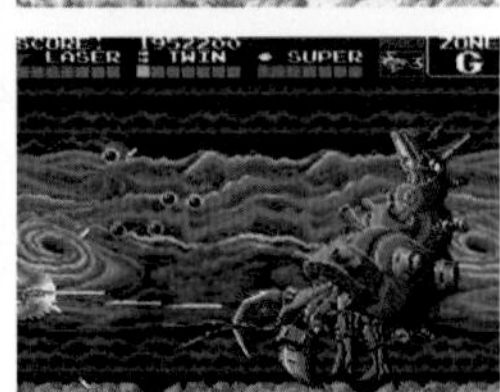

파이널 존 II

● 발매일 / 1990년 3월 23일 ● 가격 / 6,780엔
● 퍼블리셔 / 일본텔레네트

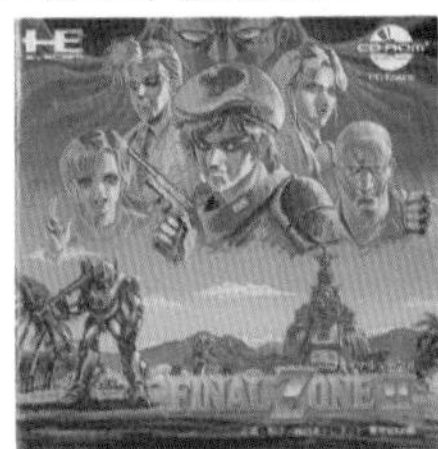

PC용 액션슈팅 『파이널 존』의 속편이다. 주인공은 8방향으로 움직이며 샷을 쏘고 임의 스크롤 스테이지로 나아간다. 캐릭터는 5인 중에서 선택 가능하다.

카르멘 샌디아고를 쫓아라! 세계편

● 발매일 / 1990년 3월 30일 ● 가격 / 7,200엔
● 퍼블리셔 / 팩인비디오

원래는 해외 AVG이며, 괴도 카르멘 샌디에고를 쫓아서 세계를 돌아다닌다. 샌디에고가 도망간 곳의 힌트로 지리 공부를 할 수 있다는 점에서 학습 소프트웨어의 효과도 있다.

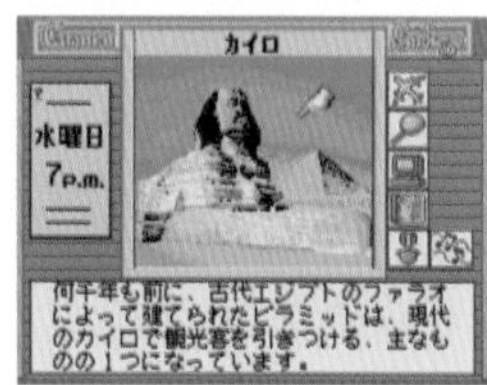

코즈믹 판타지 모험소년 유우

● 발매일 / 1990년 3월 30일 ● 가격 / 6,780엔
● 퍼블리셔 / 일본텔레네트

만화나 OVA도 발매된 미디어믹스 작품의 원조. 무비와 컷인(삽입영상)이 많이 사용된 RPG인데, 로딩 시간이 길다는 단점도 있어서 이후 작품의 과제가 되었다.

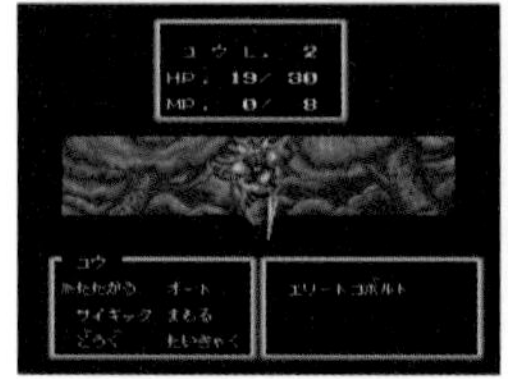

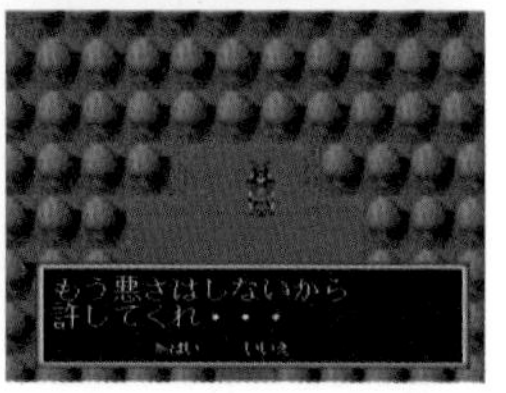

롬롬 가라오케 VOL.1 멋지게 스탠다드

● 발매일 / 1990년 3월 30일 ● 가격 / 4,800엔
● 퍼블리셔 / 빅터음악산업

빅터음악산업에서 발매한 가라오케 시리즈. 마츠토야 유미(松任谷由実)와 서전 올스타즈(サザンオールーズ)의 곡이 10곡 수록되어 있는 것 외에, 연회용 미니게임 3종류를 즐길 수 있다.

롬롬 가라오케 VOL.2 납득 아이돌

● 발매일 / 1990년 3월 30일 ● 가격 / 4,800엔
● 퍼블리셔 / 빅터음악산업

빅터음악산업 판 가라오케 제2탄. 제목에도 있는 것처럼 아이돌 가수의 노래 10곡이 수록되었으며, 히카루 겐지(光GENJI), 다하라 도시히코(田原俊彦), 사카이 노리코(酒井法子) 등 추억의 아이돌 곡을 부를 수 있다.

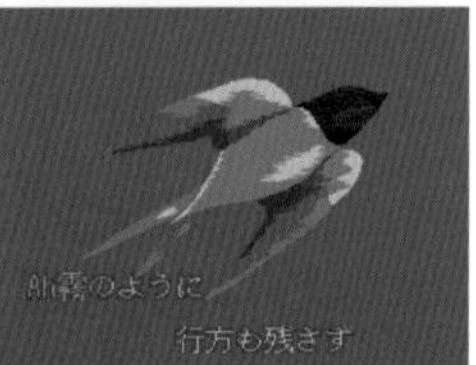

롬롬 가라오케 VOL.3 역시 밴드

● 발매일 / 1990년 4월 6일 ● 가격 / 4,800엔
● 퍼블리셔 / 빅터음악산업

3번째 작품은 당시의 밴드 붐을 반영한 내용. 보위(BOØWY)나 블루하트(ブルーハーツ) 등 여전히 노래방에서 인기 있는 노래 10곡을 수록했다. 하루나츠아키후유(春夏秋冬)는 밴드곡이 아닌 것 같다.

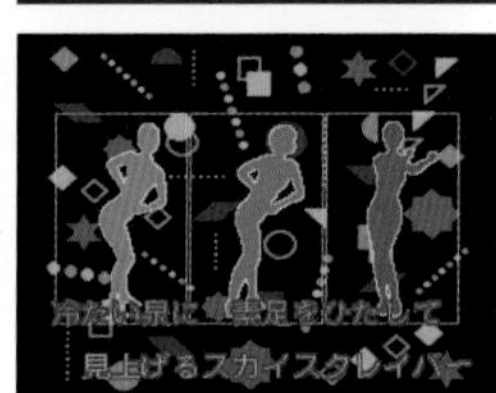

롬롬 가라오케 VOL.4 이봐요 어른 !?

● 발매일 / 1990년 4월 6일 ● 가격 / 4,800엔
● 퍼블리셔 / 빅터음악산업

4탄은 콘셉트가 다소 애매해서, 나가부치 쓰요시(長渕剛), 다케우치 마리(竹内まり), 구보타 도시노부(久保田利伸), 도쿠나가 히데아키(徳永英明) 등의 곡을 수록했다. 연회용 미니게임은 모두 공통적인 것이 되었다.

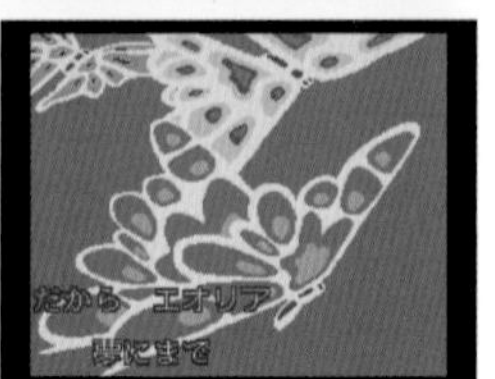

롬롬 가라오케 VOL.5 가라오케 도시락

● 발매일 / 1990년 4월 6일 ● 가격 / 4,800엔
● 퍼블리셔 / 빅터음악산업

빅터음악산업 판 가라오케로서는 마지막이 되는 5번째 작품은 도시락이라는 콘셉트다. 윙크(Wink), 나카모리 아키나(中森明菜), 구도 시즈카(工藤静香) 등의 곡이 수록되었다. 모두 당시 노래방에서 인기 곡이었다.

상하이II

● 발매일 / 1990년 4월 13일 ● 가격 / 5,800엔
● 퍼블리셔 / 허드슨

세계적으로 인기를 모은 퍼즐게임의 속편 격인 작품으로, 패를 쌓는 방법이 여러 종류가 있다. 제한시간도 없어서 여유 있게 즐길 수 있는 작품이며, 틀렸을 경우의 한 수 물리기와 힌트 기능도 충실하다.

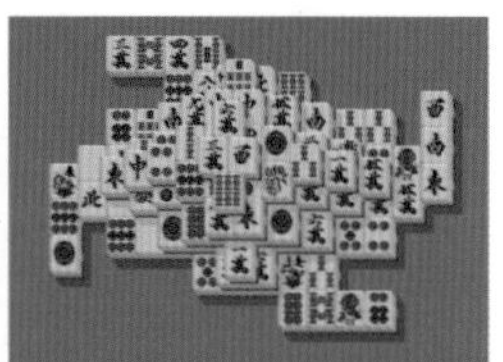
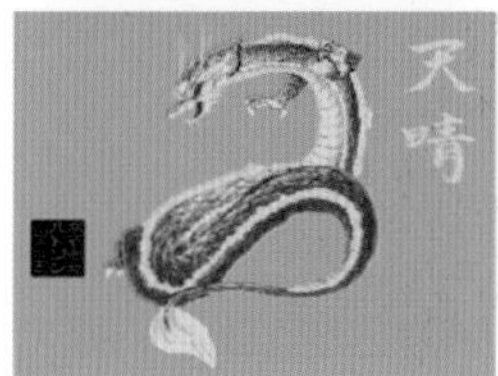
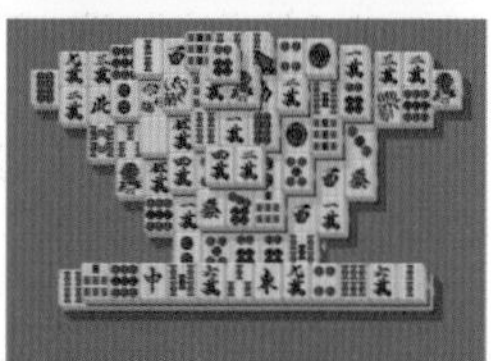

롬롬 가라오케 VOL.5

● 발매일 / 1990년 4월 23일 ● 가격 / 4,800엔
● 퍼블리셔 / NEC애버뉴

NEC애버뉴 판 가라오케는 이 작품이 마지막이다. 수록된 8곡은 스다라부시(スーダラ節)나 옐로서브마린(イエローサブマリン) 선창 등인데 사이타마 올림픽 선창(埼玉オリンピック音頭)은 아는 사람이 드물다.

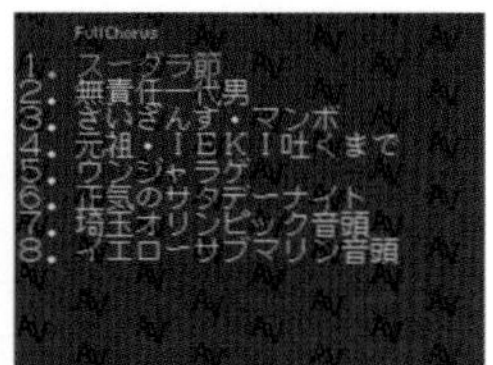

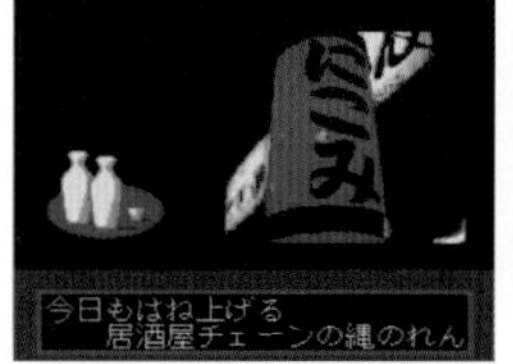

슈퍼 대전략

● 발매일 / 1990년 4월 27일 ● 가격 / 6,500엔
● 퍼블리셔 / 마이크로캐빈

시스템소프트(システムソフト) 인기 SLG 시리즈의 PC엔진 버전. 턴제를 채용했고, 예산 내에서 유닛을 구입한다. 거리나 공항 등을 점령하면서 적의 수도를 목표로 나아간다.

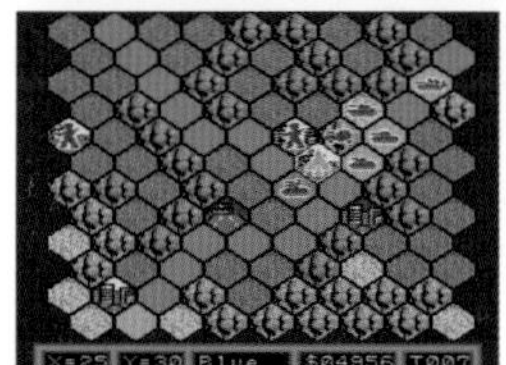

데스 브링거 더 나이트 오브 다크니스

● 발매일 / 1990년 4월 27일 ● 가격 / 7,200엔
● 퍼블리셔 / 일본텔레네트

PC용 RPG를 PC엔진에 이식했다. 맵을 이동할 때에는 주인공 시점의 3D 던전을 채용했지만, 전투는 탑뷰의 택티컬 컴뱃 방식이다.

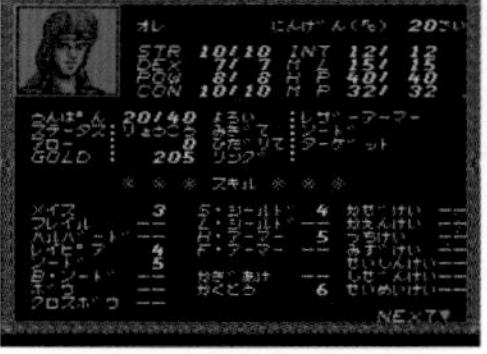

CD-ROM 매거진 울트라박스 창간호

● 발매일 / 1990년 6월 15일 ● 가격 / 4,800엔
● 퍼블리셔 / 빅터음악산업

PC엔진용으로 발매된 디스크 매거진. 데이트 장소를 소개하는 『실용 데이트 강좌』나 운세 『러셔 기무라의 별에 소원을!(ラッシャー木村の星に願いを！)』 외에 미니게임 등도 수록되었다.

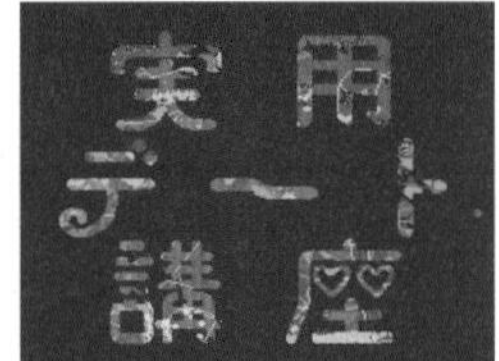

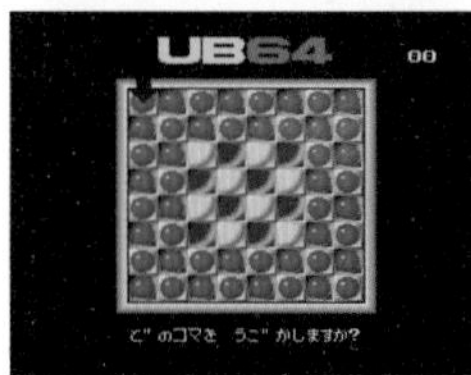

우루세이 야츠라 STAY WITH YOU

● 발매일 / 1990년 6월 29일 ● 가격 / 6,500엔
● 퍼블리셔 / 허드슨

만화·애니메이션으로 인기였던 「우루세이 야츠라」를 어드벤처게임으로 만든 작품. 원작을 따른 시나리오는 아니지만, 개성 넘치는 캐릭터의 매력은 잘 살려냈다.

솔 비앙카

● 발매일 / 1990년 6월 29일 ● 가격 / 6,200엔
● 퍼블리셔 / 일본컴퓨터시스템(메사이어)

OVA와 같은 시기에 발매된 미디어믹스 작품. 게임 내용은 탑뷰 방식의 RPG이며, 전투는 커맨드 선택 방식을 채용하고, 레벨제와 5종류의 스킬을 병용한 성장 시스템을 채용했다.

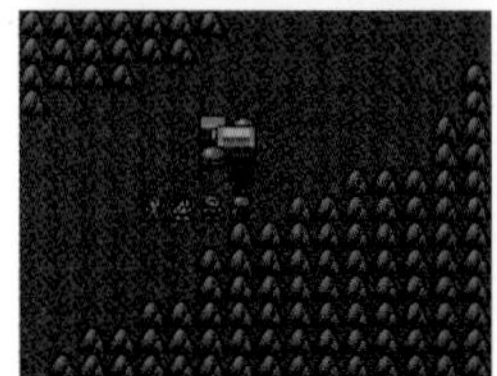

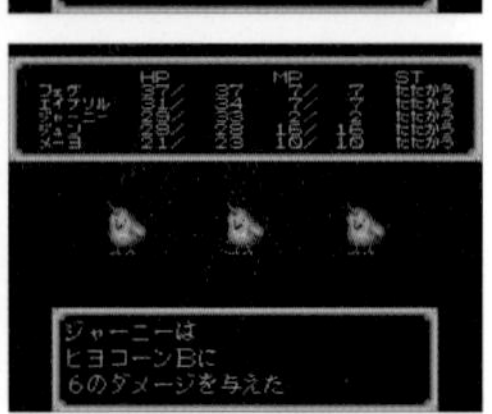

미궁의 엘피네

● 발매일 / 1990년 7월 6일 ● 가격 / 6,780엔
● 퍼블리셔 / 일본텔레네트

정령의 나라로 날아가버린 니시무라 토모미(西村知美)가 주인공인 어드벤처 게임. 그녀의 노래를 감상하거나, 미니게임과 퀴즈 등 다채로운 내용을 담고 있다.

매지컬 사우르스 투어 최신 공룡 도해 대사전

● 발매일 / 1990년 8월 24일 ● 가격 / 8,700엔
● 퍼블리셔 / 빅터음악산업

160종류나 되는 공룡에 관한 정보를 모은 데이터베이스. 게임 요소는 일절 없으며, 공룡의 모습을 보거나 데이터를 감상한다. 퍼블리셔의 공식 선전 문구는 '세계 최강의 공룡 도감'이다.

라스트 아마겟돈

● 발매일 / 1990년 8월 31일 ● 가격 / 7,500엔
● 퍼블리셔 / 브레인그레이

PC용 RPG를 이식한 작품. 인류가 멸망한 세계에서 몬스터들이 에일리언의 침략으로부터 지구를 지키기 위해 싸운다는 색다른 스토리를 담고 있다.

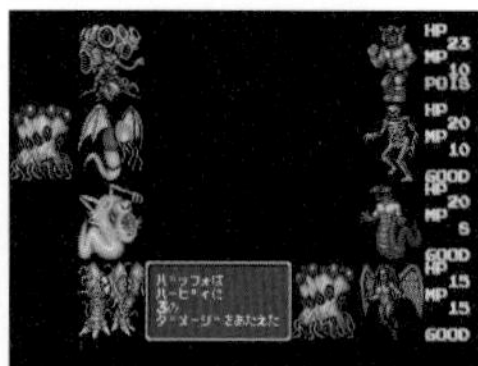

바리스 III

● 발매일 / 1990년 9월 7일 ● 가격 / 6,780엔
● 퍼블리셔 / 일본텔레네트

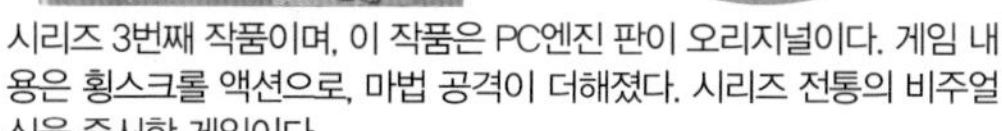

시리즈 3번째 작품이며, 이 작품은 PC엔진 판이 오리지널이다. 게임 내용은 횡스크롤 액션으로, 마법 공격이 더해졌다. 시리즈 전통의 비주얼 신을 중시한 게임이다.

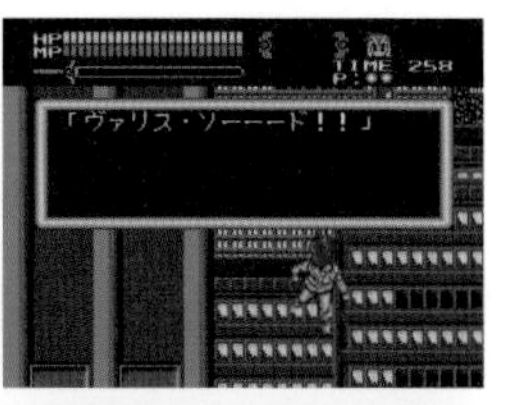

잭 니클라우스 월드골프투어 162 홀

● 발매일 / 1990년 9월 14일 ● 가격 / 7,800엔
● 퍼블리셔 / 빅터음악산업

'제왕' 잭 니클라우스의 이름을 내건 골프게임. 화면은 유사 3D로 표시되지만, 그래픽의 질은 다소 조잡하다. 매치 플레이에서는 잭 니클라우스와 대결할 수도 있다.

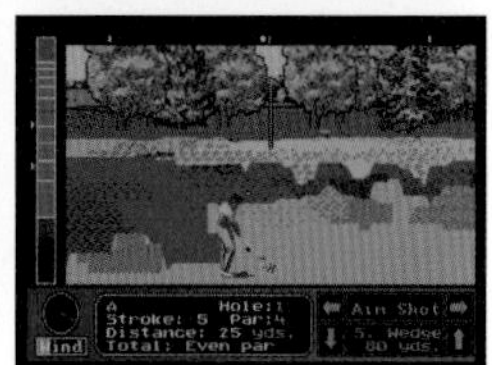

미쓰바치학원

● 발매일 / 1990년 9월 14일 ● 가격 / 5,800엔
● 퍼블리셔 / 허드슨

오디션으로 선발된 20인의 미소녀가 등장하는 어드벤처 게임으로, 연동해서 인기투표가 이루어졌다. 시스템은 커맨드 선택 방식이며 실사 영상이 가득 실렸다.

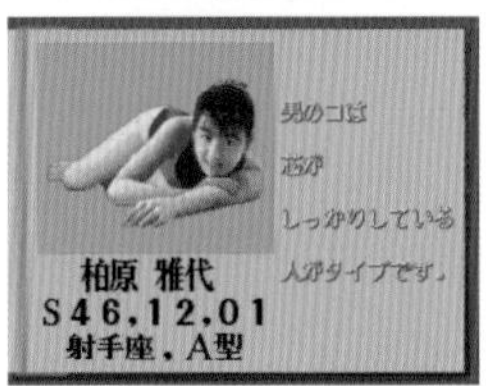

레기온

● 발매일 / 1990년 9월 21일 ● 가격 / 6,780엔
● 퍼블리셔 / 일본텔레네트

PC엔진 오리지널의 횡스크롤 슈팅 게임. 겉으로는 재미있어 보이는 게임이지만 유저들 사이에서는 혹평을 받았는데, 초반부터 너무 어려운 게임 밸런스가 원인이었다.

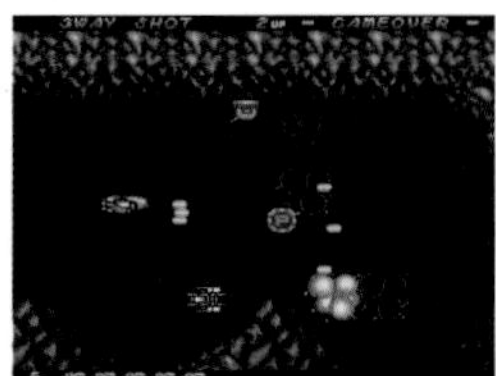
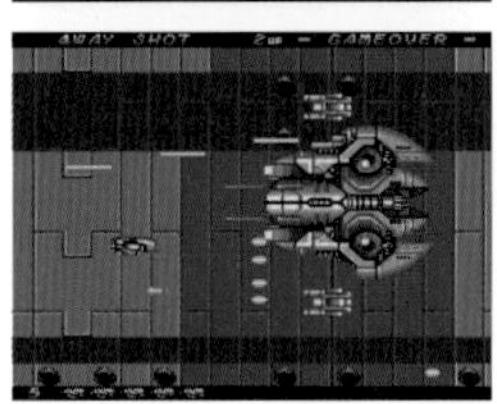

CD-ROM 매거진 울트라박스 2호

● 발매일 / 1990년 9월 28일 ● 가격 / 4,800엔
● 퍼블리셔 / 빅터음악산업

디스크 매거진 울트라박스 2호작. 전호부터 이어지는 연재물 외에 '미션스쿨도감'이 수록되었는데, 여고생의 교복을 좋아하는 사람에게는 더할 나위 없는 내용이다.

더 프로야구

● 발매일 / 1990년 10월 5일 ● 가격 / 6,800엔
● 퍼블리셔 / 인테크

당시 다른 하드웨어로도 수없이 발매된 야구게임 중 하나다. CPU나 2P와 대전하는 모드 외에, 130~40경기를 치루는 페넌트레이스 모드를 즐길 수 있게 되었다.

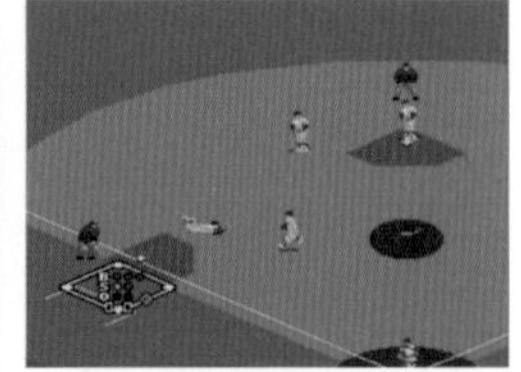

마작탐정 이야기

● 발매일 / 1990년 10월 9일 ● 가격 / 6,780엔
● 퍼블리셔 / 일본텔레네트

2인 마작에 AVG 요소를 도입한 작품으로, 포인트를 쌓아서 속임수 기술을 쓸 수 있다. 음성이 딸린 긴 무비를 건너뛸 수 없다거나 탈의가 없는 등의 단점도 있다.

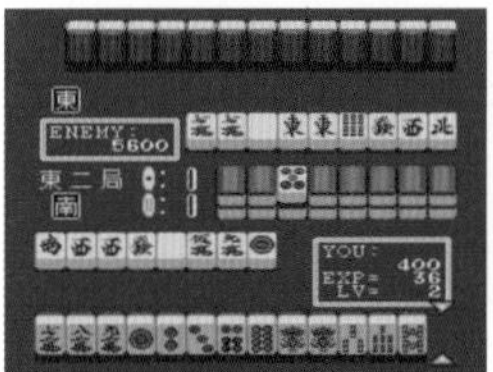
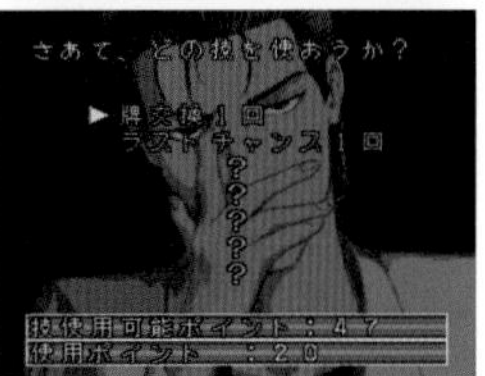

데코보코 전설 달리는 와가맘마

● 발매일 / 1990년 11월 2일 ● 가격 / 6,780엔
● 퍼블리셔 / 일본텔레네트

최대 5인까지 여러 명이 플레이할 수 있는 레이스게임. 순위가 높은 차량일수록 화면의 위쪽을 달리기 때문에 갑작스런 장애물을 피하기 어렵다. 레이스 상금으로 플레이어의 차량을 파워업 할 수도 있다.

J. B. 해롤드 시리즈 #1 살인클럽

● 발매일 / 1990년 11월 23일 ● 가격 / 6,500엔
● 퍼블리셔 / 허드슨

PC용 명작 추리 어드벤처의 PC엔진 버전. 사건을 해결하려면 철저한 탐문이라는 견실한 작업이 필요해서 호불호가 확실하게 갈리는 게임이다.

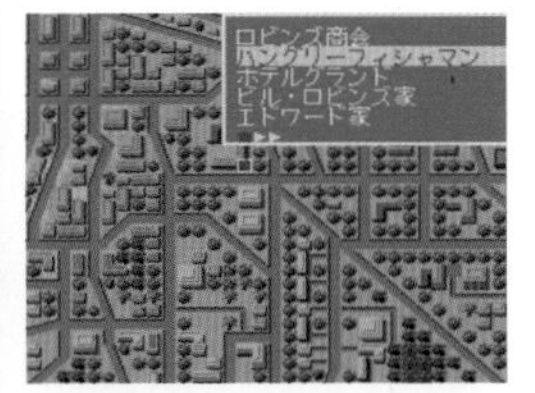
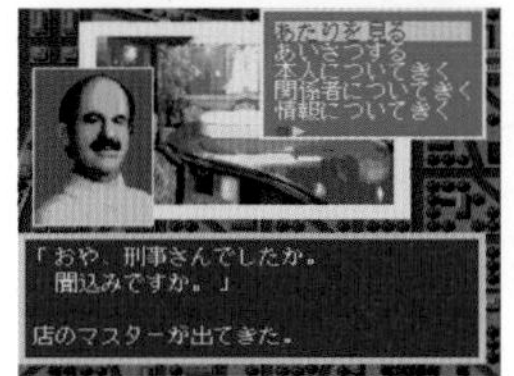

어벤저

● 발매일 / 1990년 12월 7일 ● 가격 / 6,780엔
● 퍼블리셔 / 일본텔레네트

PC엔진 오리지널의 종스크롤 슈팅게임. 스테이지 시작 전에 메인·서브 샷과 스페셜 공격을 선택한다. 무기의 종류는 스테이지를 클리어하면 늘어나는 구성이다.

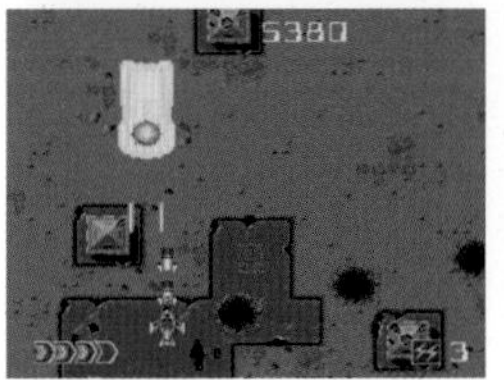

란마 1/2

● 발매일 / 1990년 12월 7일 ● 가격 / 6,800엔
● 퍼블리셔 / 일본컴퓨터시스템(메사이어)

인기 만화를 원작으로 한 횡스크롤 액션게임으로, 열투(熱闘) 모드에서는 플레이어 또는 CPU와의 대결이 가능하다. 성별이 바뀌는 원작의 설정을 살린 연출과 아이디어도 담겨 있다.

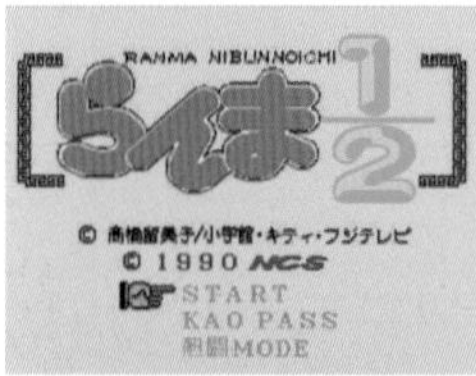

바스틸

● 발매일 / 1990년 12월 20일 ● 가격 / 6,500엔
● 퍼블리셔 / 휴먼

예산을 사용해 유닛을 고용하는 턴 방식의 시뮬레이션 게임인데, 전투 장면은 플레이어가 로봇을 조작하는 액션게임이 되었다. 무기에는 탄수 제한이 있으며 보급은 불가능하다.

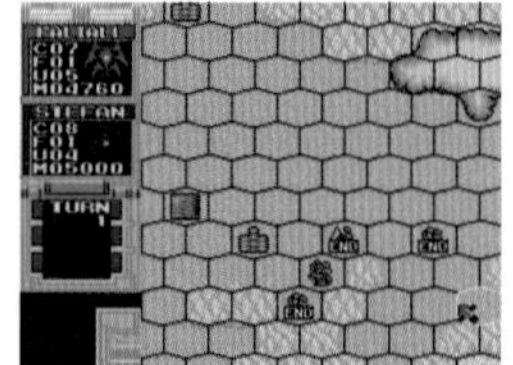
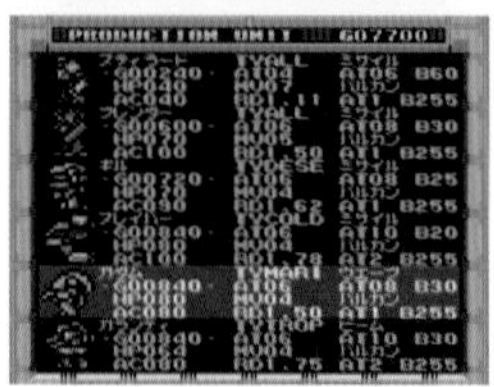

CD-ROM 매거진 울트라박스 3호

● 발매일 / 1990년 12월 28일 ● 가격 / 4,800엔
● 퍼블리셔 / 빅터음악산업

디스크 매거진 3번째 작으로, 『러셔 기무라의 별에게 소원을!』 『가면 빅터』 『CLUB UB』 등이 수록되었다. 잡다하지만 짧은 시간에 즐길 수 있는 내용이다.

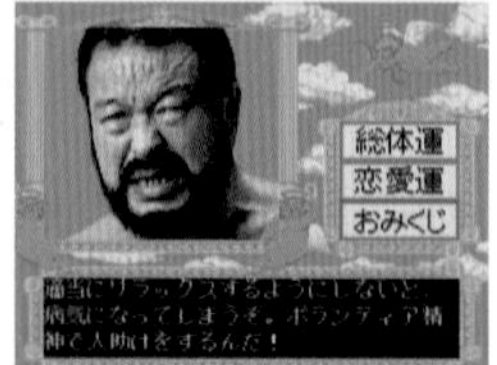

사이드라벨 셀렉션 11

『우루세이 야츠라 STAY WITH YOU』

게임소개 p.108

왼쪽은 통상판, 오른쪽은 재판매판으로, 허드슨 CD-ROM2 음악 전집이 딸려 있다.

수수께끼의 유아용 학습 게임 소프트 시리즈

『아이우에오』『모두의 마을』『어린이 놀이』『여기저기어디』『신기한 섬』『말놀이』등 총 6작품이 발매된 수수께끼 시리즈로, 1993년에 발매된 SCD 전용 소프트웨어다. 퍼블리셔는 '키즈스테이션(KID's STATION)'(동명의 위성방송국과는 관계없음)인데, 그것이 브랜드명인지 회사명인지는 분명하지 않다. 조사 결과, 적어도 제작을 담당했다고 보이는 퍼블리셔는 다른 이름이었다. 그밖에 몇 가지 정보도 입수했는데, 진위 여부가 확실하지 않기 때문에 여기서는 4개 타이틀의 설명서와 미디어 사진을 게재하는 데 그치고자 한다. 또한 설명서에 쓰인 정보에 따르면, 플레이하기 위해 별매의 '전용 10키 컨트롤패드'가 필요하다. 유감스럽게도 이번 조사에서는 컨트롤패드 실물은 발견되지 않았다. 이러한 학습·교육계 게임 소프트는 PC엔진에 국한되지 않고 다양한 하드웨어에 존재한다.

『아이우에오』

정말이지 유아용의 귀여운 동물 일러스트가 인상적인 작품. 6작품 모두 CD-ROM2의 디자인은 공통된 것으로 보이는데(나머지 2작품은 미확인), 윗부분에는 작품 타이틀, 아래 부분에는 'MESSAGE BOARD'라고 쓰여 있다.

『어린이의 놀이』

16세기 프랑스의 화가 피터 브뤼겔(Pieter Bruegel)의 어린이의 유희(子供の遊戯)를 테마로 한 게임. 게임 화면을 확대하면 그림 속 어린이들이 어떤 놀이에 빠져 있는지를 찾아볼 수 있다.

『여기저기어디』

글자 그대로 여기저기 커서를 움직여 음식을 모으거나, 선 그림(線画)같은 간단한 일러스트를 그릴 수 있다.

『말놀이』

언어 능력을 단련하는 게임이 수록돼 있다. 액션게임 요소도 포함되어 있어서 어린아이가 놀이를 하면서 언어를 익히기에는 충분히 즐겁지 않을까.

걸크라이트 TDF2

● 발매일 / 1991년 1월 25일 ● 가격 / 7,800엔
● 퍼블리셔 / 팩인비디오

우주 괴수와 인간의 싸움을 그린 턴제 시뮬레이션 게임. 제목인 걸크라이트란 우군 3기가 합체한 거대 로봇을 말하며, 합체할 때의 비주얼신이 볼 만하다.

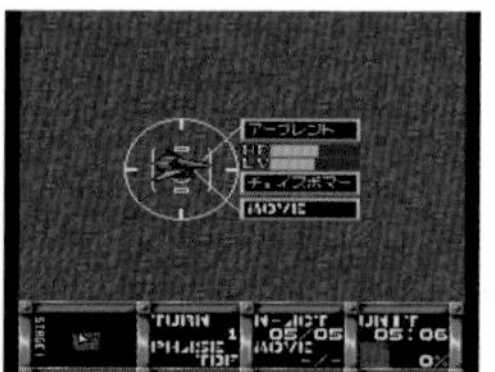

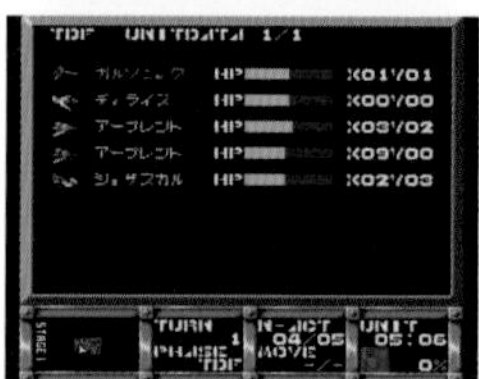

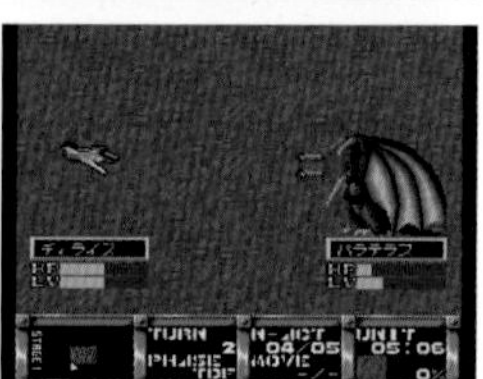

퀴즈애버뉴

● 발매일 / 1991년 2월 15일 ● 가격 / 5,800엔
● 퍼블리셔 / NEC애버뉴

1인용 퀘스트 모드와 5인까지 참가 가능한 파티 모드를 즐길 수 있다. 전자는 맵을 이동해 가며 나타나는 적과 퀴즈를 겨루는 구조다. 스테이지 최후에는 보스도 있다.

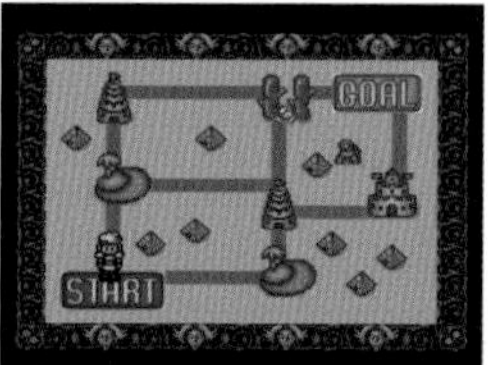

마스터 오브 몬스터즈

● 발매일 / 1991년 2월 15일 ● 가격 / 6,500엔
● 퍼블리셔 / 마이크로캐빈

시스템소프트의 PC용 시뮬레이션게임을 이식했다. 몬스터나 악마, 천사 등을 소환해서 마스터를 승리로 이끈다. 유닛의 소환 횟수는 점령한 타워 수에 달려 있다.

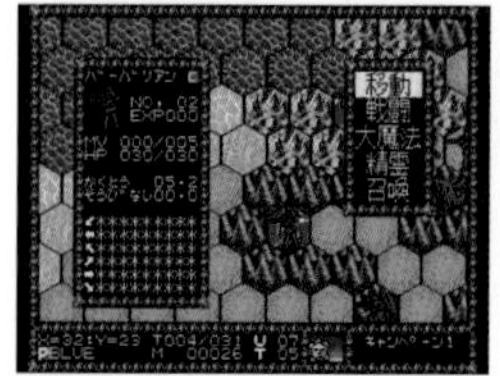

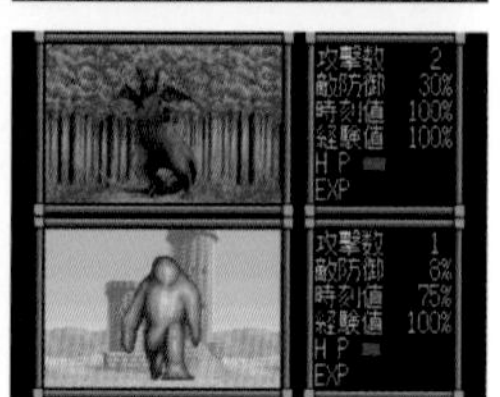

사이버시티 OEDO 808 야수의 속성

● 발매일 / 1991년 3월 15일 ● 가격 / 6,500엔
● 퍼블리셔 / 일본컴퓨터시스템(메사이어)

소설, OVA 등도 발매된 미디어믹스 작품. 게임 내용은 커맨드 선택식 어드벤처로, 주인공 센고쿠(センゴク)는 전뇌(電脳) 경찰로서 사이버 범죄와 싸운다.

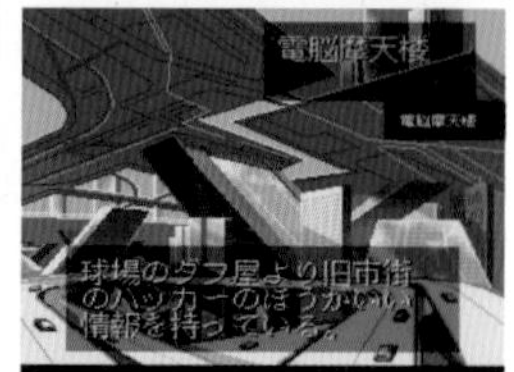

이스III

● 발매일 / 1991년 3월 22일 ● 가격 / 7,200엔
● 퍼블리셔 / 허드슨

부제는 『이스에서 온 방랑자(WANDERERS FROM Ys)』. 『이스』 시리즈의 3번째 작품이며, 이번 작품에서는 횡스크롤 액션 RPG가 되었다. PC 엔진 판은 캐릭터에 음성이 붙는 등 연출이 호화로워졌다.

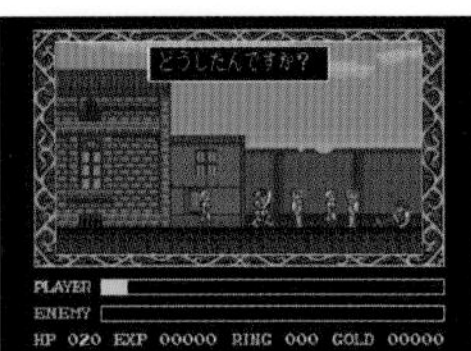

마정전기 라바루

● 발매일 / 1991년 3월 22일 ● 가격 / 7,200엔
● 퍼블리셔 / 고가도스튜디오

PC용 RPG를 이식했다. 옛날 게임다운 가혹한 난이도가 특징이다. 시나리오에 레벨 상한이 있기 때문에, 지나칠 정도로 충분히 강해지고 나서 앞으로 나아가는 수법은 통용되지 않는다.

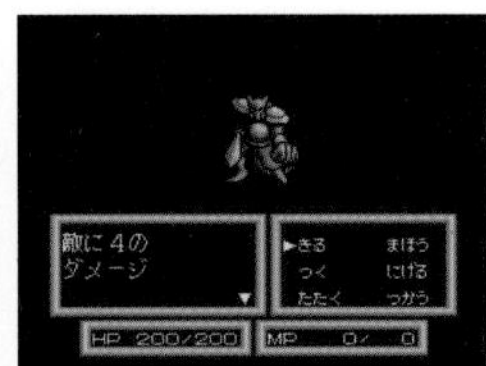

더 맨홀

● 발매일 / 1991년 3월 22일 ● 가격 / 6,500엔
● 퍼블리셔 / 선소프트

원래는 Mac용으로 개발된 어드벤처게임인데, 이 작품에서도 대사는 영어 그대로다. 화면상의 다양한 부분을 클릭해서 반응을 즐기는 게임으로 스토리성은 약하다.

로드 스피릿츠

● 발매일 / 1991년 3월 22일 ● 가격 / 7,200엔
● 퍼블리셔 / 팩인비디오

3D 느낌을 주는 유사 3D 레이스 게임. 고단&저단 기어에 액셀과 브레이크를 조작하며, 제한시간 내에 골인하면 다음 스테이지로 나아가는 구조다.

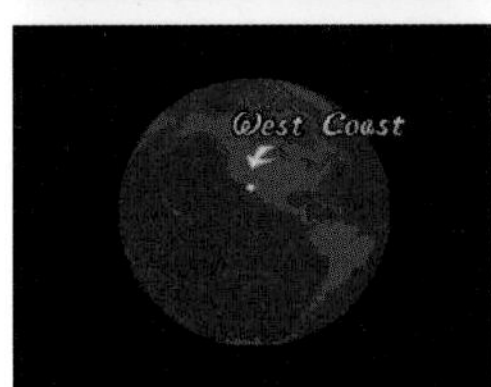

에그자일 시간의 틈새로

● 발매일 / 1991년 3월 29일 ● 가격 / 6,780엔
● 퍼블리셔 / 일본텔레네트

PC용 액션 RPG를 이식한 작품인데, 여러 사정으로 1번째 작품이 아닌 2번째 작품을 이식했고 시나리오도 달라졌다. PC엔진 판에는 목소리가 딸려 있다.

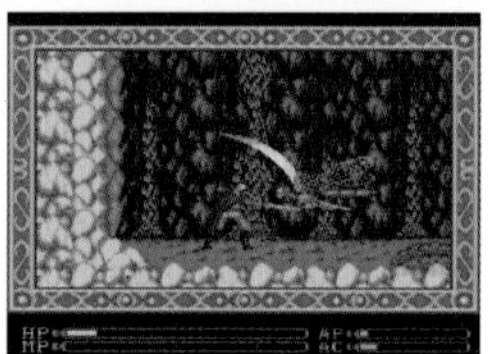

삼국지 영걸 천하에 군림하다

● 발매일 / 1991년 3월 29일 ● 가격 / 8,800엔
● 퍼블리셔 / 나그자트

삼국지를 테마로 한 시뮬레이션게임으로, 코에이(光栄)의 『삼국지』와 남코의 『삼국지』를 합친 듯한 게임성을 갖고 있다. 3인까지 동시 플레이가 가능하지만 시나리오는 하나밖에 없다.

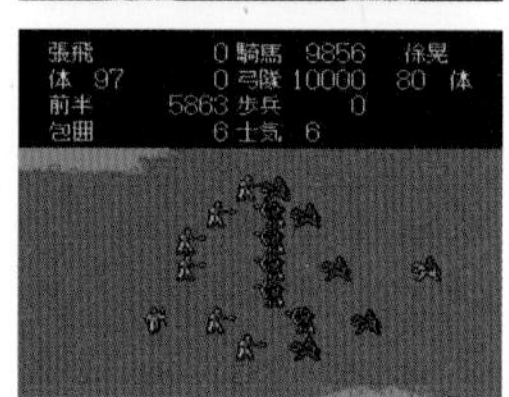

다운로드 2

● 발매일 / 1991년 3월 29일 ● 가격 / 6,800엔
● 퍼블리셔 / NEC애버뉴

전년도에 HuCARD로 발매된 횡스크롤 슈팅의 속편. 4종류의 샷은 임의로 전환 가능하며, 음성이 딸린 비주얼신도 충실하다.

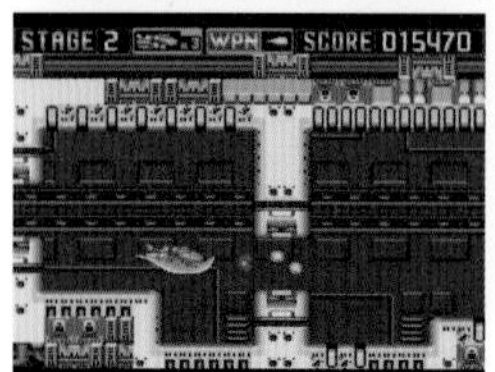

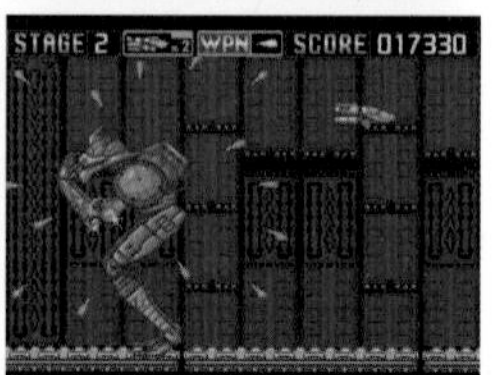

엘디스

● 발매일 / 1991년 4월 5일 ● 가격 / 6,500엔
● 퍼블리셔 / 일본컴퓨터시스템(메사이어)

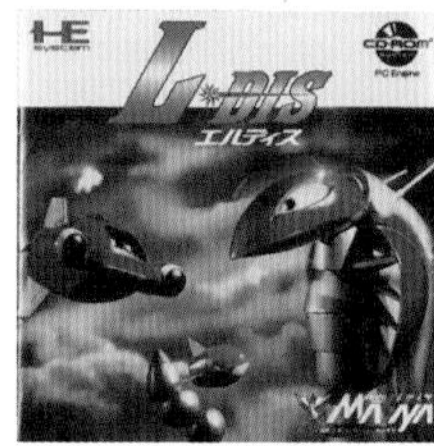

PC엔진 오리지널의 횡스크롤 슈팅게임. 메인샷과 서브 무기의 조합을 3종류에서 선택할 수 있으며, CD-ROM2 게임답게 게임 중에 음성이 흐르도록 연출되었다.

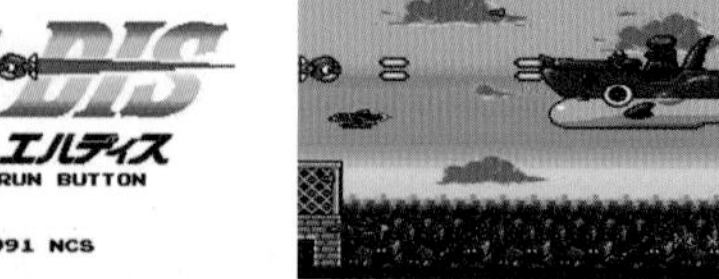
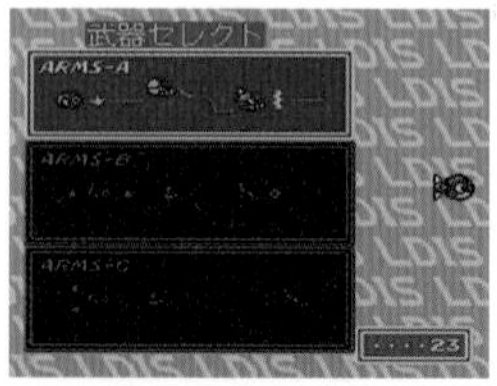

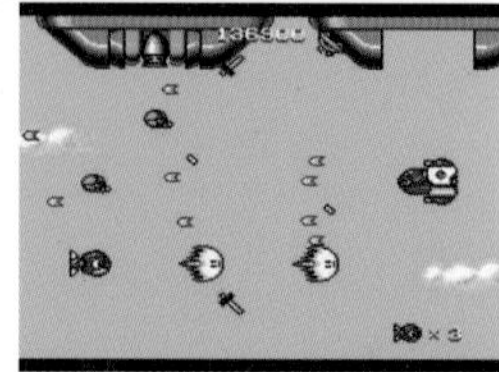

퀴즈 통째로 더 월드

● 발매일 / 1991년 4월 5일 ● 가격 / 6,200엔
● 퍼블리셔 / 아틀라스

어딘가에서 들어봄직한 제목의 퀴즈게임. 4종류의 모드를 즐길 수 있는데, 그중에서도 ROM2 퀴즈대회 모드는 50인까지 참가할 수 있는 이벤트용 모드다.

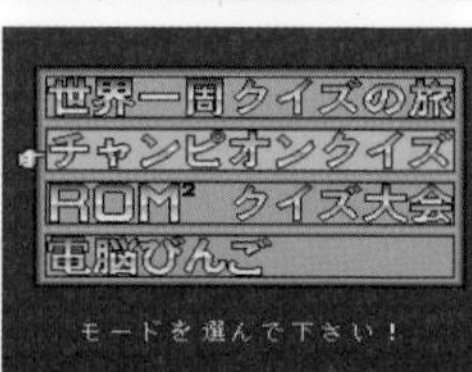

코즈믹 판타지 2 모험소년 반

● 발매일 / 1991년 4월 5일 ● 가격 / 6,800엔
● 퍼블리셔 / 일본텔레네트

시리즈 2번째 작품. 커맨드 선택식의 전형적인 RPG이면서 캐릭터도 매력적이어서 인기가 높았다. 전작의 주인공도 등장하는 등 시나리오에는 정평이 나 있다.

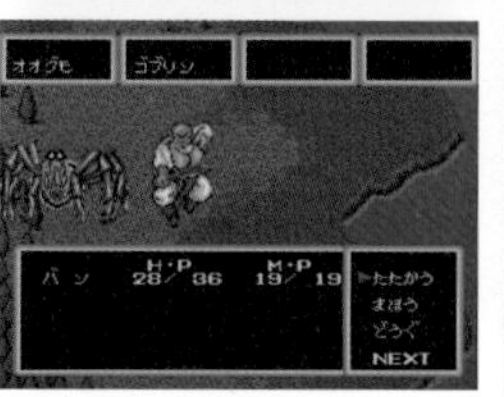

하이 그레네디어

● 발매일 / 1991년 4월 12일 ● 가격 / 6,780엔
● 퍼블리셔 / 일본텔레네트

PC엔진 오리지널 시뮬레이션 게임인데, 맵이 하나밖에 없고 볼륨이 적다. 또 전략성이 낮은 등의 단점도 있어서 플레이어로부터 혹평을 받았다.

헬파이어 S

● 발매일 / 1991년 4월 12일 ● 가격 / 6,800엔
● 퍼블리셔 / NEC애버뉴

토아플랜이 개발한 아케이드용 횡스크롤 슈팅을 이식했다. 샷의 사출 방향을 전환하면서 나아간다. PC엔진 판에는 비주얼신이 더해졌다.

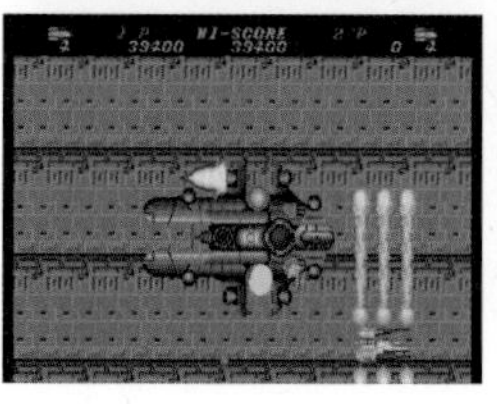

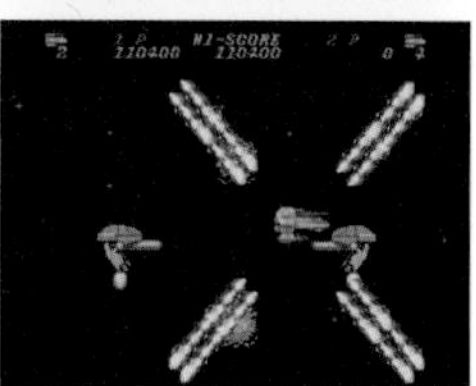

파치오 군 환상의 전설

● 발매일 / 1991년 4월 19일 ● 가격 /12,800엔
● 퍼블리셔 / 코코넛저팬

PC엔진 최초의『파치오 군』 작품. 파친코 핸들형 전용 컨트롤러가 동봉되기도 해서 정가가 매우 높아졌다.

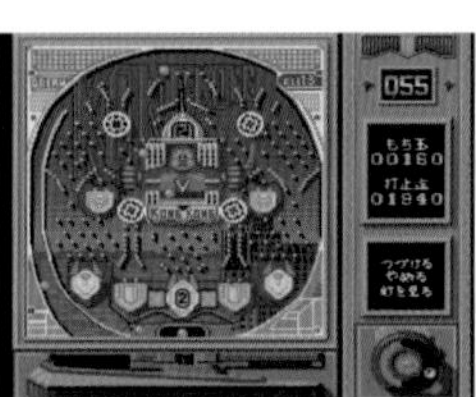

CD-ROM 매거진 울트라박스 4호

● 발매일 / 1991년 5월 24일 ● 가격 / 4,800엔
● 퍼블리셔 / 빅터음악산업

전호까지의 몇 가지 기획과 연재 게임이 종료되었고, 내용이 상당히 리뉴얼되었다. 패러디 게임『노부나가의 사내(信長の野郎)』와 탈의게임『두근두근 줄넘기랜드(どきどきなわとびランド)』 등이 수록되었다.

폼핑월드

● 발매일 / 1991년 5월 31일 ● 가격 / 4,500엔
● 퍼블리셔 / 허드슨

미첼(ミッチェル)이 개발한 아케이드용 액션게임을 이식했다. 화면 내를 튀어 다니는 방울을 작살을 쏘아 없앤다. 방울이 분열되어 작아질수록 튀는 속도가 빨라진다.

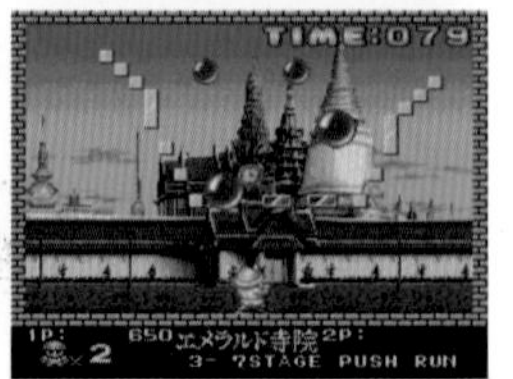

스페이스 어드벤처 코브라 II 전설의 남자

● 발매일 / 1991년 6월 7일 ● 가격 / 6,500엔
● 퍼블리셔 / 허드슨

CD-ROM2 초기의 AVG『코브라 흑룡왕의 전설』(コブラ 黒龍王の伝説)의 속편에 해당한다. 원작자 데라사와 부이치(寺沢武一)가 감독을 맡는 등 상당히 공을 들였으며, 원작을 어레인지한 스토리를 즐길 수 있다.

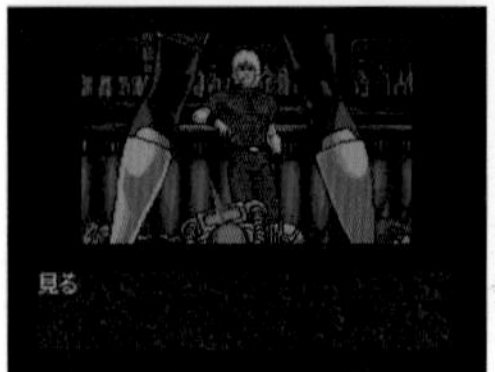

라이잔버 II

● 발매일 / 1991년 6월 7일 ● 가격 / 6,800엔
● 퍼블리셔 / 데이터웨스트

PC엔진 오리지널의 횡스크롤 슈팅게임. 모아 쏘기가 가능하며 자기 기체 상하에 붙은 옵션에서의 공격은 아이템으로 바꿀 수 있다. 초반부터 높은 난이도가 문제라는 평가.

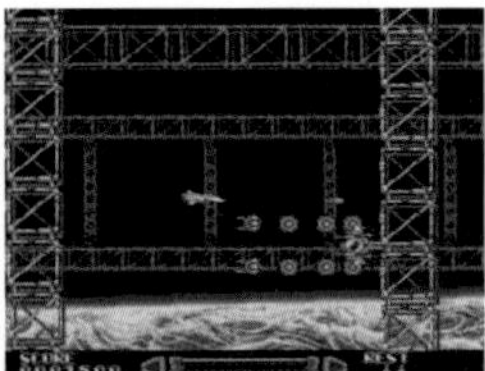
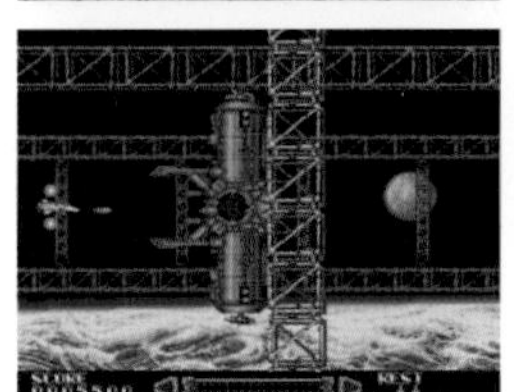
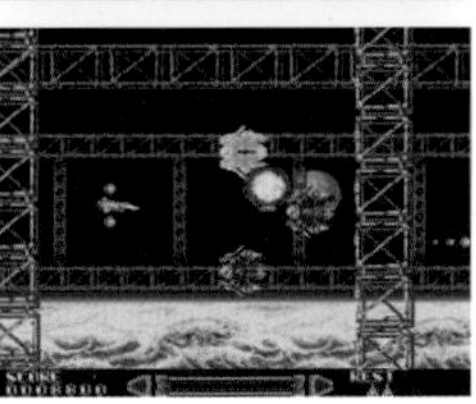

마적전설 아스트랄리우스

● 발매일 / 1991년 6월 21일 ● 가격 / 6,300엔
● 퍼블리셔 / 아이지에스

옛날 그대로의 탑뷰 RPG. 전투는 커맨드를 선택하면 검은 배경화면에서 행동이 이루어진다. 템포가 나빴다는 이유로 유저들 사이에서는 낮은 평가를 많이 받았다.

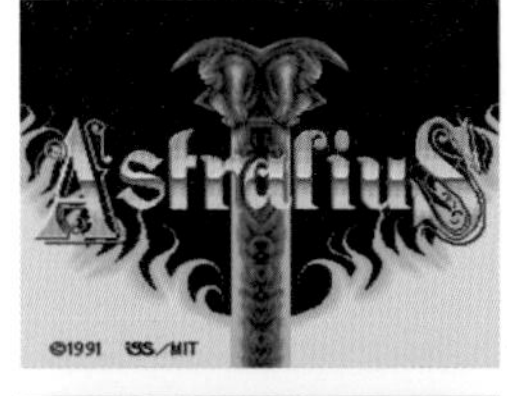

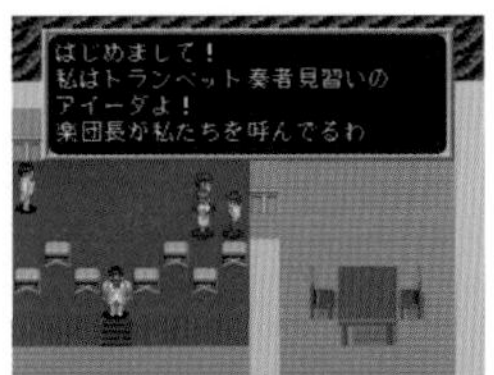

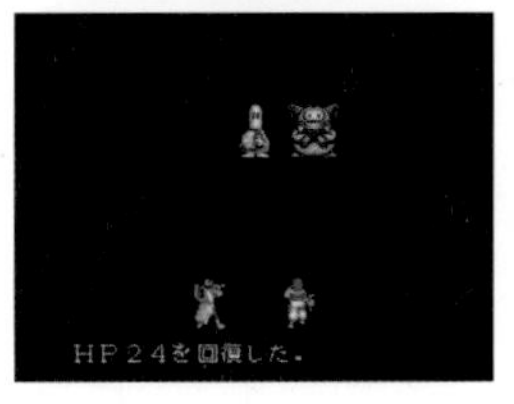

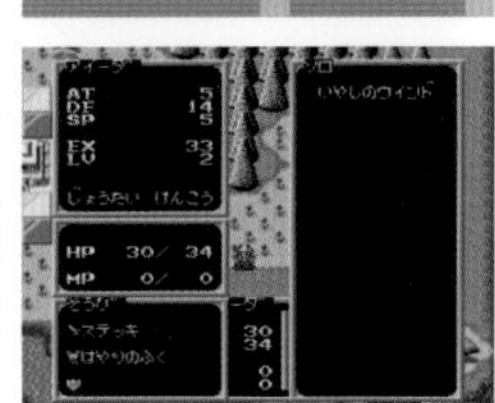

스플래시 레이크

● 발매일 / 1991년 6월 28일 ● 가격 / 5,800엔
● 퍼블리셔 / NEC애버뉴

180개의 스테이지가 수록된 액션퍼즐. 주인공인 타조를 조작해서 다리(橋)를 쪼아 무너뜨리고 적 캐릭터를 끌어들여 물리친다. 간단한 규칙이지만 난이도는 높다.

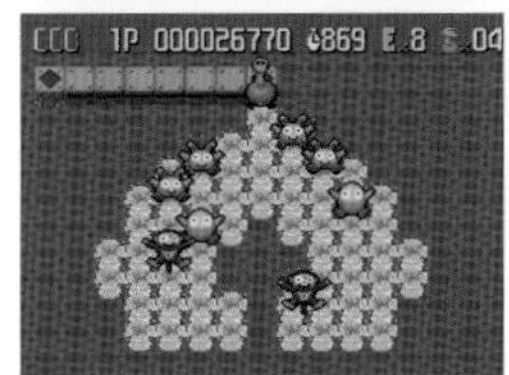

전국관동삼국지

● 발매일 / 1991년 6월 28일 ● 가격 / 7,800엔
● 퍼블리셔 / 인테크

다케다 신겐(武田信玄)·호조 우지야스(北条氏康)·우에스기 겐신(上杉謙信) 등 3명을 주인공으로 한 시뮬레이션 게임. 관동을 제패한 후에는 오다 노부나가(織田信長)와 천하를 걸고 싸우는 제2부가 시작된다.

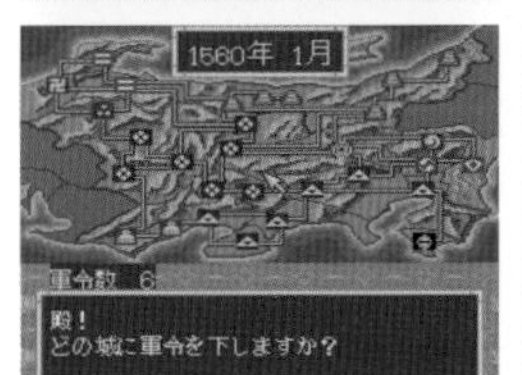

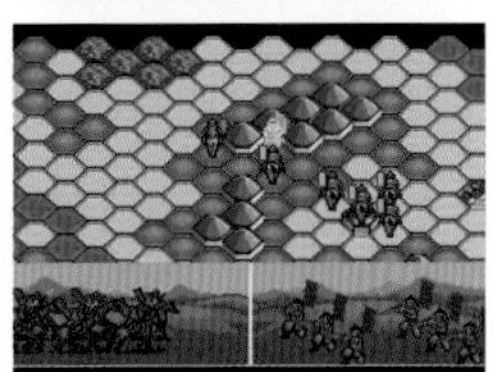

정령전사 스프리건

● 발매일 / 1991년 7월 12일 ● 가격 / 6,500엔
● 퍼블리셔 / 나그자트

컴파일(コンパイル)이 개발한 종스크롤 슈팅게임. 4색의 정령구(精靈球)를 취해 파워업 하는데, 색의 조합에 따라 샷의 성능이 변화했다.

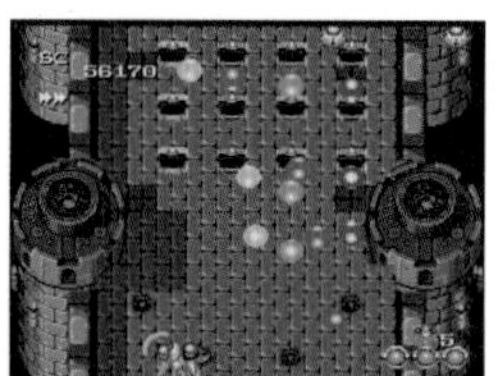

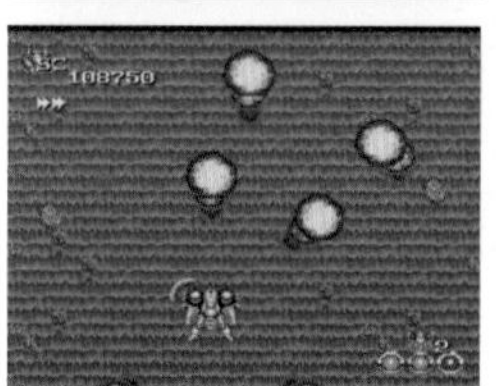

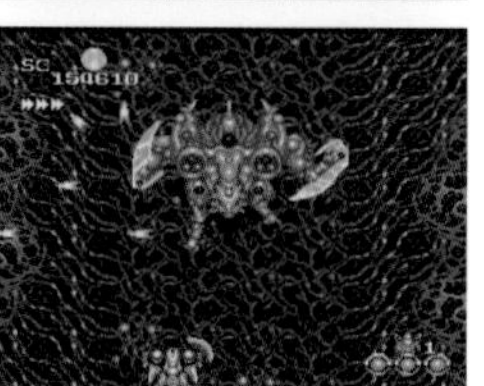

셜록 홈즈의 탐정강좌

● 발매일 / 1991년 7월 26일 ● 가격 / 7,200엔
● 퍼블리셔 / 빅터음악산업

실사 무비를 많이 사용한 추리 어드벤처게임. 플레이어는 셜록 홈즈가 되어 사건을 해결해 간다. 탐문 등 게임의 많은 부분이 음성이 결합된 무비로 재현된다.

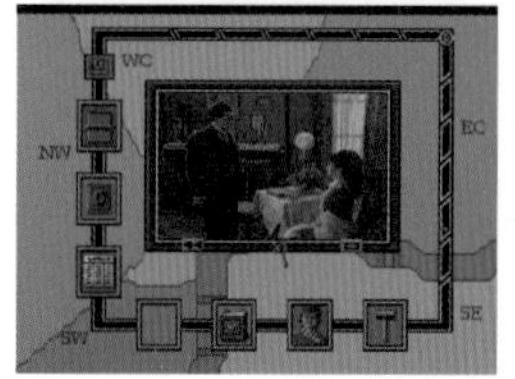

대선풍 커스텀

● 발매일 / 1991년 7월 26일 ● 가격 / 6,800엔
● 퍼블리셔 / NEC애버뉴

전년도에 HuCARD로 발매된 것을 새롭게 CD-ROM2로 발매했다. 새로운 보스 캐릭터가 추가되었으며 편곡된 BGM을 CD 음원으로 들을 수 있게 되었다.

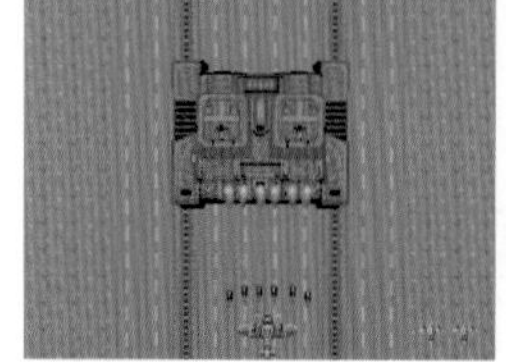

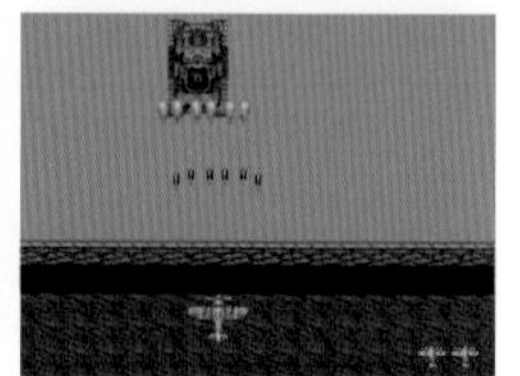

부라이 8옥의 용사 전설

● 발매일 / 1991년 8월 9일 ● 가격 / 7,200엔
● 퍼블리셔 / 리버힐소프트

PC용 RPG를 PC엔진에 이식했다. 이동 중이더라도 설정된 능력이 수행을 통해 올라가는 색다른 시스템을 채용했다. PC엔진 판은 비주얼신도 추가되었다.

바리스IV

● 발매일 / 1991년 8월 23일 ● 가격 / 6,780엔
● 퍼블리셔 / 일본텔레네트

시리즈 4번째 작품도 PC엔진 버전을 오리지널로 했다. 주인공은 유코(優子)에서 레나(レナ)로 바뀌었지만, 횡스크롤 액션이라는 게임성과 충실한 비주얼신은 건재하다.

CD-ROM 매거진 울트라박스 5호

● 발매일 / 1991년 9월 27일 ● 가격 / 4,800엔
● 퍼블리셔 / 빅터음악산업

5호째를 맞은 디스크 매거진. 완만한 리듬의 패러디게임이나 연재물인 장편 어드벤처게임을 즐길 수 있다. 또 PC엔진 소프트웨어 도감도 건재해서 게임 구입에 참고가 되기도 했다.

성룡전설 몬비트

● 발매일 / 1991년 8월 30일 ● 가격 / 6,800엔
● 퍼블리셔 / 허드슨

PC엔진 오리지널의 RPG. 탑뷰 화면에 커맨드 선택식 전투와, 전통적인 시스템이면서도 새끼 드래곤을 키워가는 게임성이 특징이다.

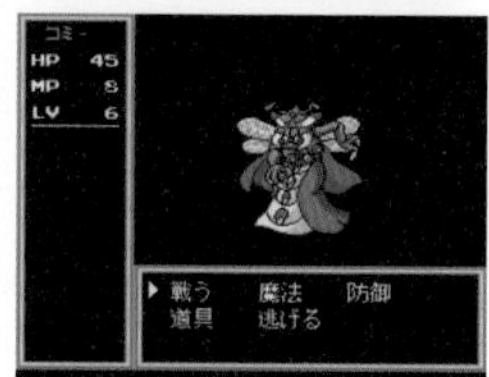

퀴즈애버뉴II

● 발매일 / 1991년 10월 11일 ● 가격 / 6,000엔
● 퍼블리셔 / NEC애버뉴

퀴즈게임 시리즈 2번째 작품. 1인용으로 쌍육(スゴロク) 주사위놀이 풍에 맵을 전진해 가는 퀘스트 모드와, 최대 5인까지 참가 가능한 대전 퀴즈·F1 모드라는 2가지 게임을 즐길 수 있다.

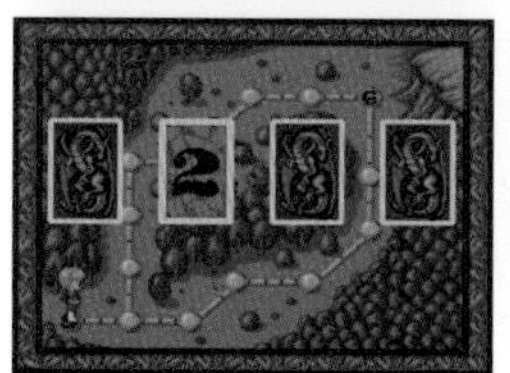

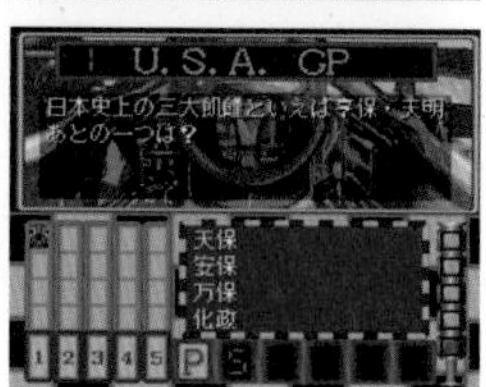

마작 바닐라신드롬

● 발매일 / 1991년 10월 25일 ● 가격 / 6,900엔
● 퍼블리셔 / 일본물산

일본물산이 개발한 2인 마작게임. 어드벤처 모드에서는 속임수 기술이 있으며, 주인공이 지상으로 돌아오기 위해 마작으로 대전한다. 그밖에 프리 대전과 토너먼트전도 즐길 수 있다.

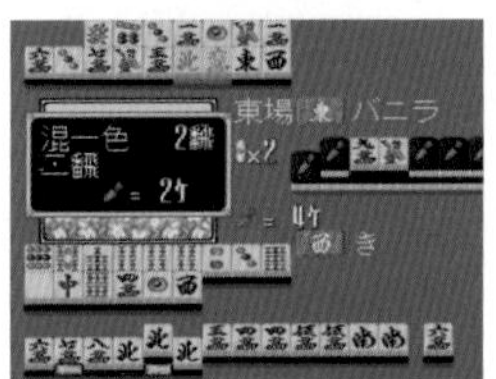

로드 오브 워즈

● 발매일 / 1991년 11월 29일 ● 가격 / 6,800엔
● 퍼블리셔 / 시스템소프트

PC용 턴제 시뮬레이션 게임을 이식했다. 그래픽은 세피아 색조로 통일되었으며, 전차 등의 지상 유닛을 이동시켜 전투를 벌이고 콘퀘스트 섬을 제압한다.

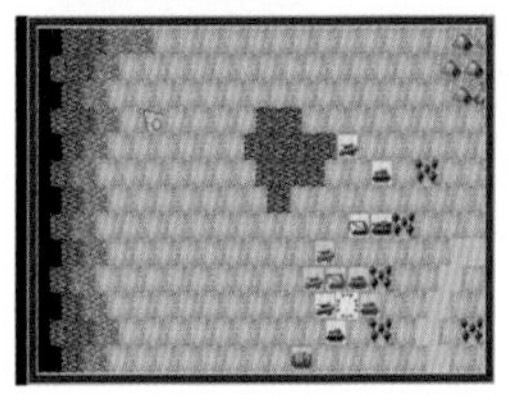

슈퍼 슈바르츠실트

● 발매일 / 1991년 12월 6일 ● 가격 / 7,800엔
● 퍼블리셔 / 고가도스튜디오

PC용 SF시뮬레이션을 이식한 작품인데, 컨슈머용으로 개작되었다. 전투맵 등은 간략해졌지만 비주얼은 강화되었다.

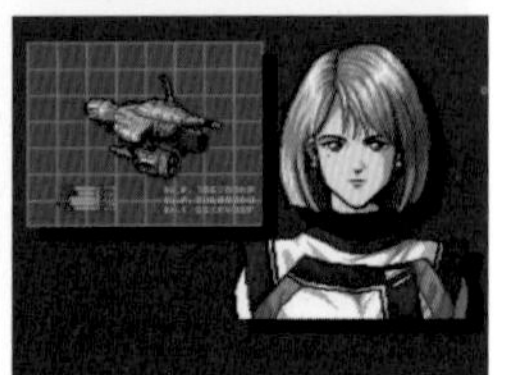

란마 1/2 빼앗긴 신부

● 발매일 / 1991년 12월 6일 ● 가격 / 6,800엔
● 퍼블리셔 / 일본컴퓨터시스템(메사이어)

만화 「란마1/2」를 원작으로 한 어드벤처게임인데, 특별히 수수께끼풀이 요소 등은 없고, 디지털 코믹의 모양을 갖추었다. 스토리는 게임의 오리지널 스토리다.

에페라 & 질리오라 디 엠블렘 프롬 다크니스

● 발매일 / 1991년 12월 13일 ● 가격 / 7,200엔
● 퍼블리셔 / 브레인그레이

판타지 소설이 원작인 액션RPG. 에페라나 질리오라 중 한쪽을 주인공으로 선택해서 게임을 진행한다. 스토리에는 차이가 없지만, 캐릭터 성능에는 차이가 있다.

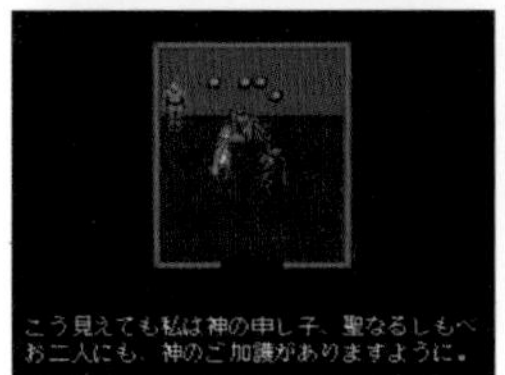

태평기

● 발매일 / 1991년 12월 13일 ● 가격 / 6,800엔
● 퍼블리셔 / 인테크

남북조시대를 무대로 한 역사 시뮬레이션. 아시카가 다카우지(足利尊氏)나 닛타 요시사다(新田義貞)를 선택해 전국 통일을 노린다. 독립세력을 아군진영으로 끌어들이기도 가능하다.

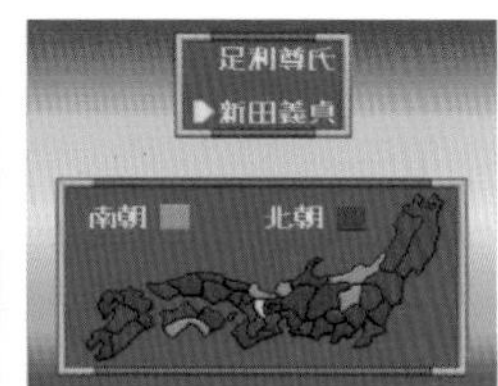

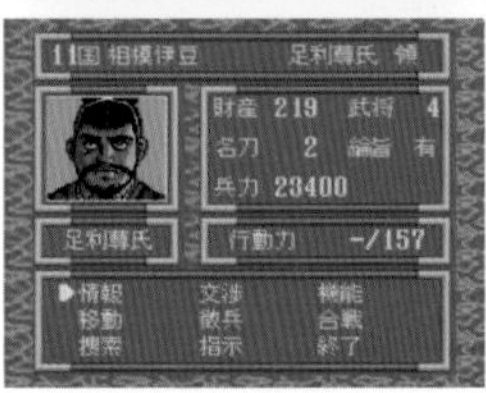

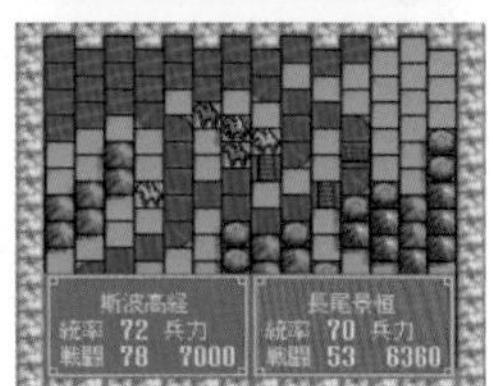

비보전설 크리스의 모험

● 발매일 / 1991년 12월 13일 ● 가격 / 6,800엔
● 퍼블리셔 / 팩인비디오

횡스크롤 액션게임으로 라이프제+잔기제를 채용했다. 입수한 보석의 색과 조합에 따라서 공격 방법이 바뀐다. CD-ROM2 게임답게 비주얼 신도 충실하다.

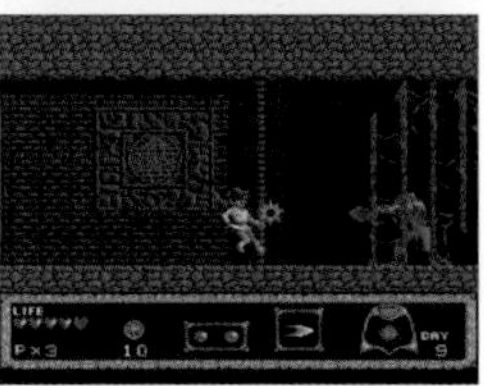

나리토레 더 스고로쿠' 92

● 발매일 / 1991년 12월 20일 ● 가격 / 5,800엔
● 퍼블리셔 / 일본텔레네트

일본텔레네트가 만든 게임의 캐릭터가 총집합한 보드게임. 신입사원으로 출발해, 카드를 구입하거나 미니게임에 도전해서 자금을 모아 간다.

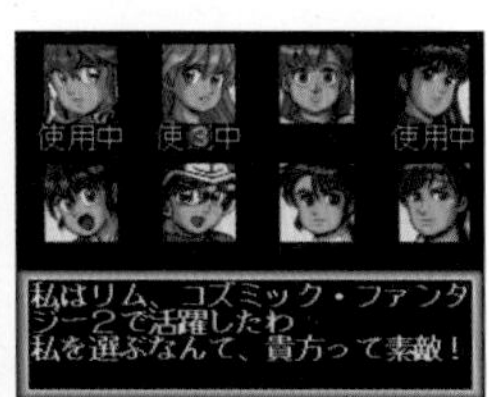

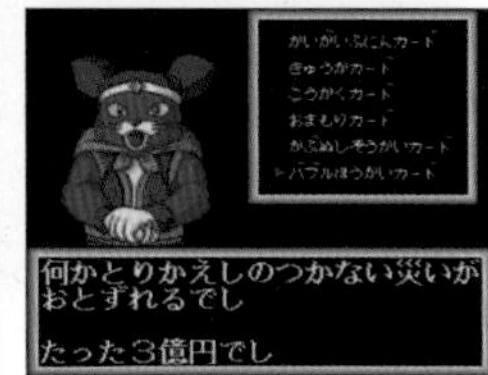

참 아지랑이의 시대

● 발매일 / 1991년 12월 27일 ● 가격 / 7,500엔
● 퍼블리셔 / 타이토

전국(戦国)시대를 무대로 한 SLG로, 오리지널은 울프팀(ウルフチーム)이 PC용으로 개발. 전국시대의 다이묘(大名) 중에서 한 명을 골라 천하통일을 노린다. 내정(内政)은 간략해졌고 전투를 중시한 시스템이다.

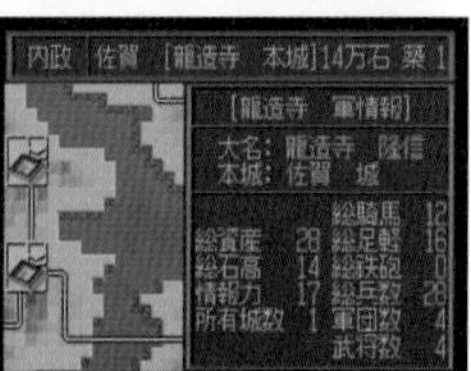

비공식 소프트를 조금만…

『CD마작 미소녀중심파(CD麻雀 美少女中心派)』(SCD)

● 발매일 / 1993년 7월 ● 가격 / 9,800엔
● 퍼블리셔 / 해커인터내셔널(GAMES EXPRESS)

비공인소프트는 재판매를 제외하면 23매. 그중에서도 유달리 높은 완성도를 자랑하는 것이 바로 이 작품이다. 매끄러운 애니메이션은 꼭 보아야 한다. 다만 플레이에는 전용 시스템카드(물론 비공인)가 필요하다.

경고화면 셀렉션1

『애·초형귀』

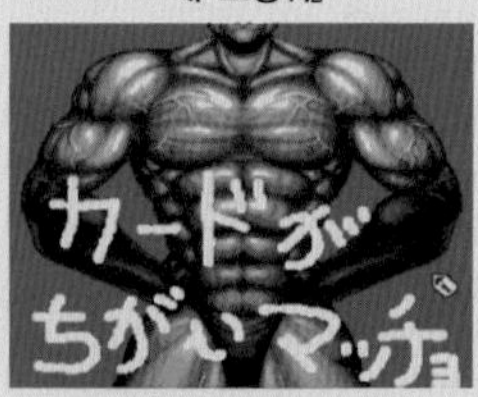

『악마성 드라큘라X 피의 윤회』

『아네상』

『아스카120%맥시마』

『이스Ⅳ』

『은하아가씨전설 유나』

『슈퍼리얼마작PⅡ·Ⅲ커스텀』

『슈퍼리얼마작PⅣ커스텀』

『슈퍼리얼마작PV커스텀』

『스페이스 인베이더』

『다운타운 열혈물어』

『던전 익스플로러Ⅱ』

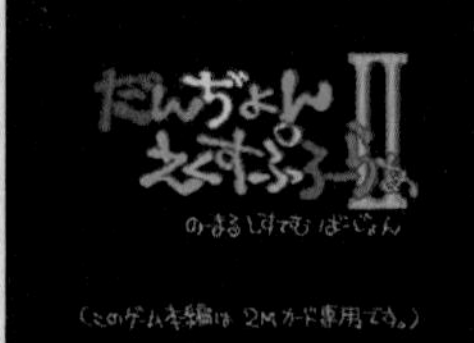

시스템카드가 다르면, 재미난 경고화면이 표시되는 소프트웨어도 있다. 특별히 돋보이는 것을 엄선함(셀렉션2는 p.203)

마이트 앤드 매직

● 발매일 / 1992년 1월 24일 ● 가격 / 7,200엔
● 퍼블리셔 / NEC애버뉴

세계적으로 유명한 3D던전 RPG의 PC엔진 판. 오리지널과 달리 파티 멤버가 고정이며, 시나리오도 독자적인 것이 채용되었다. 또한 그만큼 난이도는 낮아졌다.

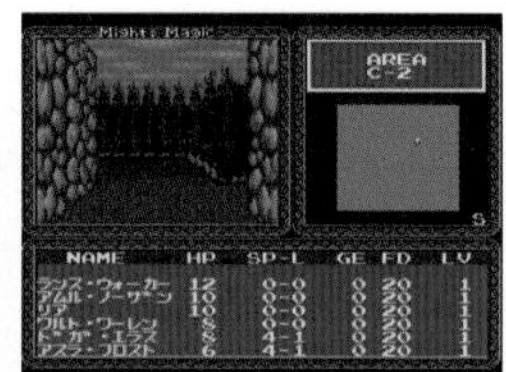

CD-ROM 매거진 울트라박스 6호

● 발매일 / 1992년 1월 31일 ● 가격 / 5,800엔
● 퍼블리셔 / 빅터음악산업

울트라박스의 마지막 호다. 『깃발 나라의 앨리스(フラグの国のアリス)』나 『두근두근 드라이브랜드(どきどきドライブランド)』같은 미니게임이나 PC엔진 소프트 도감' 92를 즐길 수 있다.

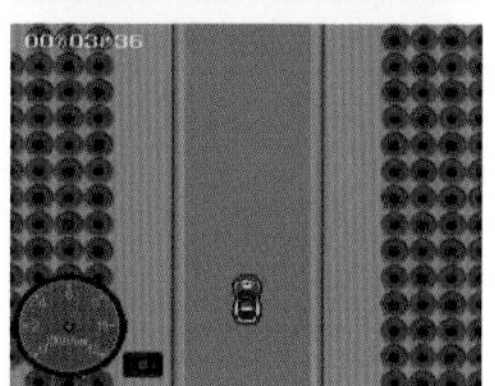

아이큐 패닉

● 발매일 / 1992년 2월 21일 ● 가격 / 8,900엔
● 퍼블리셔 / 아이지에스

15,000개 이상의 문제를 수록한 퀴즈게임. RPG풍의 모드 'IQ QUEST'와 여러 명이 즐기는 '일본 종단 슈퍼퀴즈!!' 외에 다양한 형식의 퀴즈를 자유롭게 고를 수 있는 모드도 있다.

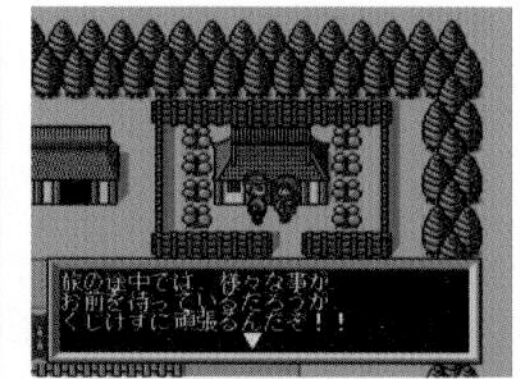

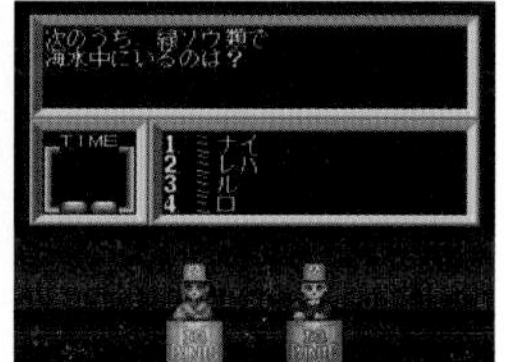

개조정인 슈비빔맨 3 이계의 공주

● 발매일 / 1992년 2월 28일 ● 가격 / 6,800엔
● 퍼블리셔 / 일본컴퓨터시스템(메사이어)

시리즈 3번째 작품이자 마지막 작품이다. 주인공은 시리즈의 다른 작품과 마찬가지로 다이스케나 캬피코이며, 라이프제+잔기제를 채용했고 난이도는 낮다. 모아 쏘기 공격에 의한 슈비빔도 건재하다.

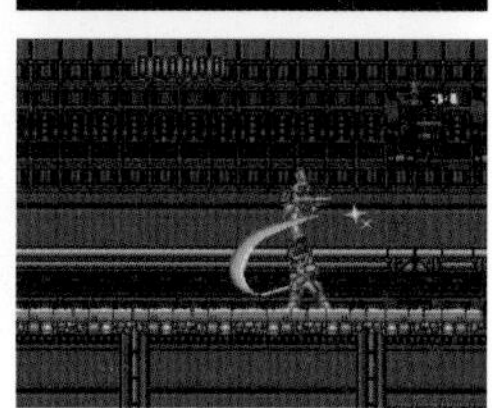

갬블러 자기중심파 마작퍼즐 컬렉션

● 발매일 / 1992년 2월 28일 ● 가격 / 6,800엔
● 퍼블리셔 / 타이토

갬블러 자기중심파라는 이름을 걸고 있지만, 마작게임이 아니라 퍼즐게임이다. 내용은 시센쇼(四川省)나 니카쿠도리(二角取り)라 불리는 퍼즐이며, RPG풍의 모드도 수록됐다.

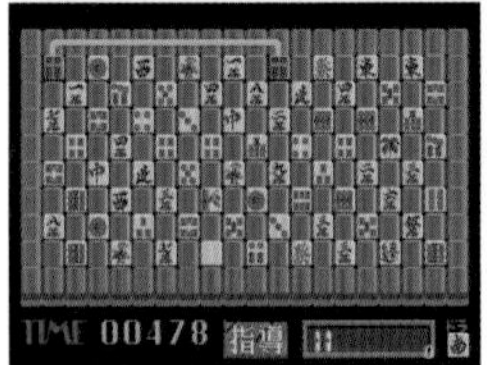

마작탐정이야기 2 우주탐정 디반 출동편

● 발매일 / 1992년 2월 28일 ● 가격 / 4,800엔
● 퍼블리셔 / 아틀라스

시리즈 2번째 작인 『출동편』으로, 그해에 『완결편』도 발매됐다. AVG 요소가 있는 2인 마작게임이며, 속임수 기술을 사용할 수 있다. 비주얼신도 충실하다.

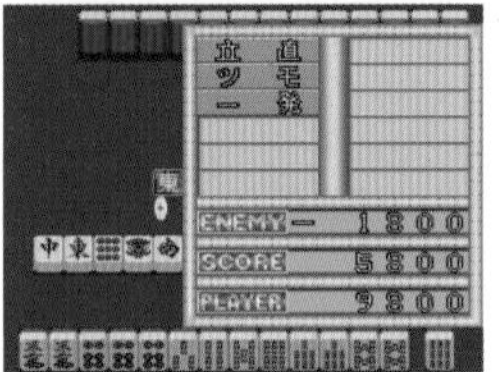

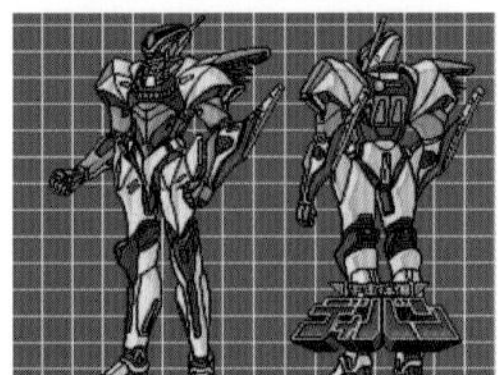

마물헌터 요코 마계에서 온 전학생

● 발매일 / 1992년 3월 13일 ● 가격 / 6,800엔
● 퍼블리셔 / 일본컴퓨터시스템(메사이어)

애니메이션·만화·소설 등으로도 발매된 미디어믹스 작품. 이 작품은 디지털 코믹이며 간단한 조작으로 스토리를 즐길 수 있는데, 수수께끼 풀이 등의 게임성은 낮다.

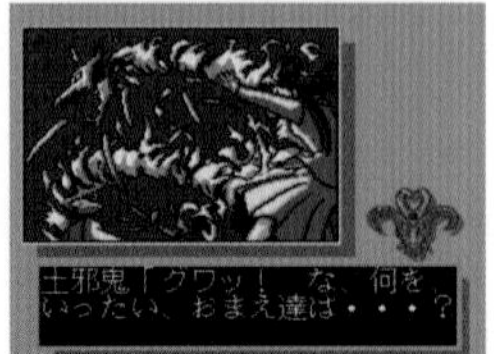

라이징 선

● 발매일 / 1992년 3월 13일 ● 가격 / 7,800엔
● 퍼블리셔 / 빅터음악산업

미나모토노 요리토모(源頼朝)·미나모토노 요시쓰네(源義経)·다이라노 기요모리(平清盛) 중 한 명을 선택해서 일본 통일을 꾀하는 역사 시뮬레이션이다. 리얼타임제를 채용했으며, 포기를 위한 할복 명령도 있다.

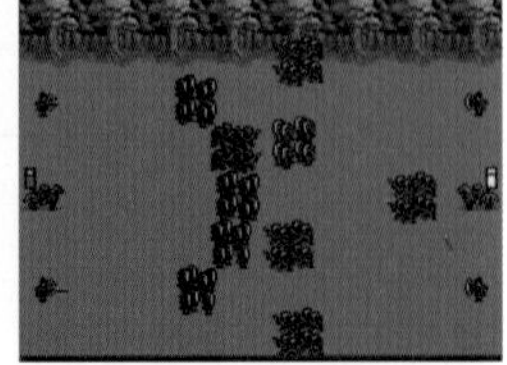

마인 스위퍼

● 발매일 / 1992년 3월 20일 ● 가격 / 6,200엔
● 퍼블리셔 / 팩인비디오

90년대의 PC 윈도우에 기본으로 탑재되어 있던 지뢰찾기 게임을 상품화했다. 기본적인 『마인 스위퍼』 외에 게임성이 다른 버전도 수록돼 있다.

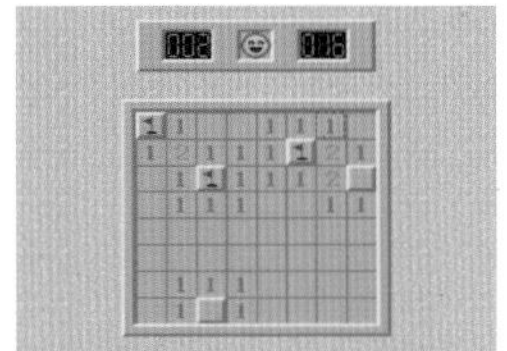
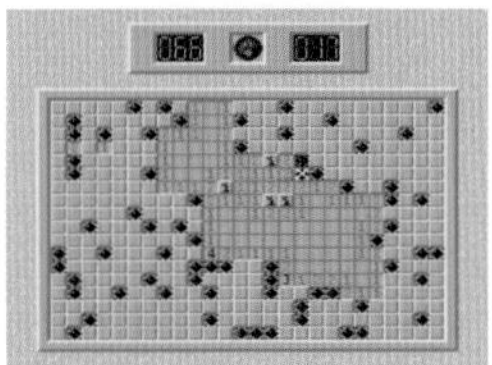
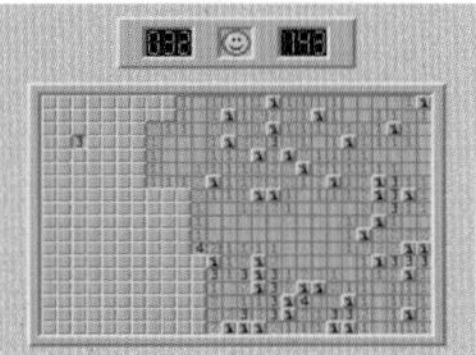

개천의 누시낚시 자연파

● 발매일 / 1992년 3월 27일 ● 가격 / 6,900엔
● 퍼블리셔 / 팩인비디오

패미컴용으로 발매된 낚시 RPG를 이식했다. 필드 상에는 올빼미와 두더지 같은 적이 출현해 전투가 벌어진다. 낚아 올린 물고기는 팔아서 자금을 늘릴 수 있다.

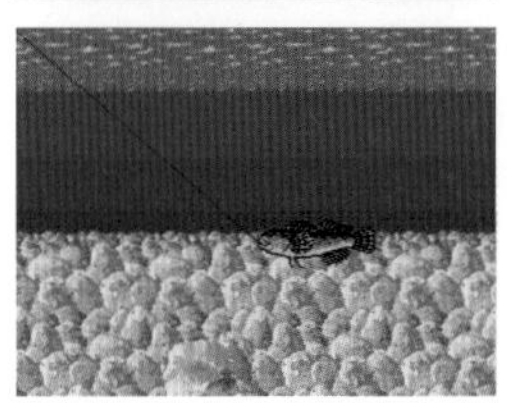

퀴즈 통째로 더 월드 2 타임머신에게 부탁해!

● 발매일 / 1992년 3월 27일 ● 가격 / 6,800엔
● 퍼블리셔 / 아틀라스

표제 그대로 시간을 이동하는 『타임머신에게 부탁해』나, 던전을 탐색하는 『메가텐 퀴즈メガテンクイズ』, 퍼즐 요소가 강한 『퍼즐퀴즈 루비군 パズルクイズルービー君』 등 3가지 게임을 즐길 수 있다.

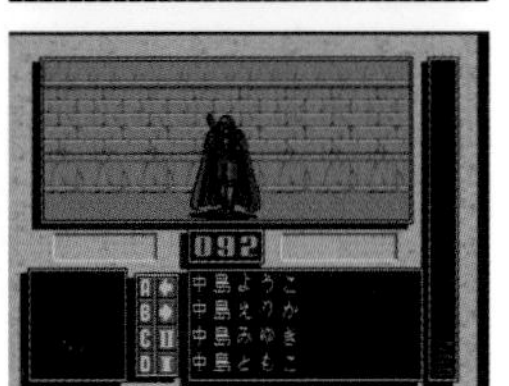

마작탐정이야기 2 우주탐정 디반 완결편

● 발매일 / 1992년 4월 24일 ● 가격 / 4,800엔
● 퍼블리셔 / 아틀라스

그해 2월에 발매된 『출동편』의 속편에 해당한다. 게임 내용은 2인 마작으로, 포인트를 소비해서 속임수 기술을 사용할 수 있다. 비주얼신은 풍부하지만 탈의는 없다.

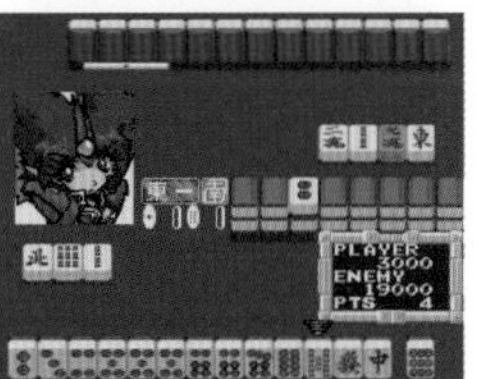

컬러 워즈

● 발매일 / 1992년 7월 10일 ● 가격 / 7,300엔
● 퍼블리셔 / 코코넛저팬

4인까지 참가 가능한 퍼즐게임으로, 내용은 입체적인 오셀로 게임이다. 스토리성 높은 어드벤처 모드, 대전용 파티 모드, 1대1 베이직 모드를 즐길 수 있다.

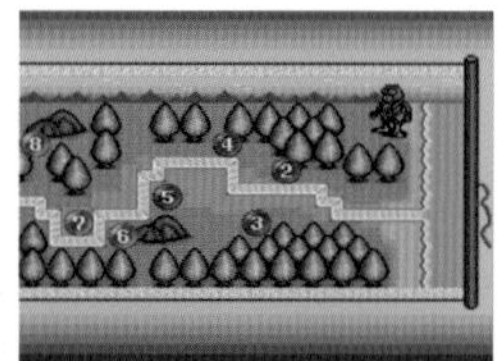
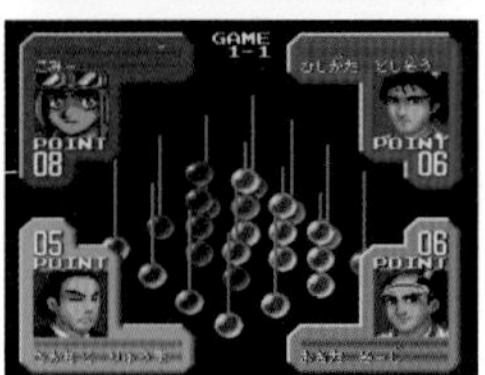

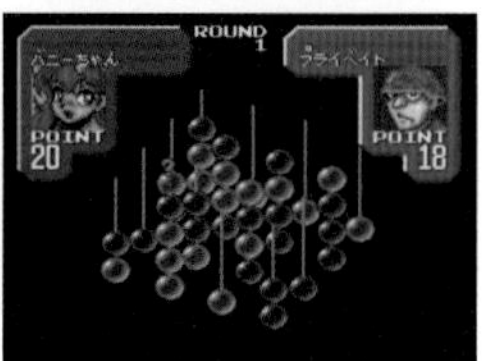

서머 카니발' 92 알자딕

● 발매일 / 1992년 7월 17일 ● 가격 / 2,980엔
● 퍼블리셔 / 나그자트

나그자트가 주최하는 게임대회 서머 카니발에서 사용된 종스크롤 슈팅이다. 타임어택이나 스코어어택용 게임이며 스테이지 수는 적고 가격도 싸다.

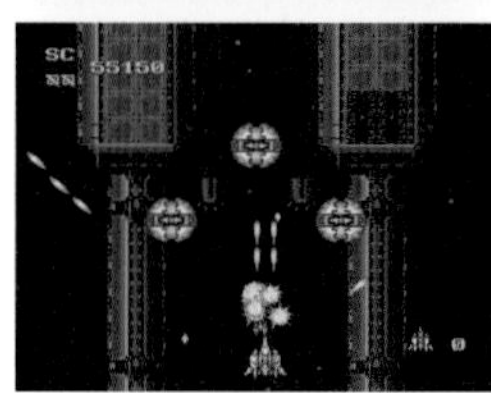

로도스도전기

● 발매일 / 1992년 7월 17일 ● 가격 /7,200엔
● 퍼블리셔 / 허드슨

원래는 TRPG였던 원작을 컴퓨터 RPG로 만들었다. PC 버전을 PC엔진용으로 개작한 작품으로, OVA에 준거한 음성도 딸려 있다.

제로윙

● 발매일 / 1992년 9월 18일 ● 가격 / 7,800엔
● 퍼블리셔 / 나그자트

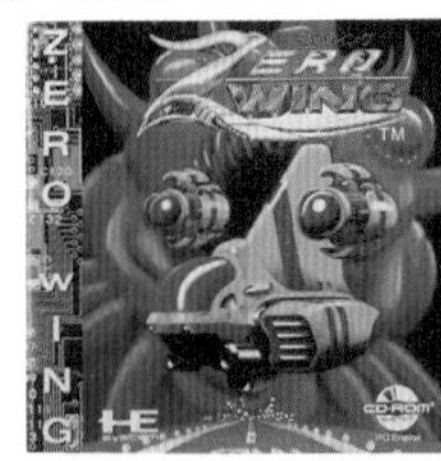

토아플랜이 개발한 아케이드용 횡스크롤 슈팅을 이식했다. 적을 포획하는 프리즈너 빔이 특징인데, 붙잡힌 적을 장벽 대신으로 삼는 것 외에는 쓸 데가 없다.

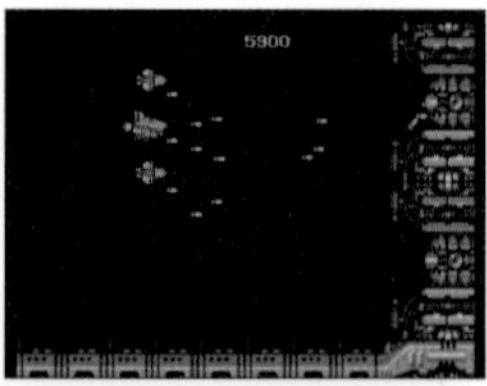
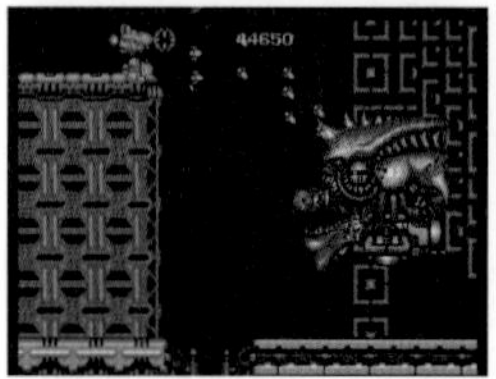
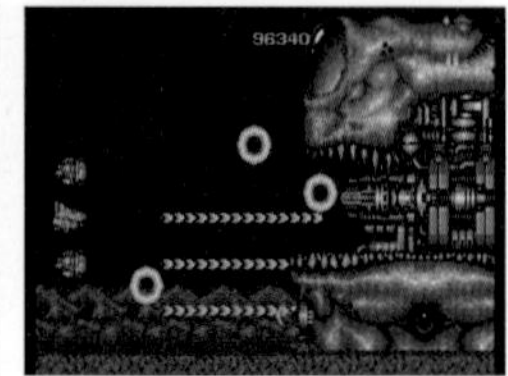

스타모빌

● 발매일 / 1992년 10월 2일 ● 가격 / 6,800엔
● 퍼블리셔 / 나그자트

저울을 사용한 퍼즐게임. 내려오는 별을 받침 접시에 받아서 쌓아 가는데 저울이 너무 기울면 게임오버가 된다. 별은 색에 따라 무게가 다르기 때문에 순간적으로 무게를 판단할 필요가 있다.

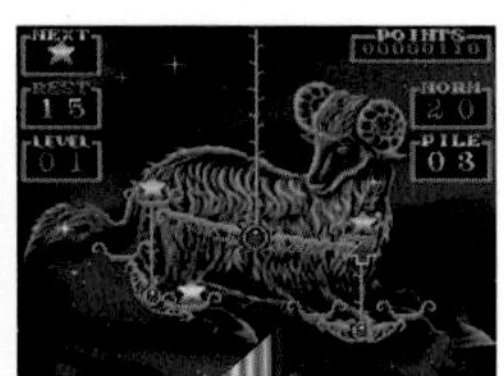

퀴즈 영주의 야망

● 발매일 / 1992년 10월 10일 ● 가격 / 6,200엔
● 퍼블리셔 / 허드슨

캡콤이 개발한 아케이드용 퀴즈게임을 이식했다. 전국시대 다이묘들 가운데 한 명을 선택해 퀴즈로 전국 제패를 노린다. 다이묘에 따라서 장르 선택이나 오답을 줄이는 등의 특수한 능력이 있다.

요코야마 미쓰테루 진·삼국지 천하는 나에게

● 발매일 / 1992년 11월 20일 ● 가격 / 8,800엔
● 퍼블리셔 / 나그자트

요코야마 미쓰테루의 만화 「삼국지」를 원작으로 한 SLG. 내정으로 나라를 부유하게 만들고 전쟁으로 영토를 넓혀 가는 익숙한 시스템인데, 시나리오가 하나밖에 없는 것이 난점이다.

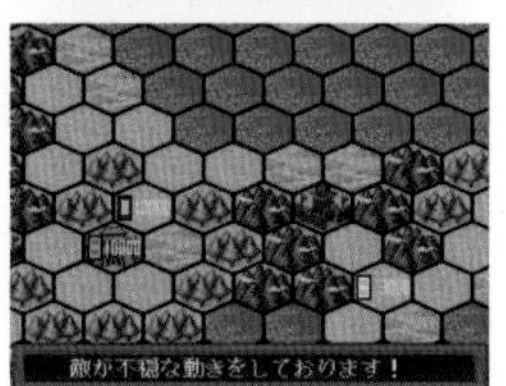

상하이 DRAGON'S EYE (상하이 Ⅲ)

● 발매일 / 1992년 12월 18일 ● 가격 / 7,500엔
● 퍼블리셔 / 아스크코단샤

마작 패를 이용한 퍼즐게임 『상하이』 3번째 작품. 이미 게임성이 확립된 작품이기에 소프트웨어로서의 좋고 나쁨은 도움말 등이 얼마나 충실하냐에 달려 있지만, 이 작품은 그 부분이 조금 부족했다.

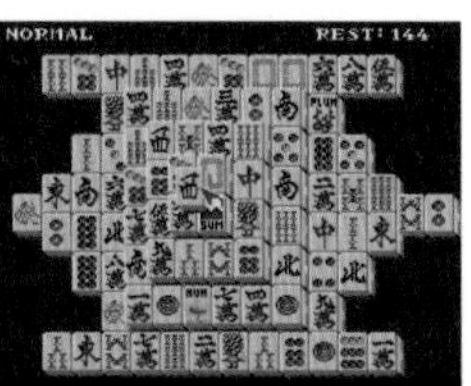

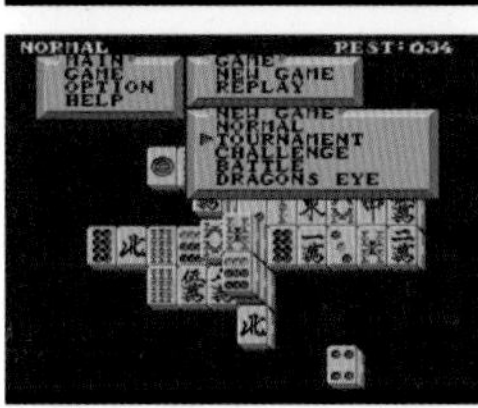

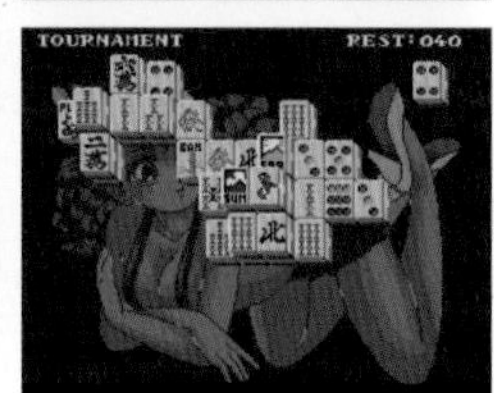

코즈믹 판타지 비주얼집

● 발매일 /1993년 2월 12일 ● 가격 / 4,980엔
● 퍼블리셔 / 일본텔레네트

『코즈믹 판타지』 시리즈의 비주얼신을 모은 것이지 게임이 아니다. 상당히 노출도가 높은 그림도 있는데, 그것들을 느긋하게 감상할 수 있는 팬이라면 군침을 흘릴 만한 디스크다.

바리스 비주얼집

● 발매일 / 1993년 2월 19일 ● 가격 / 4,980엔
● 퍼블리셔 / 일본텔레네트

이것도 비주얼 모음으로, 『바리스 II』에서 『IV』까지의 오프닝과 엔딩을 포함한 비주얼신이 수록돼 있다. 다만 초대 『바리스』가 빠진 것은 아쉬운 대목이다.

환창대륙 올레리아

● 발매일 / 1993년 2월 26일 ● 가격 / 7,800엔
● 퍼블리셔 / 타이토

PC엔진 오리지널의 횡스크롤 액션 RPG로, 지명도는 낮지만 평가는 높다. 사용 캐릭터를 3인의 동료 중에서 전환할 수도 있는데, 난이도는 다소 높지만 게임 밸런스는 나쁘지 않다.

퀴즈 캐러번 컬트Q

● 발매일 / 1993년 5월 28일 ● 가격 / 5,800엔
● 퍼블리셔 / 허드슨

후지TV에서 방송된 퀴즈 프로 '컬트Q'와 제휴한 게임. 쌍륙 풍의 어드벤처 모드와 대전형 배틀 모드, 타임 트라이얼 등 3종류의 모드를 즐길 수 있다.

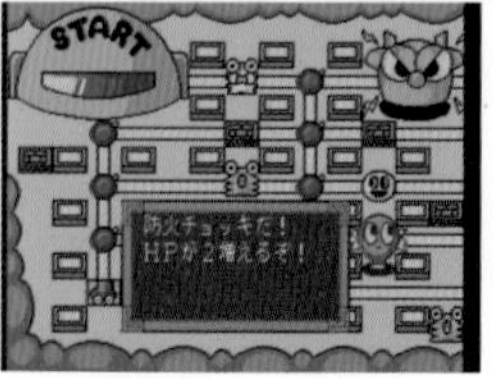

셜록 홈즈의 탐정 강좌II

● 발매일 / 1993년 5월 28일 ● 가격 / 8,200엔
● 퍼블리셔 / 빅터음악산업

실사 무비를 사용한 어드벤처게임 제2탄. 이번 작품에서도 홈즈가 수많은 사건을 해결해 간다. 커맨드는 아이콘이며, 게임 진행의 대부분이 무비라는 것도 전작을 물려받았다.

레인보우 아일랜드

● 발매일 / 1993년 6월 30일 ● 가격 / 7,600엔
● 퍼블리셔 / NEC애버뉴

타이토의 종스크롤 액션을 이식했다. 주인공이 내보내는 무지개는 공격수단인 동시에 발판도 되며, 필드의 최상단을 목표로 올라간다. 스테이지 최후에는 보스전도 있다.

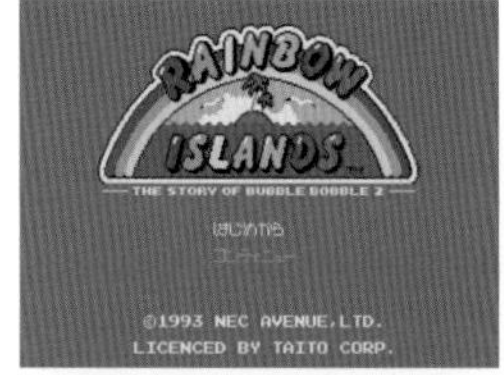

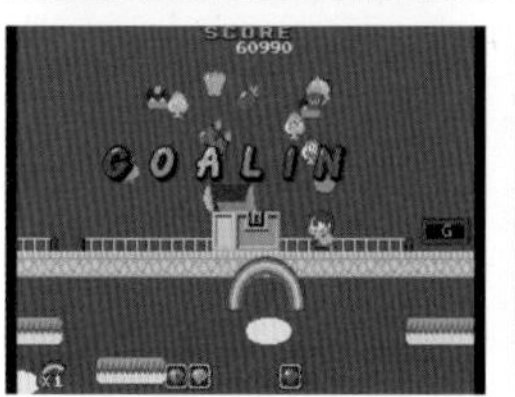

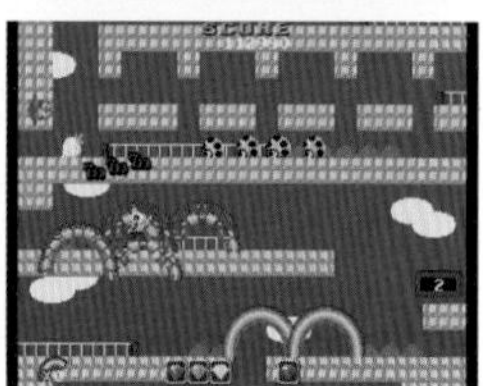

사이드라벨 셀렉션 12

「다운타운 열혈물어」

게임소개 p.174

「더블드래곤II 더 리벤지」

ダブルドラゴンII 双截拳VS幻殺拳
生き残るのは正義か悪か
SUPER CD·ROM²
T4988658921105
NXCD2010

게임소개 p.160

「데자DE·JA」

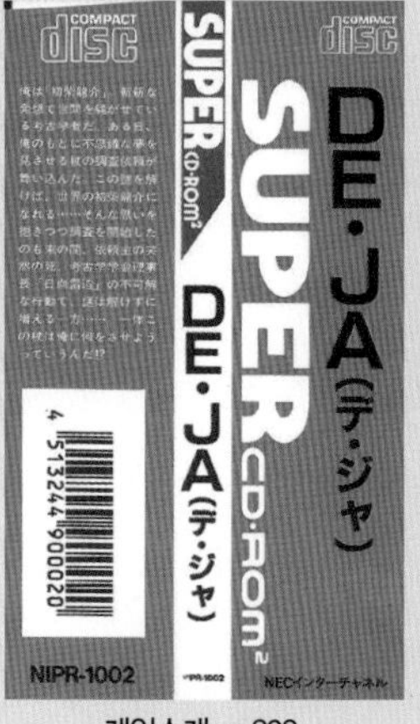

게임소개 p.203

「천지를 먹다」

게임소개 p.183

레어 소프트

미개봉품이 아니라면 싼값에 입수할 가능성도 있지만, 중고품의 경우는 사이드라벨의 유무를 확인할 필요가 있다.

아웃박스로 포장된 소프트

PC엔진에서 최초로 아웃박스를 채용한 것은 『마작학원 아즈마 소시로 등장』이다. 의미 불명의 VHS 비디오가 동봉되었다. 또한 아웃박스를 씌우는 가장 큰 이유는 무언가 특전이 들어 있다는 것밖에 없다. 그런데 SG 전용 소프트는 모두 아웃박스가 딸린 호화사양이지만, 굿즈가 들어 있지 않으므로 주의할 필요가 있다. 수집할 때는 우선 아웃박스의 유무를 확인하면 좋을 것이다.

아웃박스 부속 소프트

V팩 특전	발매일	미디어	부속품
마작학원 아즈마 소시로 등장	1989년 11월 24일	Hu	「수수께끼의 비디오 할머니 낙원 벼가 익을 때까지 애플파이편」
배틀 에이스	1989년 12월 8일	SG	
대마계촌	1990년 7월 27	SG	
올디네스	1991년 2월 22일	SG	
슈퍼 그랑죠	1991년 4월 6일	SG	
삼국지 영걸 천하에 임하다	1991년 3월 29일	ROM2	「시스템 수첩형 매뉴얼」
파치오군 환상의 전설	1991년 4월 19일	ROM2	「파친코 컨트롤러」
1941 카운터어택	1991년 8월 23일	SG	
포가튼 월드	1992년 3월 27일	SCD	「애버뉴 패드3」
3×3 EYES 삼지안변성	1994년 7월 8일	SCD	「오리지널 프로모션 비디오」

아웃박스 부속 소프트(서점 전매)

타이틀	발매일	미디어	부속품
서커스 라이드	1991년 4월 6일	Hu	
아키야마 진의 수학미스터리 숨겨진 보물 '인도의 불꽃'을 사수하라!	1994년 12월 10일	SCD	「텍스트(문제집 부록)」

『마작학원 아즈마 소시로 등장』

『삼국지 영걸 천하에 군림하다』

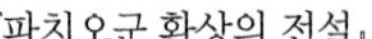
『파치오군 환상의 전설』

『포가튼 월드』

PC 엔진

SUPER CD-ROM²

PC ENGINE COMPLETE GUIDE

천사의 시

● 발매일 / 1991년 10월 25일 ● 가격 / 7,400엔
● 퍼블리셔 / 일본텔레네트

일본텔레네트가 개발한 PC엔진 오리지널 RPG. 특별히 새로운 시스템은 아니었고 발매 당시에도 수수한 게임이라는 인상을 받았지만, 그 시나리오가 평판을 불러 입소문으로 인기가 퍼졌다. 서두에서는 이제 곧 결혼을 앞둔 주인공의 약혼자가 마물에게 유괴된다. 거기서부터 천상계 · 인간계 · 지하계라는 3개의 세계를 끌어들인 기나긴 모험이 시작된다. 포근한 감흥을 느낄 수 있는 시나리오와 음악이 빼어난 작품인데, 이른바 대작 RPG라 불리는 작품들과는 정반대의 존재라고도 할 수 있을 것이다.

드래곤 슬레이어 영웅전설

● 발매일 / 1991년 10월 25일 ● 가격 / 6,800엔
● 퍼블리셔 / 허드슨

『드래곤 슬레이어』 시리즈의 6번째 작품에 위치하는 RPG로, 원래 PC용으로 발매된 작품의 이식판에 해당한다. 전 6장으로 이루어진 스토리는 드라마틱한 전개로 플레이어를 지루하게 만들지 않는다. 시스템적인 면에서 특이점이 없었던, 시나리오를 중시한 게임이라고 할 수 있다. 다만 오래된 작품이므로 지금 플레이하면 밸런스가 좋지 않게 느껴질지도 모르겠다. PC엔진 버전의 특징으로서 음성이 추가되었는데, 많은 플레이어로부터 지지를 받은 BGM을 CD음원으로 들을 수 있다.

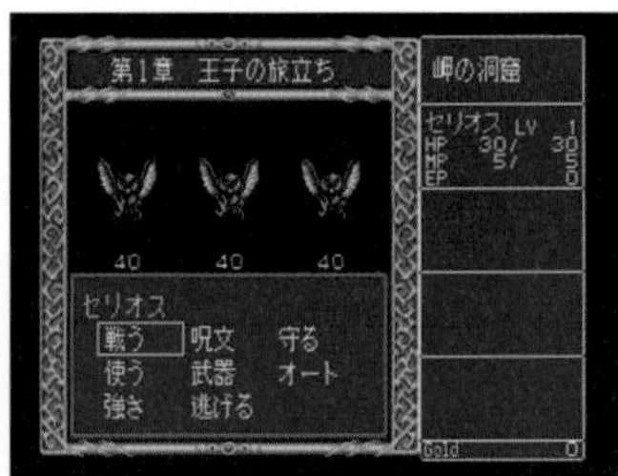

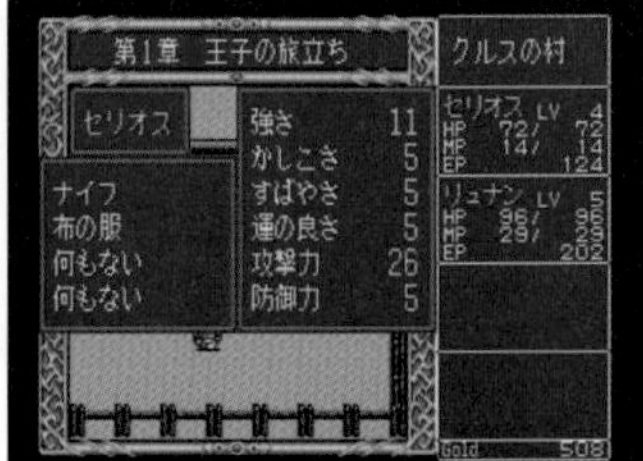

파퓰러스 약속의 땅

● 발매일 / 1991년 10월 25일 ● 가격 / 5,800엔
● 퍼블리셔 / 허드슨

통상 버전의 『파퓰러스』와 어레인지 버전을 다 즐길 수 있다. 후자는 시스템은 같지만 건물이 PC엔진 계통 하드웨어 형태를 하고 있기도 하다. 또한 수록된 스테이지도 약 500개로 방대하다.

페르시아 왕자

● 발매일 / 1991년 11월 8일 ● 가격 / 6,800엔
● 퍼블리셔 / 리버힐소프트

세계적으로 유명한 사이드뷰 액션을 PC엔진에 이식했다. 미끌미끌 움직이는 주인공에 수많은 트랩 등 볼거리가 많고 난이도는 높지만 몇 번이고 도전하고 싶어지는 게임이다.

레이디 팬텀

● 발매일 / 1991년 11월 29일 ● 가격 / 6,980엔
● 퍼블리셔 / 일본텔레네트

PC엔진 오리지널의 SLG. 턴제를 진화시킨 시스템을 채용했으며, 행동력 높은 유닛일수록 많이 행동할 수 있다. 메카+미소녀라는 마니아의 인기를 의식한 작품이다.

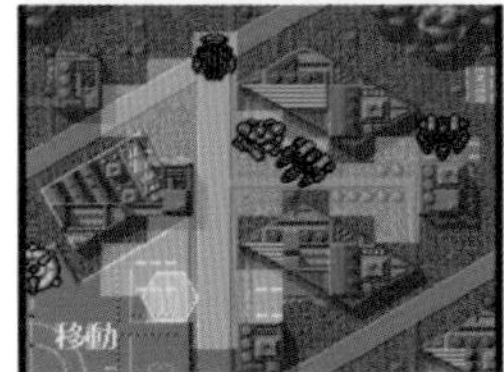

SUPER CD·ROM2 체험 소프트 모음

● 발매일 / 1991년 12월 13일 ● 가격 / 1,000엔
● 퍼블리셔 / 허드슨

제목처럼 체험판으로 발매된 소프트인데, 『천외마경Ⅱ 만지마루』와 『드래곤 슬레이어 영웅전설』의 초반을 즐길 수 있게 되어 있다. 『천외마경Ⅱ』 개발 연기 때문에 발매되었다.

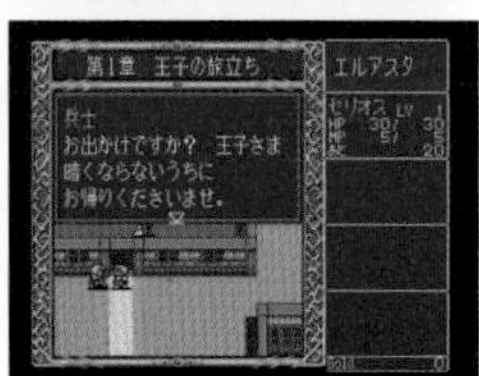

R-TYPE COMPLETE CD

● 발매일 / 1991년 12월 20일 ● 가격 / 7,500엔
● 퍼블리셔 / 아이렘

HuCARD로는 2개로 분할해서 발매된 작품을 CD-ROM 한 장에 수록했다. 무비가 추가되었고 BGM이 어레인지되는 등 변경된 점이 있어서 플레이어의 찬반을 불러 일으켰다.

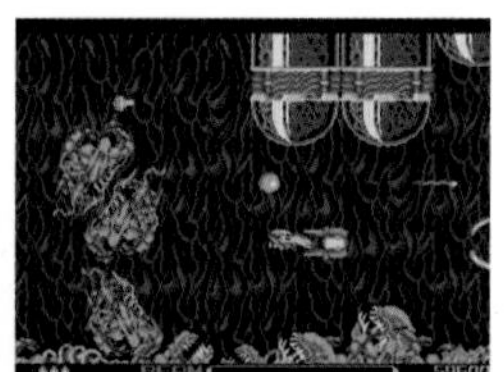
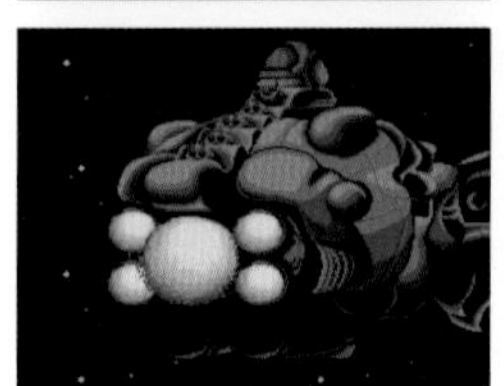
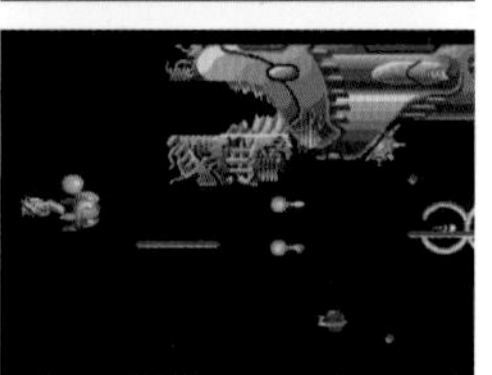

열혈 고교 피구부 CD 축구편

● 발매일 / 1991년 12월 20일 ● 가격 / 7,200엔
● 퍼블리셔 / 나그자트

쿠니오 군 캐릭터를 사용한 축구 게임으로, 나중에 Hu 판이 『PC축구편』으로 발매되었다. 먼저 발매된 패미컴 판의 버전 업에 해당하는 내용이다.

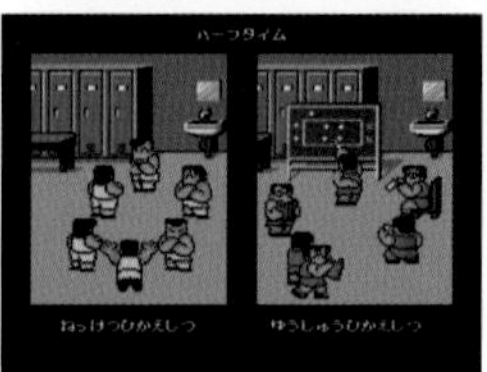

사이드라벨 셀렉션 13

『드래곤나이트 & 그래피티』

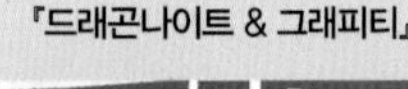

『넥스자르』 『포셋아무르』 『팝앤매직』

게임소개 p.196 게임소개 p.152 게임소개 p.162 게임소개 p.145

레어 소프트
정가에서 2만 엔 위아래로 거래되는 경우가 많은데, 심한 가격 변동은 주의할 필요가 있다.

천외마경 II 만지마루

● 발매일 / 1992년 3월 26일 ● 가격 / 7,800엔
● 퍼블리셔 / 허드슨

CD-ROM 매체 최초의 RPG였던 전작을 대폭 파워업시킨 속편이다. 대용량을 활용한 화려한 연출은 더욱 정교해졌고, 이벤트에서는 무비와 컷인이 많이 사용되어 플레이어의 기분을 고조시킨다. 불의 일족의 후예인 주인공 만지마루(卍丸)는 암흑란(暗黒ラン)을 이용해 세계정복을 꾀하는 뿌리 일족과 싸운다. 7개의 암흑란을 벨 때마다 새롭게 갈 수 있는 범위가 넓어지는 구성이며 차례로 이벤트가 발생하게 되어 있다. 게임 완성도가 매우 높아서 PC엔진을 대표하는 RPG라고 할 수 있다.

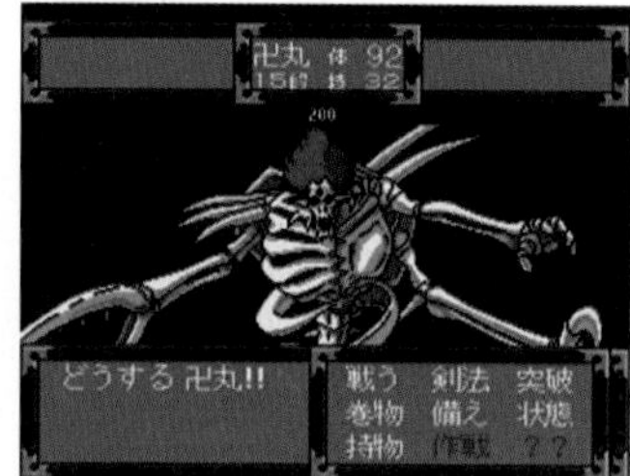

스내처

● 발매일 / 1992년 10월 23일 ● 가격 / 7,800엔
● 퍼블리셔 / 코나미

PC에서 히트한 사이버펑크 어드벤처의 PC엔진 버전으로, 설정 자료집이 동봉되었다. 영화 「블레이드러너」에서 강한 영향을 받은 게임이며, 주인공의 임무는 인간과 슬쩍 바뀌어 잠입하는 바이오로이드 '스내처'를 찾아내는 것이다. 그로테스크한 장면도 많아서 성인용으로 개발된 게임이다. PC엔진 버전은 미완성인 채로 출시되었던 PC 버전에는 없었던 ACT.3이 수록돼 있다. 다만 이 ACT.3은 게임이라기보다 라디오 드라마 같은 내용이다.

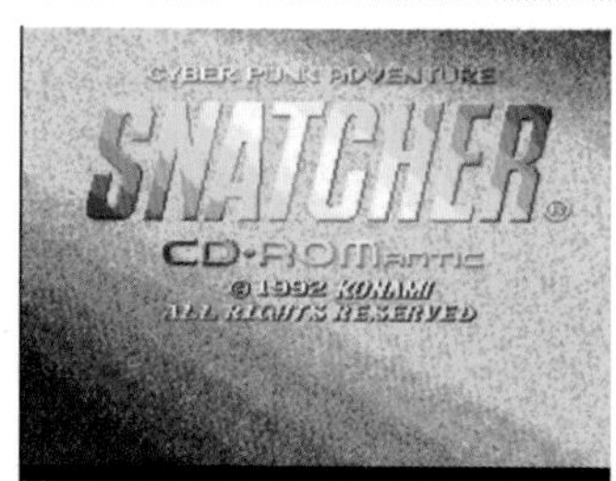

그라디우스 II 고퍼의 야망

● 발매일 / 1992년 12월 18일 ● 가격 / 7,800엔
● 퍼블리셔 / 코나미

아케이드에서 전설적인 대히트작인 횡스크롤 슈팅게임을 PC엔진에 이식했다. 당시는 아케이드게임 쪽이 하드웨어 성능이 압도적으로 높았기 때문에 완전 이식은 무척 어려웠는데, 이 작품은 8비트 하드웨어로서는 한계에 가깝게 오리지널에 근접했다. 스테이지1부터 그래픽의 아름다움에 놀라며, 스테이지마다 상이한 연출의 다채로움은 그 당시 슈팅게임 중에서도 발군이었다. 이러한 기적과 만났다는 데 감사하고 싶어지는 그런 작품이다.

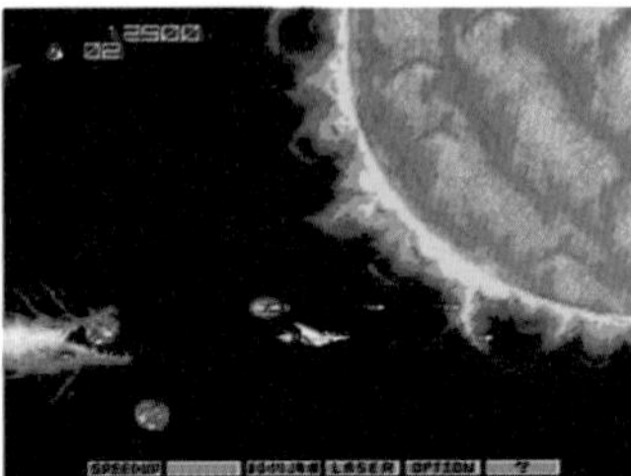

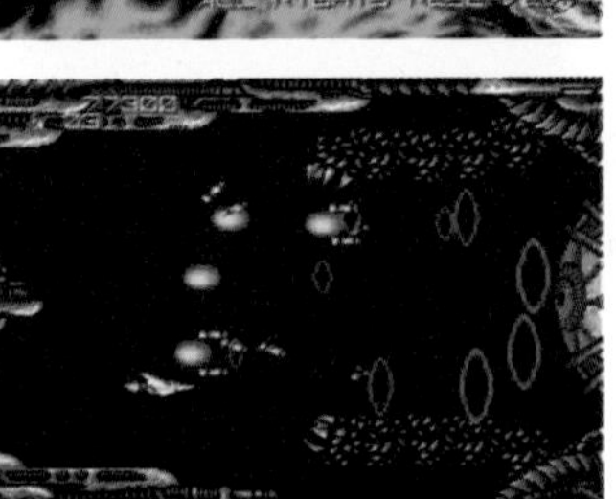

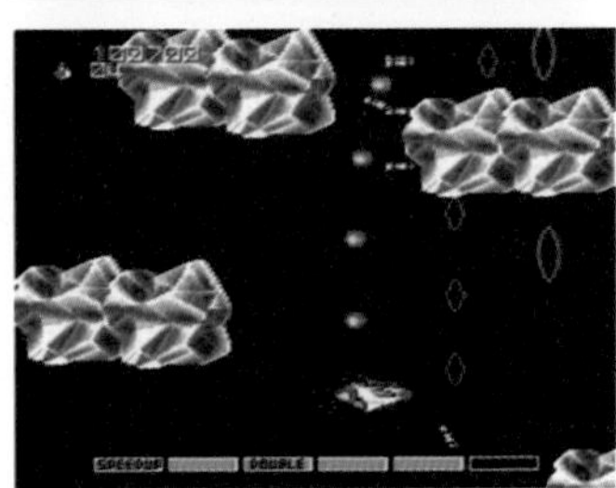

브라우닝

● 발매일 / 1992년 2월 7일 ● 가격 / 6,980엔
● 퍼블리셔 / 일본텔레네트

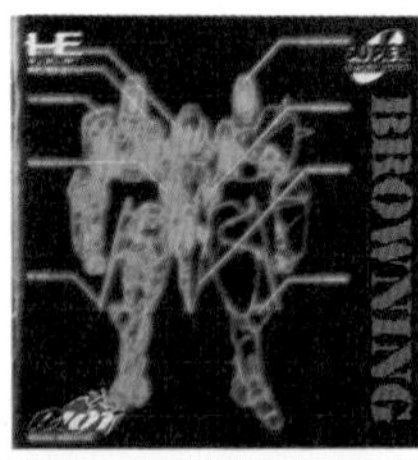

PC엔진 오리지널의 횡스크롤 액션슈팅. 자기 기체는 로봇이며 샷 공격과 점프, 호버링이 가능하다. 실드가 0이 되면 미스가 된다.

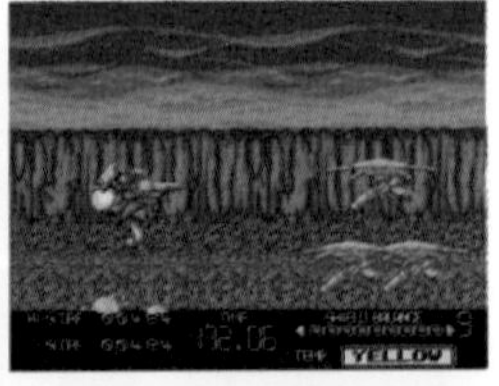

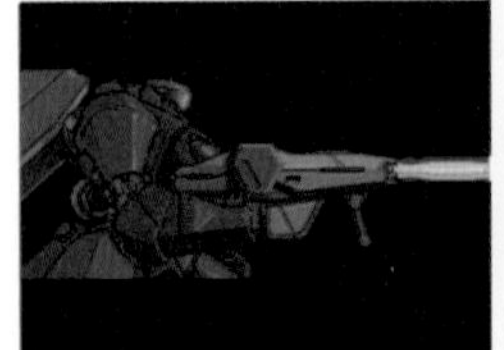

게이트 오브 썬더

● 발매일 / 1992년 2월 21일 ● 가격 / 6,800엔
● 퍼블리셔 / 허드슨

레드컴퍼니(レッドカンパニ)가 개발한 횡스크롤 슈팅. 자기 기체의 상하에 옵션이 붙어 있고, 3종류의 메인샷을 아이템으로 전환하면서 진행해 가는 구조다.

휴먼 스포츠 페스티벌

● 발매일 / 1992년 2월 28일 ● 가격 / 5,900
● 퍼블리셔 / 휴먼

「파인샷 골프」「파이널매치 테니스 레이디스」「포메이션 사커」를 수록했다. 1장으로 3종류의 스포츠게임을 즐길 수 있는 짭짤한 소프트였다.

야마무라 미사 서스펜스 금잔화 교토그림접시 살인사건

● 발매일 / 1992년 3월 6일 ● 가격 / 7,200엔
● 퍼블리셔 / 나그자트

미스터리 소설의 대가 야마무라 미사의 이름을 내건 추리 어드벤처. 시스템은 예전의 커맨드 선택 방식인데, 액티브 디스커버리 시스템이라는 포인트&클릭 방식도 채용했다.

미래소년 코난

● 발매일 / 1992년 2월 28일 ● 가격 / 7,200엔
● 퍼블리셔 / 일본텔레네트

애니메이션「미래소년 코난」을 최초로 게임화 한 작품. 내용은 횡스크롤 액션으로 점프와 킥&작살로 공격할 수 있다. 비주얼신이 풍부해서 팬이라면 군침을 흘릴 만한 작품이다.

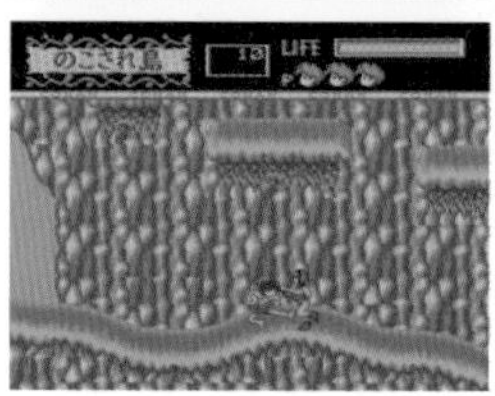

호크 F-123

● 발매일 / 1992년 3월 13일 ● 가격 / 6,800엔
● 퍼블리셔 / 팩인비디오

전년도에 발매된 『파워게이트』 속편에 해당하는 횡스크롤 슈팅게임. 3종류의 샷을 버튼으로 전환하면서 나아가는 구조로, 그밖에도 2종류의 폭탄이 장착되어 있다.

사이킥 스톰

● 발매일 / 1992년 3월 19일 ● 가격 / 6,980엔
● 퍼블리셔 / 일본텔레네트

알파시스템개발(アルファシステム開発)의 종스크롤 슈팅게임으로, 벌레가 테마인 작품이다. 스테이지마다 공격 방법이 다른 자기 기체를 선택하고, 횟수 제한이 있으며, 거대한 벌레로 변신할 수 있다.

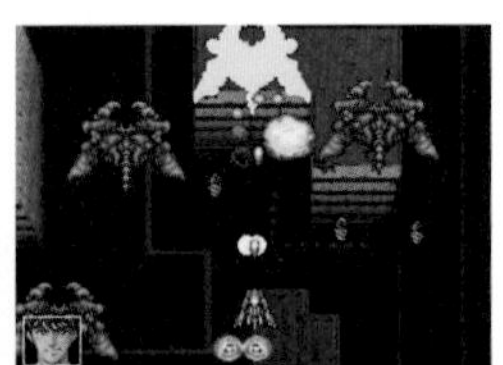
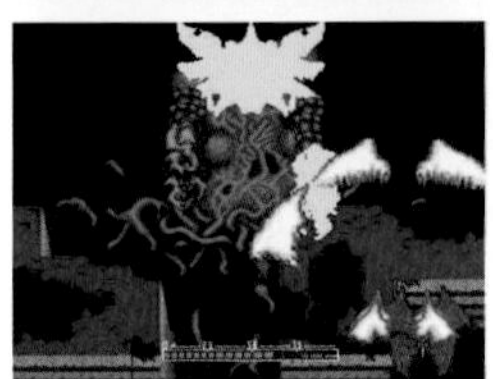
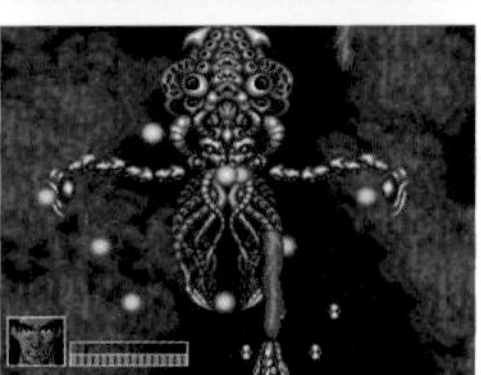

몽환전사 바리스

● 발매일 / 1992년 3월 19일 ● 가격 / 6,980엔
● 퍼블리셔 / 일본텔레네트

초대 『바리스』의 이식 작품이지만, 시리즈 최종작인 『바리스Ⅳ』보다도 늦게 발매되었다. 물론 대용량을 살린 비주얼신이 충실하여 팬들을 기쁘게 했다.

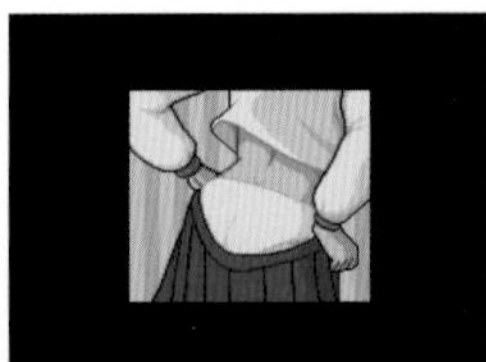
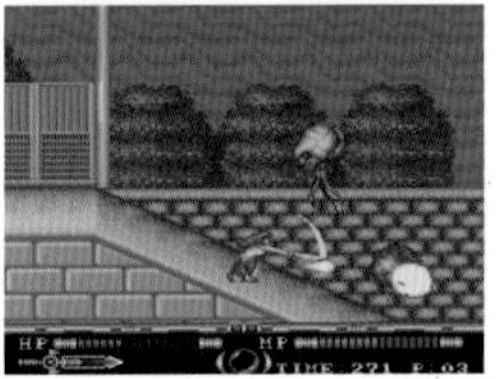
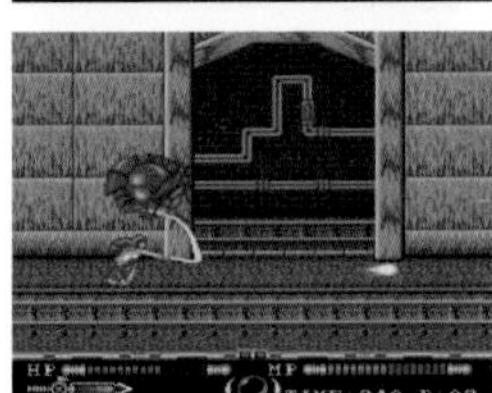

쉐도우 오브 더 비스트 마성의 정

● 발매일 / 1992년 3월 27일 ● 가격 / 7,200엔
● 퍼블리셔 / 빅터음악산업

해외의 PC용 횡스크롤 액션을 이식한 작품. 주인공을 비롯해 섬뜩한 캐릭터가 무수히 등장하는 불가사의한 세계관이 매력이지만, 난이도는 높고 게임성은 낮다는 혹평을 받았다.

바벨

● 발매일 / 1992년 3월 27일 ● 가격 / 6,980엔
● 퍼블리셔 / 일본텔레네트

PC엔진 오리지널 RPG. 퍼블리셔 스스로 패키지 뒷면에 문제작이라고 적을 만큼 취향이 강한 작품으로, 당시의 정보지나 인터넷 등에서는 혹평을 받았지만 오리지널은 높은 평가를 받았다.

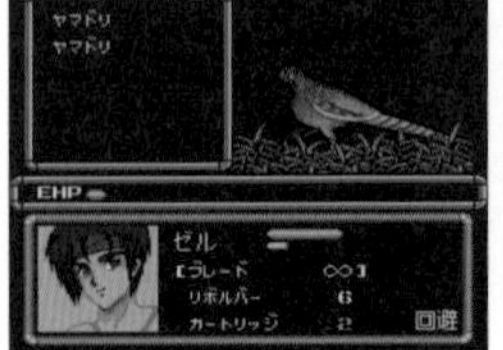

포가튼 월드

● 발매일 / 1992년 3월 27일 ● 가격 / 7,980엔
● 퍼블리셔 / NEC애버뉴

아케이드용 사이드뷰 슈팅게임 『로스트월드ロストワールド』의 PC엔진판. 새틀라이트라 부르는 옵션을 움직이기 위해 3버튼이 필요하며, 3버튼 패드를 동봉해서 발매되었다.

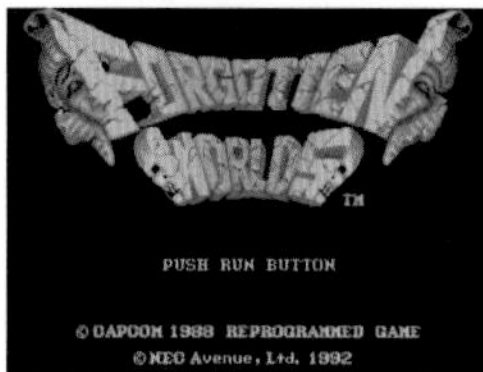

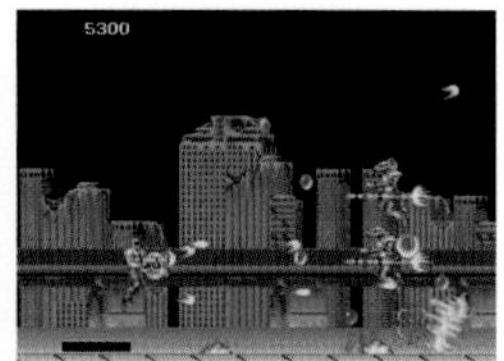
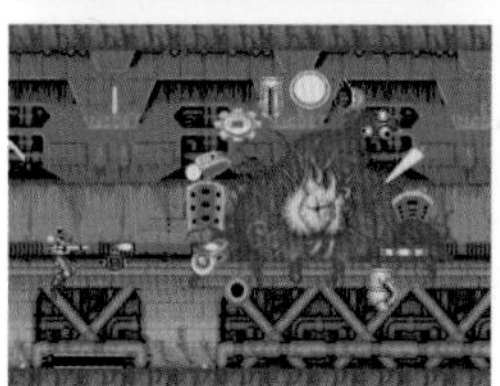
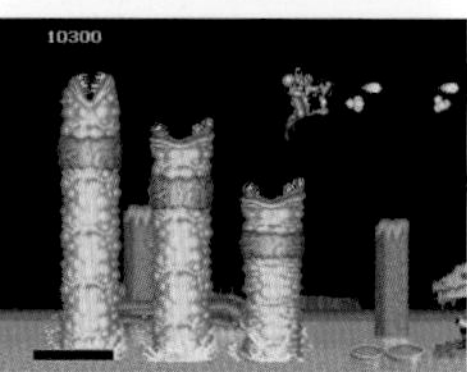

더 데이비스컵 테니스

● 발매일 / 1992년 4월 1일 ● 가격 / 6,800엔
● 퍼블리셔 / 마이크로월드

해외에서 먼저 발매된 테니스 게임을 일본에서도 발매한 작품. 시점을 플레이어 후방에서 바라보는 유사 3D로 만들었기 때문에, 화면을 2분할해 코트 안쪽의 플레이어는 반대쪽에서 바라보는 시점이 되었다.

빌더랜드

● 발매일 / 1992년 4월 1일 ● 가격 / 6,800엔
● 퍼블리셔 / 마이크로월드

유괴된 아내를 구해내는 것이 목적인 액션퍼즐게임으로, 해외 PC게임에서 이식된 작품이다. 뒤로는 물러나지 못하는 주인공을 아이템을 구사해서 유도해 간다.

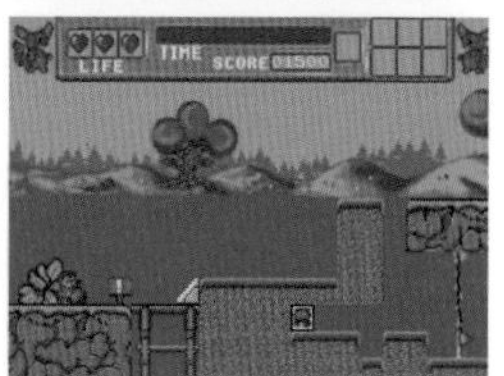

슈퍼 라이덴

● 발매일 / 1992년 4월 2일 ● 가격 /5,800엔
● 퍼블리셔 / 허드슨

아케이드에서 히트한 종스크롤 슈팅을 이식했다. 화면이 가로로 길어서 전체적으로 납작한 디자인이 됐지만, 당시의 가정용 하드웨어 이식 작품 중에서는 가장 오리지널에 가까운 완성도였다.

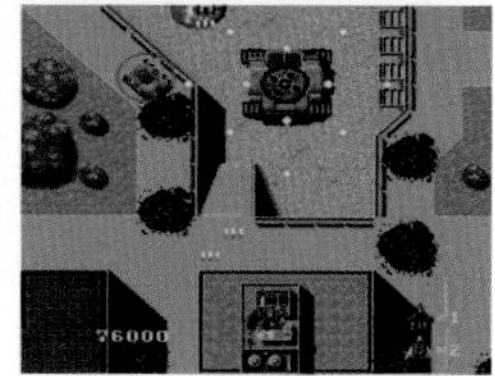

초시공요새 마크로스 2036

● 발매일 / 1992년 4월 3일 ● 가격 / 7,200엔
● 퍼블리셔 / 일본컴퓨터시스템(메사이어)

극장판「초시공요새 마크로스」의 후일담을 그린 횡스크롤 슈팅게임. 스코어가 경험치가 되고 무기가 파워업 된다. 그 밖에 아이템에 의한 파워업도 있다.

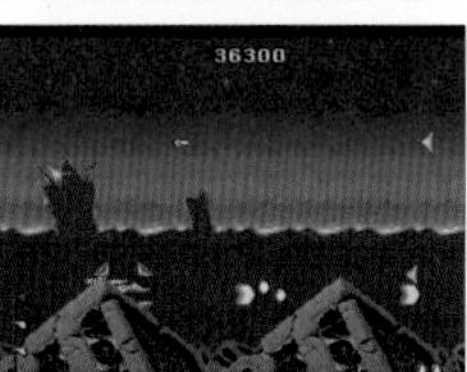

스타 파로저

● 발매일 / 1992년 4월 24일 ● 가격 / 6,800엔
● 퍼블리셔 / 허드슨

『스타 솔저』 시리즈의 패러디게임. 게임 장르는 종스크롤 슈팅이며, 자기 기체는 공격 방법이 다른 3가지 기체 중에서 고를 수 있다. 노멀 모드와 스코어어택 모드를 즐길 수 있다.

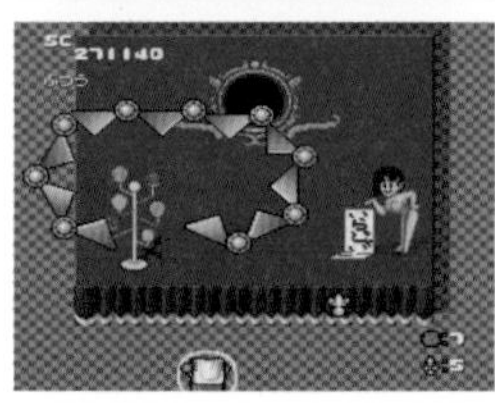

스프리건 마크 2 리테라폼 프로젝트

● 발매일 / 1992년 5월 1일 ● 가격 / 6,800엔
● 퍼블리셔 / 나그자트

『정령전사 스프리건』의 속편에 해당하지만, 스토리 연결은 없고 시스템이나 게임성도 다르다. 게임 중에 음성이 딸린 통신이 들어가 스토리를 보완한다.

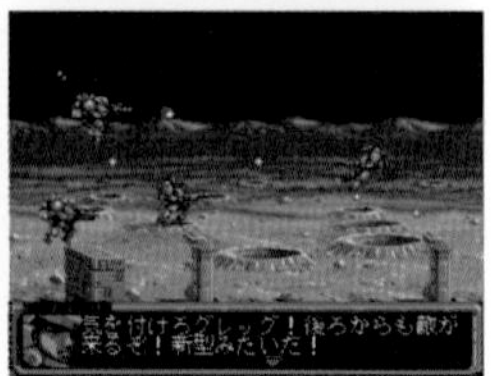

테라포밍

● 발매일 / 1992년 5월 1일 ● 가격 / 6,800엔
● 퍼블리셔 / 라이트스터프

시드 미드(Syd Mead)가 디자인을 담당한 횡스크롤 슈팅. 아이템을 취득하면 자기 기체 상하에 옵션이 붙으며 3종류의 샷을 쏠 수 있다. 또 일정 시간 샷을 쏘지 않으면 모아 쏘기 공격이 가능하다.

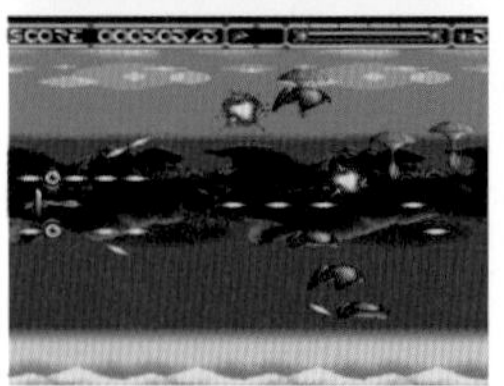
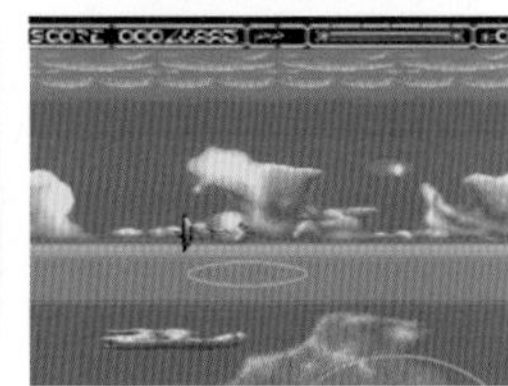

캠페인 버전 대전략 II

● 발매일 / 1992년 5월 29일 ● 가격 / 7,800엔
● 퍼블리셔 / 마이크로캐빈

유닛을 다음 스테이지로 넘길 수 있는 캠페인 모드가 가능한 『대전략』. 규칙과 시스템에는 특별한 변화가 없으며, 시리즈의 팬이라면 설명서 없이도 곧바로 즐길 수 있다.

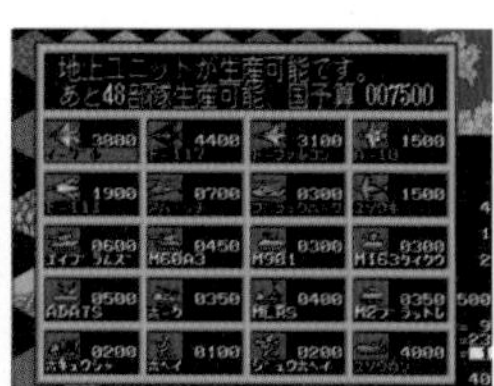

도라에몽 진구의 도라비안나이트

● 발매일 / 1992년 5월 29일 ● 가격 / 4,800엔
● 퍼블리셔 / 허드슨

극장판 도라에몽을 원작으로 한 횡스크롤 액션. 손에 넣은 '비밀도구'를 사용해 다양한 효과를 발휘할 수 있으며, 능숙하게 사용하면 클리어가 편해진다.

어드벤처 퀴즈 캡콤월드 하테나의 대모험

● 발매일 / 1992년 6월 19일 ● 가격 / 6,200엔
● 퍼블리셔 / 허드슨

캡콤의 아케이드용 퀴즈게임 2편을 결합해 이식했다. 양쪽 다 쌍륙 형식으로 맵을 진행해 가는 시스템이며, 멈춘 칸에 따라 양자택일 퀴즈가 나오기도 한다.

톱을 노려라! 건버스터 Vol.1

● 발매일 / 1992년 6월 25일 ● 가격 / 6,800엔
● 퍼블리셔 / 리버힐소프트

인기 OVA를 원작으로 한 디지털 믹스. 풍부한 무비와 음성으로 스토리가 재현된다. 클리어는 쉽지만, 선택지에 따라 게임오버 되는 경우도 있다.

F1 서커스 스페셜 폴투윈

● 발매일 / 1992년 6월 26일 ● 가격 / 7,900엔
● 퍼블리셔 / 일본물산

「F1서커스」 시리즈의 3번째 작품에 해당한다. 팀 로터스가 감수했고 실사 영상도 표시된다. 스피드감 넘치는 고속 스크롤과 머신 세팅 등의 요소는 건재하다.

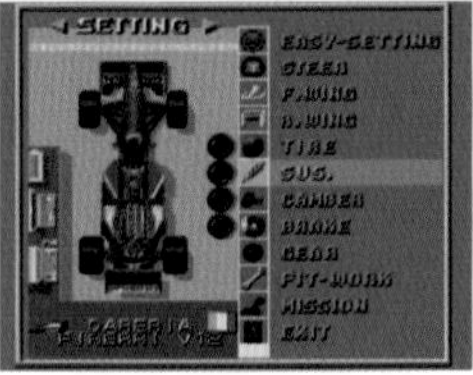
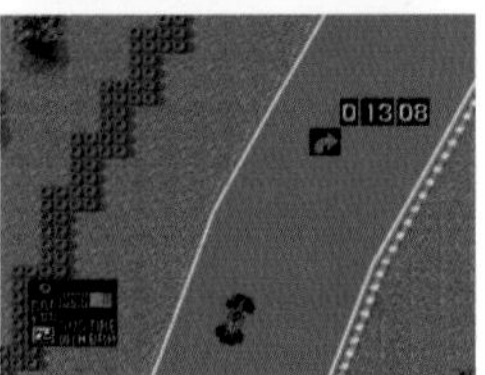

제노사이드

● 발매일 / 1992년 6월 26일 ● 가격 / 6,800엔
● 퍼블리셔 / 브레인그레이

PC용 횡스크롤 액션을 이식했다. 자기 기체는 로봇이며 검으로 공격한다(중반 이후는 공격 수단이 늘어난다). PC엔진 판은 게임 밸런스가 나빠서 네트 상에서 혹평을 받았다.

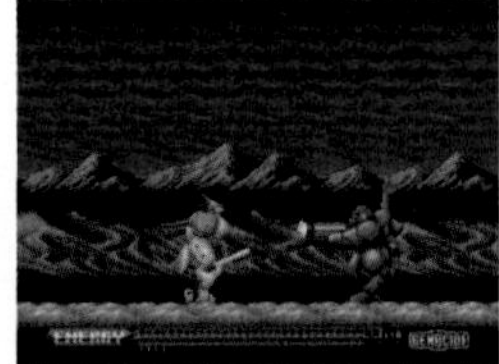

라이잔버 III

● 발매일 / 1992년 6월 26일 ● 가격 / 6,800엔
● 퍼블리셔 / 데이터웨스트

시리즈 3번째 작에 해당하며, PC엔진 오리지널의 횡스크롤 슈팅게임이다. 오버 부스터라 불리는 긴급회피용 고속 이동이 특징이며, 난이도는 낮지만 평가는 높다.

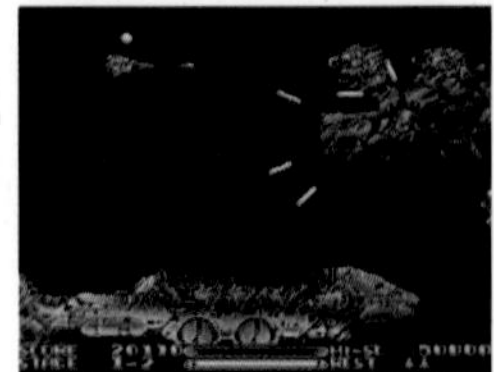
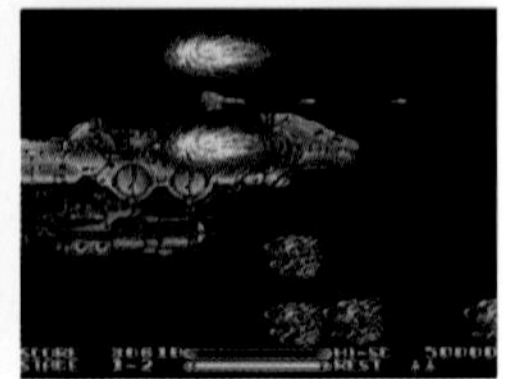

소서리언

● 발매일 / 1992년 7월 17일 ● 가격 / 7,800엔
● 퍼블리셔 / 빅터음악산업

일본 팔콤이 개발한 PC용 액션 RPG를 이식했다. 시나리오는 10편이 수록되었으며, 세대 교체를 하면서 차분하게 공략해 가는 게임이다. PC엔진 버전에는 무비가 추가되었다.

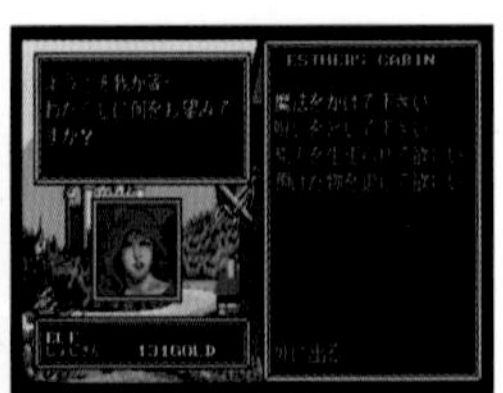

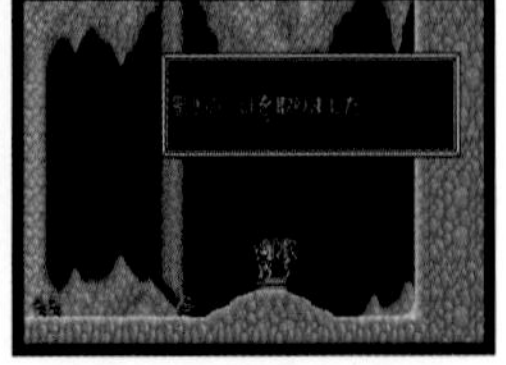

팝앤매직

● 발매일 / 1992년 7월 24일 ● 가격 / 6,980엔
● 퍼블리셔 / 일본텔레네트

PC엔진 오리지널의 고정 스크롤 액션. 적을 공격해서 스피릿볼로 만들고, 볼끼리 부딪치게 해서 파괴한다. 볼에서는 아이템이 나타나며, 주인공은 마법도 쓸 수 있다.

더 킥복싱

● 발매일 / 1992년 7월 31일 ● 가격 / 6,800엔
● 퍼블리셔 / 마이크로월드

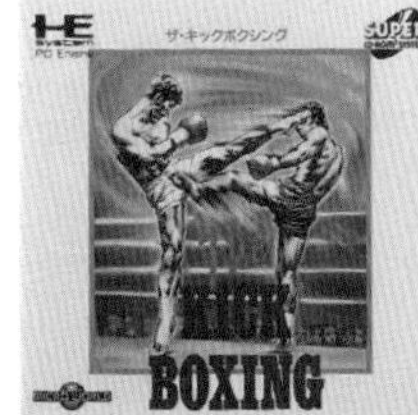

보기 드문 킥복싱게임이다. 트레이닝으로 선수를 키워 시합에 나선다. 관객석에서 바라보는 시점과, 보기만 해도 서양 게임 느낌이 짙은 그래픽이 특징이다.

보난자 브라더스

● 발매일 / 1992년 7월 31일 ● 가격 / 6,800엔
● 퍼블리셔 / NEC애버뉴

세가의 아케이드용 액션게임을 이식했다. 코믹한 캐릭터가 특징이며, 보물을 모두 훔쳐내 EXIT로 도망치면 스테이지 클리어다. 적 캐릭터를 어떻게 무력화 할지가 클리어의 관건이다.

스내처 파일럿디스크

● 발매일 / 1992년 8월 7일 ● 가격 / 1,500엔
● 퍼블리셔 / 코나미

『스내처』 초반을 플레이할 수 있고 설정집 등을 즐길 수 있다. 어디까지나 체험판이기 때문에 값은 싸지만, 본편에는 없는 요소가 많이 담겨 있어 팬이라면 손에 넣고 싶은 작품이다.

드래곤나이트 II

● 발매일 / 1992년 8월 7일 ● 가격 / 7,400엔
● 퍼블리셔 / NEC애버뉴

PC용 성인용 RPG를 이식했다. 게임 내용은 3D 던전을 탐색하는 것인데, 오리지널에서는 적을 쓰러뜨릴 때 탈의 장면이 있지만 PC엔진 판은 표현이 순화되었다.

퀴즈의 별

● 발매일 / 1992년 8월 10일 ● 가격 / 6,800엔
● 퍼블리셔 / 선소프트

5종류의 모드를 즐길 수 있는 퀴즈게임. 혼자서 오로지 퀴즈에 도전하는 『연속 퀴즈 지금 몇 문제째?』나 대전형 격투게임을 흉내 낸 『문도(問道)』 등 개성적인 모드가 많다.

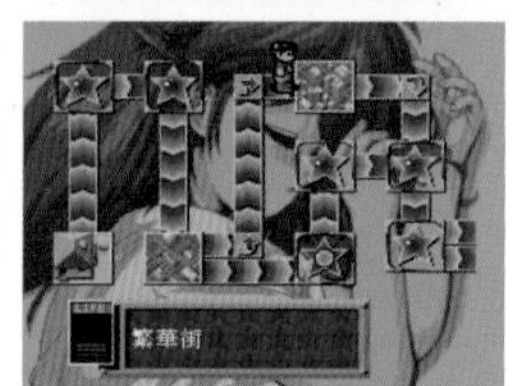

베이비 조 더 슈퍼히어로

● 발매일 / 1992년 8월 28일 ● 가격 / 7,200엔
● 퍼블리셔 / 마이크로월드

보기만 해도 서양 게임다운 디자인인데, 실제로 오리지널은 프랑스의 게임 메이커가 개발했다. 아기가 주인공인 횡스크롤 액션인데, 조작성에 난점이 있어서 혹평을 받았다.

파지어스의 사황제 네오 메탈 판타지

● 발매일 / 1992년 8월 29일 ● 가격 / 7,500엔
● 퍼블리셔 / 휴먼

「완승 PC엔진」에 게재된 독자 참가형 게임을 RPG화 했다. 전투는 커맨드 입력식이며 커맨드가 아이콘으로 표시된다. 외관은 수수하지만 꼼꼼하게 만들어진 RPG다.

트레블 에풀

● 발매일 / 1992년 9월 4일 ● 가격 / 6,980엔
● 퍼블리셔 / 일본텔레네트

대전형 액션게임으로, CPU 또는 2P와 싸운다. 필드에 떨어진 무기를 주어 공격한다. 귀여운 외관과 오프닝 데모로 보면 상상할 수 없는 게임 내용이다.

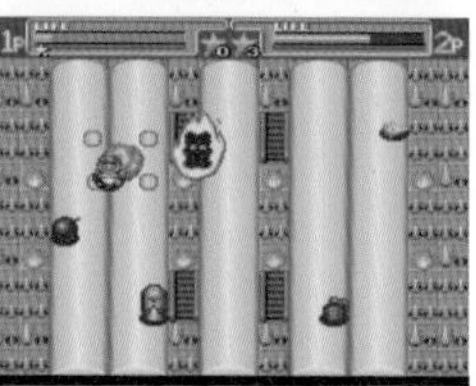

F1 팀 시뮬레이션 프로젝트

● 발매일 / 1992년 9월 11일 ● 가격 / 6,980엔
● 퍼블리셔 / 일본텔레네트

F1경주를 소재로 한 시뮬레이션 게임이며, 플레이어가 차를 조작할 일은 없다. 경주만이 아니라 팀 경영도 중요하며, 반대로 경주 화면은 무척 수수하다.

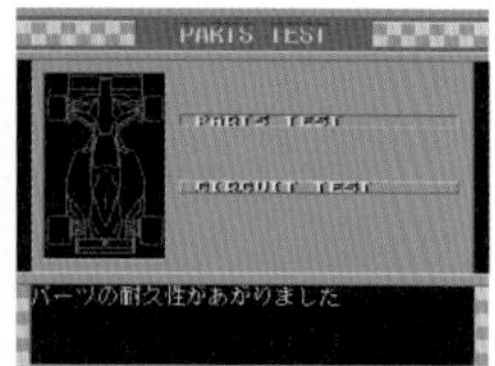

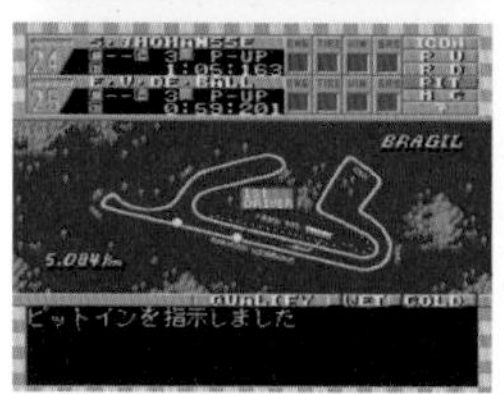

던전 마스터 세론의 퀘스트

● 발매일 / 1992년 9월 18일 ● 가격 / 8,200엔
● 퍼블리셔 / 빅터음악산업

PC를 중심으로 가정용 하드웨어에도 이식되었으며, 세계적으로 대히트한 『던전 마스터』의 외전(外傳) 격인 작품이다. 리얼타임 3D 던전이라는 게임성은 친숙해지기가 쉽지 않지만 금세 멈출 수 없게 된다.

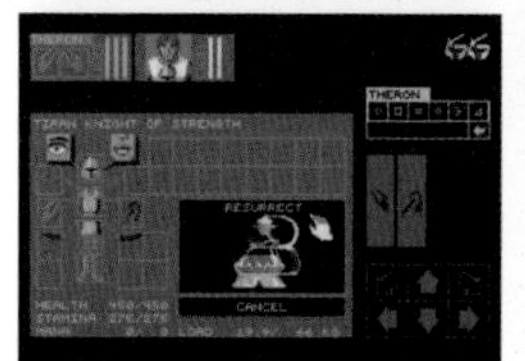
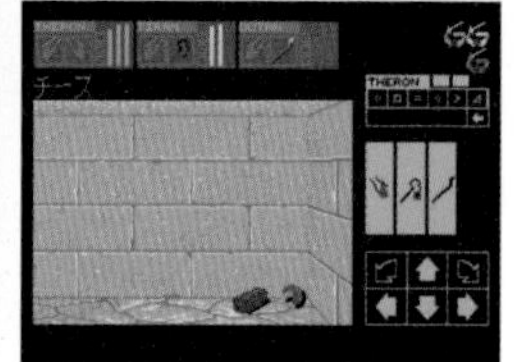

에그자일II 사념의 사상

● 발매일 / 1992년 9월 22일 ● 가격 / 7,200엔
● 퍼블리셔 / 일본텔레네트

1991년에 발매된 『에그자일』의 속편. 시나리오는 PC엔진 판 오리지널이지만, 시스템은 전작을 답습한 형태다. 캐릭터의 음성은 PC엔진 판의 특전이다.

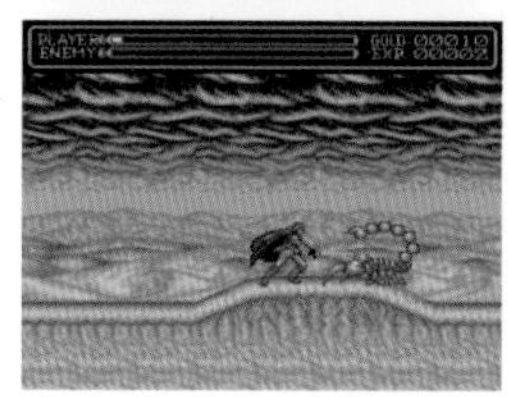
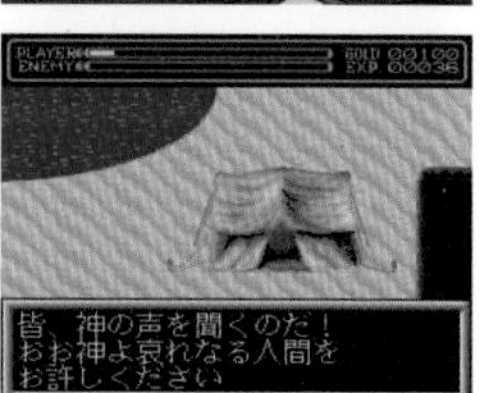

위저드리 V

● 발매일 / 1992년 9월 25일 ● 가격 / 7,400엔
● 퍼블리셔 / 나그자트

『Wiz』 시리즈의 5번째 작품. 다음 작품부터 시스템이 일신되었기 때문에, 종래의 『Wiz』를 즐길 수 있는 것은 이 작품까지다. 다만 모험은 전편에 걸쳐 3D 던전이기 때문에 사람을 고르는 게임이다.

코즈믹 판타지 3 모험소년 레이

● 발매일 / 1992년 9월 25일 ● 가격 / 7,600엔
● 퍼블리셔 / 일본텔레네트

기본적으로 시리즈의 1번째와 2번째 작품을 플레이 해온 사람을 위한 스토리다. 비주얼신은 변함없이 충실하지만, 시스템 면에서 출중한 부분은 적어서 다소 아쉬움이 남는다.

룸

● 발매일 / 1992년 9월 25일 ● 가격 / 8,000엔
● 퍼블리셔 / 빅터음악산업

루카스아트(ルーカスアーツ)가 개발한 포인트&클릭 어드벤처를 PC엔진에 이식했다. 해외에서는 대단히 평가가 높아서 몇 개의 상을 받았지만, 일본에서는 마이너한 작품이다.

셰이프시프터 마계영웅전

● 발매일 / 1992년 9월 29일 ● 가격 / 7,400엔
● 퍼블리셔 / 빅터음악산업

일본 게임 같지 않은 게임 그래픽이 특징인데, 물론 해외 게임의 이식작이다. 수수께끼풀이 요소가 있는 액션게임이며 주인공은 표범, 상어, 골렘 등으로 변신할 수 있다.

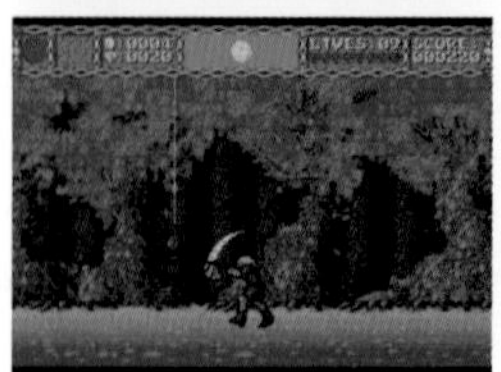
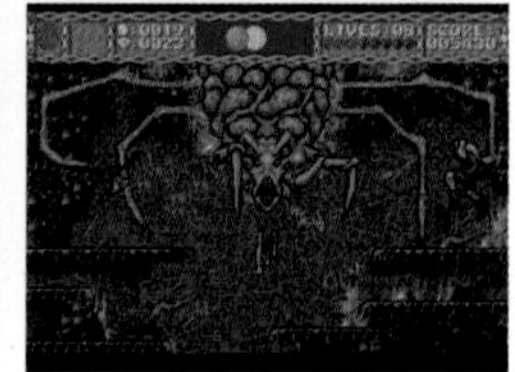

야와라 !

● 발매일 / 1992년 10월 1일 ● 가격 / 6,900엔
● 퍼블리셔 / 소픽스

우라사와 나오키(浦沢直樹)의 인기 만화를 원작으로 한 디지털 믹스. 특별히 답답한 부분은 없고 템포 있게 스토리가 진행되며 그래픽도 무척 아름답다. 원작 팬에게 추천하는 작품이다.

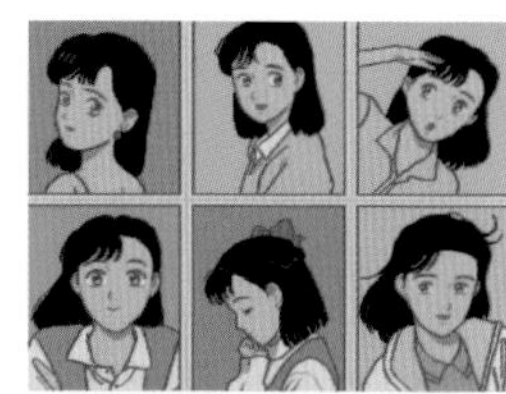

란마 1/2 타도 , 원조 무차별 격투류 !

● 발매일 / 1992년 10월 2일 ● 가격 / 7,200엔
● 퍼블리셔 / 일본컴퓨터시스템(메사이어)

인기 만화를 원작으로 한 격투액션. 비주얼신 뒤에 캐릭터와 1대1 싸움이 진행된다. 주인공 란마는 마음대로 남녀 전환이 가능하다. 대인(對人)전을 할 수 있는 모드도 있다.

더 프로야구 슈퍼

● 발매일 / 1992년 10월 9일 ● 가격 / 6,800엔
● 퍼블리셔 / 인테크

선수의 리얼한 그래픽이 특징인 야구게임. 물론 일본야구기구의 허가를 받아서 모두 실명이다. 조작성에 특별히 문제는 없으며, 가공의 팀도 수록되었다.

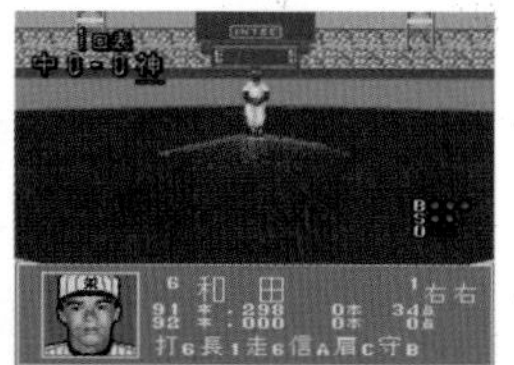

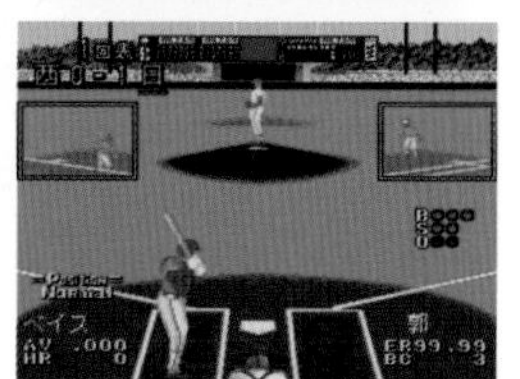

슬라임월드

● 발매일 / 1992년 10월 9일 ● 가격 / 7,200엔
● 퍼블리셔 / 마이크로월드

당시 PC엔진에 해외 게임을 잇달아 이식한 마이크로월드의 작품으로, 당연히 이 작품도 서양 게임이다. 주인공이 점액(슬라임)으로 뒤덮인 혹성을 탐사하는 게임인데, 조작성에 특징(クセ)이 강하다.

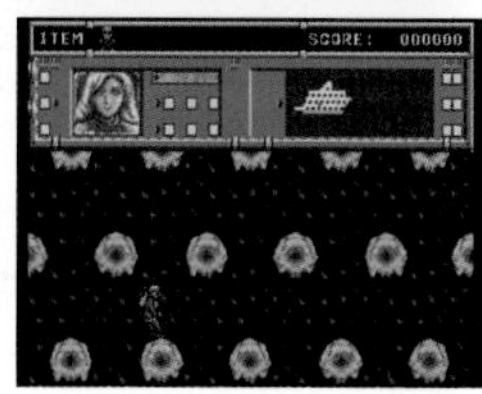

키아이단 더블오

● 발매일 / 1992년 10월 23일 ● 가격 / 6,980엔
● 퍼블리셔 / 일본텔레네트

거대로봇 애니메이션 풍의 횡스크롤 슈팅. 5종류의 샷과 모아 쏘기 등의 공격에 더하여 보스전에서는 필살기도 쓸 수 있다. 오프닝 애니메이션과 주제가가 뛰어나다.

은하아가씨전설 유나

● 발매일 / 1992년 10월 23일 ● 가격 / 6,800엔
● 퍼블리셔 / 허드슨

레드컴퍼니(レッドカンパニー)가 개발한 『은하아가씨전설』 시리즈의 제1탄. 미스 은하아가씨 콘테스트의 그랑프리 수상자이자 아이돌이기도 한 가구라자카 유나(神楽坂ユナ)를 주인공으로 한 디지털 믹스다.

심령탐정 시리즈 Vol.3 아야

● 발매일 / 1992년 11월 20일 ● 가격 / 7,600엔
● 퍼블리셔 / 데이터웨스트

데이터웨스트가 FM-TOWNS용으로 개발한 『심령탐정 시리즈』 3번째 작품을 PC엔진에 이식했다. 피험자의 심층의식에 뛰어드는 사이코 다이브(サイコダイブ)를 테마로 하는 시리즈다.

갓 패닉 지상최강군단

● 발매일 / 1992년 11월 27일 ● 가격 / 6,800엔
● 퍼블리셔 / 테이칙

음악회사인 테이칙에서 발매된 횡스크롤 슈팅게임. 코믹한 템포, 익살스런 요소가 가득한 게임이지만 시스템은 전통적이다.

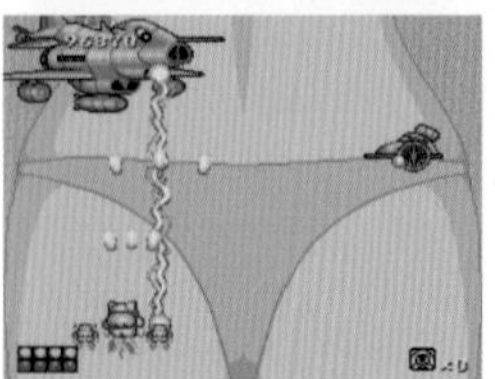

레밍스

● 발매일 / 1992년 11월 27일 ● 가격 / 7,200엔
● 퍼블리셔 / 선소프트

레밍(나그네쥐)의 이동을 모티브로 한 퍼즐게임. 일정한 법칙으로 계속해서 이동하는 레밍에게 지령을 내려 목표 지점으로 유도하는 것이 목적이며, 스테이지 클리어 형태를 취하고 있다.

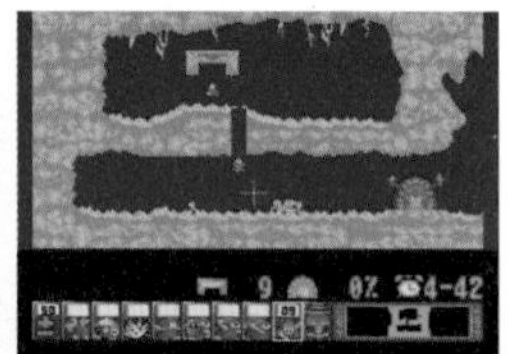

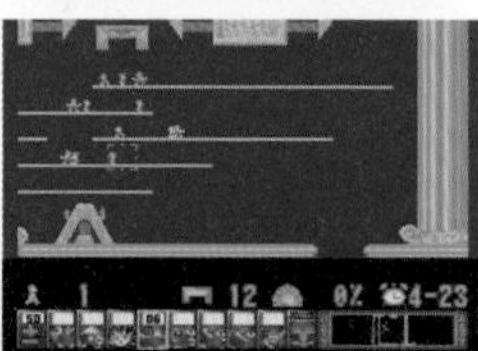

슈퍼 슈바르츠실트 2

● 발매일 / 1992년 12월 4일 ● 가격 / 7,800엔
● 퍼블리셔 / 고가도스튜디오

우주전쟁이 테마인 SF 시뮬레이션 게임. 주로 PC로 발매된 시리즈인데, 이 작품은 이식이 아니라 시나리오와 시스템 모두 오리지널 작품이다.

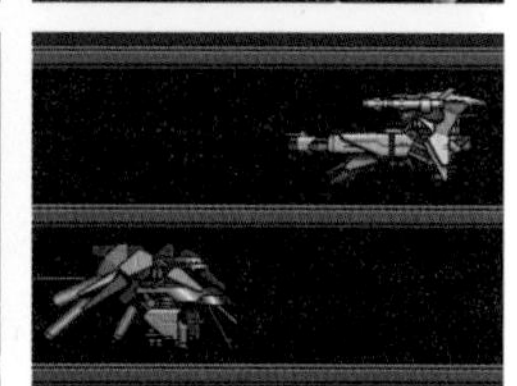

초시공요새 마크로스 영원의 러브송

● 발매일 / 1992년 12월 4일 ● 가격 / 7,400엔
● 퍼블리셔 / 일본컴퓨터시스템(메사이어)

『초시공요새 마크로스』의 메커니즘을 사용한 턴 방식 시뮬레이션. 민메이어택(ミンメイアタック) 등 원작을 살린 연출이나 영화 버전의 후일담에 해당하는 스토리 등 팬들로서는 유혹적인 작품이다.

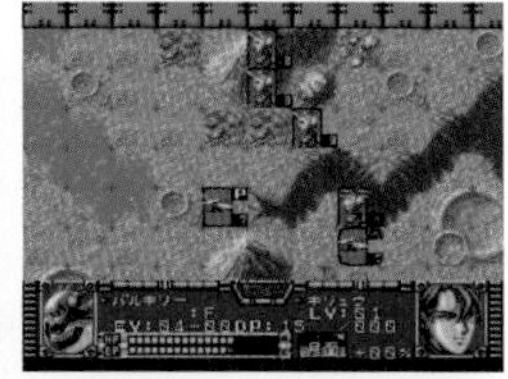
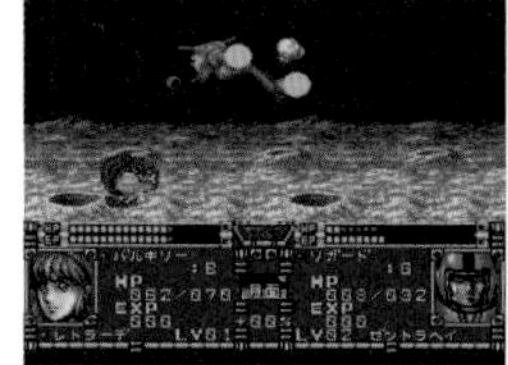

테크모 월드컵 슈퍼 싸커

● 발매일 / 1992년 12월 4일 ● 가격 / 7,800엔
● 퍼블리셔 / 미디어링

J리그 개막을 맞아 일본 전체가 축구로 달아올랐던 시기에 발매된 작품. 포메이션이나 날씨 선택 등은 있지만, 특징적인 부분이 별로 없는 평범한 축구게임이다.

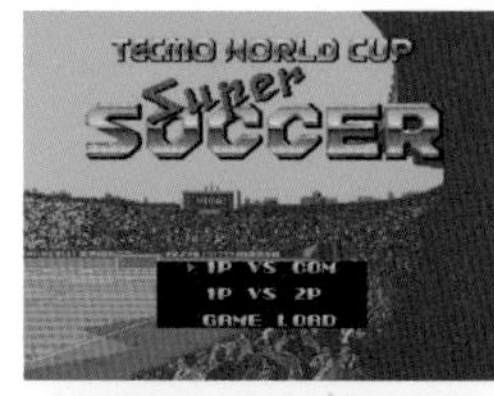

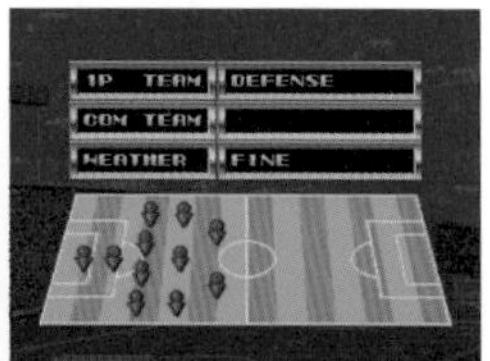

다운타운 열혈행진곡 가자! 대운동회

● 발매일 / 1992년 12월 11일 ● 가격 / 7,200엔
● 퍼블리셔 / 나그자트

패미컴으로 발매된 대전 스포츠액션을 이식했다. 종목은 크로스컨트리, 장애물방 탈출하기, 박 터뜨리기, 격투대회 등 4종류인데, 모두 폭력으로 상대를 방해할 수 있다.

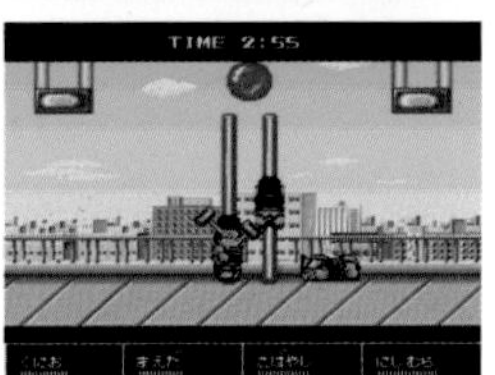

넥스자르

● 발매일 / 1992년 12월 11일 ● 가격 / 7,400엔
● 퍼블리셔 / 나그자트

PC엔진 오리지널의 종스크롤 슈팅게임. 메인샷은 3종류, 서브샷은 4종류이며 아이템으로 전환 가능하다. SCD 작품답게 비주얼신도 완성도가 좋다.

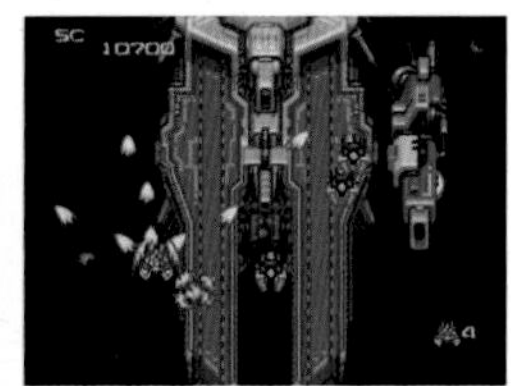
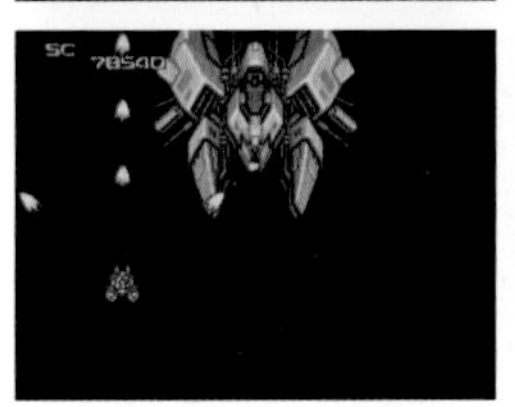

이미지 파이트 2

● 발매일 / 1992년 12월 18일 ● 가격 / 7,700엔
● 퍼블리셔 / 아이렘

난이도 높은 작품으로 유명한 『이미지 파이트』의 속편으로, PC엔진 오리지널의 종스크롤 슈팅게임이다. 시스템은 전작을 물려받았는데, 어려움도 건재하다.

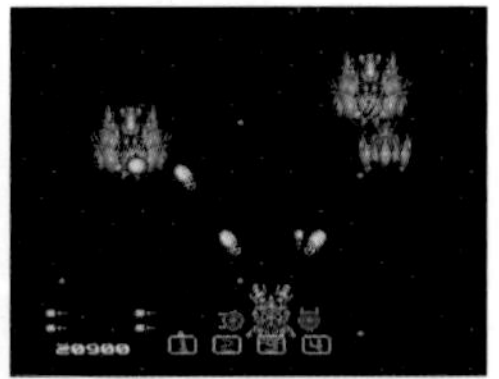
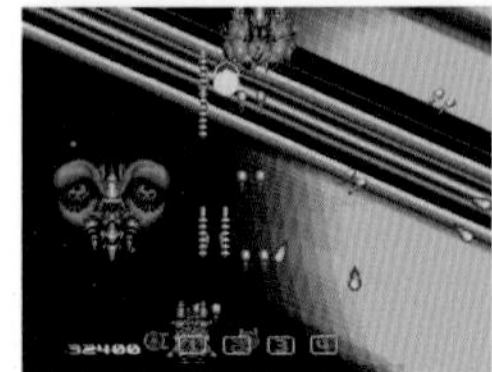
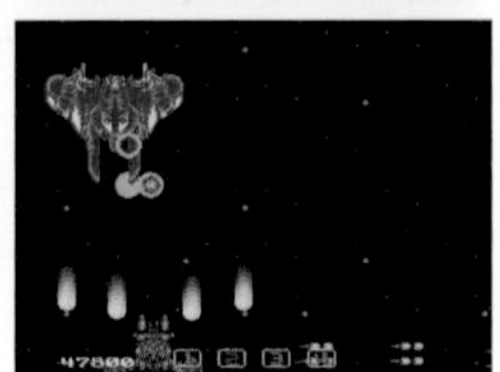

슈퍼 리얼 마작 스페셜 미키·카스미·쇼코의 추억으로부터

● 발매일 / 1992년 12월 18일 ● 가격 / 7,800엔
● 퍼블리셔 / 나그자트

아케이드 탈의 마작에서 전설적인 시리즈의 『Ⅱ』와 『Ⅲ』을 결합한 작품. 3인의 캐릭터와 2인 마작으로 대전할 수 있는데, 탈의 장면은 없고 핀업 사진만 볼 수 있을 뿐이다.

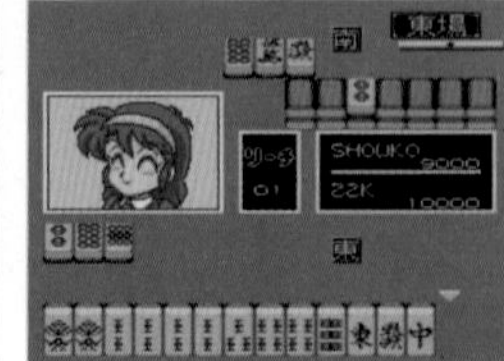

파스텔 라임

● 발매일 / 1992년 12월 18일 ● 가격 / 7,200엔
● 퍼블리셔 / 나그자트

견습 마법사인 유(ユウ)와 마법으로 어른이 돼버린 초등학생 라임이 주인공인 디지털 믹스. 얼마간 섹시한 장면도 있지만, 시나리오는 불륨이 부족하다.

부라이II 어둠 황제의 역습

● 발매일 / 1992년 12월 18일 ● 가격 / 7,800엔
● 퍼블리셔 / 리버힐소프트

PC용으로 발매된 『부라이』의 속편을 PC엔진용으로 각색해서 이식했다. 비주얼신의 추가와 메시지 창을 배제한 전투 장면 등이 특징이다.

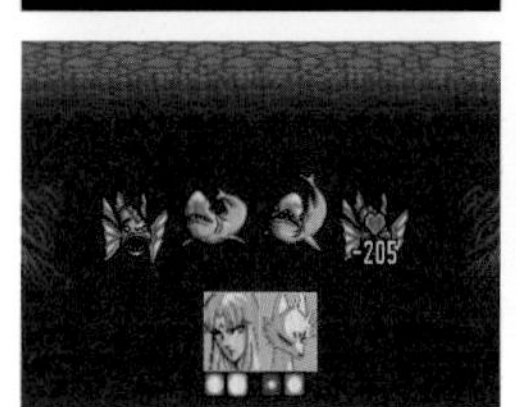

모토로더 MC

● 발매일 / 1992년 12월 18일 ● 가격 / 7,200엔
● 퍼블리셔 / 일본컴퓨터시스템(메사이어)

『모토로더』시리즈의 3번째 작품으로 발매되었다. 전작들과는 다른 코스가 1화면에 담긴 미니어처 풍 고정화면 레이스 형태를 취했다. 5인 동시 대전과 폭탄으로 방해하기는 건재하다.

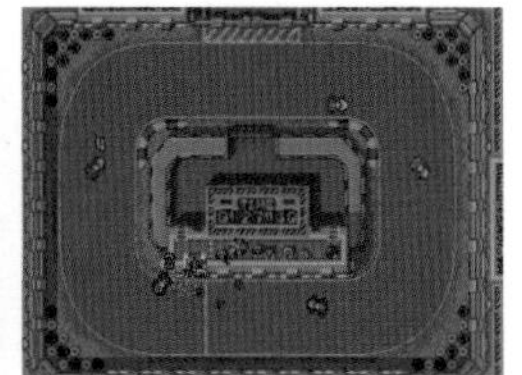

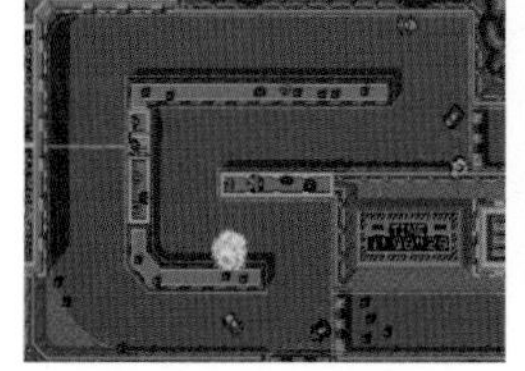

우주전함 야마토

● 발매일 / 1992년 12월 22일 ● 가격 / 7,800엔
● 퍼블리셔 / 휴먼

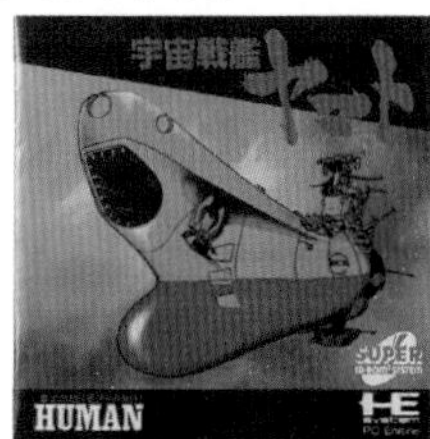

TV 애니메이션 「우주전함 야마토」를 원작으로 한 시뮬레이션 게임. 빼어난 오프닝과 원작에 따른 시나리오 전개 등 팬이라면 더할 나위 없이 좋은 작품이다.

파치오 군 웃는 우주

● 발매일 / 1992년 12월 22일 ● 가격 /7,900엔
● 퍼블리셔 / 코코넛저팬

PC엔진으로 발매된 『파치오 군』시리즈로서는 3번째 작품이다. 일단 스토리는 존재하지만, 파친코 대를 사용 정지시키고 앞으로 나아가는 시스템에는 변화가 없다.

드래곤 슬레이어 영웅전설 II

● 발매일 / 1992년 12월 23일 ● 가격 / 7,200엔
● 퍼블리셔 / 허드슨

PC용 RPG를 이식한 것으로, 『드래곤 슬레이어』 시리즈의 하나다. 전투는 커맨드 선택식이며 PC엔진 판에서는 음성이 따라붙는 등의 어레인지가 있다.

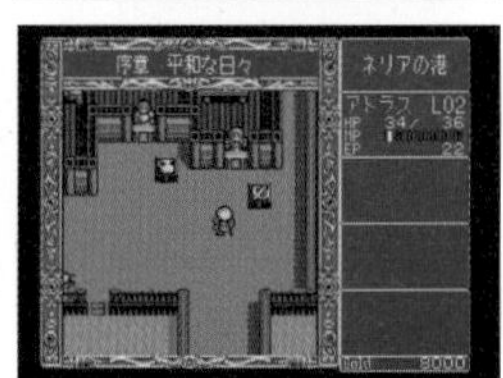

이노우에 마미 이 별에 단 하나뿐인 너

● 발매일 / 1992년 12월 25일 ● 가격 / 5,800엔
● 퍼블리셔 / 허드슨

『미쓰바치 학원』의 인기투표 1위였던 이노우에 마미를 피처링한 게임. AVG 장르의 게임이지만, 실제로는 이노우에 마리의 사진을 보는 것이 주 목적인 팬을 위한 작품이다.

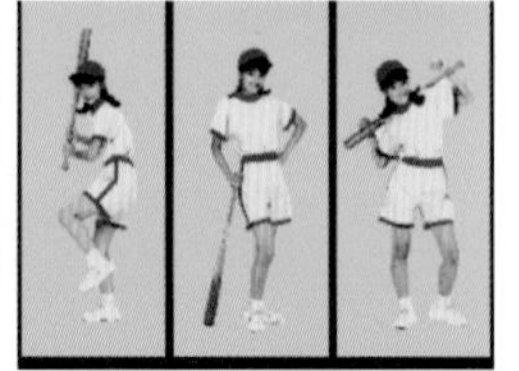

게인 그라운드

● 발매일 / 1992년 12월 25일 ● 가격 / 7,200엔
● 퍼블리셔 / NEC애버뉴

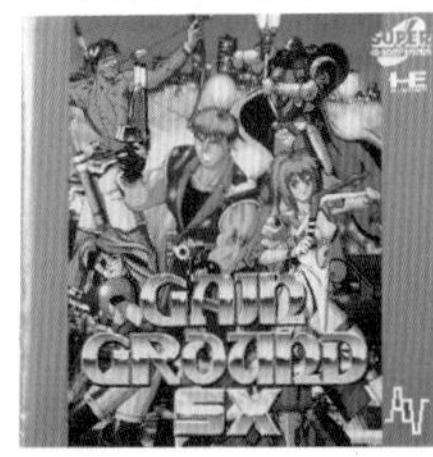

아케이드용 고정 스크롤 액션슈팅을 이식한 것인데, PC엔진 판은 임의로 8방향 스크롤이 되었으며, 필드의 일부만 표시되도록 변경되었다.

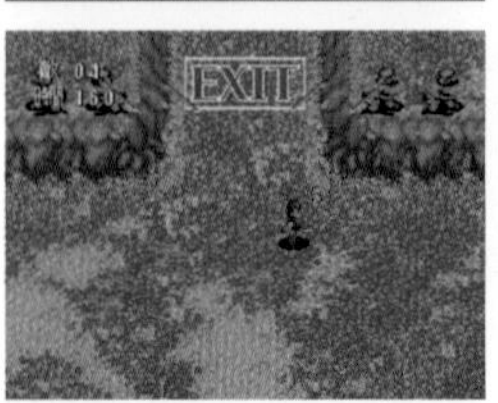

샤크 I·II

● 발매일 / 1992년 12월 25일 ● 가격 / 7,800엔
● 퍼블리셔 / 일본텔레네트

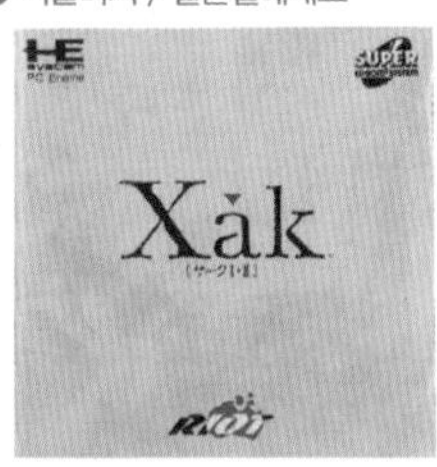

마이크로캐빈이 개발한 PC용 액션RPG 시리즈 두 편이 수록되었다. 상당히 수정이 가해진 이식 작품이어서 팬들 사이에서도 찬반이 있다.

초형귀

● 발매일 / 1992년 12월 25일 ● 가격 / 7,200엔
● 퍼블리셔 / 일본컴퓨터시스템(메사이어)

너무나 기발한 게임성과 세계관으로 일약 유명해진 횡스크롤 슈팅게임. 플레이어를 따라오는 보디빌더 아돈과 삼손, 모아 쏘기·멘즈빔 등의 옵션에는 이야기거리가 가득하다.

슈퍼 마작대회

● 발매일 / 1992년 12월 28일 ● 가격 / 9,800엔
● 퍼블리셔 / 고에이

동서고금의 영웅과 4인 마작으로 대전할 수 있다. 슈퍼패미컴 판과 동시 발매인데 CD-ROM2만의 특전은 없다. 프리 대전이 가능한 마작방(雀荘)모드와 대회모드 등을 즐길 수 있다.

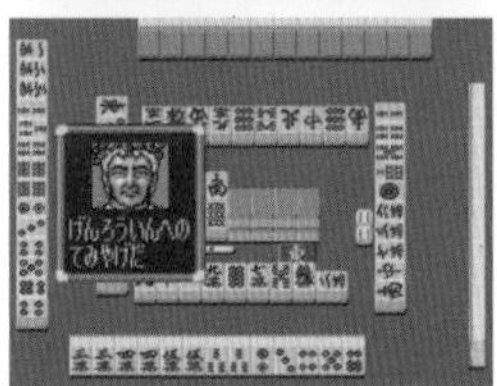
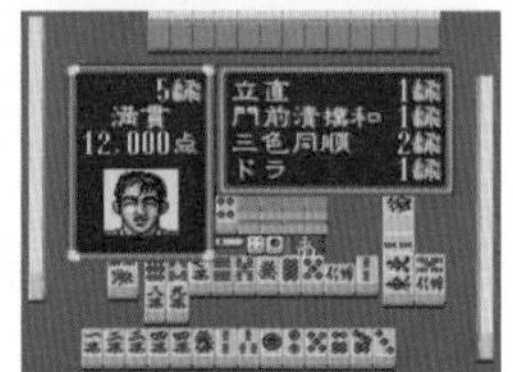

사이드라벨 셀렉션 14

『은하아가씨전설 유나』

게임소개 p.150

왼쪽은 통상판, 오른쪽은 재판매판.
재판매판은 다수의 특전이 딸려 있어서 바코드가 다르다.

짭짤한 가격으로 재등장 ! '명작 한정판'

1994년 12월 16일에 NEC홈일렉트로닉스가 동시 발매한 명작 한정판 4작품 . 가격은 모두 3,980엔(세금별도). 게임 내용에는 일절 변경이 없으며, 패키지도 당시 그대로다. 단 모든 작품의 신품 비닐과 패키지 뒷면에 '명작 한정판' 스티커가 붙어있다. 또 사이드라벨의 색이 통일된 것도 하나의 특징이다. 다만 『이스』는 원래 사이드라벨의 색과 같다는 것이 재미있는 포인트. 또한 이 작품은 제품 번호가 HCD9009에서 HCD4074로 변경되었다(다른 3작품은 원판과 동일. 다만 가격이 다르기 때문에 바코드 번호는 4작품 모두 변경). 또 당초에는 『초시공요새 마크로스 영원의 러브송』도 라인업에 포함되었지만, 제반 사정으로 인해 중지되었다…고, 당시의 잡지에 쓰여 있다.

『이스 Ⅰ·Ⅱ』

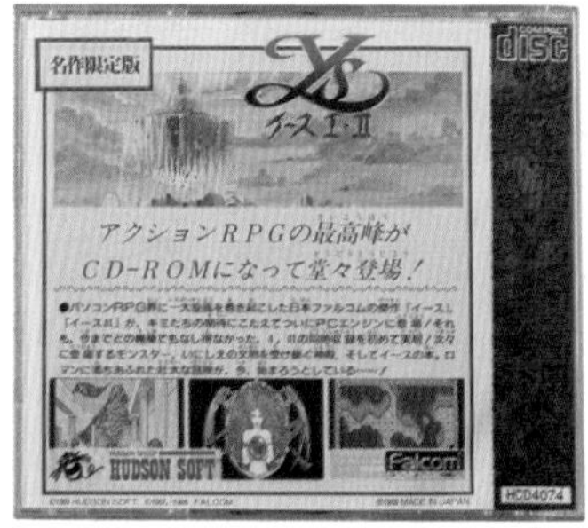

슈퍼 슈바르츠실트 2』

『스프리건 마크 2 리테라폼 프로젝트』

『솔 : 모나쥬』

사이드라벨의 색은 통일되었다 . 이스만 ROM2이고 나머지는 SCD 작품

악마성 드라큘라 X 피의 윤회

● 발매일 / 1993년 10월 29일 ● 가격 / 7,800엔
● 퍼블리셔 / 코나미

시리즈 10번째 작품으로 발매된 이 작품은 PC엔진 최초의 『드라큘라』이자 오리지널 작품이다. 채찍을 사용한 메인 공격과 아이템으로 체인지 가능한 각종 서브웨폰이라는 시스템은 종전 그대로이며, 이 작품에는 그에 덧붙여 아이템 크래시라는 특수공격이 추가되었다. 또 성 안에 잡혀 있는 마리아를 구출해 플레이어 캐릭터로 사용할 수 있다. 공격 방법이나 조작성이 주인공 리히터와는 다르기 때문에 다른 공략으로 게임을 두 번 즐길 수 있다.

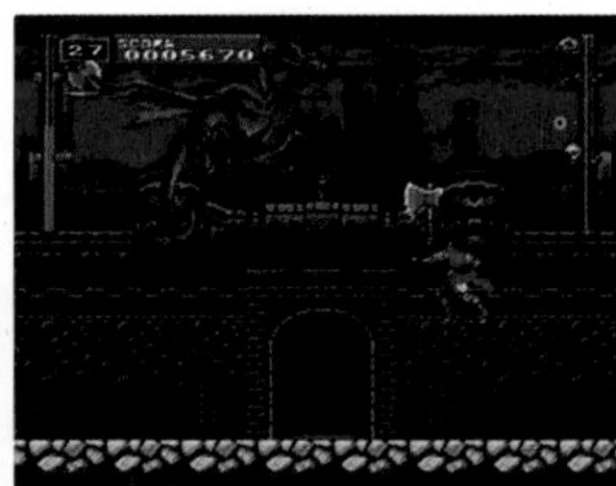

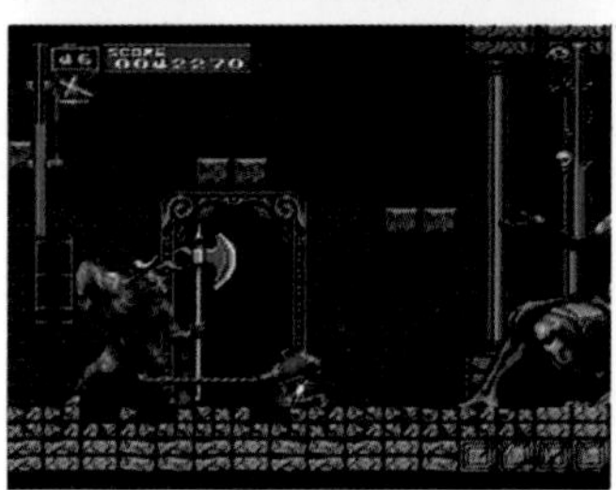

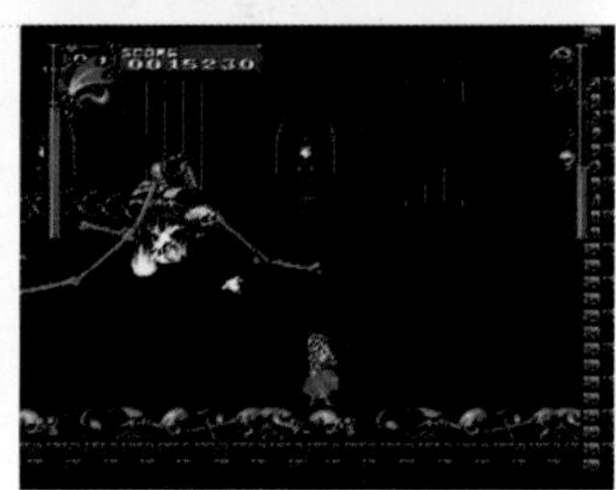

이스Ⅳ 이스의 여명

● 발매일 / 1993년 12월 22일 ● 가격 / 7,800엔
● 퍼블리셔 / 허드슨

일본팔콤의 인기 액션 RPG 시리즈의 4번째 작품에 해당하는데, 시나리오의 원안과 음악만 일본팔콤이 담당하고, 게임 부분은 허드슨이 개발했다. 또 이 작품과는 별개로 슈퍼패미컴에서는 일본팔콤의 시나리오를 사용한 『이스Ⅳ 태양의 가면 イースⅣ MASK OF THE SUN』이 발매되었으며, 『이스』의 4번째 작품은 오랫동안 두 작품이 존재했다. 시스템은 격세유전 된 형태로, 적과 부딪쳐 공격한다. 캐릭터의 절반 정도를 비켜나서 공격하면 데미지를 입지 않는 방법도 건재하다.

마물헌터 요코 멀리서 부르는 소리

● 발매일 / 1993년 1월 8일 ● 가격 / 7,200엔
● 퍼블리셔 / 일본컴퓨터시스템(메사이어)

애니메이션과 만화 등 미디어믹스로 전개된 「마물헌터 요코」를 게임화한 것. 장르는 디지털 코믹에 해당하는데, 몇 가지 커맨드를 선택하는 것만으로 스토리가 진행된다.

심 어스 더 리빙 플래닛

● 발매일 / 1993년 1월 14일 ● 가격 / 6,800엔
● 퍼블리셔 / 허드슨

『심 시티』 개발자인 윌 라이트가 만든 심 시리즈의 하나. 지구를 하나의 생물로 생각하는 가이아 이론에 의거해 지구를 길러가는 시뮬레이션 게임이다.

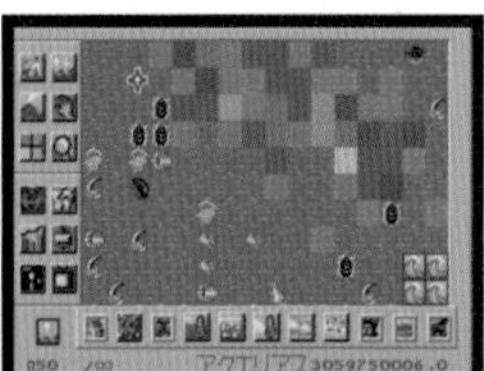

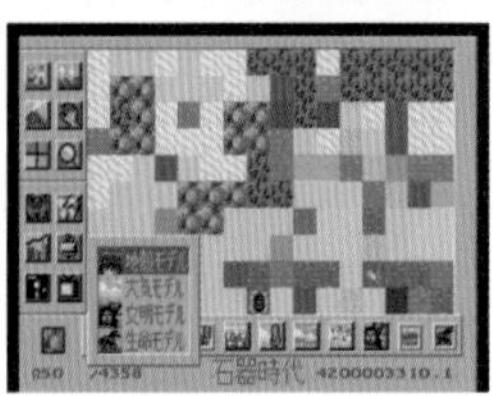

메타모 주피터

● 발매일 / 1993년 1월 22일 ● 가격 / 6,800엔
● 퍼블리셔 / NEC홈일렉트로닉스

PC엔진 오리지널의 횡스크롤 슈팅게임으로, 버추얼 쿠션과 대응하는 작품이기도 하다. 좌우로 방향 전환이 가능하며, 자신의 기체는 변형에 따라 공격 방법이 달라진다.

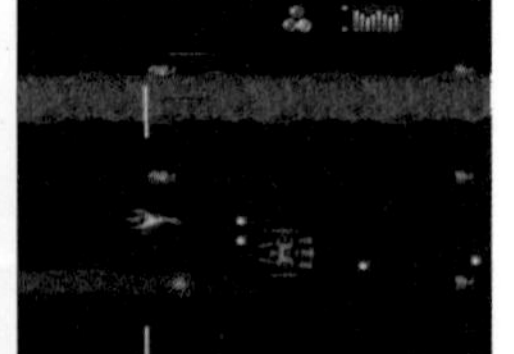
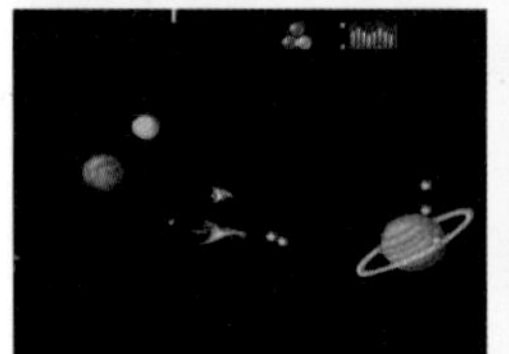

신비한 바다의 나디아

● 발매일 / 1993년 1월 29일 ● 가격 / 6,800엔
● 퍼블리셔 / 허드슨

NHK에서 방송된 인기 애니메이션을 원작으로 한 디지털 코믹. 일단 선택지가 나오는 장면은 있지만 분기점이나 수수께끼풀이 등은 없으며, 스토리를 즐기는 데 집중할 수 있게 되어 있다.

코튼 FANTASTIC NIGHT DREAMS

● 발매일 / 1993년 2월 12일 ● 가격 / 6,800엔
● 퍼블리셔 / 허드슨

아케이드용 횡스크롤 슈팅을 이식한 작품. 캐릭터 요소가 강한 게임으로, 주인공인 '나타 데 코튼(ナタ·デ·コットン)'의 인기에 힘입어 게임 자체도 인기를 얻은 작품이다.

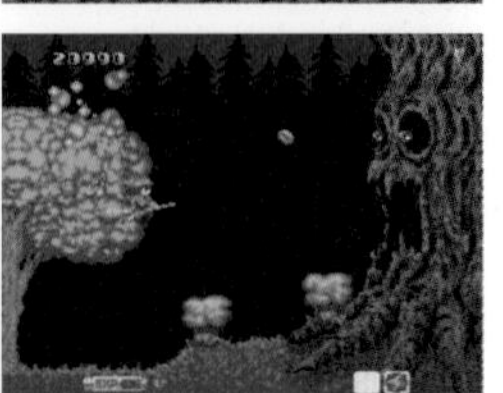

크레스트 오브 울프 낭적문장

● 발매일 / 1993년 2월 26일 ● 가격 / 6,800엔
● 퍼블리셔 / 허드슨

아케이드용 벨트스크롤 액션『라이엇 시티ライオットシティ』를 제목을 바꾸어 PC엔진에 이식했다. 난이도가 너무 높고 조작성이 좋지 않아서 평가는 조금 부족했다.

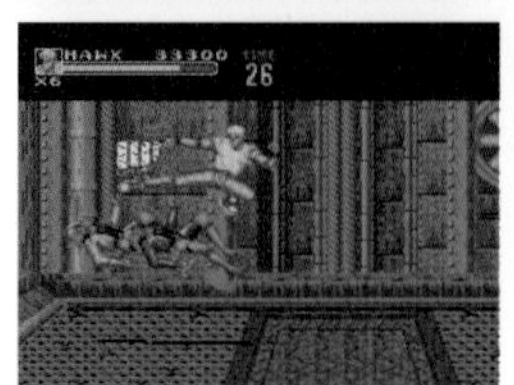

호러 스토리

● 발매일 / 1993년 2월 26일 ● 가격 / 7,200엔
● 퍼블리셔 / NEC애버뉴

토아플랜이 개발한 횡스크롤 액션슈팅으로, 아케이드 판에서 이식했다. 점프와 샷으로 공격해 나아가며, 5종류의 샷은 아이템으로 전환 가능하다.

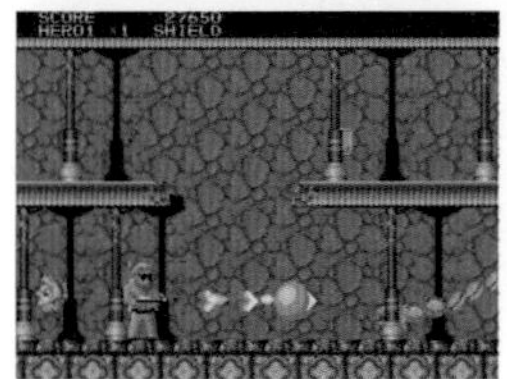
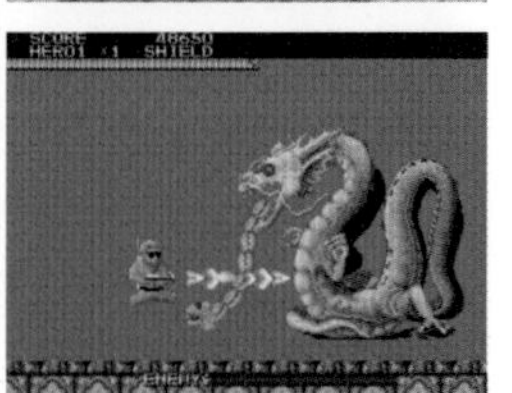

폴리스 커넥션

● 발매일 / 1993년 2월 26일 ● 가격 / 7,600엔
● 퍼블리셔 / 일본텔레네트

사건 수사를 쌍륙 형식으로 하는 별난 보드게임이다. 너무나 참신한 아이디어의 게임이지만, 템포가 나쁘다는 단점도 있어서 마이너한 게임이 되어버렸다.

노부나가의 야망 무장풍운록

● 발매일 / 1993년 2월 27일 ● 가격 / 13,800엔
● 퍼블리셔 / 고에이

시리즈 4번째 작의 PC엔진 판. 다기(茶器)와 문화도(文化度), 기술력이라는 개념이 도입되었으며, 다기를 부하장수에게 포상으로 주거나, 다인을 초대해 다도 모임을 열 수 있다.

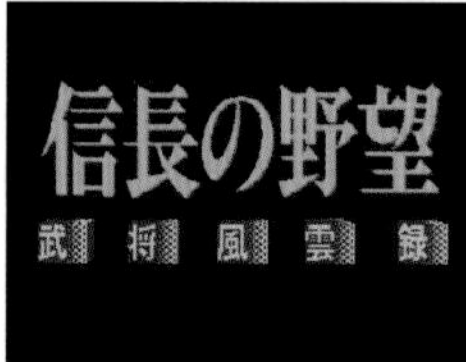

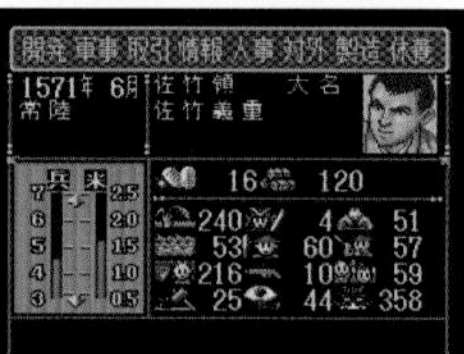

Zero4 챔프 II

● 발매일 / 1993년 3월 5일 ● 가격 / 7,800엔
● 퍼블리셔 / 미디어링

시리즈 2번째 작으로, 이 작품까지 PC엔진으로 발매되었다. 스토리도 전작과 연결점이 있으며, 이번 작품은 미국이 무대가 되었다. 또 CPU, 2P와의 대전 모드도 즐길 수 있다.

더블드래곤 II 더 리벤지

● 발매일 / 1993년 3월 12일 ● 가격 / 7,800엔
● 퍼블리셔 / 나그자트

벨트스크롤 액션을 확립한 『더블드래곤』의 속편으로, 아케이드 판을 이식했다. 게임성은 전작을 이어받았으며, PC엔진 판에는 비주얼신이 추가되었다.

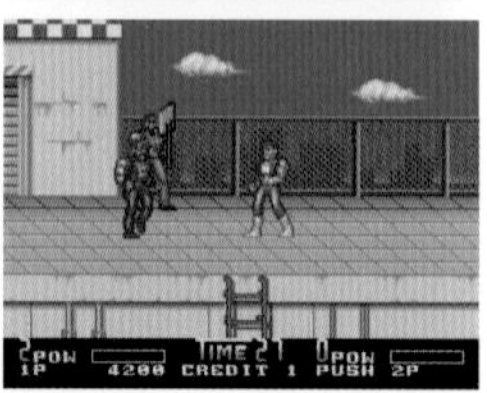

CD 배틀 빛의 용사들

● 발매일 / 1993년 3월 19일 ● 가격 / 6,300엔
● 퍼블리셔 / 킹레코드

음악 CD를 읽어 들이면 자동적으로 캐릭터를 생성하고, 그 캐릭터들끼리 싸우게 하는 게임이다. 나중에 히트한 『몬스터 팜(モンスターファーム)』의 게임성을 선취한 작품이다.

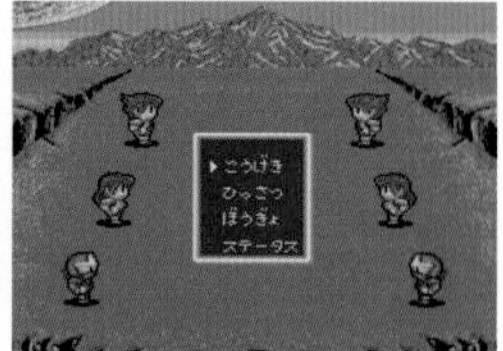

짐 파워

● 발매일 / 1993년 3월 19일 ● 가격 / 6,800엔
● 퍼블리셔 / 마이크로월드

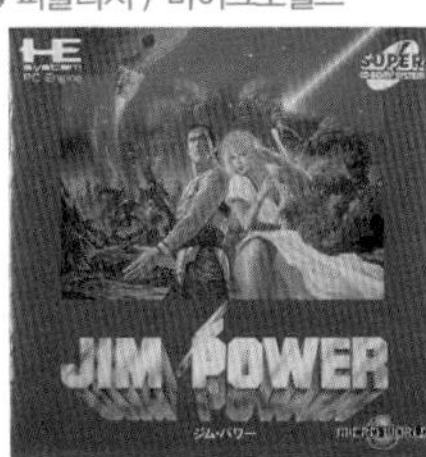

해외에서 발매된 PC용 횡스크롤 액션을 이식했다. 슈팅 스테이지가 있기도 하고 변화가 풍부한 게임이지만, 조작에 특징이 강해서 익숙해지기까지는 다소 어렵다.

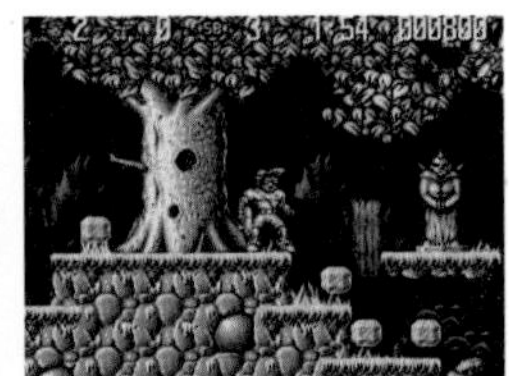

영웅 삼국지

● 발매일 / 1993년 3월 26일 ● 가격 / 7,700엔
● 퍼블리셔 / 아이렘

데포르메(변형)된 캐릭터가 특징인, 삼국지를 소재로 한 시뮬레이션 게임. 시스템이 매우 심플하고 전투가 카드 배틀 형식이라는 점 등 독자적인 아이디어가 많은 작품이다.

던전 익스플로러 II

● 발매일 / 1993년 3월 26일 ● 가격 / 6,800엔
● 퍼블리셔 / 허드슨

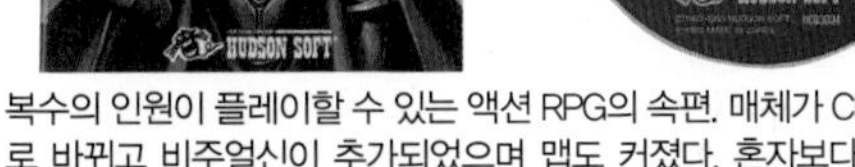
복수의 인원이 플레이할 수 있는 액션 RPG의 속편. 매체가 CD-ROM으로 바뀌고 비주얼신이 추가되었으며 맵도 커졌다. 혼자보다는 다수가 플레이할 때 뜨겁게 달아오르는 게임이다.

천사의 시 II 타락천사의 선택

● 발매일 / 1993년 3월 26일 ● 가격 / 7,800엔
● 퍼블리셔 / 일본텔레네트

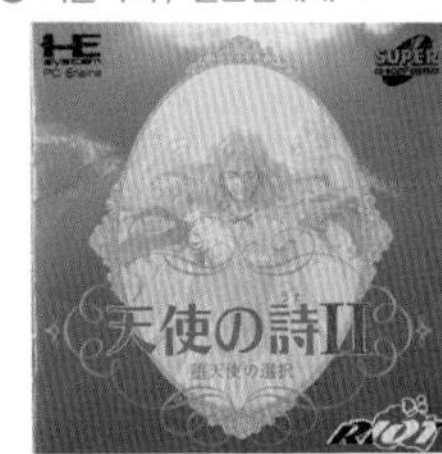

1991년에 발매된 『천사의 시』 속편으로, 전작의 약 100년 후 세계를 무대로 한다. 시스템에 특별히 새로운 대목은 없지만, 시나리오와 BGM은 높은 평가를 받았다.

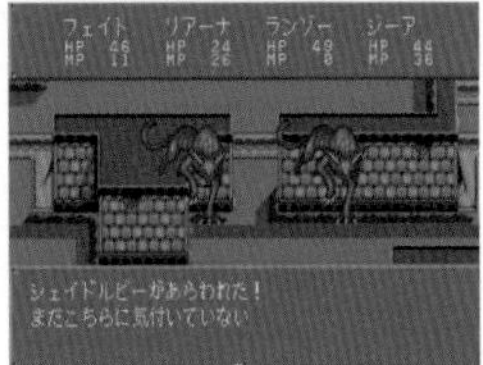

톱을 노려라 ! 건 버스터 VOL.2

● 발매일 / 1993년 3월 26일 ● 가격 /7,200엔
● 퍼블리셔 / 리버힐소프트

OVA를 원작으로 한 디지털코믹 제2탄. 팬을 위한 게임이며, 속도감 있게 스토리가 진행된다. 미니 게임인 가위바위보는 탈의도 있으며 섹시한 요소도 합격점이다.

포셋 아무르

● 발매일 / 1993년 3월 26일 ● 가격 / 7,600엔
● 퍼블리셔 / 나그자트

PC엔진 오리지널의 횡스크롤 액션게임으로, 와이어 액션이 게임성의 핵심이다. 주인공인 소녀는 비키니 아머를 착용했는데, 공격을 받으면 레오타드 차림이 된다.

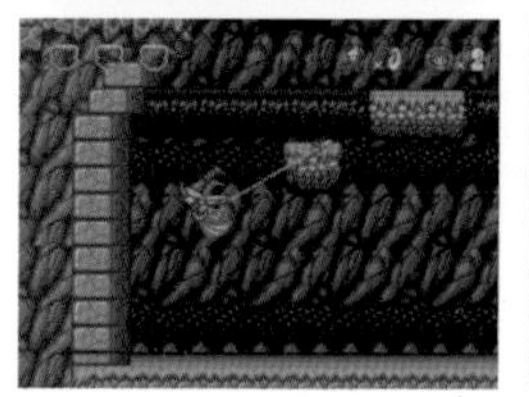

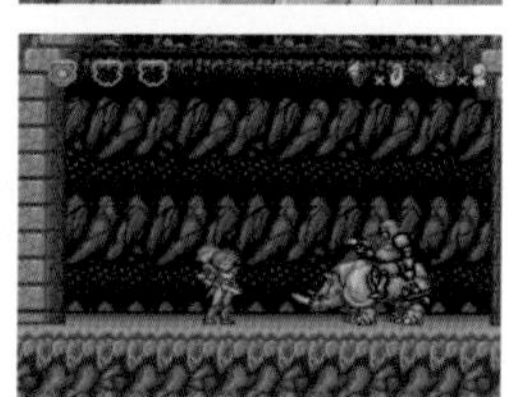

문라이트 레이디

● 발매일 / 1993년 3월 26일 ● 가격 / 6,800엔
● 퍼블리셔 / NEC홈일렉트로닉스

PC엔진 오리지널의 액션 RPG로, 전투에 들어가면 화면이 전환되며 액션게임이 된다. 주인공이 문라이트 레이디로 변신하는 장면은 이 작품 최대의 매력이다.

라플라스의 악마

● 발매일 / 1993년 3월 30일 ● 가격 / 7,500엔
● 퍼블리셔 / 휴먼

PC용 호러 RPG를 이식. 각 캐릭터에는 직업이 설정되어 있으며, 그 특성을 살린 플레이가 필요하다. 특정 멤버가 파티에 없으면 풀리지 않는 수수께끼도 존재한다.

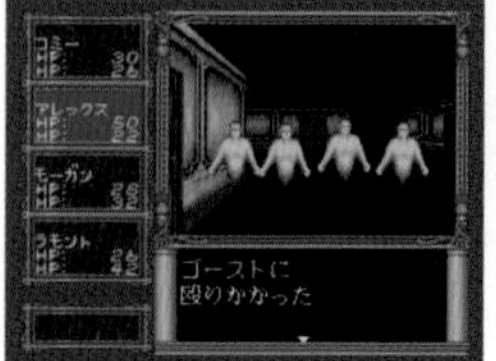

CAL II

● 발매일 / 1993년 3월 31일 ● 가격 / 7,800엔
● 퍼블리셔 / NEC애버뉴

PC용 어덜트 게임 시리즈의 2번째 작품을 이식한 것. 여자 친구가 납치된 주인공이 구출을 위해 다른 세계로 건너가 미소녀와 교류해 간다. 다만 야한 장면은 삭제되었다.

핀드 헌터

● 발매일 / 1993년 4월 16일 ● 가격 / 7,800엔
● 퍼블리셔 / 라이트스터프

PC엔진 오리지널의 횡스크롤 액션. 파트너인 핀드(마수)의 힘을 빌려 적을 물리치고 파워젬을 취득하여 주인공과 파트너를 강화해 간다.

윈즈 오브 썬더

● 발매일 / 1993년 4월 23일 ● 가격 / 6,800엔
● 퍼블리셔 / 허드슨

1992년에 발매된 『게이트 오브 썬더』의 속편격인 작품. 판타지 세계를 무대로 한 횡스크롤 슈팅게임으로, 장착하는 갑옷에 따라 공격 방법이 달라진다.

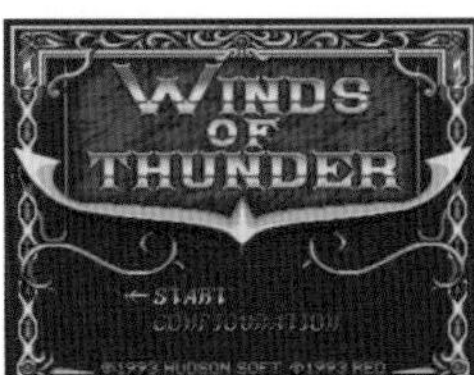

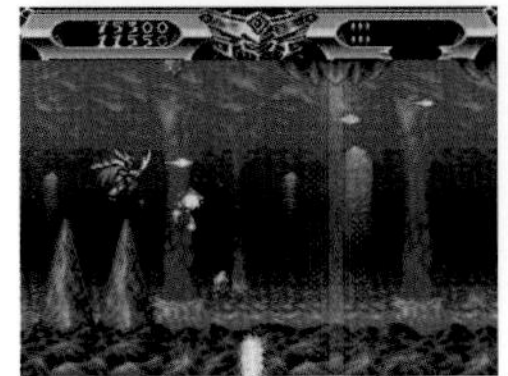

마작탐정 이야기 3 세이버 엔젤

● 발매일 / 1993년 4월 23일 ● 가격 / 7,800엔
● 퍼블리셔 / 아틀라스

『2』가 두 작품이기 때문에 시리즈로서는 4번째 작품이 된다. 스토리 모드는 어드벤처 게임을 풀어가며 마작으로 승부를 낸다. 조심스레 섹시한 장면도 마련되었다.

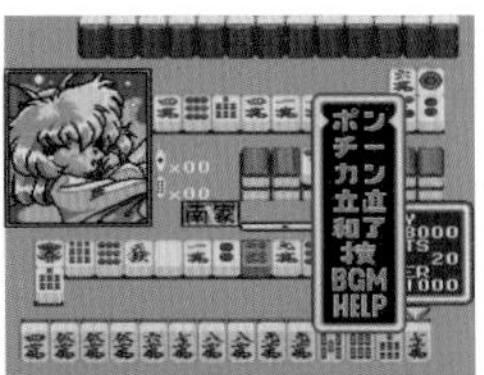

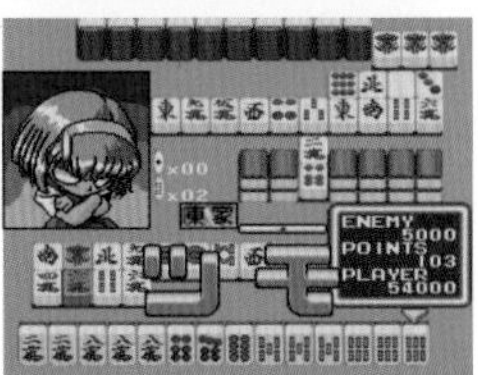

A 열차로 가자 Ⅲ

● 발매일 / 1993년 6월 11일 ● 가격 / 9,800엔
● 퍼블리셔 / 아트딩크

인기 철도 시뮬레이션의 3번째 작품을 이식했다. 선로를 깔고 역사를 세우고 시간표를 짜서 철도를 움직이고, 나아가 회사 경영과 토지개발에도 매진한다. 할 일은 많지만 빠져드는 게임이다.

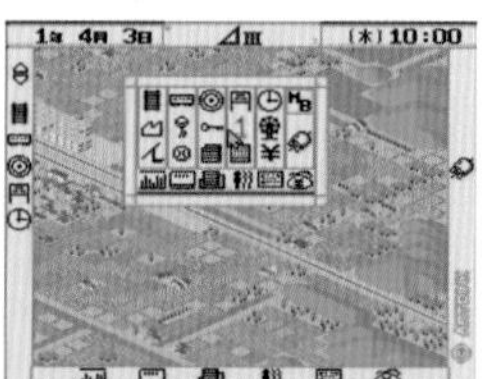

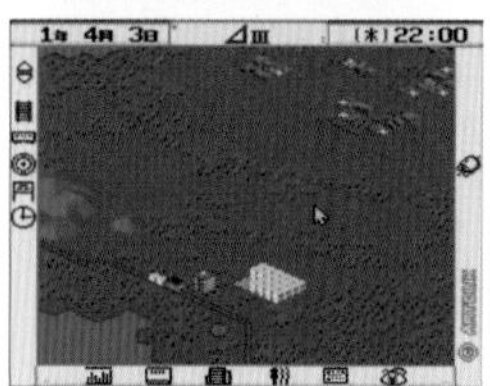

천외마경 풍운 가부키전

● 발매일 / 7월 10일 ● 가격 / 7,800엔
● 퍼블리셔 / 허드슨

『천외마경 만지마루』의 인기 캐릭터 가부키 단주로(カブキ団十郎)를 주역으로 한 파생 작품이다. 게임 내용은 커맨드 선택형 RPG이며, 『Ⅱ』의 엔딩으로부터 1년 후의 세계가 그려졌다.

1552 천하대란

● 발매일 / 1993년 7월 16일 ● 가격 / 8,800엔
● 퍼블리셔 / 아스크코단샤

전국시대를 무대로 한 역사 시뮬레이션. 시대가 다른 3편의 시나리오가 있으며, 하나같이 목적은 천하통일이다. 리얼타임제를 채용해 쉽게 다가가기는 어렵지만 깊이가 있는 게임이다.

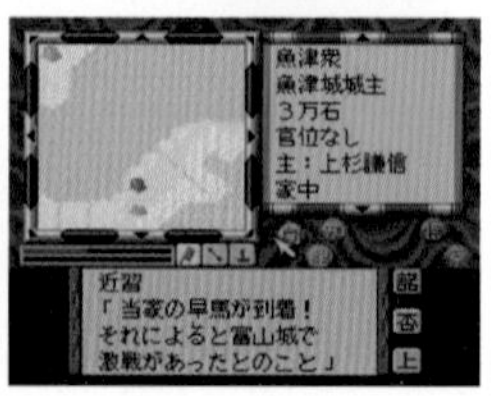

위저드리 Ⅰ·Ⅱ

● 발매일 / 1993년 7월 23일 ● 가격 / 8,400엔
● 퍼블리셔 / 나그자트

고전적 RPG이면서 탄탄한 인기를 얻은 『Wiz』 두 작품을 결합했다. 쓸데없는 연출 따위는 존재하지 않는 얼핏 보면 수수한 게임이지만, 아이템 모으기와 캐릭터 육성에 뜨거워지는 게임이다.

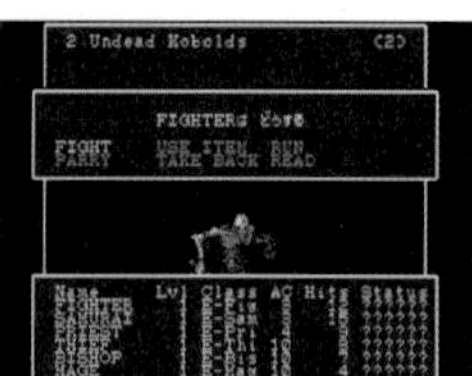

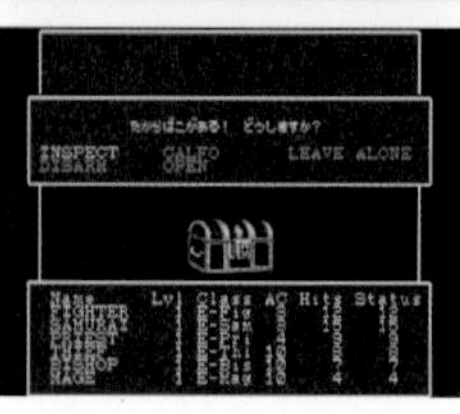

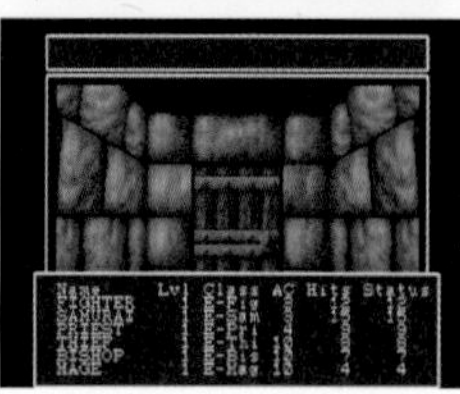

서머 카니발' 93 넥스자르 스페셜

● 발매일 / 1993년 7월 23일 ● 가격 / 4,980엔
● 퍼블리셔 / 나그자트

1992년에 발매된 『넥스자르』의 서머 카니발용 버전이다. 카니발 모드가 추가되었으며, 타임 어택과 스코어 어택을 즐길 수 있게 되었다.

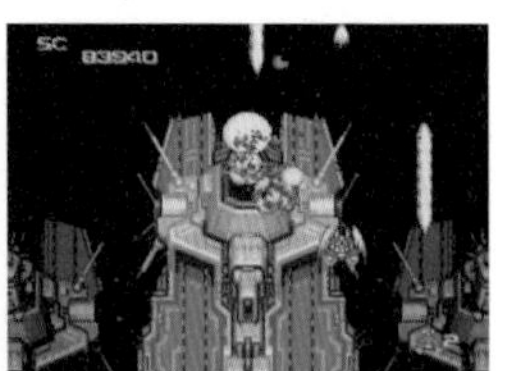
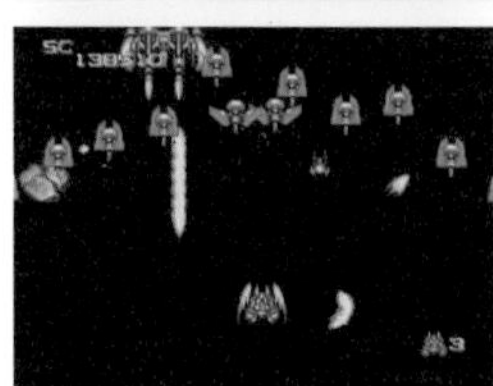
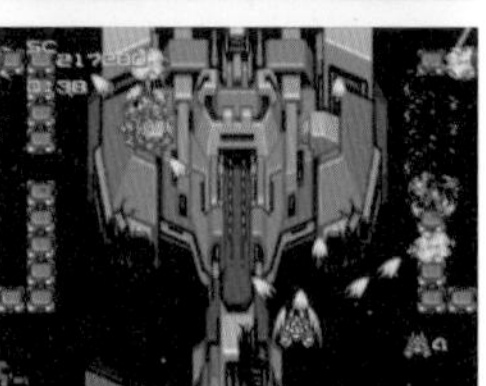

미스틱 포뮬러

● 발매일 / 1993년 7월 23일 ● 가격 / 7,800엔
● 퍼블리셔 / 마이크로캐빈

다중 스크롤 액션 슈팅게임이며 인간 남녀, 요정 소녀, 로봇 중에서 자신의 기체를 고를 수 있다. 8방향으로 샷을 쏠 수 있으며, 방향을 고정한 채 이동할 수도 있다.

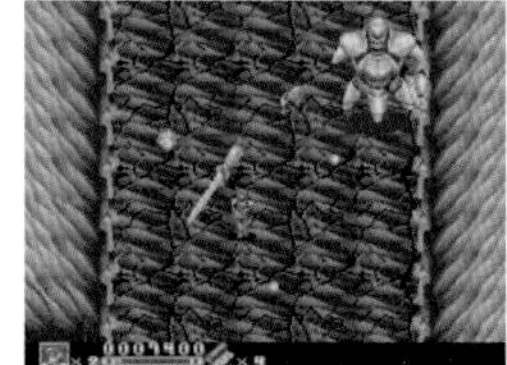
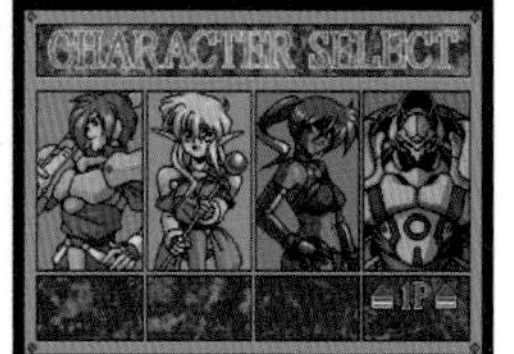

블랙홀 기습

● 발매일 / 1993년 7월 23일 ● 가격 / 6,800엔
● 퍼블리셔 / 마이크로네트

1992년에 메가CD로 발매된 격투액션을 PC엔진에 이식했다. 로봇끼리의 싸움을 그린 게임인데, 스토리성이 높고 비주얼신도 풍부하다.

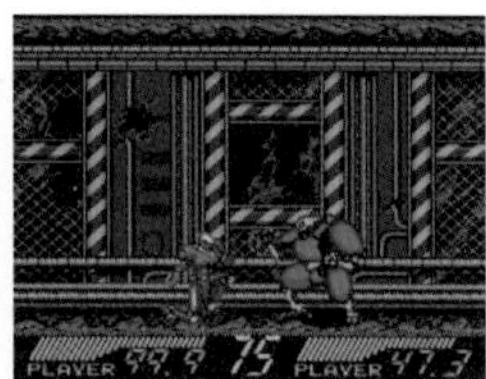

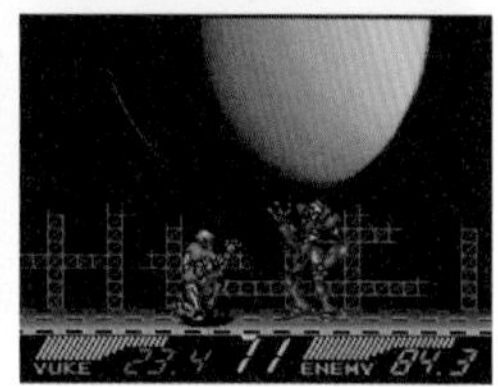

졸업 그래듀에이션

● 발매일 / 1993년 7월 30일 ● 가격 / 7,800엔
● 퍼블리셔 / NEC애버뉴

PC용 육성 시뮬레이션 게임을 PC엔진에 이식했다. 플레이어는 교사가 되어 학생의 스케줄을 정한다. 그럼으로써 학생의 파라미터가 변화하고, 졸업 후의 진로가 정해진다.

잠 못 이루는 밤의 작은 이야기

● 발매일 / 1993년 7월 30일 ● 가격 / 6,800엔
● 퍼블리셔 / NEC홈일렉트로닉스 · 아뮤즈

하라 유코(原由子)의 그림책과 OVA를 원작으로 한 어드벤처 게임. 화면상의 다양한 장소를 클릭해서 이야기를 진행해간다. 훈훈한 스토리를 즐기는 게임으로, 수수께끼풀이 등은 없다.

PC원인 시리즈 CD전인 로카빌리 천국

● 발매일 / 1993년 7월 30일 ● 가격 / 6,800엔
● 퍼블리셔 / 허드슨

PC원인 시리즈의 횡스크롤 슈팅 『PC전인』의 속편이다. 전작의 유산인 화려한 연출은 더욱 파워업 되었으며, 터무니없는 부분도 많지만 만듦새는 꼼꼼하다.

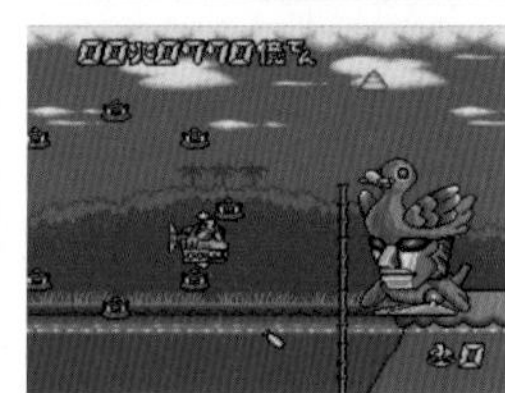

심령탐정 시리즈 Vol.4 오르골

● 발매일 / 1993년 8월 6일 ● 가격 / 7,600엔
● 퍼블리셔 / 데이터웨스트

총 7작(5작+전후편 2작)인 시리즈의 4번째 작품을 이식한 것. 시리즈 가운데 3번째와 4번째 작품만 PC엔진과 메가드라이브에 이식되었고, 나머지 작품은 PC 판만 있다.

챔피언십 랠리

● 발매일 / 1993년 8월 6일 ● 가격 / 7,800엔
● 퍼블리셔 / 인테크

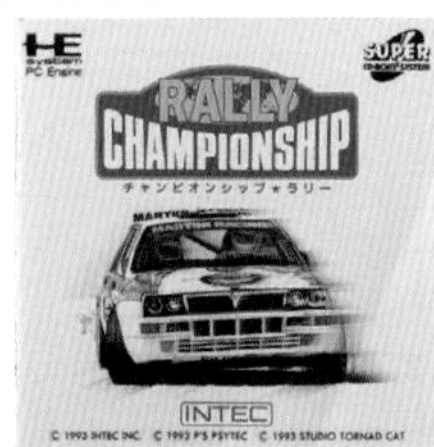

실명의 차가 등장하는 랠리카 레이스 게임. 화면은 탑뷰이고 차는 작은데, 코스에 맞추어 튜닝도 가능하다. 별다른 특징 없이 수수한 게임으로, 마이너한 존재다.

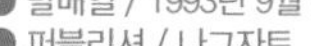

랑그릿사 빛의 후예

● 발매일 / 1993년 8월 6일 ● 가격 / 7,800엔
● 퍼블리셔 / 일본컴퓨터시스템(메사이어)

메가드라이브로 발매되어 호평을 받은 『랑그릿사』를 PC엔진에 이식했다. 게임 내용은 스토리성이 강한 시뮬레이션 RPG이며, PC엔진 판은 무비가 추가되었다.

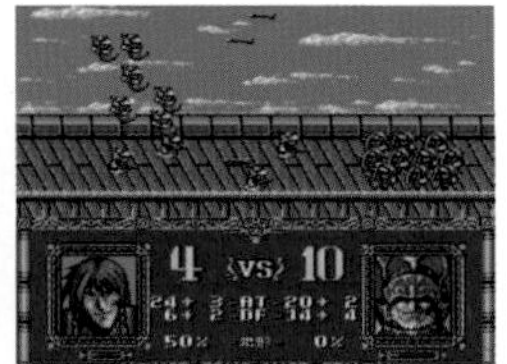
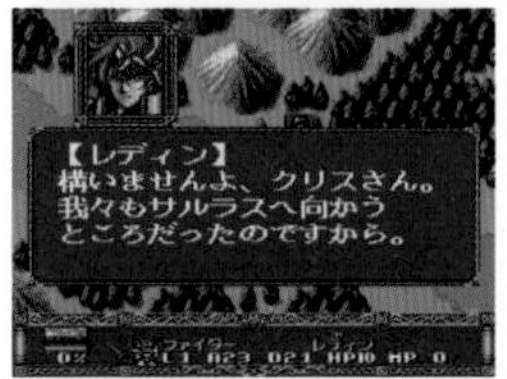

마작클리닉 스페셜

● 발매일 / 1993년 9월 24일 ● 가격 / 7,800엔
● 퍼블리셔 / 나그자트

2인 마작게임으로, 프리대전과 스토리모드가 있다. 후자에서는 병원장이 되어 마작으로 대결하면서 사건을 해결한다. 다만 소프트 노선이라 탈의의 노출은 적다.

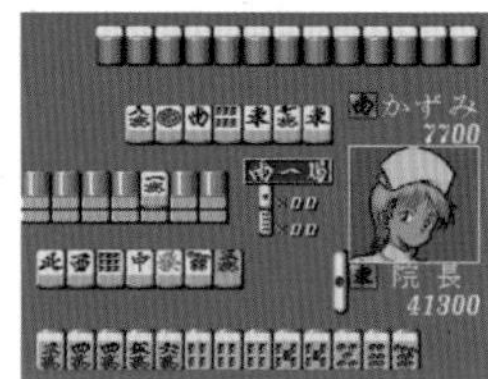

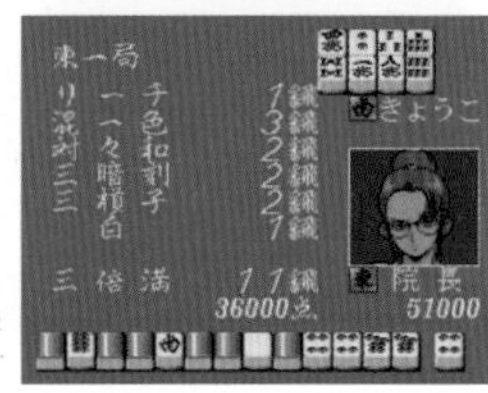

메탈 엔젤

● 발매일 / 1993년 9월 24일 ● 가격 / 7,800엔
● 퍼블리셔 / 팩인비디오

배틀 수트를 입고 싸우는 미소녀들을 육성하는 시뮬레이션 게임. 플레이어가 정한 스케줄에 따라 소녀들이 성장하며, 시합에서는 코치로서 지시를 내린다.

푸른 늑대와 흰 암사슴 원조 비사

● 발매일 / 1993년 9월 30일 ● 가격 / 9,800엔
● 퍼블리셔 / 고에이

코에이의 역사 3부작 중 하나인 『징기스칸』 시리즈의 2번째 작품이다. 세계 편에서는 널리 유라시아 대륙에 걸친 장대한 게임을 즐길 수 있는데, 한 세대에서의 통일은 어려워 후계자 양성이 중요하다.

기동경찰 패트레이버 그리폰 편

● 발매일 / 1993년 9월 30일 ● 가격 / 7,200엔
● 퍼블리셔 / 리버힐소프트

인기 OVA를 원작으로 한 디지털코믹. 딱히 막히는 대목 없이 스토리가 진행되는, 팬을 위한 작품이다. 덤으로 미니게임과 성우 소개 등도 있어 내용이 충실해졌다.

마작 온 더 비치

● 발매일 / 1993년 9월 30일 ● 가격 / 7,800엔
● 퍼블리셔 / NEC애버뉴

만화가 '유진(遊人)'이 캐릭터 디자인을 담당한 2인 마작게임. 추적모드에서는 맵을 이동하면서 다양한 여자아이와 마작으로 대결한다. 게임 상의 일러스트 중에는 섹시한 장면도 더러 등장한다.

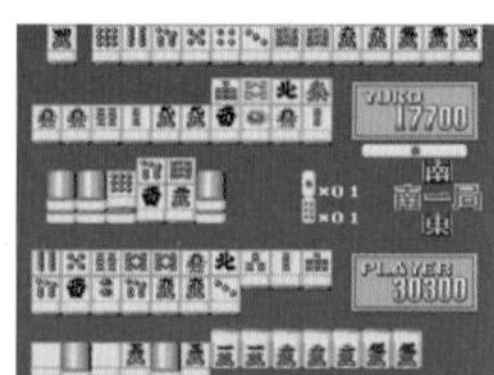
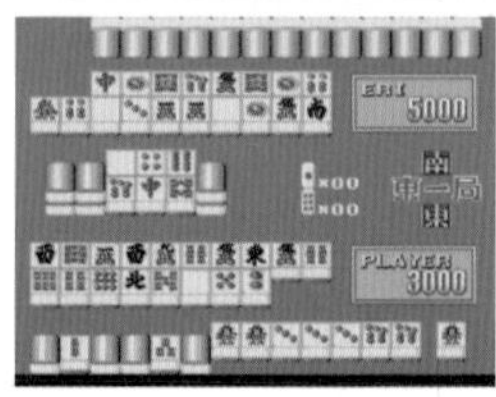

유유백서 암승부 !! 암흑무술회

● 발매일 / 1993년 9월 30일 ● 가격 / 8,800엔
● 퍼블리셔 / 반프레스토

토가시 요시히로(冨樫義博)의 인기 만화를 원작으로 한 대전형 슈팅게임. 성능이 다른 5인의 캐릭터 중에서 1인을 골라 1대1로 싸운다. 화면 상의 캐릭터에 커서를 맞추어 공격하는 건 슈팅 형식이다.

삼국지III

● 발매일 / 1993년 10월 2일 ● 가격 / 14,800엔
● 퍼블리셔 / 고에이

코에이의 『삼국지』 시리즈 3번째 작품. 문관과 무관으로 나뉜 부하 장수의 역할 분담과 공성전 주체의 전투가 특징이다. 오래 즐길 수 있는 게임이기는 하지만, 그래도 가격은 상당히 비싸다.

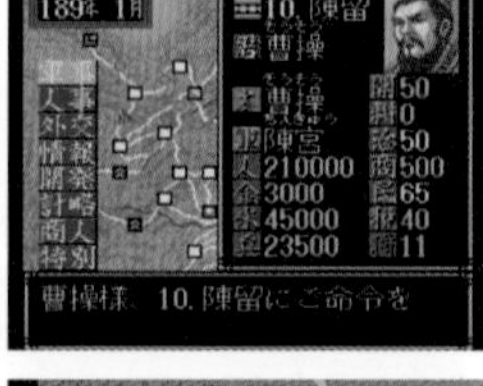

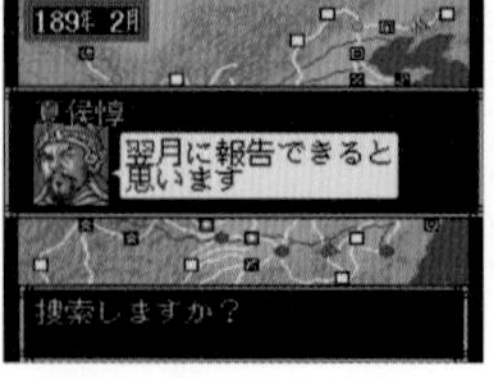

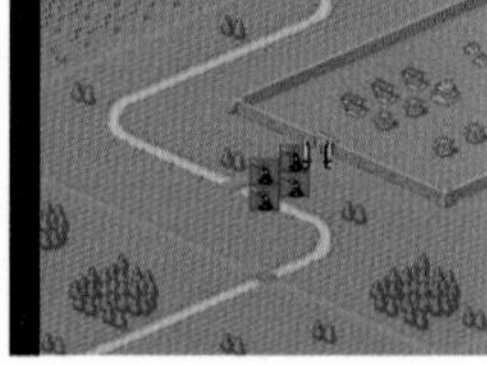

실피아

● 발매일 / 1993년 10월 22일 ● 가격 / 7,800엔
● 퍼블리셔 / 톤킨하우스

요정 모습의 주인공을 자신의 기체로 한 종스크롤 슈팅게임. 개발은 컴파일이 했으며 라이프제를 채용했고, 메인샷 외에 불, 물, 바람, 흙 등 4종류의 서브웨폰을 장착할 수 있다.

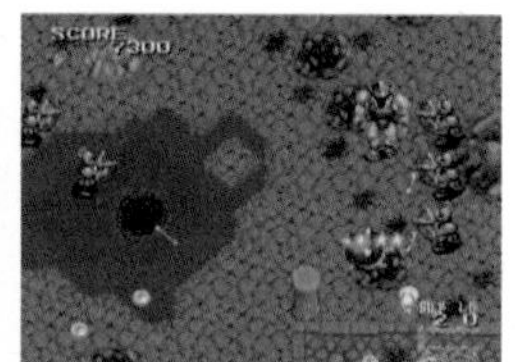
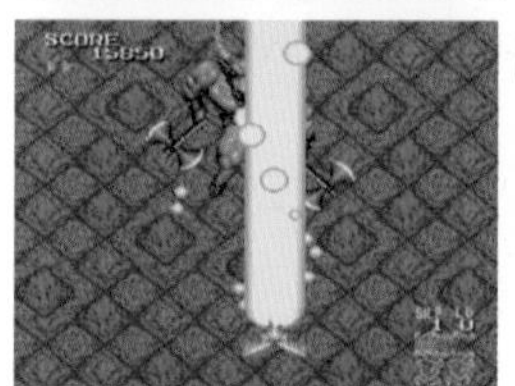
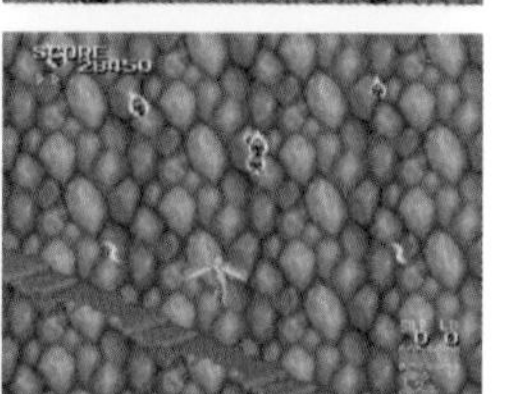

스타틀링 오딧세이

● 발매일 / 1993년 10월 22일 ● 가격 / 8,200엔
● 퍼블리셔 / 레이포스

PC엔진 오리지널 RPG로, 고전 방식의 탑뷰와 커맨드 선택식 전투를 채용했다. 개발 · 발매원인 레이포스는 미려한 비주얼신으로 알려졌는데, 이 작품이 데뷔작이다.

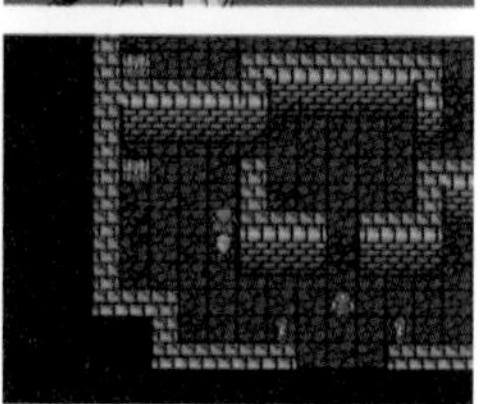

갤럭시 형사 가이반

● 발매일 / 1993년 10월 29일 ● 가격 / 7,800엔
● 퍼블리셔 / 인테크

우주형사가 코믹하게 그려진 벨트스크롤 액션. 레버와 버튼의 조합으로 다채로운 공격을 할 수 있지만, 게임 밸런스가 좋지 않았고 익살스런 요소가 주목을 받았다.

마이트 앤 매직 3

● 발매일 / 1993년 10월 29일 ● 가격 / 6,800엔
● 퍼블리셔 / 허드슨

세계적으로 유명한 3D 던전 RPG의 3번째 작을 이식했다. 그러나 미소녀 게임 요소가 전무한 융통성 없는 딱딱한 만듦새가 재앙이 되어 일본의 플레이어로부터 거의 주목을 받지 못했다.

매지클

● 발매일 / 1993년 10월 29일 ● 가격 / 6,800엔
● 퍼블리셔 / NEC홈일렉트로닉스

탑뷰의 액션 RPG다. 주인공은 2인 중에서 선택하는데, 선택받지 못한 캐릭터는 2P가 조작하거나 AI에 의해 작동된다. 검이 아니라 마법으로 싸우는 시스템이 신선했다.

소드 마스터

● 발매일 / 1993년 11월 19일 ● 가격 / 8,300엔
● 퍼블리셔 / 라이트스터프

PC엔진 오리지널의 시뮬레이션 RPG다. 시나리오나 전투 장면, 비주얼 신의 그래픽은 평가가 좋지만, 핵심인 게임성에 대해서는 다소 부족한 평가를 받았다.

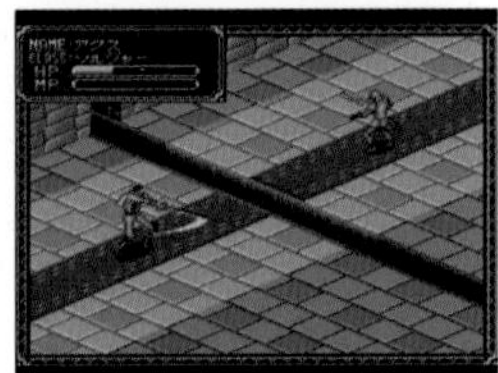

루인 신의 유산

● 발매일 / 1993년 11월 19일 ● 가격 / 8,800엔
● 퍼블리셔 /빅터엔터테인먼트

탑뷰의 액션 RPG. 전투 장면에서는 주인공 이외에는 AI가 조작을 맡아준다. 다만 적을 물리친 캐릭터에게 경험치가 들어가는 시스템이기 때문에 AI에게 전부 맡기면 손해를 본다.

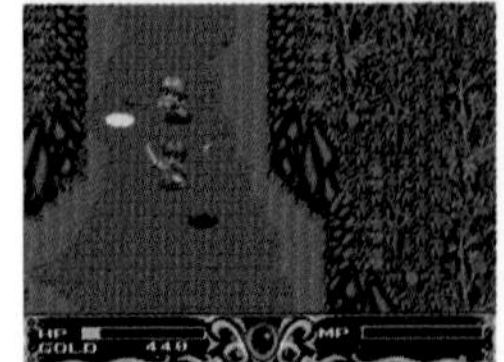

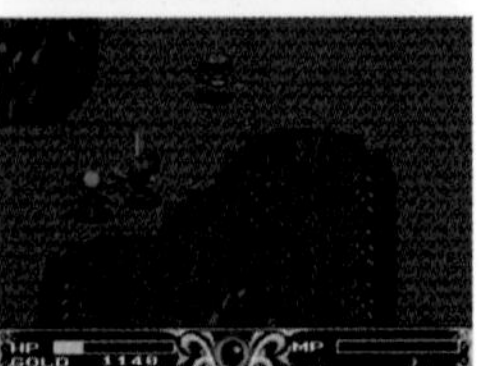

퀴즈 DE 학원제

● 발매일 / 1993년 11월 26일 ● 가격 / 8,800엔
● 퍼블리셔 / 나그자트

학원을 무대로 한 퀴즈게임으로, 애니메이션 느낌의 캐릭터가 다수 등장한다. 주인공은 학원장의 손녀를 찾기 위해 학원을 이동하는데, 삼자택일 퀴즈에서 이겨 정보를 알아낸다.

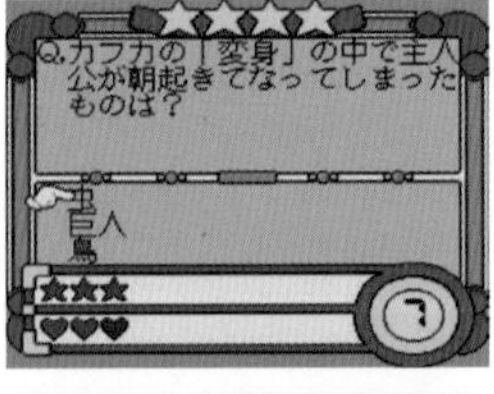

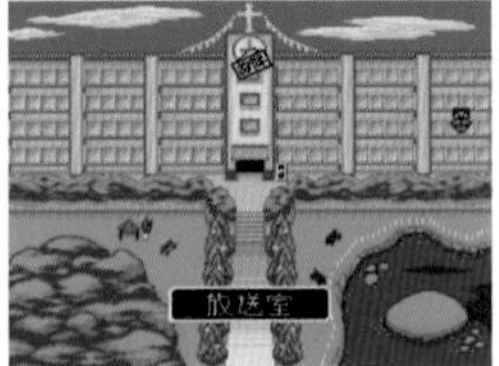

지금은 용사 모집 중

● 발매일 / 1993년 11월 26일 ● 가격 / 7,900엔
● 퍼블리셔 / 휴먼

판타지 세계를 무대로 한 RPG풍 보드게임. 동료를 2인까지 고용할 수 있으며, 마을을 점령한 몬스터를 무찔러 해방시킨다. 이동에는 보드게임답게 주사위가 사용된다.

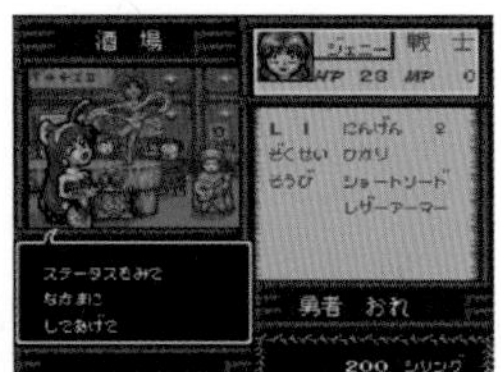
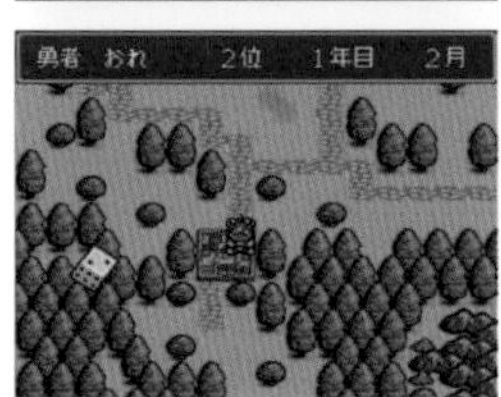

페이스볼

● 발매일 / 1993년 11월 26일 ● 가격 / 7,200엔
● 퍼블리셔 / 리버힐소프트

배틀 모드는 3D 미로 안에서 1대1로 싸우는 1인칭 슈팅게임(FPS) 같다. 레이스 모드는 상대보다 많이 알을 주워 날라야 한다. 양쪽 다 주관적 시점에서 미로를 자유롭게 움직일 수 있는 것이 특징이다.

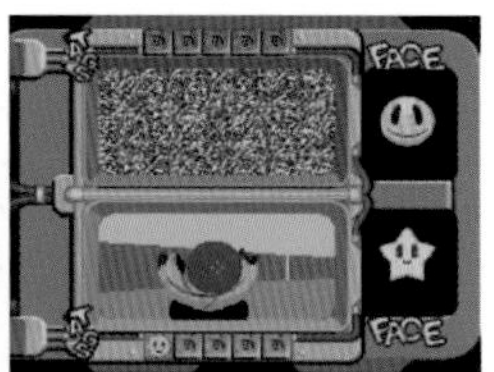

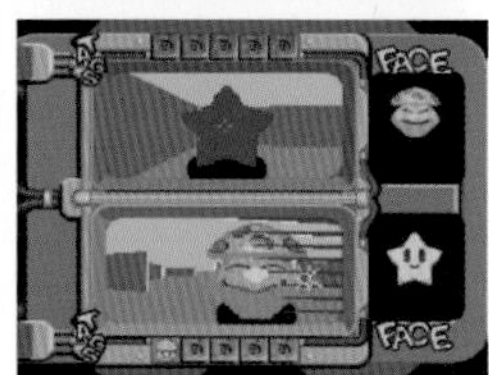

기장 루가

● 발매일 / 1993년 12월 3일 ● 가격 / 8,800엔
● 퍼블리셔 / 고가도스튜디오

고가도스튜디오가 개발한 시뮬레이션 RPG. 경험치가 없고 무기를 강화해야 강해지는 시스템이 특징이다. 성우를 대거 기용한 비주얼신도 호화롭다.

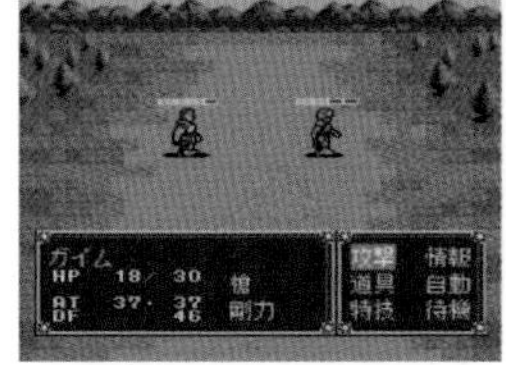

이가닌전 가이오

● 발매일 / 1993년 12월 10일 ● 가격 / 7,900엔
● 퍼블리셔 / 일본물산

닌자를 주인공으로 한 횡스크롤 액션. 칼과 수리검으로 하는 공격과 점프 액션이 게임의 중심이지만, 조작성이 나빠서 평가는 저조했다. 희소성은 높아서 고가에 거래된다.

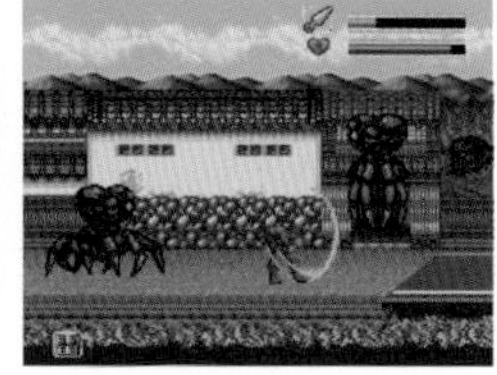

오로라 퀘스트 오타쿠의 별자리 in Another World

● 발매일 / 1993년 12월 10일 ● 가격 / 8,800엔
● 퍼블리셔 / 팩인비디오

시나리오를 모토미야 히로시, 캐릭터 디자인을 에구치 히사시(江口寿史)가 담당한 패미컴으로 출시된 RPG를 리메이크한 작품이다. 괴상한 적 캐릭터나 주역인 미소녀는 돋보이지만, 시스템은 지극히 평범하다.

비밀의 화원

● 발매일 / 1993년 12월 10일 ● 가격 / 7,800엔
● 퍼블리셔 / 도쿠마쇼텐 인터미디어

PC용 18금 어덜트 게임을 이식했다. 목적은 살인사건 조사를 돕기 위해 학원 안을 돌아다니며 탐문하는 것. 유감스럽게도 야한 장면은 대폭 규제되었다.

노부나가의 야망 전국판

● 발매일 / 1993년 12월 11일 ● 가격 / 8,800엔
● 퍼블리셔 / 고에이

『노부나가의 야망』 시리즈의 2번째 작품. 당시에도 상당히 낡은 게임이었는데, 그래픽은 새로워졌다. 닌자를 고용해 적 다이묘를 암살하는 등 게임성은 대담했다.

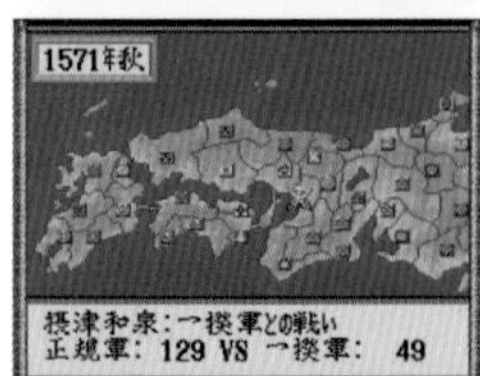

슈퍼 리얼 마작 P Ⅳ커스텀

● 발매일 / 1993년 12월 17일 ● 가격 / 9,800엔
● 퍼블리셔 / 나그자트

아케이드의 인기 탈의 마작 시리즈를 이식했다. 3인의 미소녀 자매와 2인 마작으로 대결한다. 핵심인 탈의 장면은 매끈한 그래픽이지만 아슬아슬한 곳까지만 보여준다.

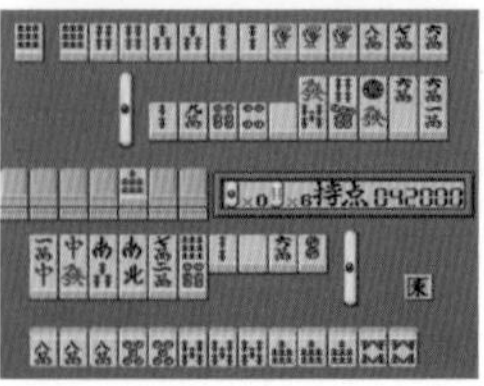

마샬 챔피언

● 발매일 / 1993년 12월 17일 ● 가격 / 7,800엔
● 퍼블리셔 / 코나미

코나미의 아케이드용 대전격투게임을 이식했다. PC엔진 판은 캐릭터가 작았는데, 원래 오리지널의 완성도가 미묘했기 때문에 그다지 문제가 되지는 않았다.

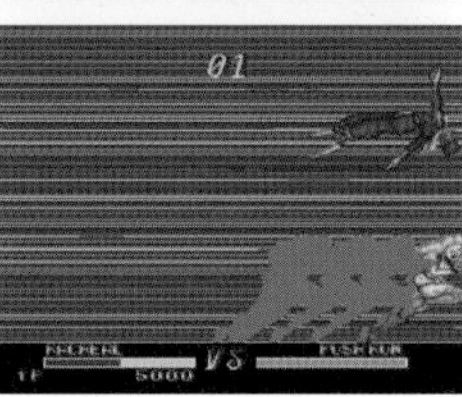

어둠의 혈족 아득한 기억

● 발매일 / 1993년 12월 17일 ● 가격 / 9,800엔
● 퍼블리셔 / 나그자트

시스템사콤(システムサコム)의 노블웨어(ノベルウェア) 시리즈 제6탄을 이식. 원래는 2작으로 완결되는 형태였는데, PC엔진 판은 하나로 합쳐졌다. 또 그래픽 터치가 상당히 달라졌다.

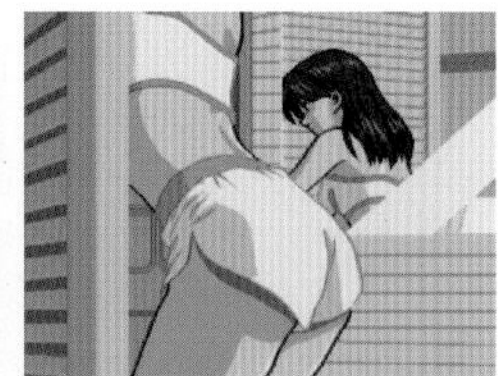

플래시 하이더스

● 발매일 / 1993년 12월 19일 ● 가격 / 7,800엔
● 퍼블리셔 / 라이트스터프

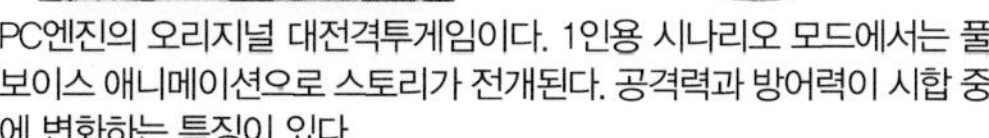

PC엔진의 오리지널 대전격투게임이다. 1인용 시나리오 모드에서는 풀보이스 애니메이션으로 스토리가 전개된다. 공격력과 방어력이 시합 중에 변화하는 특징이 있다.

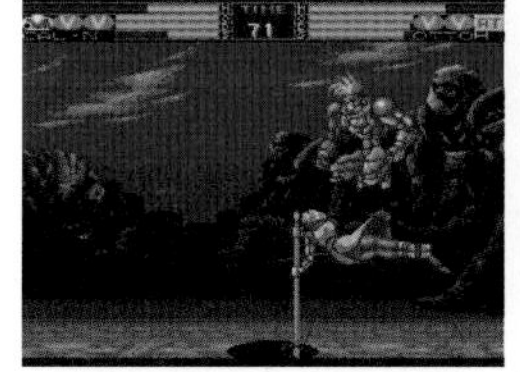

슈퍼 다라이어스 II

● 발매일 / 1993년 12월 23일 ● 가격 / 7,800엔
● 퍼블리셔 / NEC애버뉴

타이토의 아케이드용 다중화면 슈팅을 1화면으로 만들어 이식했다. 원래 가로로 엄청 긴 화면이었기 때문에 이식이 힘들 것이라는 평가를 받았다.

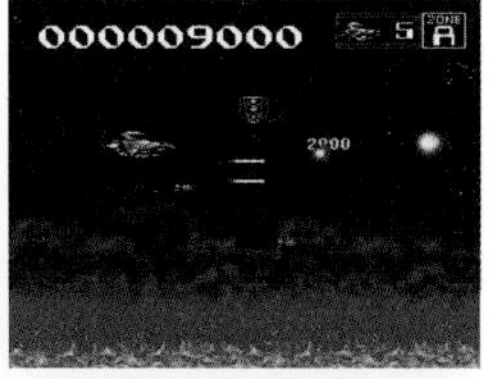

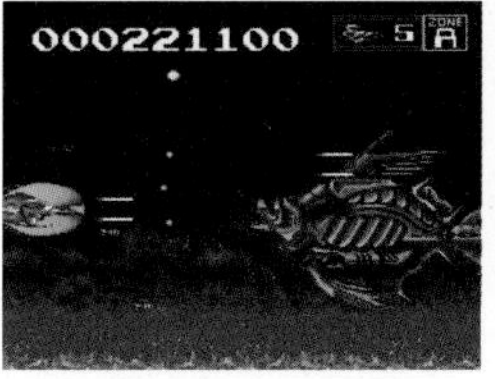

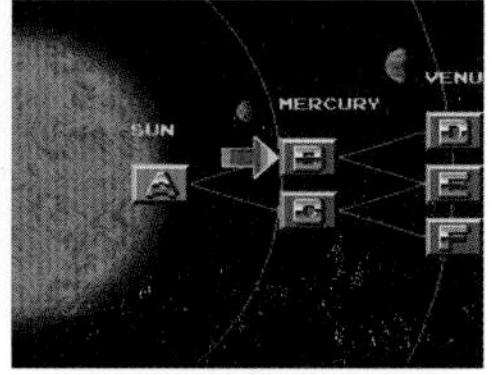

섹시 아이돌 마작

● 발매일 / 1993년 12월 24일 ● 가격 / 8,500엔
● 퍼블리셔 / 일본물산

아케이드용 탈의 마작의 대부 일본물산에서 발매된 2인 마작게임. RPG풍으로 맵을 전진해가면서 마작으로 대결한다. 묘사가 아슬아슬한 탈의 장면도 있고 사기 기술도 쓸 수 있는 구성이다.

다운타운 열혈물어

● 발매일 / 1993년 12월 24일 ● 가격 / 8,800엔
● 퍼블리셔 / 나그자트

패미컴으로 발매된 액션 RPG를 PC엔진에 이식했다. '쿠니오'나 '리키'를 주인공으로 해서 2인 동시 플레이도 할 수 있다. 펀치와 킥으로 적을 물리치고 쇼핑으로 파워업 한다.

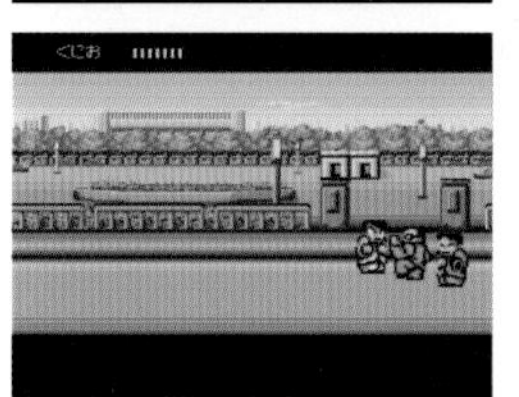

진 · 여신전생

● 발매일 / 1993년 12월 25일 ● 가격 / 8,800엔
● 퍼블리셔 / 아틀라스

슈퍼패미컴의 RPG를 이식했다. 로우(ロウ) 진영과 카오스(カオス) 진영의 대립을 축으로 신과 악마, 천사 등이 뒤섞인 세계관이 매력이다. 또 PC엔진 판은 비주얼신이 추가되었다.

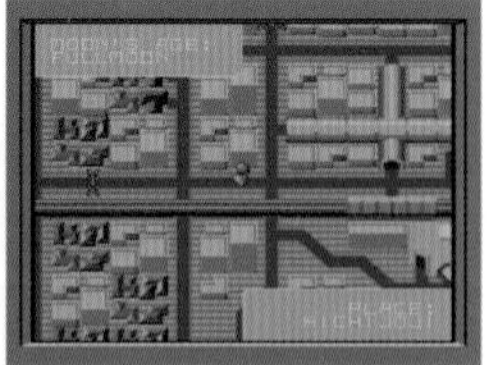

사이드라벨 셀렉션 15

『스내처 파일럿디스크』 『스내처』

게임소개 p.145 게임소개 p.137

통상판과 파일럿디스크의 비교
이처럼 사이드라벨의 디자인도 다르다.

바람의 전설 제나두

● 발매일 / 1994년 2월 18일 ● 가격 / 7,800엔
● 퍼블리셔 / NEC홈일렉트로닉스

『드래곤 슬레이어』 시리즈 최종 작품이며, 일본팔콤이 개발한 액션 RPG. 미디어믹스를 전개해 수많은 팬을 얻는 데 성공했다. SUPER CD-ROM2 게임답게 음성과 무비에 의한 연출에 힘을 쏟아 그전의 시리즈작과는 다른 만듦새가 되었다. 시스템 면에서는 레벨을 폐지했고, 무기 · 방어도구의 숙련도를 올려서 성장해간다. 이 대목은 원조 『제나두』로부터의 흐름을 받아들였다. 전 12장의 시나리오는 볼륨도 충분하고 할 만한 가치가 있는 게임이다.

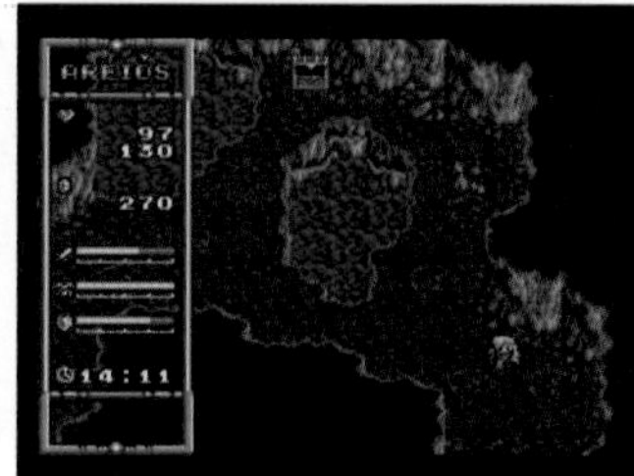

두근두근 메모리얼

● 발매일 / 1994년 5월 27일 ● 가격 / 8,800엔
● 퍼블리셔 / 코나미

연애 SLG의 금자탑이자 미소녀 게임의 불을 지핀 게임이다. 일반적으로는 플레이스테이션 버전이 유명하지만 오리지널은 PC엔진 버전이다. 동아리활동과 공부로 주인공의 파라미터를 올리고, 그 과정에서 서로 알게 된 여자아이와 데이트를 거듭하며 친밀해진다. 최종 목표는 전설의 나무 아래에서 마음에 둔 여자에게 고백을 받는 것이다. 상이한 타입의 히로인 11명 외에 숨겨진 히로인이 2명 더 있는데, 전원을 공략하는 것은 만만치 않지만 그 만큼 오래 즐길 수 있다. 게임사에 이름을 남길 명작이라고 할 만한 작품이다.

두근두근 메모리얼 프리미엄팩

연애 시뮬레이션 게임이 아직 정착되지 않았던 무렵에 갑자기 발매된 SCD 타이틀. 발매 전부터 일부에서 화제가 되었고 발매 후는 폭발적 인기를 얻었지만, PC엔진 말기에 발매되기도 했고 출하 수가 적어서 매진된 가게가 속출했다. 수차례에 걸쳐 재판이 반복되었다(버그 등의 개선도 이루어졌다). 여기서 소개할 것은 PC엔진 전문지 「PC엔진FAN」 창간 7주년을 기념한 「레인보우 프로젝트」의 일환으로 한정판매된 버전이다. 게임 본편(CD케이스 트레이 부분이 흰색 버전, 이전에는 투명했다)에 더해, 아래와 같은 특전이 딸려 있다. 초기 판에서 대략 1년 후인 1995년 10월 5일에 발매, 가격은 9,000엔(세금, 배송료 포함).

「후지사키 시오리의 향기카드 」

판촉의 일환으로 이벤트 등에서 배부된 적이 있는 향기 포스터의 카드 버전이다. 향기 포스터는 몇 가지 서적에 특전으로 딸려 있었던 경우도 있었다. 향기의 종류에 차이가 있는가에 대해서는 유감스럽게도 확실하지 않지만, 팬에게 머스트 아이템인 것은 틀림없다.

「두근두근 메모리얼 공략 데이터북 완전판 」

B6판 전 52페이지(올 컬러). 「PC엔진FAN」 1994년 7월호 부록 '두근두근 메모리얼 공략 데이터북'의 내용을 가필 수정한 것이다(페이지수도 늘었다). 이듬해에 플레이스테이션 판이 발매된 적도 있었고, PC엔진 판 공식 공략집은 달리 확인되지 않았기 때문에 나름 귀중한 책이다.

폭소 요시모토 신희극 오늘은 이 정도로 해두지!

● 발매일 / 1994년 1월 3일 ● 가격 / 6,800엔
● 퍼블리셔 / 허드슨

당시 요시모토 신희극과 제휴한 액션게임이다. 플레이어는 하자마 간페이(間寛平)를 조작해 액션 파트를 처리하고, 보스전은 미니게임으로 대결하는 내용이다. 출연자의 이야깃거리도 가득하다.

솔 : 모나쥬

● 발매일 / 1994년 1월 7일 ● 가격 / 7,700엔
● 퍼블리셔 / 아이렘

이 작품은 당시 아이렘이 간행한 팬 회보지를 통해 공모한 아이디어를 채용한 RPG다. 탑뷰의 커맨드 형식과 고전적인 스타일을 채용했으며, 검투사 솔레유(ソレイユ)의 모험을 그리고 있다.

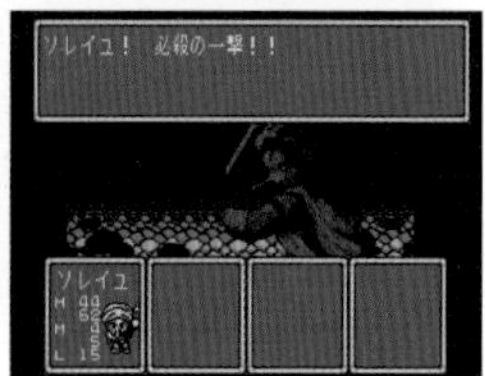

에메랄드 드래곤

● 발매일 / 1994년 1월 28일 ● 가격 / 7,800엔
● 퍼블리셔 / NEC홈일렉트로닉스

『에메랄드 드래곤』은 PC에서 이식된 RPG다. 원래 평가가 높은 작품이지만, PC 판의 문제점을 개선해서 보다 즐기기 쉽게 만들었고 비주얼신도 새로 그렸다.

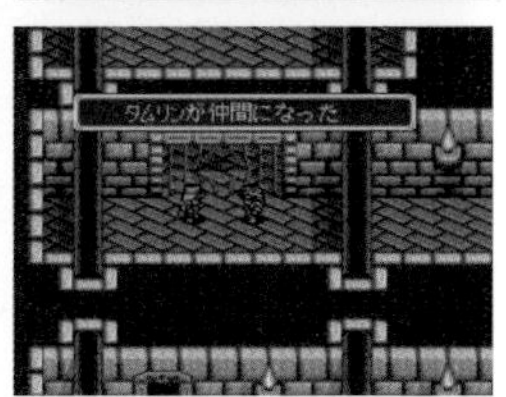

격투패왕전설 알거노스

● 발매일 / 1994년 1월 28일 ● 가격 / 7,800엔
● 퍼블리셔 / 인테크

10명의 캐릭터가 존재하는 격투게임. 스토리 모드에서는 각자에게 개별 에피소드가 딸려 있다. 격투 파트에서는 강약의 공격을 구분해서 싸워간다.

스타브레이커

● 발매일 / 1994년 2월 10일 ● 가격 / 8,800엔
● 퍼블리셔 / 레이포스

혹성들을 모험하는 SF 색채가 들어간 RPG다. 전투는 사이드뷰 형식이며 오토 기능도 붙어 있다. 속성을 지닌 적이 있기 때문에 무기 선택이 중요하다. 게임 안에는 서비스컷도 있다.

마작 레몬엔젤

● 발매일 / 1994년 2월 25일 ● 가격 / 8,800엔
● 퍼블리셔 / 나그자트

후지TV 계열에서 방송된 애니메이션 『레몬엔젤』의 마작게임이다. 아케이드에서 이식된 작품이지만, 가정용 게임기라는 사정도 있어서 탈의 장면은 원조보다 상당히 조심스러워졌다.

파라디온 오토 크러셔 팔라디엄

● 발매일 / 1994년 2월 25일 ● 가격 / 8,800엔
● 퍼블리셔 / 팩인비디오

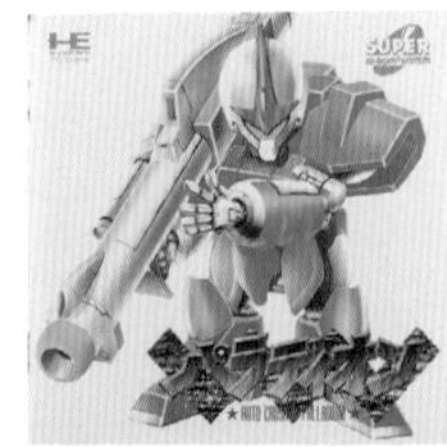

이 작품은 무인 로봇을 세팅해 싸우게 해서 최강을 노리는 시뮬레이션 게임이다. 전투는 기본적으로 오토인데, 행동 프로그램 작성이나 지시 내리기는 플레이어가 할 수 있다.

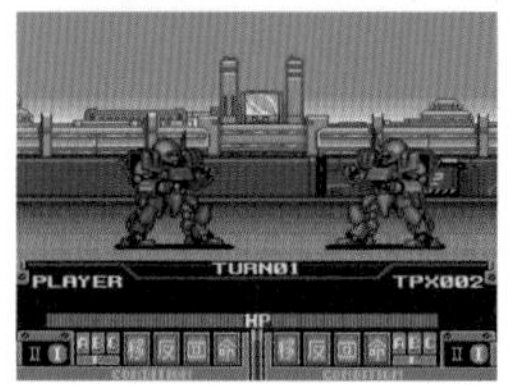

고질라 폭투열전

● 발매일 / 1994년 2월 26일 ● 가격 / 8,200엔
● 퍼블리셔 / 도호

도호가 낳은 『고질라』의 격투게임으로, 원작에 나온 괴수들이 다수 등장한다. 킹기도라(キングギドラ) 등은 쇼와(昭和) 판, 헤이세이(平成) 판과 다수의 개체를 마련했다.

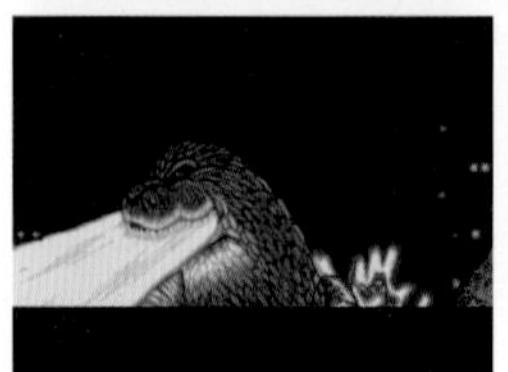
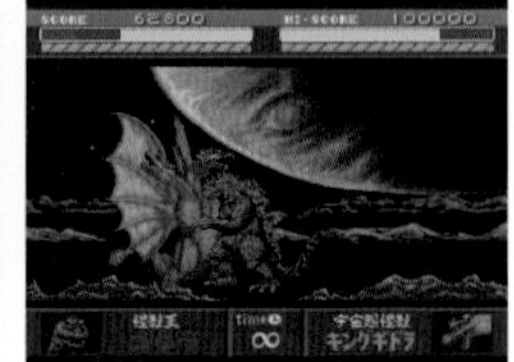

위저드리 Ⅲ · Ⅳ

● 발매일 / 1994년 3월 4일 ● 가격 / 8,400엔
● 퍼블리셔 / 나그자트

전년도에 발매된 『위저드리 Ⅰ · Ⅱ』와 마찬가지로 나그자트가 『Ⅲ · Ⅳ』를 묶어서 한 장으로 만들었다. 『Ⅳ』는 『Ⅰ』의 라스트 보스 워드너(ワードナ)가 주인공인 시나리오인데, 번외편 같은 취급을 받았다.

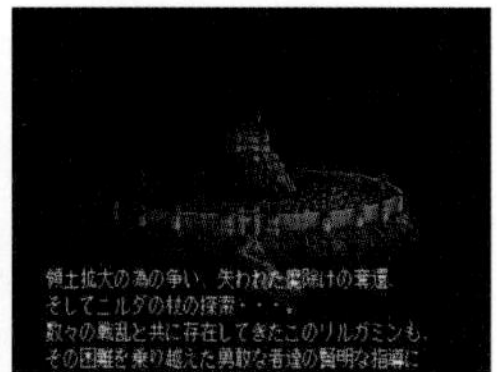

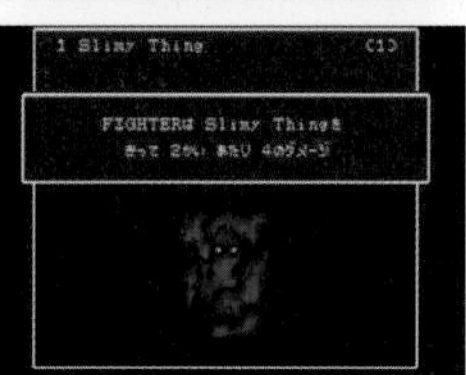

아틀라스 르네상스 항해자

● 발매일 / 1994년 3월 4일 ● 가격 / 9,800엔
● 퍼블리셔 / 아트딩크

이 작품은 대항해시대가 무대인 리얼타임 시뮬레이션 게임으로 PC에서 여러 하드웨어로 이식되었다. 교역으로 자금을 벌어 모험에 필요한 인재를 고용하고 그들을 파견하여 세계지도를 완성하는 것이 목표다.

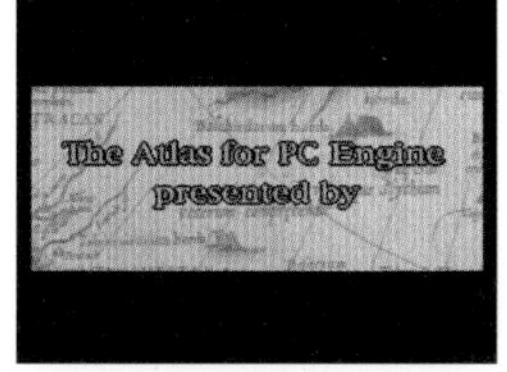

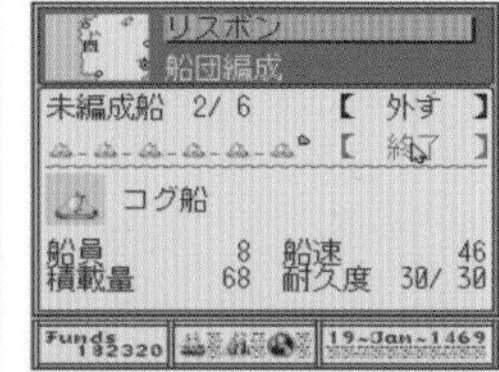

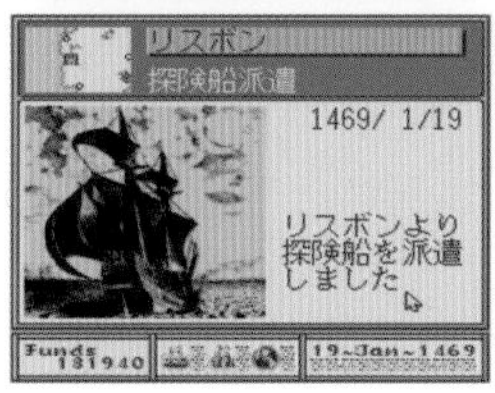

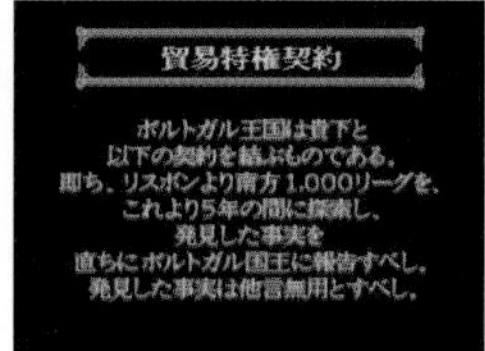

파워 골프 2 골퍼

● 발매일 / 1994년 3월 4일 ● 가격 / 6,800엔
● 퍼블리셔 / 허드슨

CD 매체로 바뀜으로써 전작과 내용이 크게 달라진 『파워 골프2』. 토너먼트 모드에서는 대회참가 자금을 벌기 위해 아르바이트나 갬블에 도전하는 어드벤처 요소도 있다.

CAL Ⅲ 완결편

● 발매일 / 1994년 3월 25일 ● 가격 / 7,800엔
● 퍼블리셔 / NEC애버뉴

『CAL Ⅱ』의 속편에 해당하는 시리즈 완결편인 어드벤처 게임. 음성을 넉넉하게 사용했고 스토리나 캐릭터 설정은 계속 이어졌지만, 작화(作画)가 바뀐 점에 찬반이 갈렸다.

프린세스 미네르바

● 발매일 / 1994년 3월 25일 ● 가격 / 7,800엔
● 퍼블리셔 / 리버힐소프트

미디어믹스도 이루어낸 동명의 PC게임을 이식했다. 게임은 공주가 결성한 친위대와 함께 마술사 토벌에 나서는 섹시한 요소가 강한 RPG다. 전투는 대열 시스템이 존재하는 것이 특징.

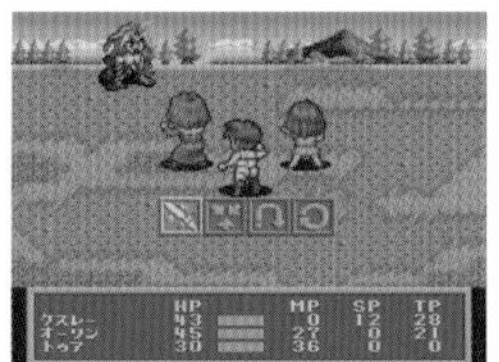

프레이 CD 샤크 외전

● 발매일 / 1994년 3월 30일 ● 가격 / 6,800엔
● 퍼블리셔 / 마이크로캐빈

마이크로캐빈이 제작한『샤크』시리즈의 파생작품으로, PC용 게임을 이식했다. 공격과 점프를 사용하면서 맵을 전진해가는 액션 RPG다.

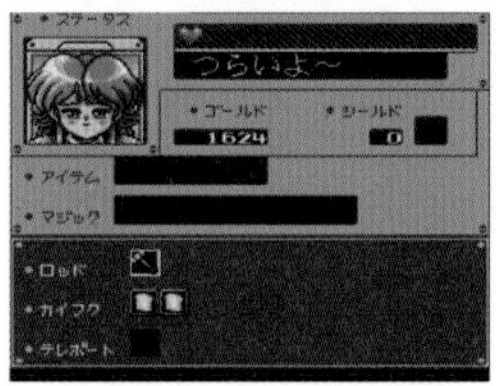

몬스터 메이커 어둠의 용기사

● 발매일 / 1994년 3월 30일 ● 가격 / 7,800엔
● 퍼블리셔 / NEC애버뉴

카드게임을 주축으로 다양한 상품을 개발한『몬스터 메이커』의 RPG. 최대 8인 파티에 호화 성우진을 기용하는 등 화제를 모았지만 어찌하랴, 버그가 많은 것이 난점이다.

파치오 군 3 파치슬로 & 파친코

● 발매일 / 1994년 4월 15일 ● 가격 / 8,800엔
● 퍼블리셔 / 코코넛저팬 · GX미디어

독자 노선을 걸어온『파치오 군』시리즈. 이번 작품에서는 시공을 초월해 다양한 시대로 날아가 파친코로 승부를 낸다. 또 제목 그대로 파치슬로에도 도전할 수 있게 되었다.

폭전 언밸런스존

● 발매일 / 1994년 4월 22일 ● 가격 / 7,800엔
● 퍼블리셔 / 소니뮤직엔터테인먼트

Runner 등의 히트곡으로 알려진 록밴드 폭풍슬럼프(爆風スランプ)와 제휴한 게임. 캐릭터 디자인은 아카쓰카 후지오(赤塚不二夫)이며, 내용은 아이콘을 선택하여 이야기를 진행시키는 부조리 개그 어드벤처.

뿌요뿌요 CD

● 발매일 / 1994년 4월 22일 ● 가격 / 5,600엔
● 퍼블리셔 / NEC애버뉴

낙하물 퍼즐의 대표작으로 꼽히는 『뿌요뿌요』의 PC엔진 이식판. 근본적인 게임성은 그대로이며, 타기종 판에서는 실현하지 못했던 프로 성우를 기용해 마구 떠드는 형태가 되었다.

카제키리

● 발매일 / 1994년 4월 28일 ● 가격 / 8,600엔
● 퍼블리셔 / 나그자트

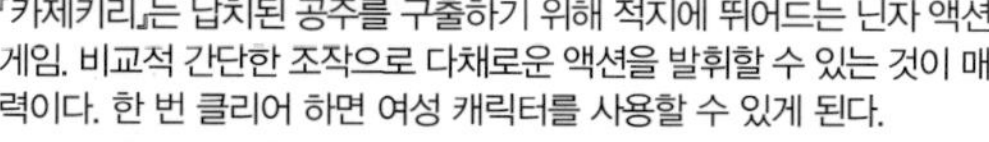

『카제키리』는 납치된 공주를 구출하기 위해 적지에 뛰어드는 닌자 액션 게임. 비교적 간단한 조작으로 다채로운 액션을 발휘할 수 있는 것이 매력이다. 한 번 클리어 하면 여성 캐릭터를 사용할 수 있게 된다.

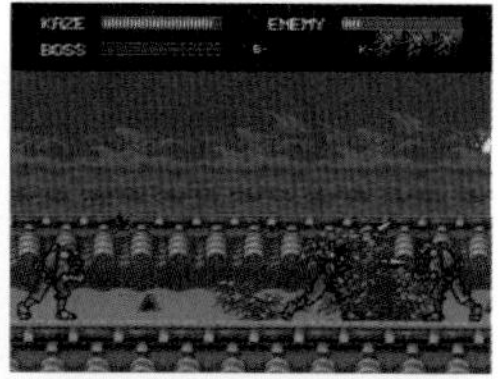

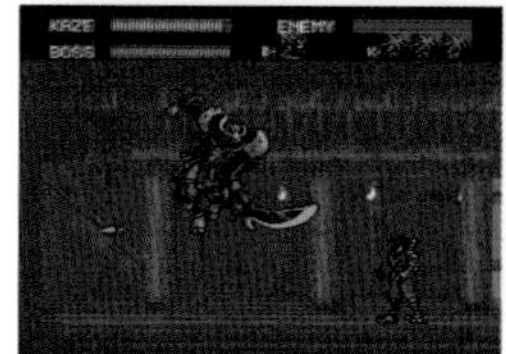

첫사랑 이야기 (초연물어)

● 발매일 / 1994년 4월 28일 ● 가격 / 7,800엔
● 퍼블리셔 / 도쿠마쇼텐 인터미디어

한 달 안에 마음에 둔 상대와 첫사랑을 열매 맺게 하는 것이 목적인 연애 어드벤처. 상대는 초·중·고교 시절 가운데서 선택 가능하며, 플레이어의 행동에 따라 결과가 달라지는 멀티 엔딩을 채용.

초영웅전설 다이나스틱 히어로

● 발매일 / 1994년 5월 20일 ● 가격 / 6,800엔
● 퍼블리셔 / 허드슨

이 작품은 메가드라이브로 발매된 액션 RPG『원더보이Ⅴ 몬스터월드 Ⅲ』의 이식판. 타이틀 변경에 따라서 스토리도 달라졌다.

코즈믹 판타지 4 은하소년전설 돌입편 전설에의 서곡

● 발매일 / 1994년 6월 10일 ● 가격 / 7,600엔
● 퍼블리셔 / 일본텔레네트

『코즈믹 판타지』 시리즈 4번째 작. 게임은 돌입편과 나중에 발매된 격투편이 있으며, 이 작품은 알자넌팀(アルジャーノンチーム)이 주역이다. 이 작품부터 어드벤처 파트를 도입했다.

KO 세기 비스트 삼수사 가이아 부활 완결편

● 발매일 / 1994년 6월 17일 ● 가격 / 8,800엔
● 퍼블리셔 / 팩인비디오

OVA에서 미디어믹스화 된 게임 버전. 장르는 RPG. PC 판이 먼저 발매되었으며, 이 작품은 오리지널의 시나리오를 손질하고 시스템 부분도 변경했다.

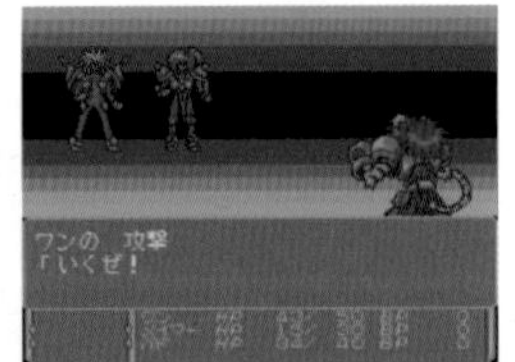

더 프로야구 SUPER' 94

● 발매일 / 1994년 6월 17일 ● 가격 / 7,200엔
● 퍼블리셔 / 인테크

『더 프로야구』 시리즈 최후의 작품. 당시 프로야구 12개 구단의 최신 데이터를 사용했으며, 새롭게 홈런 콘테스트 모드가 추가되었다.

천지를 먹다

● 발매일 / 1994년 6월 17일 ● 가격 / 7,800엔
● 퍼블리셔 / NEC애버뉴

모토미야 히로시의 만화를 캡콤이 게임화한 작품. 경험치 개념이 있는 벨트스크롤 액션게임이 되었으며, 아케이드에서 이식했다. 난이도를 낮춘 PC엔진 독자 모드도 존재한다.

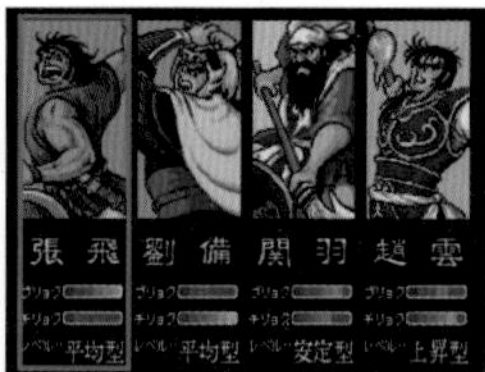

브랜디쉬

● 발매일 / 1994년 6월 17일 ● 가격 / 7,800엔
● 퍼블리셔 / NEC홈일렉트로닉스

일본팔콤이 PC용으로 발매한 탑뷰 형식 액션 RPG를 PC엔진에 이식. 게임은 기본적으로 컨트롤러로 하는 플레이인데, 마우스에도 대응했다.

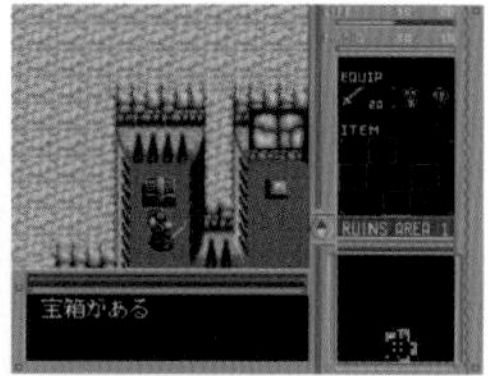

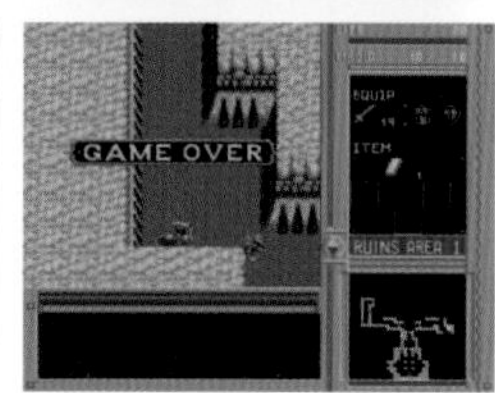

3×3EYES 삼지안변성

● 발매일 / 1994년 7월 8일 ● 가격 / 8,800엔
● 퍼블리셔 / NEC홈일렉트로닉스

디키다 유조(高田裕三)의 장수 만화를 소재로 한 커맨드식 어드벤처 게임. PC용으로 발매된 것을 대폭 각색했다. 시나리오는 게임 오리지널이다.

바스틸 2

● 발매일 / 1994년 7월 8일 ● 가격 / 8,400엔
● 퍼블리셔 / 휴먼

전작으로부터 약4년의 세월을 거쳐 발매된 속편. 액션 요소가 폐지되고 이번 작품은 순수한 시뮬레이션 게임이 되었다. 스토리를 사이에 두고 각각의 맵을 공략해가는 내용.

영광은 너에게 고교야구 전국대회

● 발매일 / 1994년 7월 15일 ● 가격 / 9,800엔
● 퍼블리셔 / 아트딩크

고교야구를 소재로 한 시뮬레이션 게임. 플레이어는 감독이 되어 주어진 20년 안에 고시엔(甲子園) 우승을 노린다. 데이터가 상세하게 설정되어 있으며, 상당히 마니아 취향의 작품이다.

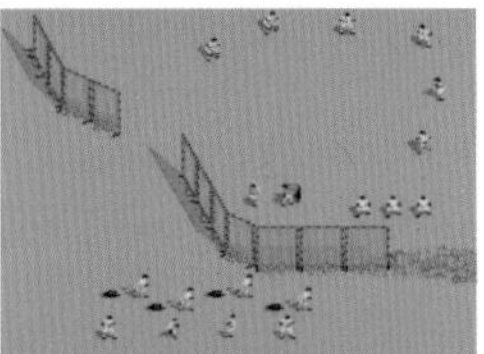

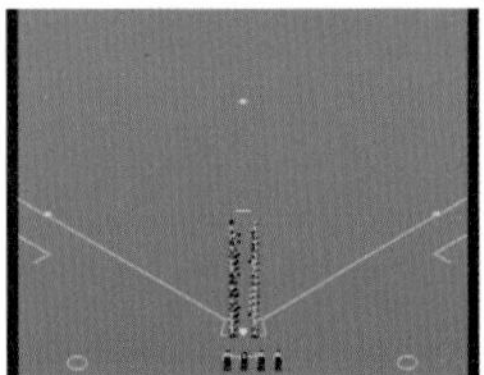

치키치키보이즈

● 발매일 / 1994년 7월 15일 ● 가격 / 4,800엔
● 퍼블리셔 / NEC애버뉴

캡콤의 아케이드 게임을 이식. 정통파(王道) 횡스크롤 액션이며 검과 마법, 점프를 구사해 총 9개 스테이지를 공략한다. 오리지널과 달리 2인 동시 플레이도 가능.

어드밴스드 배리어블 지오 (V.G.)

● 발매일 / 1994년 7월 22일 ● 가격 / 8,800엔
● 퍼블리셔 / TGL판매

PC 게임으로 발매되었던 미소녀 격투게임 시리즈를 이식했다. 오리지널은 18금 어덜트 게임이었기 때문에 과격한 성 묘사는 커트되었지만 약간의 서비스컷은 수록되었다.

드래곤 나이트 III

● 발매일 / 1994년 7월 22일 ● 가격 / 7,800엔
● 퍼블리셔 / NEC애버뉴

『드래곤 나이트 II』의 속편이고 스토리도 이어졌지만, 시스템 부분은 3D 던전에서 탑뷰의 인카운터 방식으로 변경되었다. 물론 섹시한 요소는 있지만 조심스럽게 표현된다.

고스트 스위퍼 미카미

● 발매일 / 1994년 7월 29일 ● 가격 / 8,800엔
● 퍼블리셔 / 반프레스토

애니메이션으로도 만들어진 시이나 타카시(椎名高志)의 만화를 반프레스토가 게임화했다. 내용은 카드 배틀을 도입한 어드벤처인데, 카드 배틀만 있는 모드도 존재한다. 본편은 풀보이스.

네오 넥타리스

● 발매일 / 1994년 7월 29일 ● 가격 / 6,800엔
● 퍼블리셔 / 허드슨

1989년에 발매된 SF계 전쟁 시뮬레이션 게임 『넥타리스』의 속편. 유닛의 종류, 맵의 수가 증가했다. 전작을 플레이할 수 있는 게임 모드도 있다.

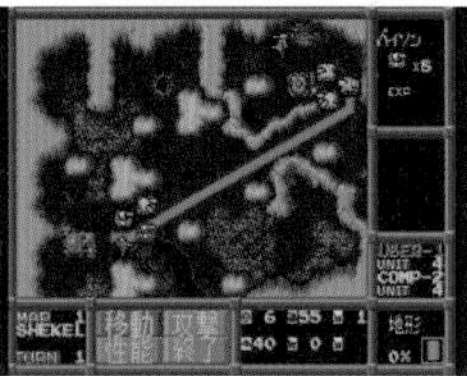

슈퍼 리얼 마작 P Ⅱ · Ⅲ 커스텀

● 발매일 / 1994년 8월 5일 ● 가격 / 9,800엔
● 퍼블리셔 / 나그자트

PC엔진 판으로서는 시리즈 3번째 작품이 된다. 이 작품은 2번째 작과 3번째 작을 결합했다. 캠페인에서 배포된 귀중한 한정판도 존재하는데, 그쪽은 아케이드 판에 가까운 내용이다.

성전사 전승 작탁의 기사

● 발매일 / 1994년 8월 5일 ● 가격 / 8,500엔
● 퍼블리셔 / 일본물산

판타지 세계관을 도입한 마작 게임. 언뜻 보면 딱딱한 작품이라 생각되지만, 실은 또 다른 뒷모습을 갖고 있는데, 비법(裏技)으로 하드 모드를 선택하고 승부에서 승리하면 아슬아슬한 컷을 볼 수 있다.

미소녀전사 세일러문

● 발매일 / 1994년 8월 5일 ● 가격 / 8,800엔
● 퍼블리셔 / 반프레스토

다케우치 나오코(武内直子) 원작의 대히트작을 디지털코믹풍의 어드벤처 게임으로 꾸며낸 작품. 시나리오는 오리지널로 5인분이 마련되었으며, 요소요소에 미니게임도 삽입되었다.

팝플메일

● 발매일 / 1994년 8월 12일 ● 가격 / 7,800엔
● 퍼블리셔 / NEC홈일렉트로닉스

오리지널은 PC용으로 발매된 액션 RPG로 일본팔콤이 제작했다. 이식할 때 새롭게 맵과 시나리오를 추가하고 유명 성우도 기용해 화려한 작품이 되었다.

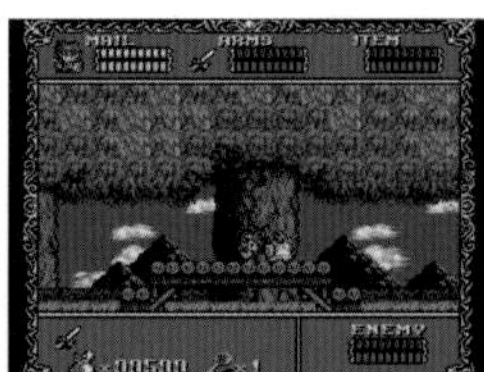
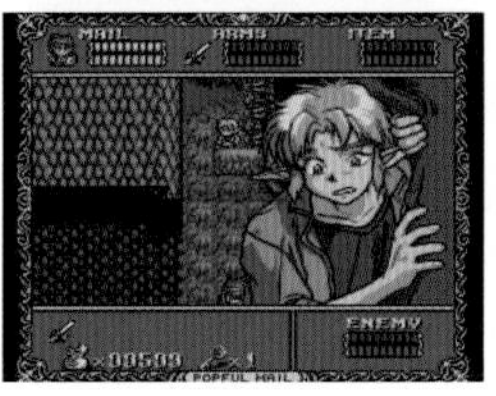

알샤크

● 발매일 / 1994년 8월 26일 ● 가격 / 8,800엔
● 퍼블리셔 / 빅터엔터테인먼트

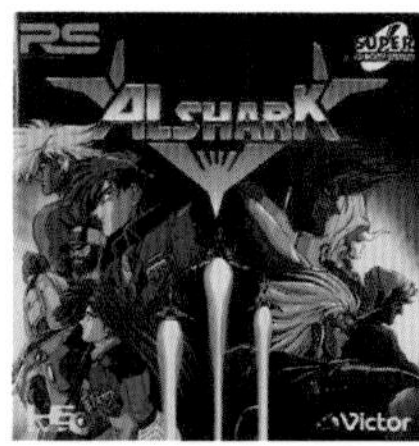

『에메랄드 드래곤』에 관여한 스태프가 제작한 작품이기에 외관상 유사점이 많다. 풍부한 비주얼신도 특징이다. 이쪽도 오리지널은 PC용 작품이며, 본 작품은 이식작이다.

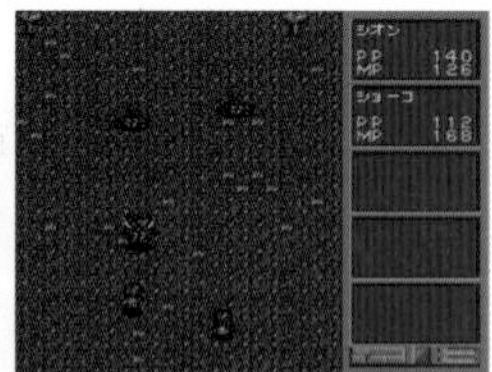

섹시 아이돌 마작 패션이야기

● 발매일 / 1994년 9월 16일 ● 가격 / 8,500엔
● 퍼블리셔 / 일본물산

실제로 섹시 여배우와 결부시키고, 쌍륙 보드게임과 탈의 마작을 결합해 만든 작품. 대결에서 이기면 포인트가 쌓이는데, 그것을 이용해 실사(実写) 사진을 얻는 시스템이다.

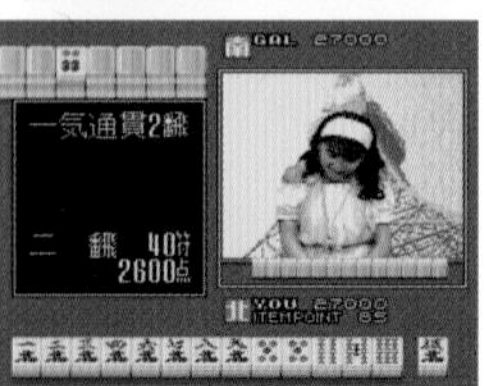

탄생 데뷔

● 발매일 / 1994년 9월 22일 ● 가격 / 7,800엔
● 퍼블리셔 / NEC애버뉴

『졸업 그래듀에이션』 후속에 해당하는 작품으로, PC용 게임에서 이식되었다. 3인의 아이돌 연습생을 길러 톱스타로 만드는 것이 목적이다. 결과에 따라 엔딩이 여럿이다.

야와라! 2

● 발매일 / 1994년 9월 23일 ● 가격 / 7,900엔
● 퍼블리셔 / 소픽스

인기 만화가 원작인 디지털코믹 2번째 작. 이번 작품에서는 유도 시합을 다룬 미니게임과 퀴즈, 캐릭터 소개, 야와라(柔)의 간단 쿠킹 등이 추가되었다.

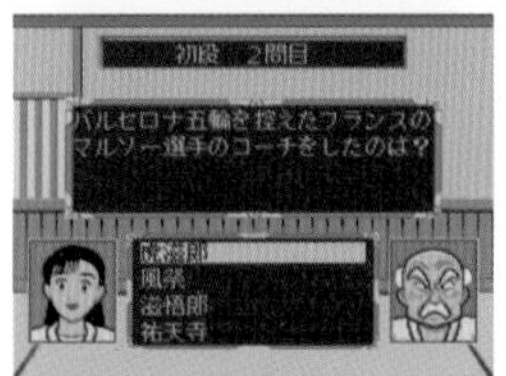

샤크 III 영원회귀

● 발매일 / 1994년 9월 30일 ● 가격 / 7,800엔
● 퍼블리셔 / NEC홈일렉트로닉스

인기 액션 RPG의 3번째 작품으로, 역시 PC 버전에서 이식되었다. 시리즈의 완결판이자 시리즈를 집대성한 작품이다. 또한 PC엔진 버전에는 음성이 추가되었다.

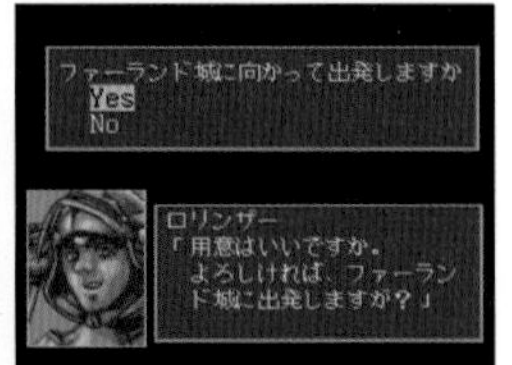

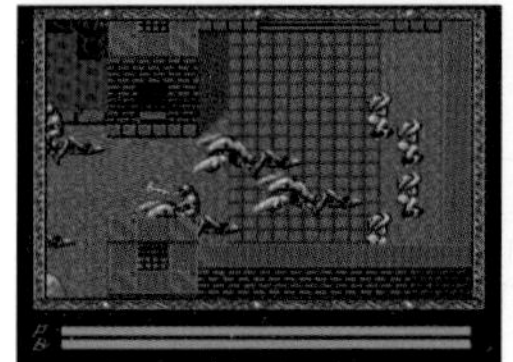
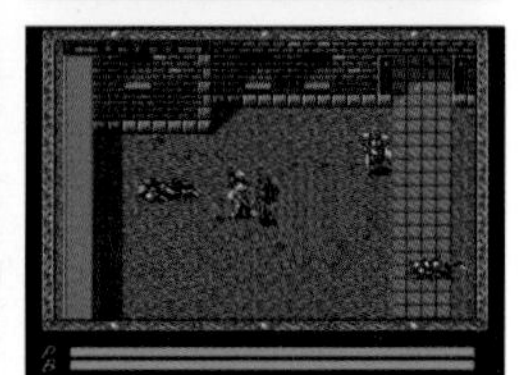

드래곤 하프

● 발매일 / 1994년 9월 30일 ● 가격 / 7,800엔
● 퍼블리셔 / 마이크로캐빈

만화가 원작인 보드게임으로, 적과의 전투가 벌어지는 등 RPG 분위기로 제작되었다. 룰렛 눈금만큼 칸을 이동해 가고, 멈춘 칸에 따라서 이벤트가 발생한다.

여신천국

● 발매일 / 1994년 9월 30일 ● 가격 / 7,800엔
● 퍼블리셔 / NEC홈일렉트로닉스

「전격PC엔진」에 연재된 독자참가형 기획을 토대로 만든 RPG. 장비에 따라 파라미터와 특수 기술이 바뀌는데, 특정 조합에서는 캐릭터의 전면 일러스트(一枚絵)도 볼 수 있다.

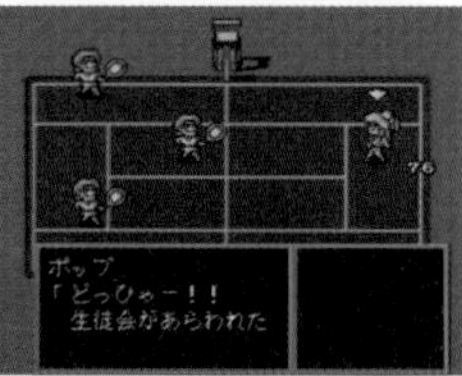

스타틀링 오디세이II 마룡전쟁

● 발매일 / 1994년 10월 21일 ● 가격 / 9,600엔
● 퍼블리셔 / 레이포스

비주얼신으로 정평이 난 레이포스가 개발한 RPG. 전형적인 만듦새의 RPG이지만 전작보다도 완성도는 올라갔고, 약속한 섹시 영상도 매우 충실하다.

바스테드

● 발매일 / 1994년 10월 21일 ● 가격 / 7,800엔
● 퍼블리셔 / NEC애버뉴

여자 기사와 여자 마법사가 주인공인 액션 RPG로, 전투 시에는 둘 중 하나를 선택해 조작한다. 전투가 벌어지는 것은 이벤트 때뿐이며, 아름다운 비주얼신에는 섹시함이 가득하다.

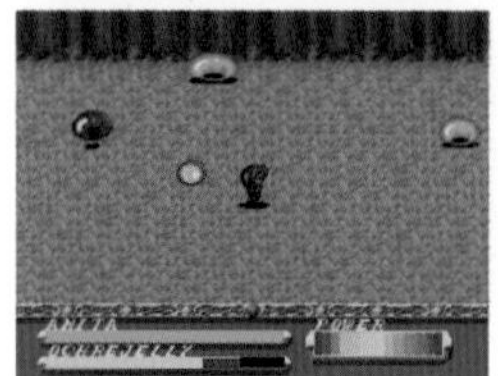

졸업사진 미키

● 발매일 / 1994년 10월 28일 ● 가격 / 8,980엔
● 퍼블리셔 / GX미디어

어드벤처게임 두편을 결합한 작품인데, 오리지널인 PC 판도 같은 형태로 판매되었다. 양쪽 다 커맨드 선택식이지만, 시나리오가 짧은 게 문제다.

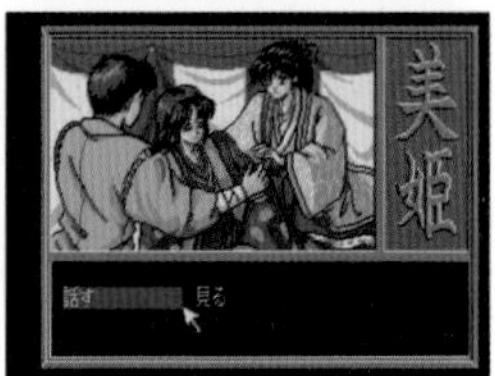

블러드 기어

● 발매일 / 1994년 10월 28일 ● 가격 / 6,800엔
● 퍼블리셔 / 허드슨

로봇에 타서 싸우는 액션 RPG. 전투 장면은 사이드뷰이며, 펀치 외에도 장착한 무기에 따라 다양한 공격이 가능하다. 잔챙이 적들을 물리치고 손에 넣은 자금으로 플레이어의 로봇을 강화해 간다.

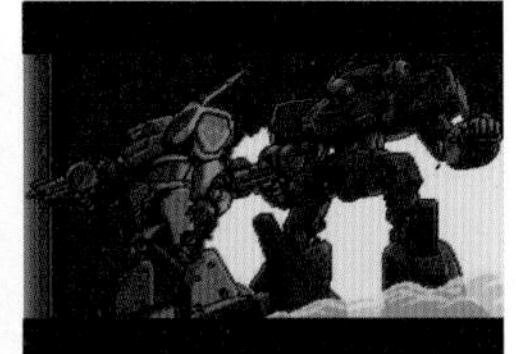
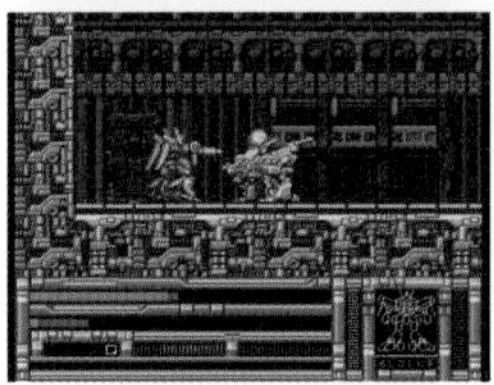

하이퍼 워즈

● 발매일 / 1994년 11월 5일 ● 가격 / 6,800엔
● 퍼블리셔 / 허드슨

『여신천국』과 마찬가지로 「전격PC엔진」과 「전격왕」에 연재된 독자 참가형 기획이 토대가 된 게임. 배틀 비스트를 낳아서 싸움을 시키는데, 조작이나 커맨드 입력은 할 수 없다.

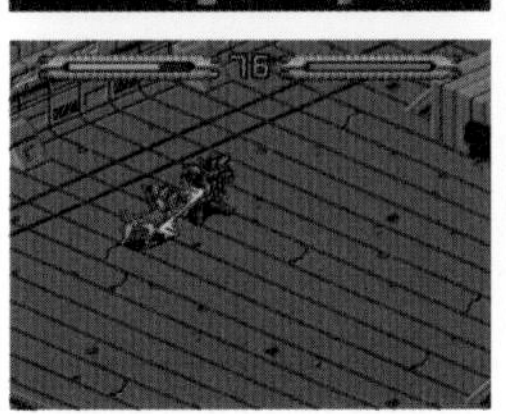
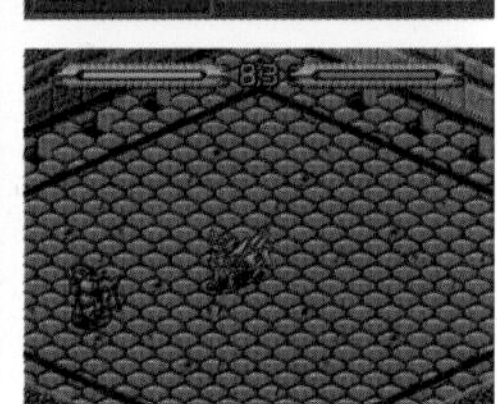

드래곤볼 Z 위대한 손오공 전설

● 발매일 / 1994년 11월 11일 ● 가격 / 8,800엔
● 퍼블리셔 / 반다이

드래곤볼 캐릭터를 사용한 대전격투게임. 같은 장르의 일반적인 게임과는 상당히 다른 시스템을 채용했으며, 음성과 애니메이션 등 볼거리도 많다.

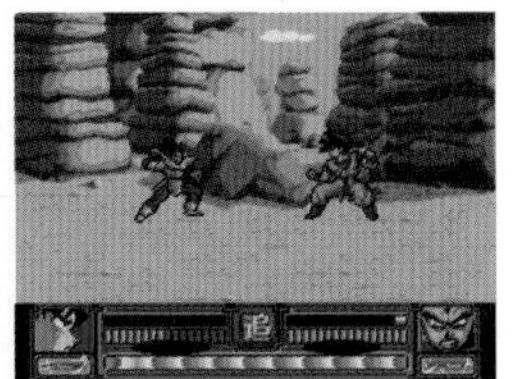

전뇌천사 디지털 앙쥬

● 발매일 / 1994년 11월 18일 ● 가격 / 7,800엔
● 퍼블리셔 / 도쿠마쇼텐 인터미디어

테크노폴리스에 연재된 만화를 원작으로 한 어드벤처게임으로 PC로 출시된 게임을 이식했다. 커맨드 선택식에 풀보이스라는 특징이 있으며, 미소녀 캐릭터가 다수 등장한다.

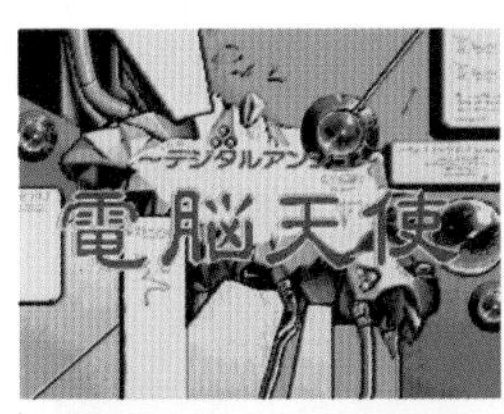

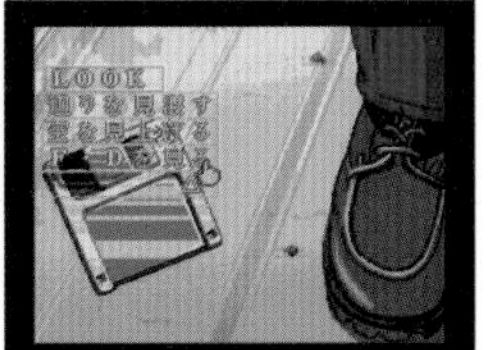

퀴즈 애버뉴 III

● 발매일 / 1994년 11월 25일 ● 가격 / 6,800엔
● 퍼블리셔 / NEC애버뉴

시리즈 3번째 작. 퀘스트 모드는 마치 RPG처럼 만들었으며 스토리성도 있다. 등장하는 여성 캐릭터도 많고, 말기(末期)의 PC엔진다운 게임이 되었다.

겟첸디너

● 발매일 / 1994년 11월 25일 ● 가격 / 7,800엔
● 퍼블리셔 / NEC홈일렉트로닉스

문자 정보를 배제한 별난 액션 RPG로, 「전격PC엔진」에 연재됐던 소설이 기초가 됐다. 필드상의 장치(仕掛け)를 풀면서 나아가는데, 볼륨 부족이라는 평가를 받았다.

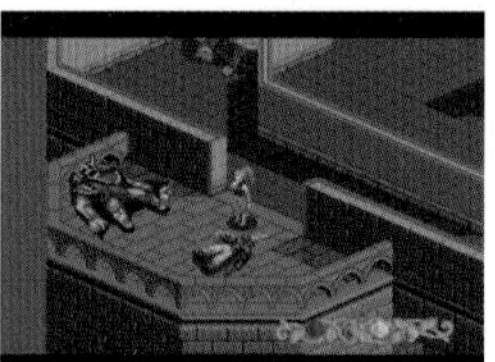

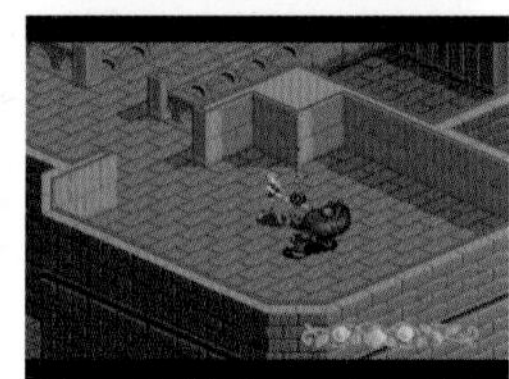

코즈믹 판타지 4 은하소년전설 격투편 빛의 우주 속에서

● 발매일 / 1994년 11월 25일 ● 가격 / 7,600엔
● 퍼블리셔 / 일본텔레네트

『코즈믹 판타지』 시리즈 4번째 작의 후편이자 시리즈 최종 작품이다. 게임 장르는 RPG이며, 풍부한 비주얼신 등 시리즈의 전통은 계승했다.

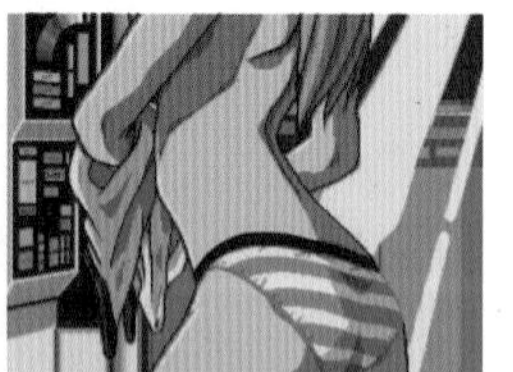

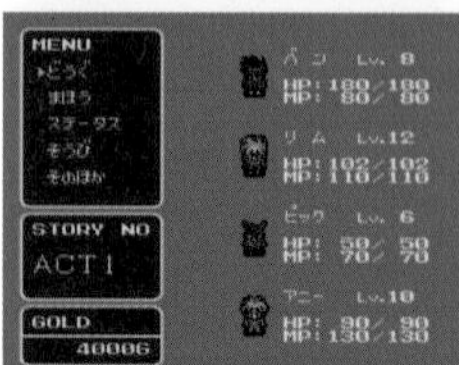

미소녀전사 세일러문 콜렉션

● 발매일 / 1994년 11월 25일 ● 가격 / 8,800엔
● 퍼블리셔 / 반프레스토

세일러문 팬을 위한 게임으로, 미니게임을 클리어 하면 세일러 전사의 비주얼신을 얻을 수 있다. 오리지널 성우의 음성도 완비되었는데, 정말로 팬이라면 군침을 흘릴 게임이다.

카드엔젤스

● 발매일 / 1994년 12월 9일 ● 가격 / 8,800엔
● 퍼블리셔 / 후지콤

탈의 트럼프 게임이라는 꽤나 별난 장르의 게임이다. 포커, 블랙잭, 스피드, 도둑 잡기(バ バ抜き)를 즐길 수 있으며 스토리 모드와 프리대전 모드가 있다.

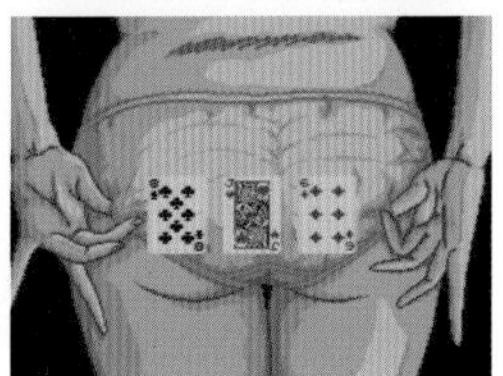

로도스도전기II

● 발매일 / 1994년 12월 16일 ● 가격 / 7,800엔
● 퍼블리셔 / 허드슨

1992년에 발매된 『로도스도전기』의 속편이다. PC 판에서 이식했으며, OVA를 기초로 한 스토리다. PC엔진 판 고유의 특징은 역시 비주얼신이 되겠다.

아루남의 이빨 수족 십이신도 전설

● 발매일 / 1994년 12월 22일 ● 가격 / 8,300엔
● 퍼블리셔 / 라이트스터프

「전격PC엔진」 지상에서 아이디어 공모가 이루어진 RPG다. 주인공 이외의 캐릭터가 교체되면서 게임이 진행된다. 버그가 매우 많아 인터넷 등에서 혹평을 받았다.

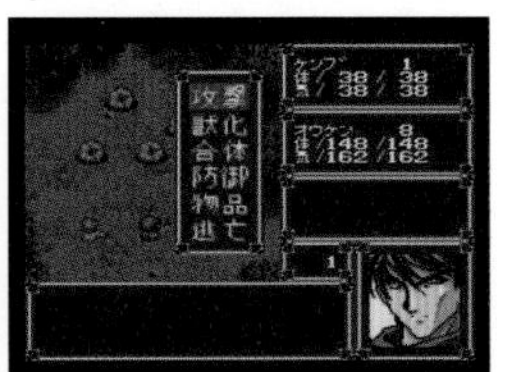

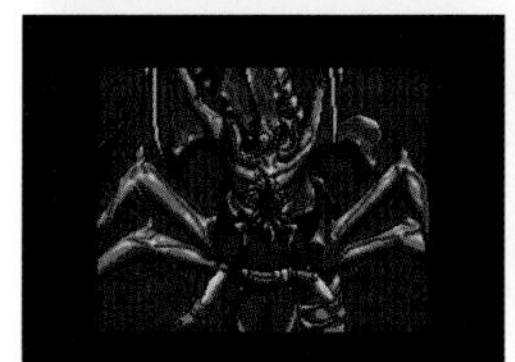

봄버맨 패닉봄버

● 발매일 / 1994년 12월 22일 ● 가격 / 6,800엔
● 퍼블리셔 / 허드슨

당시 유행했던 낙하물 퍼즐인데, 『봄버맨』 고유의 맛을 냈다. 훼방꾼 캐릭터인 누룽지봄(コゲボン)을 없애려면 폭발과 유폭(誘爆)이 필요하다.

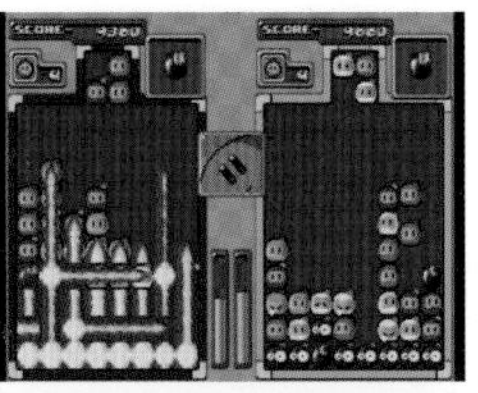

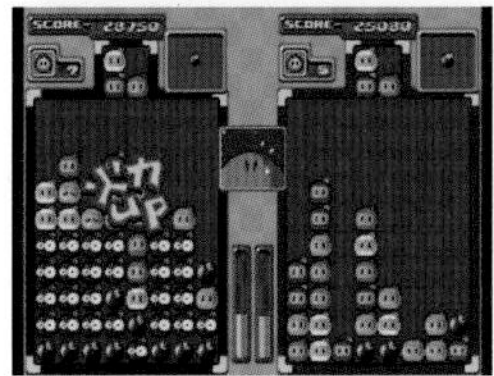

J 리그 트리멘더스 사커' 94

● 발매일 / 1994년 12월 23일 ● 가격 / 7,800엔
● 퍼블리셔 / NEC홈일렉트로닉스

J리그 팀과 선수를 실명으로 사용할 수 있는 축구 게임이다. 필드는 세로로 길며, 조작감은 『포메이션 사커』에 가깝다. 그도 그럴 것이 이 작품은 같은 시리즈의 하나로 꼽힌다.

졸업 II 네오 제너레이션

● 발매일 / 1994년 12월 23일 ● 가격 / 8,800엔
● 퍼블리셔 / 리버힐소프트

여고생을 다룬 육성 SLG 『졸업 그래듀에이션』의 속편이 되겠다. 플레이어는 교사가 되어 5인의 학생을 바른 길로 이끌어간다. 이 작품은 학생들에게 궁합이 있어서 자리의 순서까지 생각할 필요가 있다.

트래블러즈 ! 전설을 쳐부숴라

● 발매일 / 1994년 12월 29일 ● 가격 / 8,800엔
● 퍼블리셔 / 빅터엔터테인먼트

PC엔진 오리지널의 RPG로 퀘스트를 수주하고 해결해가는 구성이다. 전투는 커맨드 선택식이면서 전위와 후위라는 개념이 있고, 위치를 바꿔가며 싸우게 되어 있다.

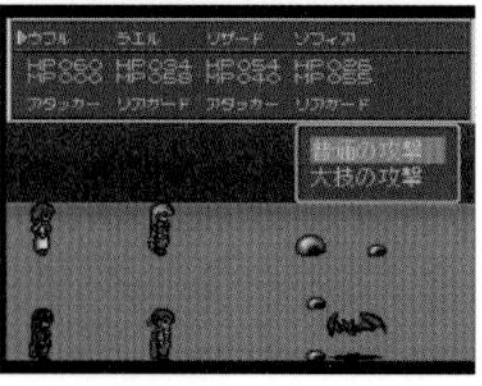

사이드라벨 셀렉션 16

『서머 카니발' 92 알자딕』 『서머 카니발' 93 넥스자르 스페셜』

게임소개 p.128 게임소개 p.165

서머 카니발 두작품
오래된 쪽이 빨강, 새로운 쪽이 파랑

『버진 드림』 스페셜 팩에 대하여

PC엔진 말기인 1996년에 발매된 미소녀 육성 SLG 『버진 드림』. 얼마나 인기가 있었는지 이제 와서 확실하지는 않지만, 게임 발매원이자 월간지 「PC엔진FAN」을 간행하는 도쿠마쇼텐 인터미디어에서 잡지 한정 통신판매 판이 발매되는 단계에 이르렀다. 가격은 9,000엔(세금포함 · 배송료포함). 통상판이 8,800엔이었던 것을 생각하면 상당히 이득이라고 할 수 있다. 스페셜 팩은 V팩과 D팩 2종류가 존재하고, 공통 특전 3종류가 붙어 있다. 그 밖에 각 패키지에 내용이 다른 음악 CD도 들어 있다. 마침 성우 붐이 절정이기도 해서 게임에 등장하는 인기 성우의 노래나 스페셜 보이스가 수록되었다. 또 구입자만 응모할 수 있는 프리젠트 기획도 마련되었다.

부속 음악 CD

『버진 드림 스페셜 세트 (V팩)』

『버진 드림 스페셜 세트 (D팩)』

양 팩 공통 특전
버진 드림(게임)
특제 전화카드
특제 엽서

V팩 특전
특제 음악 CD①
「비밀의 화원」「전뇌천사」의 베스트 보이스 콜렉션 등을 수록

D팩 특전
특제 음악 CD②
「첫사랑이야기(초연물어)」의 보이스 드라마 (디렉터즈 에디션 판) 등을 수록

린다 큐브

● 발매일 / 1995년 10월 13일 ● 가격 / 7,800엔
● 퍼블리셔 / NEC홈일렉트로닉스

너무나 예리한 게임성이 화제가 된 RPG로, PC엔진 말기를 장식한 대표적인 게임이기도 하다. 3개의 시나리오가 있는데, 그중 2개는 상당히 진한 내용이다. 엽기적인 스토리 전개는 성인용 게임이라고 할 수 있을 것이다. 적으로 출현하는 동물을 포획하는 시스템은 공통인데, 너무 강한 데미지를 주면 목적을 달성할 수 없다. RPG로서는 드물게 시간 제한도 있고, 시나리오와 동물 포획의 밸런스를 취하며 진행해 가야 한다.

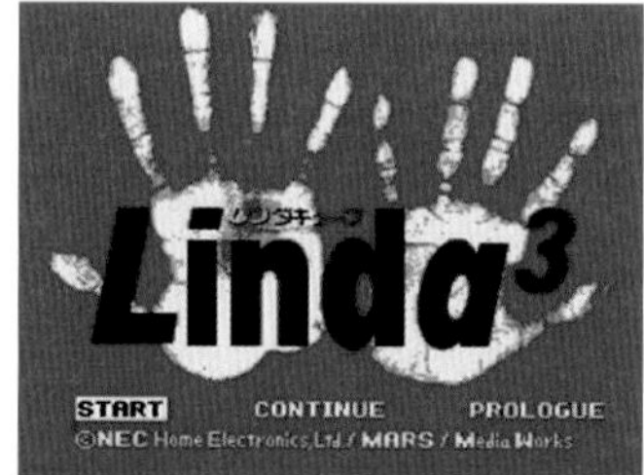

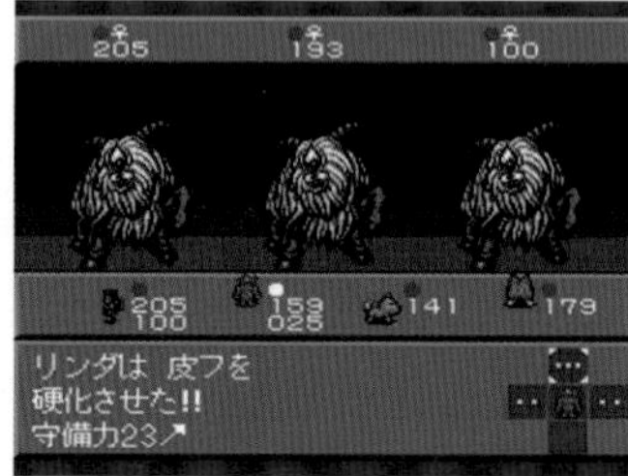

프린세스 메이커 1

● 발매일 / 1995년 1월 3일 ● 가격 / 8,800엔
● 퍼블리셔 / NEC홈일렉트로닉스

가이낙스(ガイナックス)의 육성 시뮬레이션을 PC엔진에 이식. 주인공은 고아 소녀를 맡아서 기르는데, 성장했을 때의 파라미터에 따라 엔딩이 크게 변화하는 구성이다.

메탈엔젤 2

● 발매일 / 1995년 1월 20일 ● 가격 / 8,900엔
● 퍼블리셔 / 팩인비디오

배틀 수트를 입고 싸우는 미소녀를 육성하는 시뮬레이션 게임의 2번째 작품. 트레이닝 메뉴를 정해 캐릭터를 강화해간다. 시합에서는 지시도 내릴 수 있으며, 섹시한 화상도 강화되었다.

섹시 아이돌 마작 야구권의 시

● 발매일 / 1995년 1월 31일 ● 가격 / 8,500엔
● 퍼블리셔 / 일본물산

AV 여배우가 다수 등장하는 18금 마작게임. 탈의 마작으로서는 보기 드문 4인제이며 속임수 기술은 없다. 미니게임으로 야구권(가위바위보 탈의게임)도 있으며, 엉성한 화면이지만 유두를 볼 수 있다.

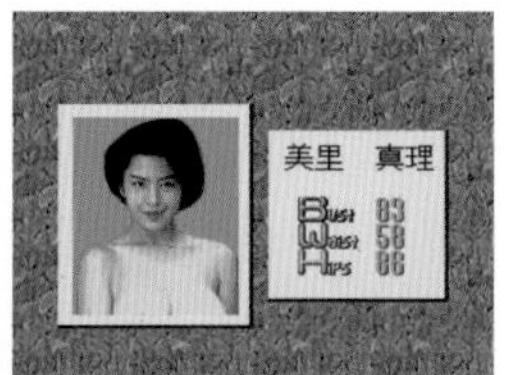

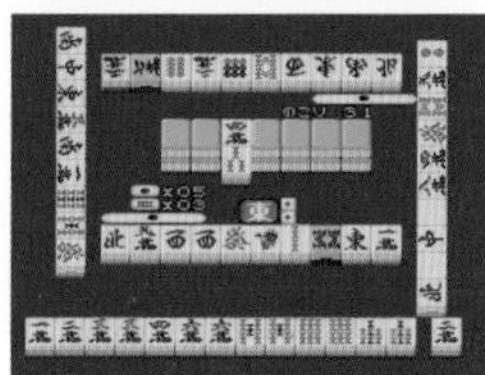

애 · 초형귀

● 발매일 / 1995년 2월 24일 ● 가격 / 8,900엔
● 퍼블리셔 / 일본컴퓨터시스템(메사이어)

전작의 동성애적 부분을 더욱 진화시킨 게임이 되었다. 횡스크롤 슈팅게임이면서 포징(posing)으로 공격하는 신기한 시스템으로, 익살스런 요소가 늘어났다.

아네상

● 발매일 / 1995년 2월 24일 ● 가격 / 7,800엔
● 퍼블리셔 / NEC애버뉴

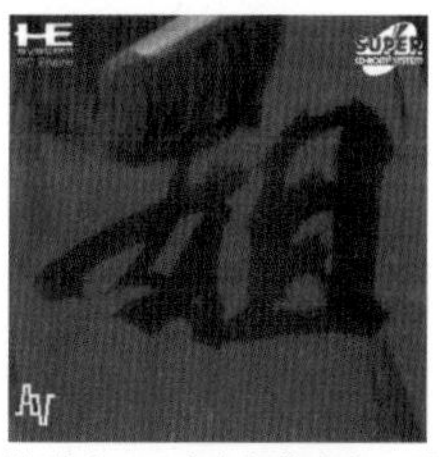

'저(姐)'라 쓰고 '아네상'이라고 읽는다. 레이디를 주역으로 한 벨트스크롤 액션으로, 물리친 보스 캐릭터를 주인공으로 사용하는 것도 가능하다. 또 미니게임인 맞짱뜨기(タイマン)도 특징이다.

슈퍼리얼 마작 P.V 커스텀

● 발매일 / 1995년 3월 3일 ● 가격 / 9,800엔
● 퍼블리셔 / 나그자트

아케이드 인기 탈의마작 시리즈 5번째 작품을 이식했다. 게임성은 2인마작이며 PC엔진 판에서도 아슬아슬할 때까지는 벗어주는데, 실은 숨겨진 요소로서 그 이상을 볼 수도 있다.

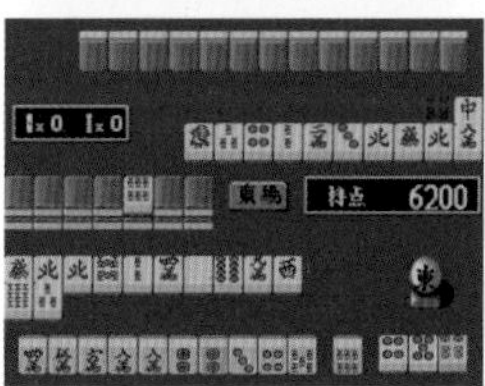

솔리드 포스

● 발매일 / 1995년 3월 17일 ● 가격 / 7,800엔
● 퍼블리셔 / NEC홈일렉트로닉스

고가도스튜디오가 개발한 턴제 시뮬레이션 게임. 한정된 멤버로 스테이지의 미션을 클리어 해가는 방식인데, 공격에 사용되는 총기에는 탄수 제한도 있어서 계획적인 플레이가 필요하다.

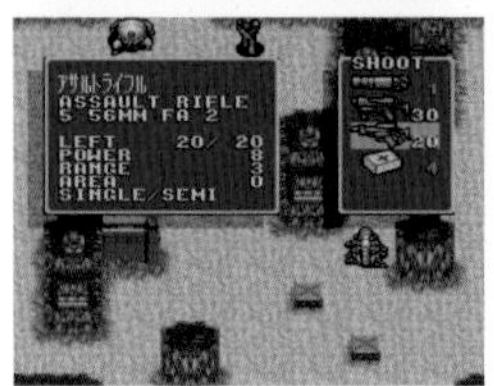

드래곤 나이트 & 그래피티

● 발매일 / 1995년 3월 31일 ● 가격 / 7,800엔
● 퍼블리셔 / NEC애버뉴

엘프(エルフ)개발의 PC용 어덜트 RPG를 이식했다. 3D 던전을 모험하면서 구출한 소녀의 그래픽을 볼 수 있다. 또 시리즈 작품의 소녀들을 소개하는 모드도 수록되었다.

포메이션 사커 95 델라 세리에 A

● 발매일 / 1995년 4월 7일 ● 가격 / 9,800엔
● 퍼블리셔 / 휴먼

미우라 가즈요시(三浦知良)의 이적으로 별안간 각광을 받은 이탈리아 프로축구 리그의 이름을 내건 작품. 『포메이션 사커』 시리즈의 특징인 세로로 긴 필드는 건재하다.

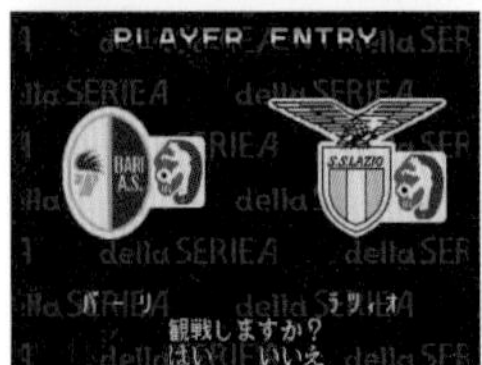

슬롯 승부사

● 발매일 / 1995년 4월 28일 ● 가격 / 8,500엔
● 퍼블리셔 / 일본물산

파치슬로에서 카지노 슬롯머신까지 다양한 슬롯에 도전할 수 있다. 야한 장면과 관련해서는 상당히 서비스가 좋아서 당시의 AV 걸 여럿이 실사로 등장한다.

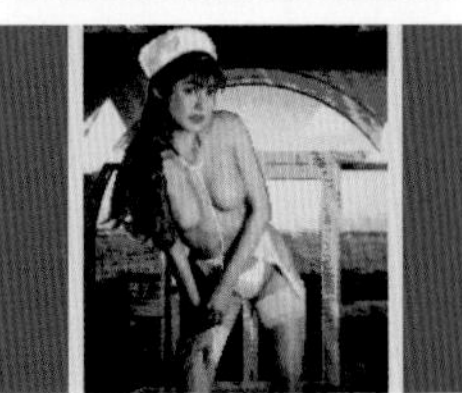

레슬 엔젤스 더블 임팩트 단체경영 편&신인데뷔 편

● 발매일 / 1995년 5월 19일 ● 가격 / 7,800엔
● 퍼블리셔 / NEC홈일렉트로닉스

PC용 프로레슬링 시뮬레이션 2작을 결합해 이식. 단체 경영 편에서는 선수를 육성하거나 설비투자를 하기도 한다. 신인 데뷔 편은 신인 레슬러로서 시합을 소화하며 성장시켜간다.

기장 루가II 샹그릴라의 종말

● 발매일 / 1995년 5월 26일 ● 가격 / 8,800엔
● 퍼블리셔 / NEC홈일렉트로닉스

1993년에 발매된 『기장 루가』의 속편. 스토리는 전작과 이어지지만, 시스템 면에서는 경험치가 도입되는 등 변화했다. 특수했던 사양은 일반적인 것으로 수정된 형태다.

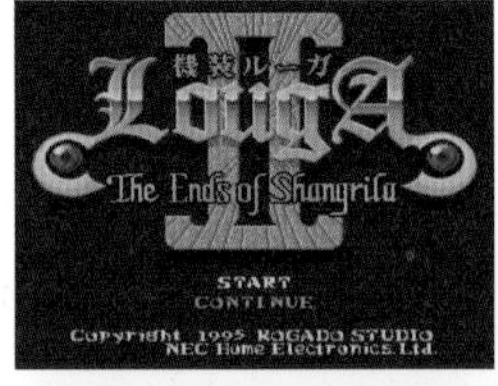

공상과학세계 걸리버 보이

● 발매일 / 1995년 5월 26일 ● 가격 / 7,800엔
● 퍼블리셔 / 허드슨

TV 애니메이션과 게임을 슈에이샤·허드슨·레드컴퍼니 3사가 공동개발 하는 프로젝트에서 탄생한 RPG다. 애니메이션 무비나 교역으로 자금을 얻는 시스템이 특징이다.

천지무용! 양황귀

● 발매일 / 1995년 5월 26일 ● 가격 / 8,200엔
● 퍼블리셔 / NEC애버뉴

인기 OVA를 원작으로 한 어드벤처 게임으로, PC 판에서 이식했다. 음성이 딸린 무비도 풍부하며 오리지널 캐릭터도 등장한다. 원작 팬은 물론, 아직 원작을 보지 못한 플레이어도 게임을 즐길 수 있다.

열혈 레전드 베이스볼러

● 발매일 / 1995년 6월 16일 ● 가격 / 8,800엔
● 퍼블리셔 / 팩인비디오

야구를 RPG풍으로 만든 보기 드문 작품. 시합은 커맨드 선택식이며, 결과로 데미지를 주고받는다. 어처구니없으면서도 참신한 아이디어지만, 시합 시간이 길다는 단점도 있다.

프린세스 메이커 2

● 발매일 / 1995년 6월 16일 ● 가격 / 9,800엔
● 퍼블리셔 / NEC홈일렉트로닉스

인기 육성 시뮬레이션 2번째 작을 이식. 딸의 스케줄을 정해 파라미터를 성장시켜 가는데, 성장 결과에 따라 엔딩이 수십 종류나 마련되어 있다.

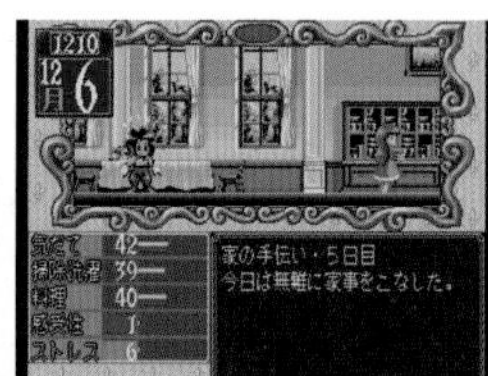

레니 블래스터

● 발매일 / 1995년 6월 23일 ● 가격 / 7,800엔
● 퍼블리셔 / NEC애버뉴

PC엔진 오리지널의 횡스크롤 액션. 2명의 주인공 중 한쪽을 선택해 게임을 진행해간다. 일반적인 공격 외에 모아 쏘기 공격도 가능하며, 기예는 다채롭지만 조작성에 난점이 있다.

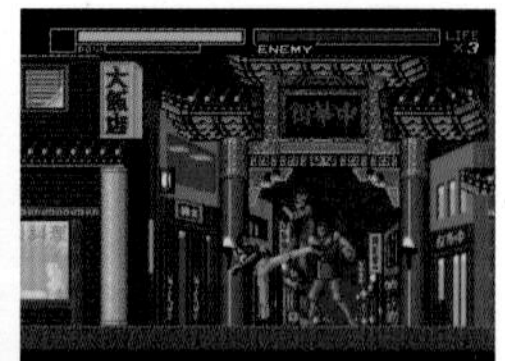

바람의 전설 제나두 II

● 발매일 / 1995년 6월 30일 ● 가격 / 9,800엔
● 퍼블리셔 / 일본팔콤

전작의 이후 시대를 그린 속편. 게임 내용은 액션 RPG로, 전투는 적과 부딪치며 싸운다. 모든 면에서 완성도가 두드러지며 팬들로부터 높은 평가를 받은 작품이다.

은하아가씨전설 유나 2

● 발매일 / 1995년 6월 30일 ● 가격 / 7,800엔
● 퍼블리셔 / 허드슨

『은하아가씨전설』 시리즈의 2번째 작품. 디지털코믹+카드배틀이라는 게임성으로, 많이 떠들고 잘 움직이는 작품이다. 성우진도 호화로운데, 완전히 시리즈 팬을 위한 작품이다.

아스카 120% 맥시마 버닝 페스트

● 발매일 / 1995년 7월 28일 ● 가격 / 8,200엔
● 퍼블리셔 / NEC애버뉴

여성 캐릭터가 싸우는 대전격투게임으로, PC게임에서 이식되었다. 선택 가능한 10인의 캐릭터는 동아리활동 예산 획득을 위해 싸우며, 각각 2종류의 필살기를 갖고 있다.

스페이스 인베이더 디 오리지널 게임

● 발매일 / 1995년 7월 28일 ● 가격 / 6,800엔
● 퍼블리셔 / NEC애버뉴

아케이드 게임 최대 히트작인『스페이스 인베이더』의 SCD판. 오리지널 게임은 흑백이나 셀로판 버전을 즐길 수 있으며, 어레인지 게임으로는 대전용 모드도 즐길 수 있다.

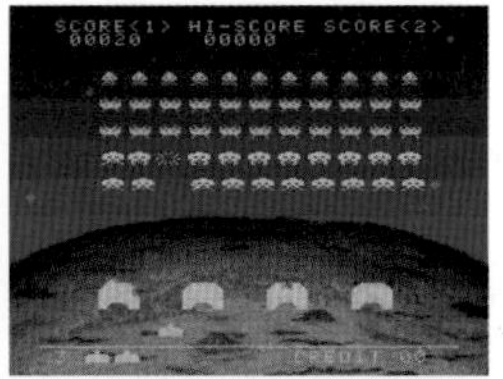

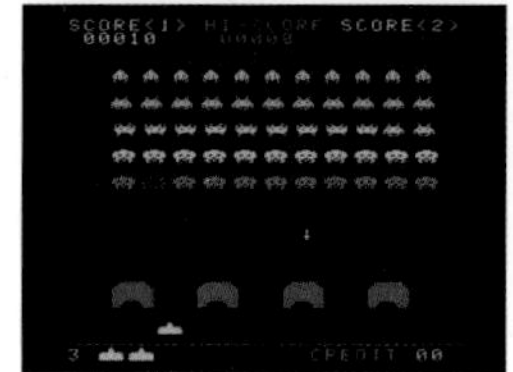

백물어 – 진짜로 있었던 무서운 이야기

● 발매일 / 1995년 8월 4일 ● 가격 / 6,800엔
● 퍼블리셔 / 허드슨

이나가와 쥰지(稲川淳二) 감독의 호러 사운드노벨. 101개의 이야기가 수록되어 있으며, 하나의 이야기가 끝날 때마다 촛불이 꺼진다. 또 심령스폿을 소개하는 지도 등 내용이 충실했다.

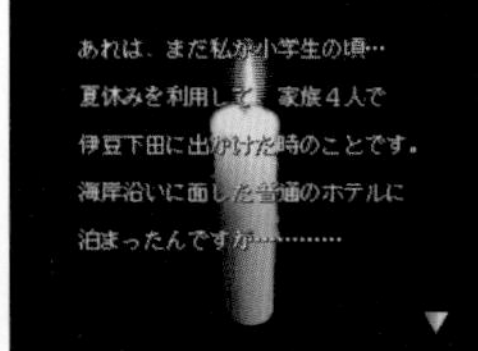

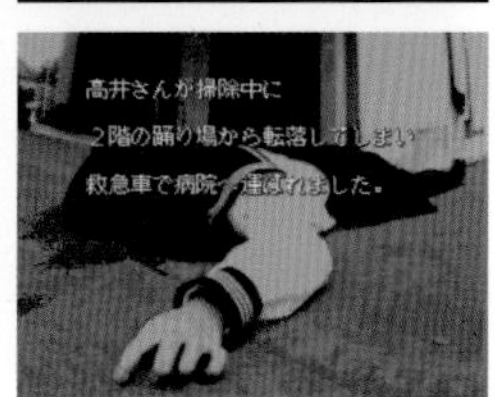

프라이빗 아이 돌

● 발매일 / 1995년 8월 11일 ● 가격 / 7,800엔
● 퍼블리셔 / NEC홈일렉트로닉스

PC엔진 오리지널 어드벤처 게임. 아이돌이 주인공이라는 얼핏 보면 가벼운 느낌의 게임으로 생각되지만, 수수께끼 풀이는 상당히 어려워 본격적인 미스터리가 되었다.

마작 소드 프린세스 퀘스트 외전

● 발매일 / 1995년 8월 11일 ● 가격 / 8,800엔
● 퍼블리셔 / 나그자트

맵을 이동하며 숍에서 쇼핑을 하기도 하는 RPG풍의 2인 마작게임. 탈의 장면은 무비가 되었는데, 애니메이션 캐릭터가 상당히 아슬아슬한 곳까지 보여준다.

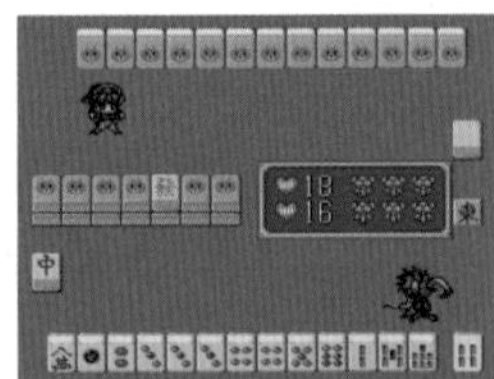

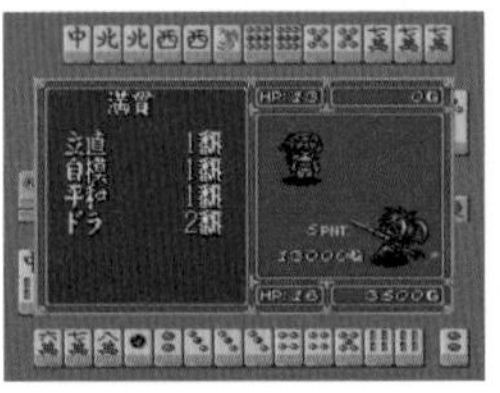

진원령전기

● 발매일 / 1995년 9월 22일 ● 가격 / 8,500엔
● 퍼블리셔 / 후지콤

PC용으로 발매된 호러 어드벤처를 리메이크한 작품. 난이도는 높지만 시나리오에는 정평이 나 있다. 현재는 프리미엄 가격으로 거래된다.

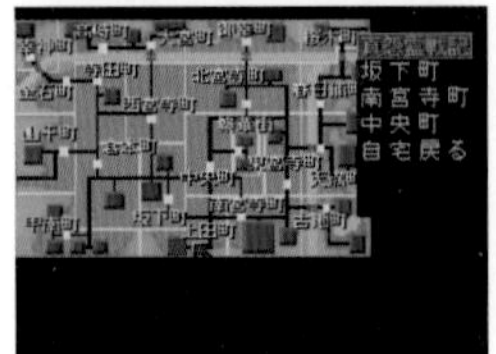

더 티비쇼

● 발매일 / 1995년 9월 29일 ● 가격 / 6,800엔
● 퍼블리셔 / 라이트스터프

탑뷰의 액션 퍼즐. 8인의 캐릭터에서 1인을 선택하며 폭탄을 이용해 캡슐을 파괴하고 모든 보석을 회수하면 스테이지 클리어 된다. 이 작품도 정가 이상의 가격으로 거래된다.

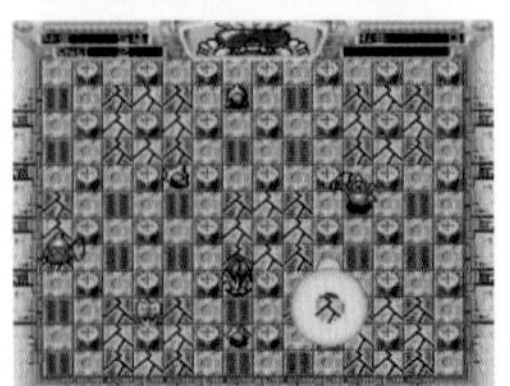

쇼기 데이터베이스 기우

● 발매일 / 1995년 10월 27일 ● 가격 / 6,900엔
● 퍼블리셔 / 세타

외통장기(詰め将棋)나 CPU와의 대전을 즐길 수 있는 장기 게임인데, 데이터베이스가 매우 충실하다. 과거의 기보나 프로 기사의 데이터도 볼 수 있으며, 특히 후자는 놀랍게도 주소까지 실려 있다.

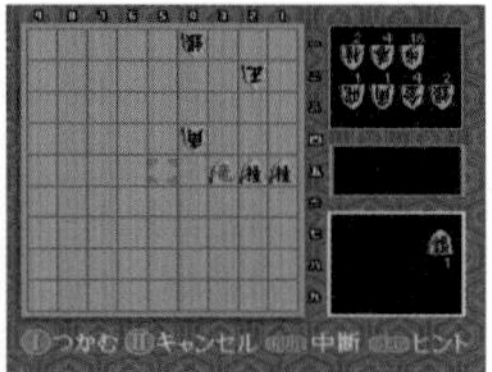

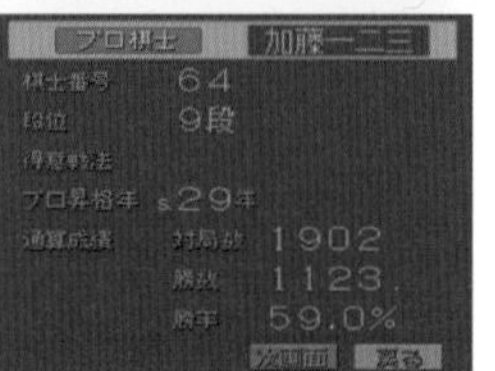

동급생

● 발매일 / 1995년 11월 23일 ● 가격 / 8,800엔
● 퍼블리셔 / NEC애버뉴

PC용 어덜트 어드벤처를 PC엔진에 이식했다. 맵을 이동하여 이벤트를 발생시키고 히로인들과 친해져간다. 다만 PC엔진 판은 야한 장면이 삭제되었다.

성야물어 에이너스 판타지 스토리즈

● 발매일 / 1995년 12월 22일 ● 가격 / 7,800엔
● 퍼블리셔 / 허드슨

주인공은 버려진 아이인데 누가 거두는지에 따라 직업이 바뀐다는 참신한 시스템을 채용한 RPG다. 전투에서는 선택한 커맨드에 따라 어느 한 쪽의 숙련도가 올라가는 구조다.

사이드라벨 셀렉션 17

「스프리건 마크2 리테라폼 프로젝트」 「솔:모나쥬」

게임소개 p.142 게임소개 p.177

명작 한정판이 존재하는 소프트의 통상판
양쪽 다 명작 한정판과는 사이드라벨의 색깔이 다르다.

스팀 하츠

● 발매일 / 1996년 3월 22일 ● 가격 / 8,800엔
● 퍼블리셔 / TGL판매

PC엔진 오리지널 종스크롤 슈팅게임. 스테이지를 클리어 하면 야한 비주얼신을 볼 수 있기도 해서 18세 이상 추천 게임이 되었다.

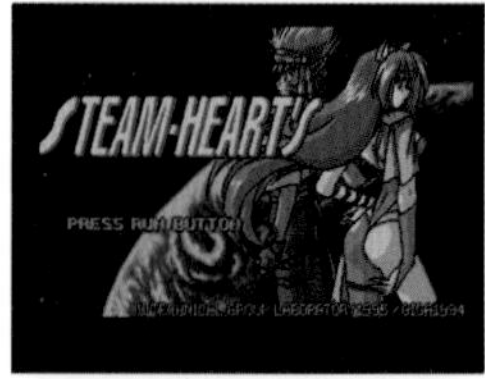

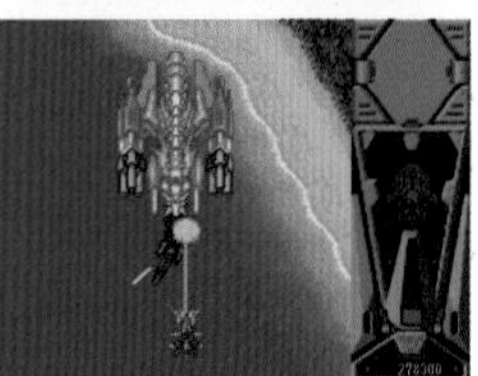

뿌요뿌요 CD 통

● 발매일 / 1996년 3월 29일 ● 가격 / 7,800엔
● 퍼블리셔 / NEC인터채널

아케이드로 가동했던 『뿌요뿌요』 속편을 PC엔진에 이식했다. 후속 시스템에서 기본이 되는 상쇄 시스템이 처음 도입되어 대전이 더욱 뜨거워졌다.

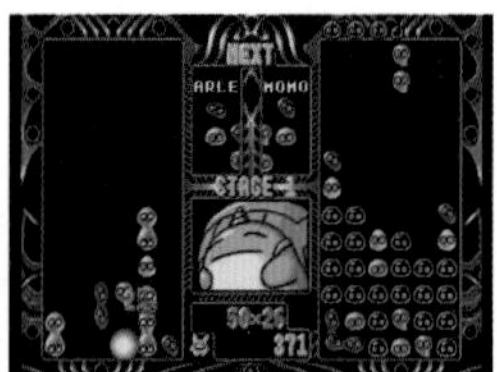

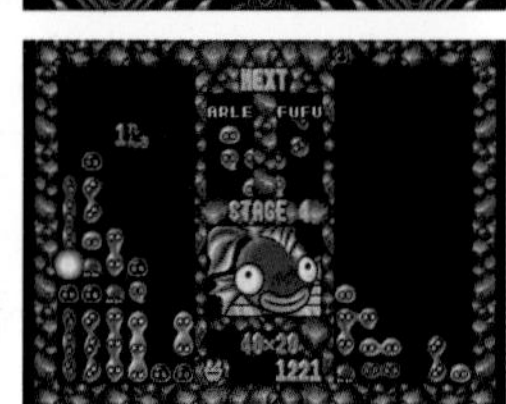

버진 드림

● 발매일 / 1996년 5월 31일 ● 가격 / 8,800엔
● 퍼블리셔 / 도쿠마쇼텐 인터미디어

PC용 육성 시뮬레이션을 이식. 캐릭터 디자인은 유즈키 히카루(弓月光)가 담당했다. 마라톤이나 발성 연습 같은 훈련으로 캐릭터의 파라미터를 올려가고, 필요한 자금은 아르바이트로 번다.

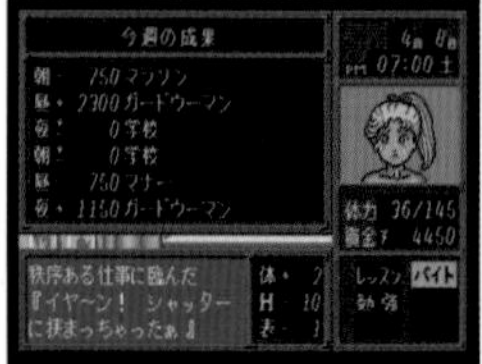

고! 고! 버디 찬스

● 발매일 / 1996년 6월 28일 ● 가격 / 7,800엔
● 퍼블리셔 / NEC홈일렉트로닉스

미소녀 게임 요소를 더한 골프게임. 스토리 모드에서는 플레이어가 코치가 되어 3인의 캐릭터 중 하나를 선택해 트레이닝으로 강화하고 라이벌과의 시합에서 승리해간다.

데 · 자

● 발매일 / 1996년 7월 12일 ● 가격 / 7,800엔
● 퍼블리셔 / NEC인터채널

PC용 어덜트 어드벤처를 이식했다. 주인공은 고고학자. 수수께끼의 지팡이를 둘러싸고 갑자기 파란이 일어난다. 문제의 야한 장면은 애석하지만 싹둑 잘려 나갔다.

바자루데 고자루

● 발매일 / 1996년 7월 26일 ● 가격 / 7,800엔
● 퍼블리셔 / NEC홈일렉트로닉스

NEC의 판촉 캠페인 캐릭터인 원숭이(サル)를 주인공으로 한 퍼즐게임. PC엔진 말기에 발매되기도 해서 유통량이 적었는데, 현재는 고액으로 거래된다.

경고화면 셀렉션2

데드 오브 더 브레인 1&2

천사의 시II

두근두근 메모리얼

드래곤 슬레이어 영웅전설II

일하는 소녀 데키파키 워킹러브

파이어프로 여자 레슬링

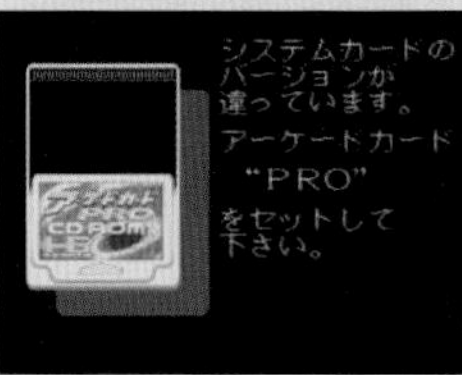

신비한 바다의 나디아

뿌요뿌요CD

프린세스 메이커1

호러 스토리

폴리스 커넥션

문라이트 레이디

경고화면은 텍스트, 전면 일러스트, 애니메이션 등으로 다양하다. 미니 캐릭터가 촌극을 벌이는 패턴도 있다.

일하는 소녀 데키파키 워킹러브

● 발매일 / 1997년 3월 28일 ● 가격 / 7,800엔
● 퍼블리셔 / NEC홈일렉트로닉스

다케모토 이즈미(竹本泉) 원작의 만화를 게임화. '기타성(その他省)'의 업무를 3인의 캐릭터에게 할당하고, 과제를 해결하면 함께 파라미터를 육성한다. 비주얼신도 가득하다. 나중에 PC-FX에 이식되었다.

데드 오브 더 브레인 1&2

● 발매일 / 1999년 6월 3일 ● 가격 / 7,800엔
● 퍼블리셔 / NEC홈일렉트로닉스

PC용 호러 어드벤처 두 작품을 결합해 이식한 것으로 PC엔진 최후의 작품이 되었다. 출하량이 매우 적어서 구입하려면 상당한 지출을 각오해야 한다.

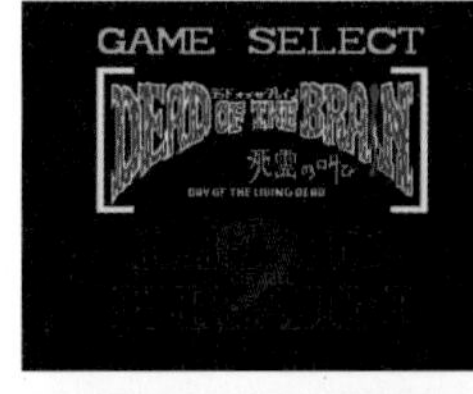

CD-ROM2 & 슈퍼CD-ROM2 양대응 소프트에 대하여

칼라 워즈	양대응 예정을 변경해서 CD-ROM2 소프트로	환창대륙 올레리아	ROM2/SCD 양대응이지만 SCD 환경 하에서의 이점은 불분명
갬블러 자기중심파 마작퍼즐 콜렉션	양대응 예정을 변경해서 CD-ROM2 소프트로	나리토레 더 스고로쿠'92	ROM2/SCD 양대응이지만 SCD 환경 하에서의 이점은 불분명
마물헌터 요코 마계에서 온 전학생	양대응 예정을 변경해서 CD-ROM2 소프트로	로도스도전기	ROM2/SCD 양대응이지만 SCD 환경 하에서의 이점은 불분명
로드 오브 워즈	양대응 예정을 변경해서 CD-ROM2 소프트로	참 아지랑이의 시대	SCD 환경에서 플레이하면 억세스 시간이 일부 짧아진다.
퀴즈의 별	양대응 예정을 변경해서 SCD 소프트로	슈퍼 슈바르츠실트	SCD 환경에서 플레이하면 억세스 횟수가 줄어든다.
섀도우 오브 더 비스트 마성의 정	양대응 예정을 변경해서 SCD 소프트로	마작 바닐라신드롬	SCD 환경에서 플레이하면 캐릭터가 더 많이 떠든다.
포가튼 월드	양대응 예정을 변경해서 SCD 소프트로	테라포밍	SCD 타이틀로 취급하지만 ROM2 환경 하에서도 플레이 가능
퀴즈 카라반 컬트Q	ROM2/SCD 양대응이지만 SCD 환경 하에서의 이점은 불분명	야와라!	SCD 타이틀로 취급하지만 ROM2 환경 하에서도 플레이 가능
퀴즈 영주의 야망	ROM2/SCD 양대응이지만 SCD 환경 하에서의 이점은 불분명	란마1/2 타도, 원조무차별격투류	SCD 타이틀로 취급하지만 ROM2 환경 하에서도 플레이 가능
퀴즈 통째로 더 월드2 타임머신에게 부탁해!	ROM2/SCD 양대응이지만 SCD 환경 하에서의 이점은 불분명	초시공요새 마크로스2036	ROM2 환경 하에서는 본래 흘렀을 데모가 보이지 않는다.

SCD가 등장할 당시, 상기 타이틀에 대해서는 ROM2/SCD 양대응을 내세웠지만, 개발 도중에 이런저런 문제가 생겨서 절반 가까운 타이틀은 양대응이 아니게 됐다. 또한 ROM2 타이틀이 SCD와 양대응일 경우, 일반적으로는 억세스 타임 경감이 최대의 이점이라고 생각되지만, 그 이외의 효과가 확인된 타이틀도 존재한다(상세한 내용은 표를 참조).

시스템카드 소개

시스템카드

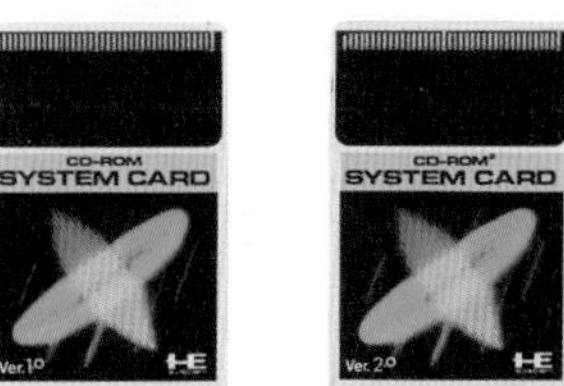

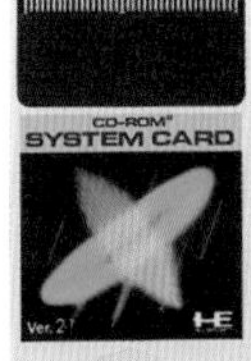

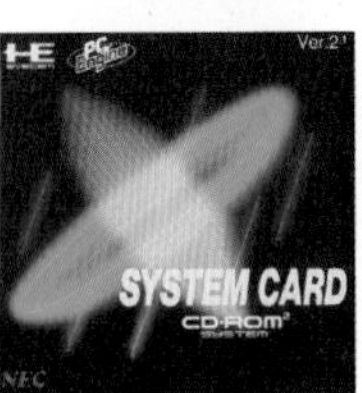

슈퍼시스템카드

아케이드카드

명칭	발매일	가격
시스템카드 1.0	1988/12/4	–
시스템카드 2.0	1989/12	–
시스템카드 2.1	1990/7/6	4,800엔
슈퍼시스템카드	1991/10/26	9,800엔
아케이드카드DUO	1994/3/12	12,800엔
아케이드카드PRO	1994/3/12	17,800엔

ROM2 게임을 기동할 때 필요한 것이 시스템카드다. 이 가운데 Ver1.0은 인터페이스 유닛에 동봉된 것이다. 한편 Ver2.0은 CD-ROM2시스템(전·후기)에 동봉된 것으로, 새롭게 CD그래픽 재생기능을 추가했다. Ver2.1에서는 더욱더 개량되어 조작성이 향상되었을 뿐만 아리라 일부 작동하지 않았던 타이틀에도 대응했다. CD-ROM2시스템(후기)에 동봉된 것 외에, 유일하게 단품으로도 판매되었다. 또한 CD-ROM2시스템으로 SCD카드 혹은 아케이드카드 전용 소프트를 플레이하기 위해선 슈퍼시스템카드, 아케이드카드PRO가 필요하다. 아케이드카드DUO는 슈퍼CD-ROM2, DUO(R, RX), LD-ROM2로 아케이드카드 전용 소프트를 플레이할 때에 필요한 카드다. 대응 카드를 사용하지 않으면 정교한 경고화면이 나오는 소프트도 있는데, 이것저것 시험해보는 것도 재밌다.

주변기기 & 컨트롤러 소개

ROM2 어댑터

- 발매일 / 1990년 4월 20일
- 가격 / 6,900엔
- 메이커 / NEC홈일렉트로닉스

슈퍼그래픽스를 CD-ROM2 시스템에 접속하기 위한 어댑터

슈퍼 ROM2 어댑터

- 발매일 / 1992년 3월
- 가격 / 5,900엔
- 메이커 / NEC홈일렉트로닉스

PC엔진 LT는 구조상의 문제로 슈퍼CD-ROM2에 접속할 수 없다는 소문도 있었지만, 이 어댑터가 문제를 해결.

아티스트 툴

● 발매일 / 1989년 9월 29일 ● 가격 / 5,800엔
● 메이커 / NEC홈일렉트로닉스

이른바 화가 소프트. 패드로 그림을 그릴 수는 있지만 저장은 불가능.

프린트 부스터

● 발매일 / 1989년 9월 29일 ● 가격 / 24,800엔
● 메이커 / NEC홈일렉트로닉스

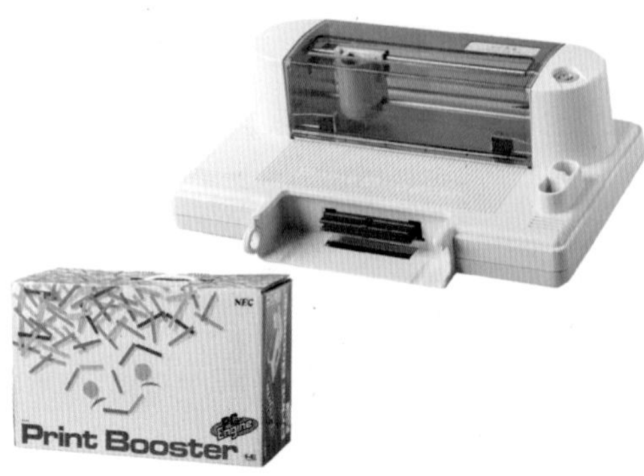

화면에 그려진 그림이나 문자를 출력하는 인쇄기기. '프린트 리더'를 접속하면 이미지 스캐너로 사용할 수 있다.

일러스트 부스터

● 발매일 / 1989년 9월 29일 ● 가격 / 9,800엔
● 메이커 / NEC홈일렉트로닉스

그림이나 도면을 트레이싱 하기 위한 태블릿. PC엔진 본체의 패드 단자에 접속해 사용한다.

포토 리더

● 발매일 / 1989년 9월 29일 ● 가격 / 5,000엔
● 메이커 / NEC홈일렉트로닉스

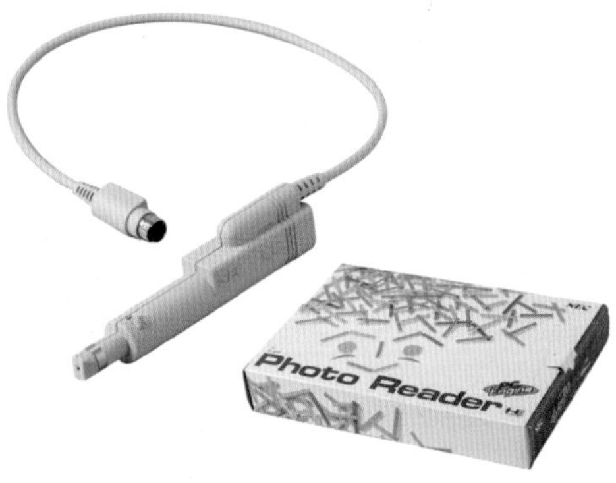

'프린트 부스터'의 리더 단자에 접속해 사용하는 펜형 스캐너(흑백). 스캐닝에 시간이 걸리는 것이 난점.

ROM2 앰프

● 발매일 / 1989년 10월 27일 ● 가격 / 24,800엔
● 메이커 / NEC홈일렉트로닉스

CD-ROM2 시스템으로 노래방을 즐길 수 있게 하는 앰프와 스피커 시스템 세트. 거치대도 동봉했다.

MIC-30 다이내믹 마이크로폰

● 발매일 / 1989년 12월 4일 ● 가격 / 5,500엔
● 메이커 / NEC홈일렉트로닉스

'ROM2 앰프'용 마이크이지만 일반 AV 기기에도 사용 가능. 마이크는 단일 방향성 다이내믹형.

버추얼 쿠션

● 발매일 / 1992년 12월 18일 ● 가격 / 14,800엔
● 메이커 / NEC홈일렉트로닉스

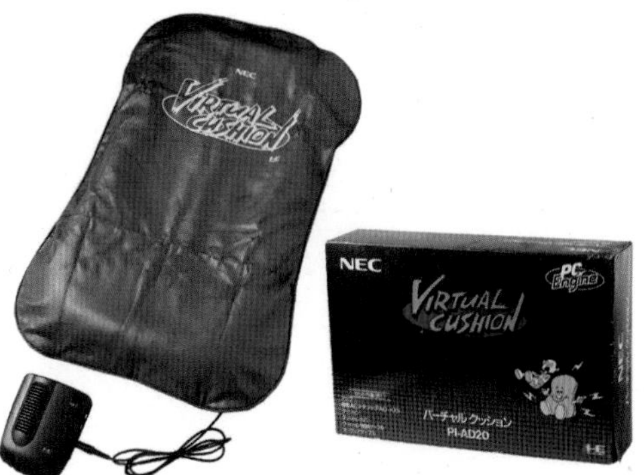

진동 장치를 내장한 에어쿠션과 중저음을 발생시키는 앰프 세트. 『이미지 파이터 II』와 동시발매.

슈퍼 다라이어스 홈비디오용 3D 글래스

● 발매일 / 1990년 3월 16일 ● 가격 / 비매품
● 메이커 / NEC애버뉴

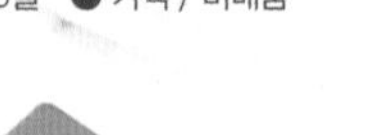

소니의 핸디캠용 안경을 유용. 3D로 게임을 즐길 수 있다. 『슈퍼 다라이어스』 구입자에게 배포된 비매품

데베로 BOX & 스타터 키트

● 발매일 / 1996년 1월 23일 ● 가격 / 10,000엔
● 메이커 / 도쿠마 인터미디어(양쪽 다) ※'데베로BOX' 사진 우측

● 발매일 / 1996년 6월 ● 가격 / 15,000엔
※ '데베로 BOX'&'데베로 스타터키트 어셈블러 편'(사진 중앙) 세트.
● 발매일 / 1996년 8월 1일 ● 가격 / 15,000엔
※ '데베로 BOX'&'데베로 스타터키트 BASIC 편'(사진 좌측) 세트.

PC엔진과 PC-98 및 MSX를 접속해서 PC엔진의 프로그램과 CG를 제작하는 키트. 「PC엔진FAN」 지상에서 통신판매

PC 엔진 전용 AV 부스터

● 발매일 / 1988년 4월 8일 ● 가격 / 3,500엔
● 메이커 / NEC홈일렉트로닉스

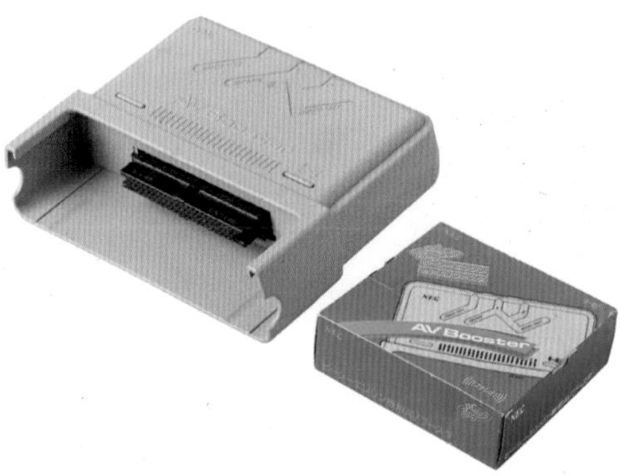

이른바 '초대(初代) 엔진' 전용품으로, 스테레오 출력 & 비디오 출력으로 변환할 수 있지만 「하늘의 소리」와 동시 사용은 불가.

하늘의 소리 2

● 발매일 / 1989년 8월 8일 ● 가격 / 2,600엔
● 메이커 / 허드슨

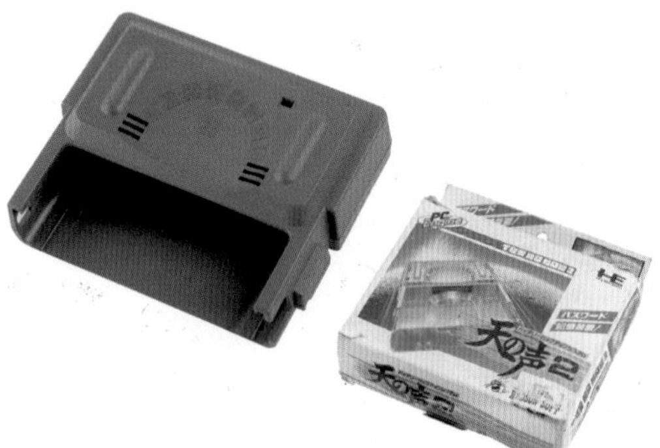

외장 배터리 백업 시스템. RAM 용량은 CD-ROM2 시스템의 백업 메모리와 동일(2KB)

백업 부스터

● 발매일 / 1989년 11월 22일 ● 가격 / 7,800엔
● 메이커 / NEC홈일렉트로닉스

백업 기능(2KB) 내장. AV 출력과 캘린더 기능도 있다. 외장 유닛이며 기본적으로는 초대 PC엔진에서 사용한다.

백업 부스터 II

● 발매일 / 1989년 12월 8일 ● 가격 / 5,800엔
● 메이커 / NEC홈일렉트로닉스

초판은 AA 건전지 2개(수명은 약 1년)였는데, 내장 배터리로 변경되고 60시간 충전으로 1개월간 보존할 수 있다.

백업 유닛

● 발매일 / 1989년 11월 22일 ● 가격 / 5,800엔
● 메이커 / NEC홈일렉트로닉스

셔틀 전용 외장 백업 기기(내장 배터리 방식). 성능은 '백업 부스터 II' 와 동일.

하늘의 소리 뱅크

● 발매일 / 1991년 9월 6일 ● 가격 / 3,880엔
● 메이커 / 허드슨

'하늘의 소리2' '백업 부스터 II' '백업 유닛' 4개분(8KB)의 데이터를 보존할 수 있다.

메모리 베이스 128

● 발매일 / 1993년 3월 ● 가격 / 5,980엔
● 메이커 / NEC홈일렉트로닉스

128KB의 데이터를 보존할 수 있는 외장 백업 유닛. AA 망간 건전지로 4개월, 알카라인 건전지라면 12개월간 보존 가능.

세이브 군

● 발매일 / 1993년 6월 4일 ● 가격 / 5,980엔
● 메이커 / 고에이

성능은 '메모리 베이스 128'과 같다. 단품 판매가 아니라 코에이의 일부 게임과 세트 판매도.

PC 엔진 DUO 모니터

● 발매일 / 1991년 9월 21일 ● 가격 / 79,800엔
● 메이커 / NEC홈일렉트로닉스

DUO 전용 외장 액정 모니터. 4.3형 액티브 매트릭스 방식 컬러액정. 안테나 내장 및 야외에서도 사용 가능(AA 건전지 6개로 1.5~2시간).

PC 엔진 마우스

● 발매일 / 1992년 11월 27일 ● 가격 / 4,980엔
● 메이커 / NEC홈일렉트로닉스

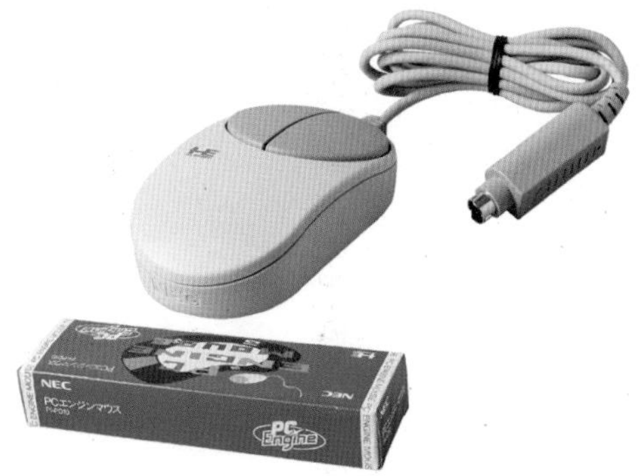

우(좌)버튼이 I (II) 버튼에 대응. RUN·SELECT 버튼은 사이드에 배치. 『레밍스』와 동시 발매.

PC 엔진 전용 패드

● 발매일 / 1987년 10월 30일 ● 가격 / 2,480엔
● 메이커 / NEC홈일렉트로닉스

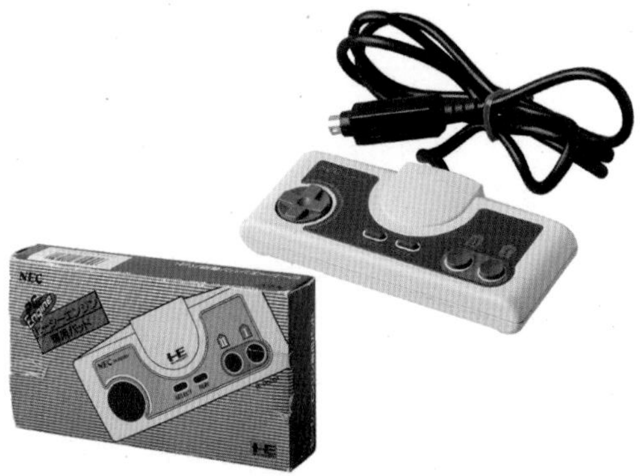

초대 엔진에 부속되었다. 연사 기능 비탑재 스탠더드 패드.

PC 엔진 전용 터보패드

● 발매일 / 1987년 10월 30일 ● 가격 / 2,680엔
● 메이커 / NEC홈일렉트로닉스

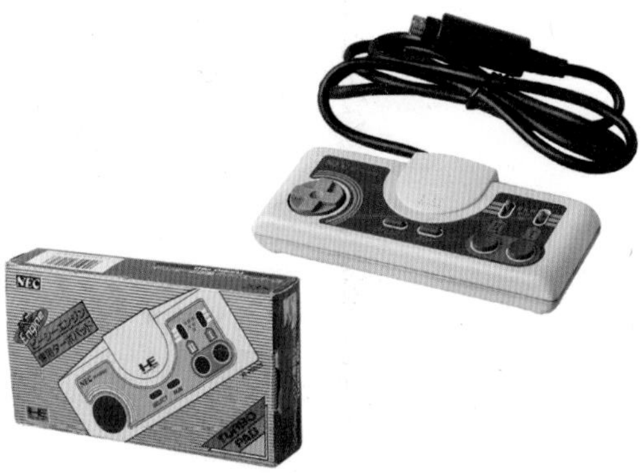

이름 그대로 PC엔진 전용 패드에 2단계 연사 기능을 탑재한 패드

터보패드 II

● 발매일 / 1989년 11월 22일 ● 가격 / 2,680엔
● 메이커 / NEC홈일렉트로닉스

셔틀에 부속. 터보패드와 같은 성능을 자랑한다. 유선형의 디자인은 인체공학에 기반해서 쥐기 편하다.

터보패드(블랙)

● 발매일 / 1989년 12월 8일 ● 가격 / 2,680엔
● 메이커 / NEC홈일렉트로닉스

코어그래픽스와 슈퍼그래픽스에 부속된 터보패드. 성능에 차이는 없다.

터보패드(그레이)

● 발매일 / 1991년 6월 21일 ● 가격 / 2,680엔
● 메이커 / NEC홈일렉트로닉스

코어그래픽스 II 에 부속된 터보패드. 성능에 차이는 없고, 색상을 본체와 맞췄다.

터보패드(화이트)

● 발매일 / 1993년 3월 25일 ● 가격 / 2,680엔
● 메이커 / NEC홈일렉트로닉스

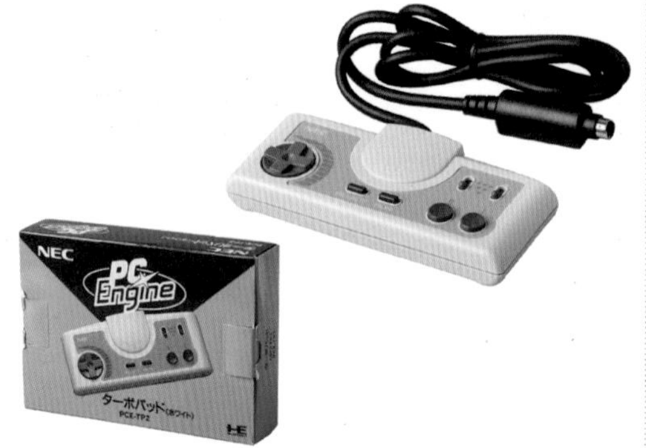

DUO-R에 부속된 터보패드. 성능에 차이는 없고, 마찬가지로 본체와 같은 흰색을 채용했다.

코드리스 패드 & 코드리스 멀티탭 세트

● 발매일 / 1992년 12월 18일 ● 가격 / 3,980엔 ※코드리스 패드
● 발매일 / 1992년 12월 18일 ● 가격 / 9,800엔 ※코드리스 멀티탭 세트
● 메이커 / NEC홈일렉트로닉스

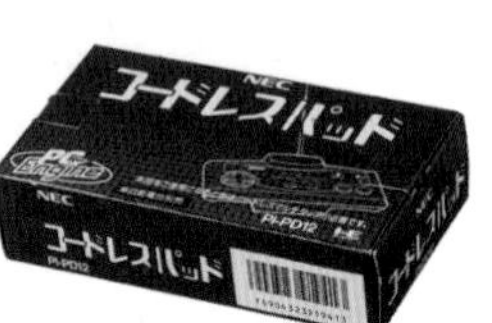

적외선 기술을 이용함으로써 최대 5인까지 무선으로 플레이할 수 있는 뛰어난 제품. AAA 건전지 4개로 40시간 플레이를 기대할 수 있다.

애버뉴 패드 3

● 발매일 / 1991년 1월 31일 ● 가격 / 2,980엔
● 메이커 / NEC애버뉴

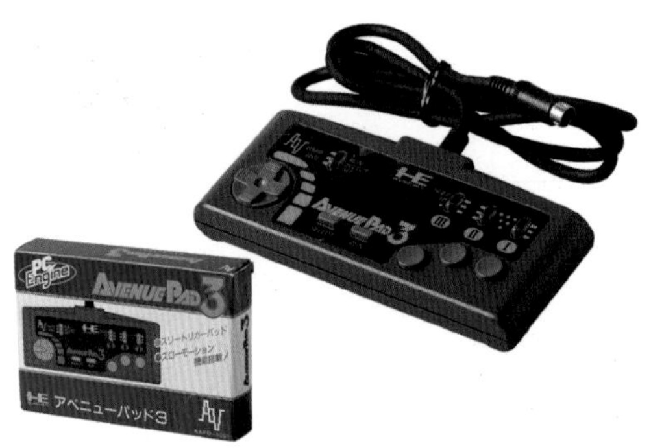

전용 스위치를 전환해 III 버튼을 RUN 또는 SELECT 버튼으로 사용할 수 있고, 연사·연사홀드 기능이 탑재됨. 『포가튼 월드』에 동봉됨.

아케이드 패드 6

● 발매일 / 1994년 6월 25일 ● 가격 / 2,980엔
● 메이커 / NEC홈일렉트로닉스

2버튼·6버튼 모드 전환 스위치에 더하여 모든 버튼에 연사 기능을 탑재. DUO-RX에 부속.

애버뉴 패드 6

● 발매일 / 1993년 6월 12일
● 가격 / 3,980엔
● 메이커 / NEC애버뉴

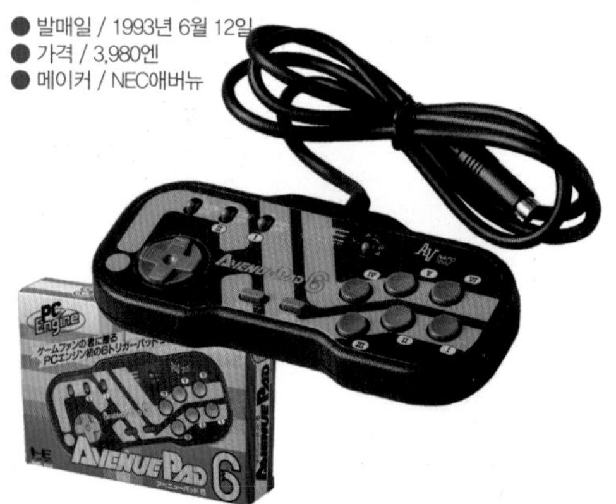

2버튼·6버튼 모드 전환 스위치, 슬로모션 스위치가 딸림. I·II 버튼에만 연사 기능 탑재. 『스트리트 파이터 II 대쉬』에 부속.

PC 엔진 전용 멀티탭

● 발매일 / 1987년 10월 30일 ● 가격 / 2,480엔
● 메이커 / NEC홈일렉트로닉스

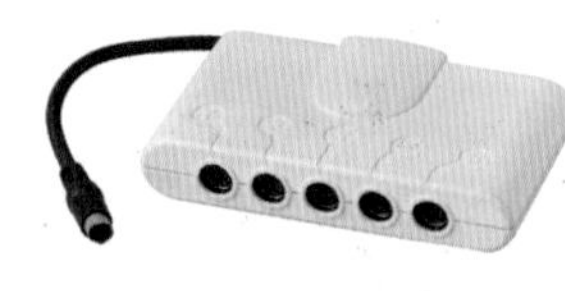

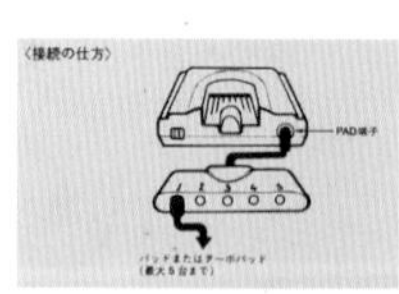

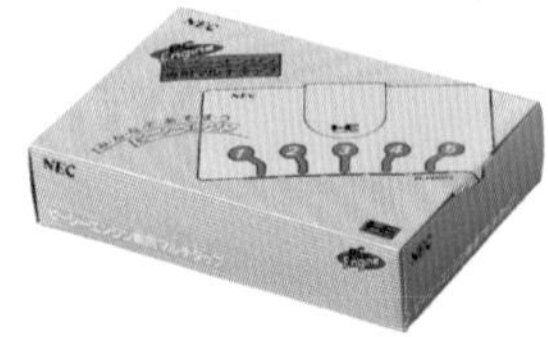

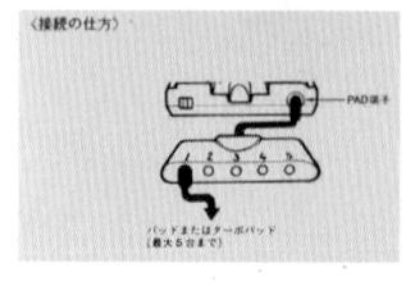

다중 플레이(최대5인)용. 전기와 후기가 있으며, 후기에서는 상자에 인쇄된 접속 방법 삽화에서 하드웨어 윗부분이 지워졌다.

PC 엔진 게임소프트 검색

※청색은 슈퍼그래픽스, 황색은 아케이드카드 작품

HuCard & SuperGrafx 연대순

타이틀(일문)	타이틀(국문)	발매일	퍼블리셔	미디어	페이지
1987년					
上海	상하이	1987년 10월 30일	허드슨	HuCARD	009
ビックリマンワールド	빅쿠리맨 월드	1987년 10월 30일	허드슨	HuCARD	009
THE 功夫	더 쿵푸	1987년 10월 30일	허드슨	HuCARD	008
カトちゃんケンちゃん	카토짱 켄짱	1987년 11월 21일	허드슨	HuCARD	009
ビクトリーラン 栄光の13,000キロ	빅토리 런 영광의 13,000킬로	1987년 11월 30일	허드슨	HuCARD	008
1988년					
邪聖剣 ネクロマンサー	사성검 네크로맨서	1988년 01월 22일	허드슨	HuCARD	010
妖怪道中記	요괴도중기	1988년 02월 05일	남코	HuCARD	011
R-TYPE Ⅰ	R-TYPE Ⅰ	1988년 03월 25일	허드슨	HuCARD	010
遊々人生	유유인생	1988년 04월 22일	허드슨	HuCARD	011
プロ野球 ワールドスタジアム	프로야구 월드 스타디움	1988년 05월 20일	남코	HuCARD	011
R-TYPE Ⅱ	R-TYPE Ⅱ	1988년 06월 03일	허드슨	HuCARD	011
パワーリーグ	파워 리그	1988년 06월 24일	허드슨	HuCARD	012
戦国麻雀	전국 마작	1988년 07월 08일	허드슨	HuCARD	012
ギャラガ88	갤러가88	1988년 07월 15일	남코	HuCARD	012
プロテニス ワールドコート	프로테니스 월드코트	1988년 08월 11일	남코	HuCARD	012
魔神英雄伝 ワタル	마신영웅전 와타루	1988년 08월 30일	허드슨	HuCARD	013
エイリアンクラッシュ	에일리언 크래쉬	1988년 09월 14일	나그자트	HuCARD	013
ガイアの紋章	가이아의 문장	1988년 09월 23일	일본컴퓨터시스템(메사이어)	HuCARD	013
魔境伝説	마경전설	1988년 09월 23일	빅터음악산업	HuCARD	013
ファンタジーゾーン	판타지 존	1988년 10월 14일	NEC애버뉴	HuCARD	014
定吉七番	사다키치 세븐	1988년 11월 18일	허드슨	HuCARD	014
スペースハリアー	스페이스 해리어	1988년 12월 09일	NEC애버뉴	HuCARD	014
ドラゴンスピリット	드래곤 스피릿	1988년 12월 16일	남코	HuCARD	014
あっぱれゲートボール	잘 했어! 게이트볼	1988년 12월 22일	허드슨	HuCARD	015
1989년					
ビジランテ	비질란테	1989년 01월 14일	아이렘	HuCARD	018
ソンソンⅡ	손손Ⅱ	1989년 01월 27일	NEC애버뉴	HuCARD	018
ネクタリス	넥타리스	1989년 02월 09일	허드슨	HuCARD	018
モトローダー	모토로더	1989년 02월 23일	일본컴퓨터시스템(메사이어)	HuCARD	018
はにい いんざ すかい	하니 인 더 스카이	1989년 03월 01일	페이스	HuCARD	019
ウィニングショット	위닝샷	1989년 03월 03일	데이터이스트	HuCARD	019
ダンジョン エクスプローラー	던전 익스플로러	1989년 03월 04일	허드슨	HuCARD	016
アウトライブ	아웃라이브	1989년 03월 17일	선 전자	HuCARD	019
改造町人シュビビンマン	개조정인 슈비빔맨	1989년 03월 18일	일본컴퓨터시스템(메사이어)	HuCARD	016
P-47 THE FREEDOM FIGHTER	P-47 THE FREEDOM FIGHTER	1989년 03월 20일	에이콤	HuCARD	019
F-1パイロット YOU'RE KING OF KINGS	F-1 파일럿 너는 왕중의 왕	1989년 03월 23일	팩인비디오	HuCARD	020
死霊戦線 WAR OF THE DEAD	사령전선 WAR OF THE DEAD	1989년 03월 24일	빅터음악산업	HuCARD	020
がんばれ！ゴルフボーイズ	힘내라! 골프보이즈	1989년 03월 28일	일본컴퓨터시스템(메사이어)	HuCARD	020
究極タイガー	구극타이거	1989년 03월 31일	타이토	HuCARD	020
ディープブルー・海底神話	딥 블루·해저신화	1989년 03월 31일	팩인비디오	HuCARD	021
魔界八犬伝 SHADA	마계팔견전 SHADA	1989년 04월 01일	데이터이스트	HuCARD	021
エナジー	에너지	1989년 04월 19일	일본컴퓨터시스템(메사이어)	HuCARD	021
ワンダーモモ	원더모모	1989년 04월 21일	남코	HuCARD	021
凄ノ王伝説	스사노왕 전설	1989년 04월 27일	허드슨	HuCARD	022
パワーゴルフ	파워 골프	1989년 05월 25일	허드슨	HuCARD	022
ナグザットオープン	나그자트 오픈	1989년 05월 30일	나그자트	HuCARD	022
パックランド	팩 랜드	1989년 06월 01일	남코	HuCARD	022
わいわい麻雀 ゆかいな雀友たち	와글와글 마작 유쾌한 마작친구들	1989년 06월 19일	비디오시스템	HuCARD	023
ファイヤープロレスリング コンビネーションタッグ	파이어 프로레슬링 콤비네이션 태그	1989년 06월 22일	휴먼	HuCARD	023
サイバークロス	사이버크로스	1989년 06월 23일	페이스	HuCARD	023
神武伝承	신무전승	1989년 06월 28일	빅클럽	HuCARD	023
ニンジャウォーリアーズ	닌자 워리어즈	1989년 06월 30일	타이토	HuCARD	024
ガンヘッド	건 헤드	1989년 07월 07일	허드슨	HuCARD	024
ファイナルラップ・ツイン	파이널랩 트윈	1989년 07월 07일	남코	HuCARD	024
サイドアーム	사이즈 암즈	1989년 07월 14일	NEC애버뉴	HuCARD	024
武田信玄	다케다 신겐	1989년 07월 28일	에이컴	HuCARD	025
めぞん一刻	메종일각	1989년 08월 04일	마이크로캐빈	HuCARD	025
パワーリーグⅡ	파워리그Ⅱ	1989년 08월 08일	허드슨	HuCARD	025
ブレイク·イン	브레이크 인	1989년 08월 10일	나그자트	HuCARD	025
F-1ドリーム	F-1드림	1989년 08월 25일	NEC애버뉴	HuCARD	026

ロック·オン	락온	1989년 08월 25일	빅클럽	HuCARD	026
ならず者戦闘部隊 BLOODY WOLF	무뢰한 전투부대 블러디 울프	1989년 09월 01일	데이터이스트	HuCARD	026
オーダイン	오다인	1989년 09월 08일	남코	HuCARD	026
スーパー桃太郎電鉄	슈퍼 모모타로 전철	1989년 09월 15일	허드슨	HuCARD	017
獣王記	수왕기	1989년 09월 29일	NEC애버뉴	HuCARD	027
ダブルダンジョン	더블 던전	1989년 09월 29일	일본컴퓨터시스템(메사이어)	HuCARD	027
デジタルチャンプ バトルボクシング	디지털 챔프 배틀 복싱	1989년 10월 13일	나그자트	HuCARD	027
竜の子ファイター	용의 아이 파이터	1989년 10월 20일	톤킨하우스	HuCARD	027
ドラえもん　迷宮大作戦	도라에몽 미궁대작전	1989년 10월 31일	허드슨	HuCARD	028
都留照人の実戦株式倍バイゲーム	쓰루 데루히토의 실전주식 바이바이게임	1989년 11월 01일	인테크	HuCARD	028
ニュトピア	뉴토피아	1989년 11월 17일	허드슨	HuCARD	028
大地くんクライシス	다이치군 크라이시스	1989년 11월 22일	사리오	HuCARD	028
ジャック·ニクラウス チャンピオンシップ·ゴルフ	잭 니클라우스 챔피언십 골프	1989년 11월 24일	빅터음악산업	HuCARD	029
麻雀学園 東間宗四郎登場	마작학원 아즈마 소시로 등장	1989년 11월 24일	페이스	HuCARD	029
バリバリ伝説	바리바리 전설	1989년 11월 29일	타이토	HuCARD	029
ミスターヘリの大冒険	미스터 헬리의 대모험	1989년 12월 01일	아이렘	HuCARD	029
USA プロバスケットボール	USA 프로농구	1989년 12월 01일	에이컴	HuCARD	030
忍 SHINOBI	시노비	1989년 12월 08일	아스믹	HuCARD	030
バトルエース	배틀에이스	1989년 12월 08일	허드슨	SuperGrfx	090
ブルファイト リングの覇者	블루파이트 링의 패자	1989년 12월 08일	크림	HuCARD	030
PC原人	PC원인	1989년 12월 15일	허드슨	HuCARD	017
これがプロ野球'89	이것이 프로야구'89	1989년 12월 20일	인테크	HuCARD	030
ナイトライダー·スペシャル	나이트라이더 스페셜	1989년 12월 22일	팩인비디오	HuCARD	031
ヘビー·ユニット	헤비유닛	1989년 12월 22일	타이토	HuCARD	031
弁慶外伝	벤케이 외전	1989년 12월 22일	선소프트	HuCARD	031
F1トリプルバトル	F1 트리플 배틀	1989년 12월 23일	휴먼	HuCARD	031
ヴォルフィード	볼피드	1989년 12월 27일	타이토	HuCARD	032
1990년					
アトミックロボキッド	아토믹 로보키드	1990년 01월 19일	유피엘	HuCARD	036
ガイフレーム	가이 프레임	1990년 01월 26일	일본컴퓨터시스템(메사이어)	HuCARD	036
タイトーチェイスH.Q.	타이토 체이스 H.Q.	1990년 01월 26일	타이토	HuCARD	036
逐電屋 藤兵衛「首斬り館」より	지쿠덴야 도베 「구비키리야카타」로부터	1990년 01월 26일	나그자트	HuCARD	036
麻雀刺客列伝 麻雀ウォーズ	마작 자객열전 마작 워즈	1990년 02월 01일	일본물산	HuCARD	037
スーパーアレーボール	슈퍼 발리볼	1990년 02월 07일	비디오시스템	HuCARD	037
虎への道	타이거 로드	1990년 02월 23일	빅터음악산업	HuCARD	037
ニュージーランドストーリ	뉴질랜드 스토리	1990년 02월 23일	타이토	HuCARD	038
飛装騎兵 カイザード	비장기병 카이자드	1990년 02월 23일	일본컴퓨터시스템(메사이어)	HuCARD	038
ブロディア	블로디아	1990년 02월 23일	허드슨	HuCARD	038
パラノイア	파라노이아	1990년 03월 01일	나그자트	HuCARD	038
シティーハンター	시티헌터	1990년 03월 02일	선소프트	HuCARD	038
謎のマスカレード 伝説洋館連続殺人事件	수수께끼의 가장무도회 전설의 양옥집 연속살인사건	1990년 03월 02일	일본컴퓨터시스템(메사이어)	HuCARD	039
スペースインベーダーズ 復活の日	스페이스 인베이더 부활의 날	1990년 03월 03일	타이토	HuCARD	039
サイバーコア	사이버 코어	1990년 03월 09일	아이지에스	HuCARD	039
源平討魔伝	원평토마전	1990년 03월 16일	남코	HuCARD	039
倉庫番ワールド	소코반 월드	1990년 03월 16일	미디어링	HuCARD	040
アームドF	포메이션 암드 F	1990년 03월 23일	팩인비디오	HuCARD	040
奇々怪界	기기괴계	1990년 03월 27일	타이토	HuCARD	040
キングオブカジノ	킹 오브 카지노	1990년 03월 30일	빅터음악산업	HuCARD	040
ドロップロック ほらホラ	드롭 록 호라호라	1990년 03월 30일	데이터이스트	HuCARD	041
熱血高校ドッジボール部 PC番外編	열혈 고교 피구부 PC번외편	1990년 03월 30일	나그자트	HuCARD	041
BE BALL	BE BALL	1990년 03월 30일	허드슨	HuCARD	041
スプラッターハウス	스플래터 하우스	1990년 04월 03일	남코	HuCARD	041
サイコチェイサー	사이코 체이서	1990년 04월 06일	나그자트	HuCARD	042
魔動王グランゾート	슈퍼 그랑조	1990년 04월 06일	허드슨	SuperGrfx	091
パワードリフト	파워 드리프트	1990년 04월 13일	아스믹	HuCARD	042
ネクロスの要塞	네크로스의 요새	1990년 04월 20일	아스크 코단샤	HuCARD	042
青いブリンク	요술 망아지 브링크	1990년 04월 27일	NHK엔터프라이즈(허드슨)	HuCARD	042
バルンバ	바룬바	1990년 04월 27일	남코	HuCARD	043
フォーメーション·サッカーヒューマンカップ'90	포메이션 사커 휴먼컵 '90	1990년 04월 27일	휴먼	HuCARD	043
マニアックプロレス　明日への戦い	매니악 프로레슬링 내일을 향한 싸움	1990년 05월 25일	허드슨	HuCARD	043
ドンドコドン	돈 도코 돈	1990년 05월 31일	타이토	HuCARD	043
シンドバッド 地底の大魔宮	신밧드 지저의 대마궁	1990년 06월 02일	아이지에스	HuCARD	044
ウェイグス	베이구스	1990년 06월 15일	빅터음악산업	HuCARD	044
ダウンロード	다운로드	1990년 06월 22일	NEC애버뉴	HuCARD	044
これがプロ野球 '90	이것이 프로야구 '90	1990년 06월 29일	인테크	HuCARD	044
ゼビウスファードラウト伝説	제비우스 파드라우트 전설	1990년 06월 29일	남코	HuCARD	045
パズニック	퍼즈닉	1990년 06월 29일	타이토	HuCARD	045

麻雀学園MILD 東間宗四郎登場	마작학원MILD 아즈마 소시로 등장	1990년 06월 29일	페이스	HuCARD	045
最後の忍道	최후의 인도(마지막 닌자의 길)	1990년 07월 06일	아이렘	HuCARD	045
スーパースターソルジャー	슈퍼스타 솔저	1990년 07월 06일	허드슨	HuCARD	046
ラスタン·サーガII	라스탄 사가II	1990년 07월 06일	타이토	HuCARD	046
超絶倫人ベラボーマン	초절륜인 베라보맨	1990년 07월 13일	남코	HuCARD	046
デビルクラッシュ	데빌 크래시	1990년 07월 20일	나그자트	HuCARD	034
桃太郎伝説　ターボ	모모타로전설 터보	1990년 07월 20일	허드슨	HuCARD	046
イメージファイト	이미지 파이트	1990년 07월 27일	아이렘	HuCARD	047
大魔界村	대마계촌	1990년 07월 27일	NEC애버뉴	SuperGrfx	090
Lode Runner 失われた迷宮	로드 런너 잃어버린 미궁	1990년 07월 27일	팩인비디오	HuCARD	047
ワールドビーチバレールール編	월드 비치발리 규칙편	1990년 07월 27일	아이지에스	HuCARD	047
地獄めぐり	지옥순례	1990년 08월 03일	타이토	HuCARD	047
ワルキューレの伝説	왈큐레의 전설	1990년 08월 09일	남코	HuCARD	034
クラックス	클랙스	1990년 08월 10일	텐겐	HuCARD	048
将棋 初段 一直線	쇼기 초단 일직선	1990년 08월 10일	홈데이터	HuCARD	048
パワーリーグIII	파워리그III	1990년 08월 10일	허드슨	HuCARD	048
麻雀悟空スペシャル	마작오공 스페셜	1990년 08월 10일	선소프트	HuCARD	048
オペレーション·ウルフ	오퍼레이션 울프	1990년 08월 31일	NEC애버뉴	HuCARD	049
暗黒伝説	암흑전설	1990년 09월 07일	빅터음악산업	HuCARD	049
はにい おんざ ろおど	하니 온 더 로드	1990년 09월 07일	페이스	HuCARD	049
F1サーカス	F1서커스	1990년 09월 14일	일본물산	HuCARD	049
関が原	세키가하라	1990년 09월 14일	톤킨하우스	HuCARD	050
ダライアス·プラス	다라이어스 플러스	1990년 09월 21일	NEC애버뉴	HuCARD	050
桃太郎　活劇	모모타로 활극	1990년 09월 21일	허드슨	HuCARD	050
アフターバーナーII	애프터버너II	1990년 09월 28일	NEC애버뉴	HuCARD	050
ゴモラスピード	고모라 스피드	1990년 09월 28일	유피엘	HuCARD	051
ダイハード	다이하드	1990년 09월 28일	팩인비디오	HuCARD	051
ダブルリング	더블　링	1990년 09월 28일	나그자트	HuCARD	051
ファイナルブラスター	파이널 블라스터	1990년 09월 28일	남코	HuCARD	051
サイバーナイト	사이버 나이트	1990년 10월 12일	톤킨하우스	HuCARD	052
バットマン	배트맨	1990년 10월 12일	선소프트	HuCARD	052
ラビオレプス　スペシャル	라비오 레프스 스페셜	1990년 10월 19일	비디오시스템	HuCARD	052
ナツザットスタジアム	나그자트 스타디움	1990년 10월 26일	나그자트	HuCARD	052
琉球	류큐	1990년 10월 26일	페이스	HuCARD	053
エアロブラスターズ	에어로 블래스터즈	1990년 11월 02일	허드슨	HuCARD	053
カットビ! 宅配くん	캇토비! 택배군	1990년 11월 09일	톤킨하우스	HuCARD	053
キックボール	킥볼	1990년 11월 23일	일본컴퓨터시스템(메사이어)	HuCARD	053
サンダーブレード	썬더블레이드	1990년 12월 07일	NEC애버뉴	HuCARD	054
バーニングエンジェル	버닝 엔젤	1990년 12월 07일	나그자트	HuCARD	054
不思議の夢のアリス	이상한 꿈의 앨리스	1990년 12월 07일	페이스	HuCARD	054
ボンバーマン	봄버맨	1990년 12월 07일	허드슨	HuCARD	035
メルヘンメイズ	메르헨 메이즈	1990년 12월 11일	남코	HuCARD	054
ジパング	지팡구	1990년 12월 14일	팩인비디오	HuCARD	055
スピンペア	스핀페어	1990년 12월 14일	미디어링	HuCARD	055
大旋風	대선풍	1990년 12월 14일	NEC애버뉴	HuCARD	055
チャンピオン·レスラー	챔피언 레슬러	1990년 12월 14일	타이토	HuCARD	055
トイ·ショップ·ボーイズ	토이숍 보이즈	1990년 12월 14일	빅터음악산업	HuCARD	056
バイオレント·ソルジャー	바이올런트 솔저	1990년 12월 14일	아이지에스	HuCARD	056
ワラビー	왈라비	1990년 12월 14일	일본컴퓨터산업(메사이어)	HuCARD	056
アウトラン	아웃런	1990년 12월 21일	NEC애버뉴	HuCARD	056
クロスワイバー CYBER COMBAT POLICE	크로스와이버 사이버 컴뱃 폴리스	1990년 12월 21일	페이스	HuCARD	057
天聖龍	천성룡	1990년 12월 21일	에이컴	HuCARD	057
魔界プリンス どらぼっちゃん	마계 프린스 도라봇짱	1990년 12월 21일	나그자트	HuCARD	057
桃太郎伝説II	모모타로 전설II	1990년 12월 22일	허드슨	HuCARD	035
1991년					
オーバーライド	오버라이드	1991년 01월 08일	데이터이스트	HuCARD	058
カダッシュ	카다쉬	1991년 01월 18일	타이토	HuCARD	058
ジャッキーチャン	재키 찬	1991년 01월 18일	허드슨	HuCARD	060
S.C.I	S.C.I	1991년 01월 25일	타이토	HuCARD	060
パラソルスター	파라솔 스타	1991년 02월 15일	타이토	HuCARD	060
オルディネス	올디네스	1991년 02월 22일	허드슨	SuperGrfx	091
パズルボーイ	퍼즐보이	1991년 02월 22일	일본텔레네트	HuCARD	060
デッドムーン 月世界の悪夢	데드문 달세계의 악몽	1991년 02월 28일	티에스에스	HuCARD	061
ファイナルアッチテニス	파이널매치 테니스	1991년 03월 01일	휴먼	HuCARD	061
ゼロヨンチャンプ	제로4 챔프	1991년 03월 08일	미디어링	HuCARD	061
レジェンド·オブ·ヒーロー·トンマ	레전드 오브 히어로 톤마	1991년 03월 13일	아이렘	HuCARD	061
おぼっちゃまくん	오봇챠마군	1991년 03월 15일	남코	HuCARD	062
タイタン	타이탄	1991년 03월 15일	나그자트	HuCARD	062

プロ野球 ワルドスタジアム' 91	프로야구 월드 스타디움' 91	1991년 03월 21일	남코	HuCARD	062
1943 改 THE BATTLE OF MIDWAY	1943 개(改) 미드웨이 해전	1991년 03월 22일	나그자트	HuCARD	062
コラムス	컬럼스	1991년 03월 29일	일본텔레네트	HuCARD	063
サイレント デバッガーズ	사일런트 디버거즈	1991년 03월 29일	데이터이스트	HuCARD	063
TVスポーツ·フットボール	TV스포츠 · 풋볼	1991년 03월 29일	빅터음악산업	HuCARD	063
モトローダーII	모토로더II	1991년 03월 29일	일본컴퓨터시스템(메사이어)	HuCARD	063
ポピュラス	파퓰러스	1991년 04월 05일	허드슨	HuCARD	064
エターナルシティ都市転送計画	이터널 시티 도시전송계획	1991년 04월 12일	나그자트	HuCARD	064
アドベンチャーアイランド	어드벤처 아일랜드	1991년 04월 19일	허드슨	HuCARD	064
改造町人シュビビンマン2新たなる敵	개조정인 슈비빔맨2 새로운 적	1991년 04월 27일	일본컴퓨터시스템(메사이어)	HuCARD	065
ハットリス	해트리스	1991년 05월 24일	마이크로캐빈	HuCARD	065
パワーイレブン	파워일레븐	1991년 06월 21일	허드슨	HuCARD	065
ファイナルソルジャー	파이널 솔저	1991년 07월 05일	허드슨	HuCARD	065
トリッキー	트릭키	1991년 07월 06일	아이지에스	HuCARD	066
F1サーカス' 91	F1서커스' 91	1991년 07월 12일	일본물산	HuCARD	066
メタルストーカー	메탈 스토커	1991년 07월 12일	페이스	HuCARD	066
PC原人2	PC원인2	1991년 07월 19일	허드슨	HuCARD	066
レーシング魂	레이싱 혼	1991년 07월 19일	아이렘	HuCARD	067
スクウィーク	스퀵	1991년 08월 02일	빅터음악산업	HuCARD	067
はなたーかだか!?	하나 타카 다카(기고만장)!?	1991년 08월 09일	타이토	HuCARD	067
パワーリーグ4	파워리그4	1991년 08월 09일	허드슨	HuCARD	067
1941カウンターアタック	1941 카운터어택	1991년 08월 23일	허드슨	SuperGrfx	091
パワーゲイト	파워게이트	1991년 08월 30일	팩인비디오	HuCARD	068
ファイヤープロレスィング 2nd BOUT	파이어 프로레슬링 2nd BOUT	1991년 08월 30일	휴먼	HuCARD	068
ヒットジアイス	히트 디 아이스	1991년 09월 20일	타이토	HuCARD	068
ワールドジョッキー	월드자키	1991년 09월 20일	남코	HuCARD	068
どらごんEGG!	드래곤 EGG!	1991년 09월 27일	일본컴퓨터산업(메사이어)	HuCARD	069
ニュートピアII	뉴토피아II	1991년 09월 27일	허드슨	HuCARD	069
森田将棋 PC	모리타 쇼기 PC	1991년 09월 27일	NEC애버뉴	HuCARD	069
メソポタミア	메소포타미아	1991년 10월 04일	아틀라스	HuCARD	069
ワールドサーキット	월드서킷	1991년 10월 18일	남코	HuCARD	070
タイムクルーズII	타임크루즈II	1991년 11월 08일	페이스	HuCARD	070
グラディウス	그라디우스	1991년 11월 15일	코나미	HuCARD	070
マジカルチェイス	매지컬 체이스	1991년 11월 15일	팔소프트	HuCARD	058
雷電	라이덴	1991년 11월 22일	허드슨	HuCARD	070
コリュン	코륜	1991년 11월 29일	나그자트	HuCARD	071
将棋　初心者無用	쇼기 초심자 무용	1991년 11월 29일	홈데이터	HuCARD	071
スーパーメタルクラッシャー	슈퍼 메탈 크러셔	1991년 11월 29일	팩인비디오	HuCARD	071
ファイティングラン	파이팅 런	1991년 11월 29일	일본물산	HuCARD	071
モンスタープロレス	몬스터 프로레슬링	1991년 11월 29일	아스크코단샤	HuCARD	072
沙羅曼蛇	사라만다	1991년 12월 06일	코나미	HuCARD	072
ドラえもん のび太のドラビアンナイト	도라에몽 진구의 도라비안나이트	1991년 12월 06일	허드슨	HuCARD	072
バブルガムクラッシュ!	버블검 크래쉬!	1991년 12월 06일	나그자트	HuCARD	072
NHKおかあさんといっしょにこにこ、ぷん	니코니코 푼~	1991년 12월 13일	NHK엔터프라이즈	HuCARD	073
ゲンジ通信あげだま	겐지 통신 아게다마	1991년 12월 13일	NEC홈일렉트로닉스	HuCARD	073
スパイラルウェーブ	스파이럴 웨이브	1991년 12월 13일	미디어링	HuCARD	073
バリスティクス	발리스틱스	1991년 12월 13일	코코넛저팬	HuCARD	073
スーパー桃太郎電鉄II	슈퍼 모모타로 전철II	1991년 12월 20일	허드슨	HuCARD	074
ドラゴンセイバー	드래곤 세이버	1991년 12월 27일	남코	HuCARD	074
1992년					
冒険男爵·ドン THE LOST SUNHEART	모험남작 돈 THE LOST SUNHEART	1992년 01월 04일	아이맥스	HuCARD	075
ちびまる子ちゃん クイズでピーヒャラ	치비 마루코짱 퀴즈로 피햐라	1992년 01월 10일	남코	HuCARD	075
ミズバク大冒険	미즈바쿠 대모험	1992년 01월 17일	타이토	HuCARD	075
忍者龍剣伝	닌자용검전	1992년 01월 24일	허드슨	HuCARD	075
NHK大河ドラマ 太平記	NHK대하드라마 태평기	1992년 01월 31일	NHK엔터프라이즈	HuCARD	076
サイバードッジ	사이버 닷지	1992년 01월 31일	톤킨하우스	HuCARD	076
パロディウスだ! – 神話からお笑いへ–	파로디우스다! – 신화에서 웃음으로	1992년 02월 21일	코나미	HuCARD	076
出たな!ツインビー	나왔다! 트윈비	1992년 02월 28일	코나미	HuCARD	076
麻雀覇王伝 カイザーズクエスト	마작패왕전 카이저스퀘스트	1992년 02월 28일	유비엘	HuCARD	077
トイレキッズ	토일렛 키즈	1992년 03월 06일	미디어링	HuCARD	077
極楽!中華大仙	극락! 중화대선	1992년 03월 13일	타이토	HuCARD	077
パチ夫くん十番勝負	파치오군 열판 승부	1992년 03월 13일	코코넛재팬	HuCARD	077
熱血高校ドッジボール部PCサッカー編	열혈고교 피구부 PC축구 편	1992년 04월 03일	나그자트	HuCARD	078
源平討魔伝 巻ノ弐	원평토마전 제2권	1992년 04월 07일	남코	HuCARD	078
ドルアーガの塔	드루아가의 탑	1992년 06월 25일	남코	HuCARD	078
高橋名人の新冒険島	다카하시 명인의 신모험도	1992년 06월 26일	허드슨	HuCARD	078
ソルジャーブレイド	솔저 블레이드	1992년 07월 10일	허드슨	HuCARD	079
ストラテゴ	스트라테고	1992년 07월 24일	빅터음악산업	HuCARD	079

TATSUJIN	타수진	1992년 07월 24일	타이토	HuCARD	079
パワーリーグ5	파워리그5	1992년 08월 07일	허드슨	HuCARD	079
炎の闘球児ドッジ弾平	불꽃의 투구아 돗지탄평	1992년 09월 25일	허드슨	HuCARD	080
激写ボーイ	격사보이	1992년 10월 02일	아이렘	HuCARD	080
パワースポーツ	파워스포츠	1992년 10월 10일	허드슨	HuCARD	080
ファイヤープロレスリング 3 Legend Bout	파이어 프로레슬링3 레전드 바우트	1992년 11월 13일	휴먼	HuCARD	080
PC原人シリーズPC電人	PC원인 시리즈 PC전인	1992년 11월 20일	허드슨	HuCARD	081
テラクレスタ II マンドラーの逆襲	테라 크레스타 II 만드라의 역습	1992년 11월 27일	허드슨	HuCARD	081
桃太郎伝説外伝 第一集	모모타로 전설 외전 제1집	1992년 12월 04일	허드슨	HuCARD	081
ボンバーマン' 93	봄버맨' 93	1992년 12월 11일	허드슨	HuCARD	081
F1サーカス' 92	F1서커스' 92	1992년 12월 18일	일본물산	HuCARD	082
1993년					
バトルロードランナー	배틀 로드런너	1993년 02월 10일	허드슨	HuCARD	083
つっぱり大相撲平成版	밀어치기 스모 헤이세이 판	1993년 02월 19일	나그자트	HuCARD	083
PC原人3	PC원인3	1993년 04월 02일	허드슨	HuCARD	084
TVスポーツ·アイスホッケー	TV스포츠·아이스하키	1993년 04월 29일	빅터음악산업	HuCARD	084
TVスポーツ·バスケットボール	TV스포츠·농구	1993년 04월 29일	빅터음악산업	HuCARD	084
Jリーグ　グレイテストイレブン	J리그 그레이티스트 일레븐	1993년 05월 14일	일본물산	HuCARD	084
ストリートファイター II ダッシュ	스트리트 파이터 II 대시	1993년 06월 12일	NEC홈일렉트로닉스	HuCARD	083
パワーテニス	파워 테니스	1993년 06월 25일	허드슨	HuCARD	085
パワーリーグ' 93	파워리그' 93	1993년 10월 15일	허드슨	HuCARD	085
ボンバーマン' 94	봄버맨' 94	1993년 12월 10일	허드슨	HuCARD	085
1994년					
フォーメーションサッカーオンJリーグ	포메이션 사커 온 J리그	1994년 01월 15일	휴먼	HuCARD	086
藤子·F·不二雄の21エモン めざせ！ホテル王	후지코·F·후지오의 21에몽 노려라! 호텔왕	1994년 12월 16일	NEC홈일렉트로닉스	HuCARD	086

CD-ROM2 연대순

타이틀(일문)	타이틀(국문)	발매일	퍼블리셔	미디어	페이지
1988년					
NO·RI·KO	노 · 리 · 코	1988년 12월 04일	허드슨	CD-ROM2	098
ファイティング·ストリート	파이팅 스트리트	1988년 12월 04일	허드슨	CD-ROM2	098
ビックリマン大事界	빅쿠리만 대사계	1988년 12월 23일	허드슨	CD-ROM2	098
1989년					
SPACE ADVENTURE コブラ 黒竜王の伝説	스페이스 어드벤처 코브라 흑룡왕의 전설	1989년 03월 31일	허드슨	CD-ROM2	100
ヴァリス II	바리스 II	1989년 06월 23일	일본텔레네트	CD-ROM2	100
天外魔境　ZIRIA	천외마경 ZIRIA	1989년 06월 30일	허드슨	CD-ROM2	099
モンスター·レアーワンダーボーイ III	몬스터 레어 원더보이 III	1989년 08월 31일	허드슨	CD-ROM2	100
スーパーアルバトロス	슈퍼 알바트로스	1989년 09월 14일	일본텔레네트	CD-ROM2	101
獣王記	수왕기	1989년 09월 22일	NEC애버뉴	CD-ROM2	101
鏡の国のレジェンド	거울나라의 레전드	1989년 10월 27일	빅터음악산업	CD-ROM2	101
ロムロムカラオケ VOL.1	롬롬 가라오케 VOL.1	1989년 10월 27일	NEC애버뉴	CD-ROM2	101
ロムロムカラオケ VOL.2	롬롬 가라오케 VOL.2	1989년 10월 27일	NEC애버뉴	CD-ROM2	102
ぎゅわんぶらあ自己中心派 CDだよ全員集合 激闘36雀士	갬블러 자기중심파 CD다 전원집합 격투36마작사	1989년 11월 24일	허드슨	CD-ROM2	102
サイドアーム·スペシャル	사이드 암즈 스페셜	1989년 12월 15일	NEC애버뉴	CD-ROM2	102
ロムロムカラオケ VOL.3	롬롬 가라오케 VOL.3	1989년 12월 20일	NEC애버뉴	CD-ROM2	102
イース I · II	이스 I · II	1989년 12월 21일	허드슨	CD-ROM2	099
ロムロムスタジアム	롬롬 스타디움	1989년 12월 22일	일본컴퓨터시스템(메사이어)	CD-ROM2	103
レッドアラート	레드 얼럿	1989년 12월 28일	일본텔레네트	CD-ROM2	103
1990년					
ロムロムカラオケ VOL.4	롬롬 가라오케 VOL.4	1990년 01월 19일	NEC애버뉴	CD-ROM2	104
北斗星の女	북두성의 여자	1990년 02월 23일	나그자트	CD-ROM2	104
ゴールデンアックス	골든 액스	1990년 03월 10일	일본텔레네트	CD-ROM2	104
スーパーダライアス	슈퍼 다라이어스	1990년 03월 16일	NEC애버뉴	CD-ROM2	104
ファイナルゾーン II	파이널 존 II	1990년 03월 23일	일본텔레네트	CD-ROM2	105
カルメン·サンディエゴを追え！世界編	카르멘 샌디아고를 쫓아라! 세계편	1990년 03월 30일	팩인비디오	CD-ROM2	105
コズミック·ファンタジー冒険少年ユウ	코즈믹 판타지 모험소년 유우	1990년 03월 30일	일본텔레네트	CD-ROM2	105
ROM2 カラオケVOL.1 すてきにスタンダード	롬롬 가라오케 VOL.1 멋지게 스탠다드	1990년 03월 30일	빅터음악산업	CD-ROM2	105
ROM2 カラオケVOL.2 なっとくアイドル	롬롬 가라오케 VOL.2 납득 아이돌	1990년 03월 30일	빅터음악산업	CD-ROM2	106
ROM2 カラオケVOL.3 やっぱしバンド	롬롬 가라오케 VOL.3 역시 밴드	1990년 04월 06일	빅터음악산업	CD-ROM2	106
ROM2 カラオケVOL.4 ちょいとおとな!?	롬롬 가라오케 VOL.4 이봐요 어른!?	1990년 04월 06일	빅터음악산업	CD-ROM2	106
ROM2 カラオケVOL.5 カラオケ幕の内	롬롬 가라오케 VOL.5 가라오케 도시락	1990년 04월 06일	빅터음악산업	CD-ROM2	106
上海 II	상하이 II	1990년 04월 13일	허드슨	CD-ROM2	107
ROM2 カラオケVOL.5	롬롬 가라오케 VOL.5	1990년 04월 23일	NEC애버뉴	CD-ROM2	107
スーパー大戦略	슈퍼 대전략	1990년 04월 27일	마이크로캐빈	CD-ROM2	107
デスブリンガー THE KNIGHT OF DARKNESS	데스 브링거 더 나이트 오브 다크니스	1990년 04월 27일	일본텔레네트	CD-ROM2	107
CD-ROMマガジン ウルトラボックス創刊号	CD-ROM매거진 울트라박스 창간호	1990년 06월 15일	빅터음악산업	CD-ROM2	108

うる星やつら STAY WITH YOU	우루세이 야츠라 STAY WITH YOU	1990년 06월 29일	허드슨	CD-ROM2	108
ソル·ビアンカ	솔 비앙카	1990년 06월 29일	일본컴퓨터산업(메사이어)	CD-ROM2	108
迷宮のエルフィーネ	미궁의 엘피네	1990년 07월 06일	일본텔레네트	CD-ROM2	108
マジカルサウルスツアー最新恐竜図解大辞典	매지컬 사우르스 투어 최신 공룡 도해 대사전	1990년 08월 24일	빅터음악산업	CD-ROM2	109
ラスト·ハルマゲドン	라스트 아마겟돈	1990년 08월 31일	브레인그레이	CD-ROM2	109
ヴァリスIII	바리스III	1990년 09월 07일	일본텔레네트	CD-ROM2	109
ジャック·ニクラウス ワールド·ゴルフ·ツアー162ホール	잭 니클라우스 월드골프투어 162홀	1990년 09월 14일	빅터음악산업	CD-ROM2	109
みつばち学園	미쓰바치학원	1990년 09월 14일	빅터음악산업	CD-ROM2	110
レギオン	레기온	1990년 09월 21일	일본텔레네트	CD-ROM2	110
CD-ROMマガジン ウルトラボックス2号	CD-ROM매거진 울트라박스 2호	1990년 09월 28일	빅터음악산업	CD-ROM2	110
ザ·プロ野球	더 프로야구	1990년 10월 05일	인테크	CD-ROM2	110
雀偵物語	마작탐정 이야기	1990년 10월 09일	일본텔레네트	CD-ROM2	111
デコボコ伝説　走るワガマンマー	데코보코 전설 달리는 와가맘마	1990년 11월 02일	일본텔레네트	CD-ROM2	111
J. B. HAROLD SERIES#1 殺人クラブ	J. B. 해롤드 시리즈#1 살인클럽	1990년 11월 23일	허드슨	CD-ROM2	111
アヴェンジャー	어벤저	1990년 12월 07일	일본텔레네트	CD-ROM2	111
らんま1/2	란마1/2	1990년 12월 07일	일본컴퓨터시스템(메사이어)	CD-ROM2	112
バスティール	바스틸	1990년 12월 20일	휴먼	CD-ROM2	112
CD-ROMマガジン ウルトラボックス3号	CD-ROM매거진 울트라박스 3호	1990년 12월 28일	빅터음악산업	CD-ROM2	112
1991년					
ガルクライトTDF2	걸크라이트TDF2	1991년 01월 25일	팩인비디오	CD-ROM2	114
クイズアベニュー	퀴즈애버뉴	1991년 02월 15일	휴먼	CD-ROM2	114
マスターオブモンスターズ	마스터 오브 몬스터즈	1991년 02월 15일	마이크로캐빈	CD-ROM2	114
CYBER CITY OEDO 808 獣の属性	사이버시티 OEDO 808 야수의 속성	1991년 03월 15일	일본컴퓨터시스템(메사이어)	CD-ROM2	114
イースIII	이스III	1991년 03월 22일	허드슨	CD-ROM2	115
魔晶伝記ラ·ヴァルー	마정전기 라바루	1991년 03월 22일	고가도스튜디오	CD-ROM2	115
マンホール	더 맨홀	1991년 03월 22일	선소프트	CD-ROM2	115
ロード·スピリッツ	로드 스피릿츠	1991년 03월 22일	팩인비디오	CD-ROM2	115
エグザイル 時の狭間へ	에그자일 시간의 틈새로	1991년 03월 29일	일본텔레네트	CD-ROM2	116
三国志 英傑天下に臨む	삼국지 영걸 천하에 군림하다	1991년 03월 29일	나그자트	CD-ROM2	116
ダウンロード2	다운로드2	1991년 03월 29일	NEC애버뉴	CD-ROM2	116
エルディス	엘디스	1991년 04월 05일	일본컴퓨터시스템(메사이어)	CD-ROM2	116
QUIZ まるごとTheワールド	퀴즈 통째로 더 월드	1991년 04월 05일	아틀라스	CD-ROM2	117
コズミック·ファンタジー2 冒険少年バン	코즈믹 판타지2 모험소년 반	1991년 04월 05일	일본텔레네트	CD-ROM2	117
ハイグレネーダー	하이 그레네디어	1991년 04월 12일	일본텔레네트	CD-ROM2	117
ヘルファイアーS	헬파이어S	1991년 04월 12일	NEC애버뉴	CD-ROM2	117
パチ夫くん 幻の伝説	파치오 군 환상의 전설	1991년 04월 19일	코코넛저팬	CD-ROM2	118
CD-ROMマガジン ウルトラボックス4号	CD-ROM매거진 울트라박스 4호	1991년 05월 24일	빅터음악산업	CD-ROM2	118
ポンピングワールド	폼핑월드	1991년 05월 31일	허드슨	CD-ROM2	118
SPACE ADVENTURE コブラII 伝説の男	스페이스 어드벤처 코브라II 전설의 남자	1991년 06월 07일	허드슨	CD-ROM2	118
ライザンバーII	라이잔버II	1991년 06월 07일	데이터웨스트	CD-ROM2	119
魔笛伝説 アストラリウス	마적전설 아스트랄리우스	1991년 06월 21일	아이지에스	CD-ROM2	119
スプラッシュレイク	스플래시 레이크	1991년 06월 28일	NEC애버뉴	CD-ROM2	119
戦国関東三国志	전국관동삼국지	1991년 06월 28일	인테크	CD-ROM2	119
精霊戦士スプリガン	정령전사 스프리건	1991년 07월 12일	나그자트	CD-ROM2	120
シャーロック·ホームズの探偵講座	셜록 홈즈의 탐정강좌	1991년 07월 26일	빅터음악산업	CD-ROM2	120
大旋風 カスタム	대선풍 커스텀	1991년 07월 26일	NEC애버뉴	CD-ROM2	120
ブライ 八玉の勇士伝説	부라이 8옥의 용사 전설	1991년 08월 09일	리버힐소프트	CD-ROM2	120
ヴァリスIV	바리스IV	1991년 08월 23일	일본텔레네트	CD-ROM2	121
聖竜伝説モンビット	성룡전설 몬비트	1991년 08월 30일	허드슨	CD-ROM2	121
CD-ROMマガジン ウルトラボックス5号	CD-ROM매거진 울트라박스 5호	1991년 09월 27일	빅터음악산업	CD-ROM2	121
クイズアベニューII	퀴즈애버뉴II	1991년 10월 11일	NEC애버뉴	CD-ROM2	121
まーじゃんバニラシンドローム	마작 바닐라신드롬	1991년 10월 25일	일본물산	CD-ROM2	122
ロードオブウォーズ	로드 오브 워즈	1991년 11월 29일	시스템소프트	CD-ROM2	122
スーパーシュヴァルツシルト	슈퍼 슈바르츠실트	1991년 12월 06일	고가도스튜디오	CD-ROM2	122
らんま1/2 とらわれの花嫁	란마 1/2 빼앗긴 신부	1991년 12월 06일	일본컴퓨터시스템(메사이어)	CD-ROM2	122
エフェラ&ジリオラ ジ·エンブレム フロム ダークネス	에페라&질리오라 디 엠블렘 프롬 다크니스	1991년 12월 13일	브레인그레이	CD-ROM2	123
太平記	태평기	1991년 12월 13일	인테크	CD-ROM2	123
秘宝伝説 クリスの冒険	비보전설 크리스의 모험	1991년 12월 13일	팩인비디오	CD-ROM2	123
なりトレ ザ·スゴロク'92	나리토레 더 스고로쿠'92	1991년 12월 20일	일본텔레네트	CD-ROM2	123
斬 陽炎の時代	참 아지랑이의 시대	1991년 12월 27일	타이토	CD-ROM2	124
1992년					
マイトアンドマジック	마이트 앤드 매직	1992년 01월 24일	NEC애버뉴	CD-ROM2	125
CD-ROMマガジン ウルトラボックス6号	CD-ROM매거진 울트라박스 6호	1992년 01월 31일	빅터음악산업	CD-ROM2	125
アイキューパニック	아이큐 패닉	1992년 02월 21일	아이지에스	CD-ROM2	125
改造町人シュビビンマン3 異界のプリンセス	개조정인 슈비빔맨3 이계의 공주	1992년 02월 28일	일본컴퓨터시스템(메사이어)	CD-ROM2	125
ぎゅわんぶらあ自己中心派 麻雀パズルコレクション	갬블러 자기중심파 마작퍼즐 컬렉션	1992년 02월 28일	타이토	CD-ROM2	126
雀偵物語2 宇宙探偵ディバン出動編	마작탐정이야기2 우주탐정 디반 출동편	1992년 02월 28일	아틀라스	CD-ROM2	126
魔物ハンター妖子 魔界からの転校生	마물헌터 요코 마계에서 온 전학생	1992년 03월 13일	일본컴퓨터시스템(메사이어)	CD-ROM2	126

ライジング·サン	라이징 선	1992년 03월 13일	빅터음악산업	CD-ROM2	126
マインスウィーパー	마인 스위퍼	1992년 03월 20일	팩인비디오	CD-ROM2	127
川のぬし釣り 自然派	개천의 누시낚시 자연파	1992년 03월 27일	팩인비디오	CD-ROM2	127
QUIZまるごとTheワールド2 タイムマシンにおねがい！	퀴즈 통째로 더 월드2 타임머신에게 부탁해!	1992년 03월 27일	아틀라스	CD-ROM2	127
雀偵物語2 宇宙探偵ディバン完結編	마작탐정이야기2 우주탐정 디반 완결편	1992년 04월 24일	아틀라스	CD-ROM2	127
カラーウォーズ	컬러 워즈	1992년 07월 10일	코코넛저팬	CD-ROM2	128
サマーカーニバル'92 アルザディック	서머 카니발' 92 알자딕	1992년 07월 17일	나그자트	CD-ROM2	128
ロードス島戦記	로도스도전기	1992년 07월 17일	허드슨	CD-ROM2	128
ゼロウイング	제로윙	1992년 09월 18일	나그자트	CD-ROM2	128
スターモビール	스타모빌	1992년 10월 02일	나그자트	CD-ROM2	129
クイズ 殿様の野望	퀴즈 영주의 야망	1992년 10월 10일	허드슨	CD-ROM2	129
横山光輝 真·三国志 天下は我に	요코야마 미쓰테루 진·삼국지 천하는 나에게	1992년 11월 20일	나그자트	CD-ROM2	129
上海III ドラゴンズアイ バトル上海	상하이 DRAGIN'S EYE(상하이III)	1992년 12월 18일	아스크코단샤	CD-ROM2	129
1993년					
コズミック·ファンタジービジュアル集	코즈믹 판타지 비주얼모음	1993년 02월 12일	일본텔레네트	CD-ROM2	130
ヴァリス　ビジュアル集	바리스 비주얼집	1993년 02월 19일	일본텔레네트	CD-ROM2	130
幻蒼大陸オーレリア	환창대륙 올레리아	1993년 02월 26일	타이토	CD-ROM2	130
クイズキャラバン カルトQ	퀴즈 캐러번 컬트Q	1993년 05월 28일	허드슨	CD-ROM2	130
シャーロック·ホームズの探偵講座II	셜록 홈즈의 탐정 강좌II	1993년 05월 28일	빅터음악산업	CD-ROM2	131
レインボーアイランド	레인보우 아일랜드	1993년 06월 30일	NEC애버뉴	CD-ROM2	131

SuperCD-ROM2 연대순

타이틀(일문)	타이틀(국문)	발매일	퍼블리셔	미디어	페이지
1991년					
天使の詩	천사의 시	1991년 10월 25일	일본텔레네트	SuperCDR	134
ドラゴンスレイヤー英雄伝説	드래곤 슬레이어 영웅전설	1991년 10월 25일	허드슨	SuperCDR	134
ポピュラス ザ·プロミストランド	파퓰러스 약속의 땅	1991년 10월 25일	허드슨	SuperCDR	135
プリンス·オブ·ペルシャ	페르시아 왕자	1991년 11월 08일	리버힐소프트	SuperCDR	135
レディファントム	레이디 팬텀	1991년 11월 29일	일본텔레네트	SuperCDR	135
SUPER CD·ROM2体験ソフト集	SUPER CD · ROM2 체험 소프트 모음	1991년 12월 13일	허드슨	SuperCDR	135
R-TYPE COMPLETE CD	R-TYPE COMPLETE CD	1991년 12월 20일	아이렘	SuperCDR	136
熱血高校ドッジボール部CDサッカー編	열혈 고교 피구부 CD축구편	1991년 12월 20일	나그자트	SuperCDR	136
1992년					
ブロウニング	브라우닝	1992년 02월 07일	일본텔레네트	SuperCDR	138
ゲートオブサンダー	게이트 오브 썬더	1992년 02월 21일	허드슨	SuperCDR	138
ヒューマンスポーツフェスティバル	휴먼 스포츠 페스티벌	1992년 02월 28일	휴먼	SuperCDR	139
未来少年コナン	미래소년 코난	1992년 02월 28일	일본텔레네트	SuperCDR	139
山村美紗 サスペンス 金盞花 京絵皿 殺人事件	야마무라 미사 서스펜스 금잔화 교토그림접시 살인사건	1992년 03월 06일	나그자트	SuperCDR	139
ホークF-123	호크F-123	1992년 03월 13일	팩인비디오	SuperCDR	139
サイキックストーム	사이킥 스톰	1992년 03월 19일	일본텔레네트	SuperCDR	140
夢幻戦士ヴァリス	몽환전사 바리스	1992년 03월 19일	일본텔레네트	SuperCDR	140
天外魔境II 卍MARU	천외마경II 만지마루	1992년 03월 26일	허드슨	SuperCDR	137
シャドー·オブ·ザ·ビースト魔性の掟	쉐도우 오브 더 비스트 마성의 정	1992년 03월 27일	빅터음악산업	SuperCDR	140
バベル	바벨	1992년 03월 27일	일본텔레네트	SuperCDR	140
フォゴットンワールド	포가튼 월드	1992년 03월 27일	NEC애버뉴	SuperCDR	141
ザ·デビスカップテニス	더 데이비스컵 테니스	1992년 04월 01일	마이크로월드	SuperCDR	141
ビルダーランド	빌더랜드	1992년 04월 01일	마이크로월드	SuperCDR	141
スーパー雷電	슈퍼 라이덴	1992년 04월 02일	허드슨	SuperCDR	141
超時空要塞 マクロス2036	초시공요새 마크로스2036	1992년 04월 03일	일본컴퓨터시스템(메사이어)	SuperCDR	142
スターパロジャー	스타 파로저	1992년 04월 24일	허드슨	SuperCDR	142
スプリガンマーク2 リ·テラフォーム·プロジェクト	스프리건 마크2 리테라폼 프로젝트	1992년 05월 01일	나그자트	SuperCDR	142
テラフォーミング	테라포밍	1992년 05월 01일	라이트스터프	SuperCDR	142
キャンペーン版 大戦略II	캠페인 버전 대전략II	1992년 05월 29일	마이크로캐빈	SuperCDR	143
ドラえもん のび太のドラビアンナイト	도라에몽 진구의 도라비안나이트	1992년 05월 29일	허드슨	SuperCDR	143
アドベンチャークイズ　カプコンワールド ハテナの大冒険	어드벤처 퀴즈 캡콤월드 하테나의 대모험	1992년 06월 19일	허드슨	SuperCDR	143
トップをねらえ！ GunBuster Vol.1	톱을 노려라! 건버스터 Vol.1	1992년 06월 25일	리버힐소프트	SuperCDR	143
F1サーカス·スペシャル ポールトゥウィン	F1서커스 스페셜 폴투윈	1992년 06월 26일	일본물산	SuperCDR	144
ジェノサイド	제노사이드	1992년 06월 26일	브레인그레이	SuperCDR	144
ライザンバーIII	라이잔버III	1992년 06월 26일	데이터웨스트	SuperCDR	144
ソーサリアン	소서리언	1992년 07월 17일	빅터음악산업	SuperCDR	144
ぽっぷnまじっく	팝앤매직	1992년 07월 24일	일본텔레네트	SuperCDR	145
ザ·キックボクッシグ	더 킥복싱	1992년 07월 31일	마이크로월드	SuperCDR	145
ボナンザブラザーズ	보난자 브라더스	1992년 07월 31일	NEC애버뉴	SuperCDR	145
スナッチャーパイロットディスク	스내처 파일럿디스크	1992년 08월 07일	코나미	SuperCDR	145

ドラゴンナイトII	드래곤나이트II	1992년 08월 07일	NEC애버뉴	SuperCDR	146
クイズの星	퀴즈의 별	1992년 08월 10일	선소프트	SuperCDR	146
ベイビー·ジョー ザ·スーパーヒーロー	베이비 조 더 슈퍼히어로	1992년 08월 28일	마이크로월드	SuperCDR	146
ファージアスの邪皇帝 NEO METAL FANTASY	파지어스의 사황제 네오 메탈 판타지	1992년 08월 29일	휴먼	SuperCDR	146
TRAVEL エプル	트레블 에풀	1992년 09월 04일	일본텔레네트	SuperCDR	147
F1チームシミュレーションPROJECT F	F1팀 시뮬레이션 프로젝트 F	1992년 09월 11일	일본텔레네트	SuperCDR	147
ダンジョン·マスターセロンズ·クエスト	던전 마스터 세론의 퀘스트	1992년 09월 18일	빅터음악산업	SuperCDR	147
エグザイルII 邪念の事象	에그자일II 사념의 사상	1992년 09월 22일	일본텔레네트	SuperCDR	147
ウィザードリィV	위저드리V	1992년 09월 25일	나그자트	SuperCDR	148
コズミック·ファンタジー3 冒険少年レイ	코즈믹 판타지3 모험소년 레이	1992년 09월 25일	일본텔레네트	SuperCDR	148
LOOM	룸	1992년 09월 25일	빅터음악산업	SuperCDR	148
シェイプシフター魔界英雄伝	셰이프시프터 마계영웅전	1992년 09월 29일	빅터음악산업	SuperCDR	148
YAWARA!	야와라!	1992년 10월 01일	소픽스	SuperCDR	149
らんま1/2 打倒、元祖無差別格闘流!	란마 1/2 타도, 원조 무차별 격투류!	1992년 10월 02일	일본컴퓨터시스템(메사이어)	SuperCDR	149
ザ·プロ野球 SUPER	더 프로야구 슈퍼	1992년 10월 09일	인테크	SuperCDR	149
スライムワールド	슬라임월드	1992년 10월 09일	마이크로월드	SuperCDR	149
キアイダン00	키아이단 더블오	1992년 10월 23일	일본텔레네트	SuperCDR	150
銀河お嬢様伝説ユナ	은하아가씨전설 유나	1992년 10월 23일	허드슨	SuperCDR	150
スナッチャー	스내처	1992년 10월 23일	코나미	SuperCDR	137
サイキック·ディテクティブ·シリーズVol.3アヤ	심령탐정 시리즈 Vol.3 아야	1992년 11월 20일	데이터웨스트	SuperCDR	150
ゴッドパニック至上最強軍団	갓 패닉 지상최강군단	1992년 11월 27일	테이칙	SuperCDR	150
レミングス	레밍스	1992년 11월 27일	선소프트	SuperCDR	151
スーパーシュヴァルツシルト2	슈퍼 슈바르츠실트2	1992년 12월 04일	고가도스튜디오	SuperCDR	151
超時空要塞マクロス 永遠のラヴソング	초시공요새 마크로스 영원의 러브송	1992년 12월 04일	일본컴퓨터시스템(메사이어)	SuperCDR	151
TECMO ワールドカップ スーパーサッカー	테크모 월드컵 슈퍼 싸커	1992년 12월 04일	미디어링	SuperCDR	151
ダウンタウン熱血行進曲 それゆけ大運動会	다운타운 열혈행진곡 가자! 대운동회	1992년 12월 11일	나그자트	SuperCDR	152
ネクスザール	넥스자르	1992년 12월 11일	나그자트	SuperCDR	152
イメージファイト2 OPERATIONAL DEEPSTRIKER	이미지 파이트2 OPERATIONAL DEEPSTRIKER	1992년 12월 18일	아이렘	SuperCDR	152
グラディウスII GOFERの野望	그라디우스II 고퍼의 야망	1992년 12월 18일	코나미	SuperCDR	138
スーパーリアル麻雀スペシャル ミキ·カスミ·ショウコの思い出より	슈퍼 리얼 마작 스페셜 미키·카스미·쇼코의 추억으로부터	1992년 12월 18일	나그자트	SuperCDR	152
パステル·ライム	파스텔 라임	1992년 12월 18일	나그자트	SuperCDR	153
ブライII 闇皇帝の逆襲	부라이II 어둠 황제의 역습	1992년 12월 18일	리버힐소프트	SuperCDR	153
モトローダーMC	모토로더MC	1992년 12월 18일	일본컴퓨터시스템(메사이어)	SuperCDR	153
宇宙戦艦ヤマト	우주전함 야마토	1992년 12월 22일	휴먼	SuperCDR	153
パチ夫くん 笑う宇宙	파치오 군 웃는 우주	1992년 12월 22일	코코넛저팬	SuperCDR	154
ドラゴンスレイヤー 英雄伝説II	드래곤 슬레이어 영웅전설II	1992년 12월 23일	허드슨	SuperCDR	154
井上麻美 この星にたったひとりのキミ	이노우에 마미 이 별에 단 하나뿐인 너	1992년 12월 25일	허드슨	SuperCDR	154
ゲイングランドSX	게인 그라운드 SX	1992년 12월 25일	NEC애버뉴	SuperCDR	154
サークI·II	샤크 I·II	1992년 12월 25일	일본텔레네트	SuperCDR	155
超兄貴	초형귀	1992년 12월 25일	일본컴퓨터시스템(메사이어)	SuperCDR	155
スーパー麻雀大会	슈퍼 마작대회	1992년 12월 28일	고에이	SuperCDR	155
1993년					
魔物ハンター妖子 遠き呼び声	마물헌터 요코 멀리서 부르는 소리	1993년 01월 08일	일본컴퓨터시스템(메사이어)	SuperCDR	158
シムアース The Living Planet	심 어스 더 리빙 플래닛	1993년 01월 14일	허드슨	SuperCDR	158
メタモジュピター	메타모 주피터	1993년 01월 22일	NEC홈일렉트로닉스	SuperCDR	158
ふしぎの海のナディア	신비한 바다의 나디아	1993년 01월 29일	허드슨	SuperCDR	158
コットン	코튼 FANTASTIC NIGHT DREAMS	1993년 02월 12일	허드슨	SuperCDR	159
クレストオブウルフ	크레스트 오브 울프 낭적문장	1993년 02월 26일	허드슨	SuperCDR	159
ホラーストリー	호러 스토리	1993년 02월 26일	NEC애버뉴	SuperCDR	159
ポリス·コネクション	폴리스 커넥션	1993년 02월 26일	일본텔레네트	SuperCDR	159
信長の野望 武将風雲録	노부나가의 야망 무장풍운록	1993년 02월 27일	고에이	SuperCDR	160
ゼロヨンチャンプII	Zero4 챔프II	1993년 03월 05일	미디어링	SuperCDR	160
ダブルドラゴンII The Revenge	더블드래곤II 더 리벤지	1993년 03월 12일	나그자트	SuperCDR	160
CD BATTLE 光の勇者たち	CD배틀 빛의 용사들	1993년 03월 19일	킹레코드	SuperCDR	160
ジム·パワー	짐 파워	1993년 03월 19일	마이크로월드	SuperCDR	161
英雄 三国志	영웅 삼국지	1993년 03월 26일	아이렘	SuperCDR	161
ダンジョン エクスプローラーII	던전 익스플로러II	1993년 03월 26일	허드슨	SuperCDR	161
天使の詩II 堕天使の選択	천사의 시II 타락천사의 선택	1993년 03월 26일	일본텔레네트	SuperCDR	161
トップをねらえ! Gun Buster VOL.2	톱을 노려라! 건 버스터VOL.2	1993년 03월 26일	리버힐소프트	SuperCDR	162
フォーセット アムール	포셋 아무르	1993년 03월 26일	나그자트	SuperCDR	162
ムーンライトレディ	문라이트 레이디	1993년 03월 26일	NEC홈일렉트로닉스	SuperCDR	162
ラプラスの魔	라플라스의 악마	1993년 03월 30일	휴먼	SuperCDR	162
CAL II	CAL II	1993년 03월 31일	NEC애버뉴	SuperCDR	163
フィーンドハンター	핀드 헌터	1993년 04월 16일	라이트스터프	SuperCDR	163
ウィンズオブサンダー	윈즈 오브 썬더	1993년 04월 23일	허드슨	SuperCDR	163
雀偵物語3 セイバーエンジェル	마작탐정 이야기3 세이버 엔젤	1993년 04월 23일	아틀라스	SuperCDR	163
A列車で行こうIII	A열차로 가자III	1993년 06월 11일	아트딩크	SuperCDR	164

天外魔境 風雲カブキ伝	천외마경 풍운 가부키전	1993년 07월 10일	허드슨	SuperCDR	164
1552 天下大乱	1552 천하대란	1993년 07월 16일	아스크코단샤	SuperCDR	164
ウィザードリィ I・II	위저드리 I・II	1993년 07월 23일	나그자트	SuperCDR	164
サマーカーニバル'93 ネクスザールスペシャル	서머 카니발' 93 넥스자르 스페셜	1993년 07월 23일	나그자트	SuperCDR	165
ブラックホールアサルト	블랙홀 기습	1993년 07월 23일	나그자트	SuperCDR	165
ミスティックフォーミュラ	미스틱 포뮬러	1993년 07월 23일	마이크로캐빈	SuperCDR	165
卒業 グラデユエーション	졸업 그래듀에이션	1993년 07월 30일	NEC애버뉴	SuperCDR	165
眠れぬ夜の小さなお話	잠 못 이루는 밤의 작은 이야기	1993년 07월 30일	NEC홈일렉트로닉스・아뮤즈	SuperCDR	166
PC原人シリーズ CD電人 ロカビリー天国	PC원인 시리즈 CD전인 로카빌리 천국	1993년 07월 30일	허드슨	SuperCDR	166
サイキック・ディテクティヴ・シリズVol.4 オルゴール	심령탐정 시리즈 Vol.4 오르골	1993년 08월 06일	데이터웨스트	SuperCDR	166
チャンピオンシップ・ラリー	챔피언십 랠리	1993년 08월 06일	인테크	SuperCDR	166
ラングリッサー光輝の末裔	랑그리사 광휘의 후예	1993년 08월 06일	인테크	SuperCDR	167
麻雀クリニック・スペシャル	마작클리닉 스페셜	1993년 09월 24일	나그자트	SuperCDR	167
メタルエンジェル	메탈 엔젤	1993년 09월 24일	팩인비디오	SuperCDR	167
蒼き狼と白き牝鹿 元朝秘史	푸른 늑대와 흰 암사슴 원조 비사	1993년 09월 30일	고에이	SuperCDR	167
機動警察 パトレイバーグリフォン編	기동경찰 패트레이버 그리폰 편	1993년 09월 30일	리버힐소프트	SuperCDR	168
麻雀オンザビーチ	마작 온 더 비치	1993년 09월 30일	NEC애버뉴	SuperCDR	168
幽・遊・白書 闇勝負!! 暗黒武術会	유유백서 암승부!! 암흑무술회	1993년 09월 30일	반프레스토	SuperCDR	168
三国志III	삼국지III	1993년 10월 02일	고에이	SuperCDR	168
シルフィア	실피아	1993년 10월 22일	톤킨하우스	SuperCDR	169
スタートリングオデッセイ	스타틀링 오딧세이	1993년 10월 22일	레이포스	SuperCDR	169
悪魔城ドラキュラX 血の輪廻	악마성 드라큘라X 피의 윤회	1993년 10월 29일	코나미	SuperCDR	157
GALAXY 刑事 GAYVAN	갤럭시 형사 가이반	1993년 10월 29일	인테크	SuperCDR	169
マイトアンドマジック3	마이트 앤 매직3	1993년 10월 29일	허드슨	SuperCDR	169
マジクール	매지쿨	1993년 10월 29일	허드슨	SuperCDR	170
ソードマスター	소드 마스터	1993년 11월 19일	라이트스터프	SuperCDR	170
ルイン 神の遺産	루인 신의 유산	1993년 11월 19일	빅터엔터테인먼트	SuperCDR	170
クイズDE学園祭	퀴즈 DE 학원제	1993년 11월 26일	나그자트	SuperCDR	170
ただいま勇者募集中	지금은 용사 모집 중	1993년 11월 26일	휴먼	SuperCDR	171
フェイスボール	페이스볼	1993년 11월 26일	리버힐소프트	SuperCDR	171
機装 ルーガ	기장 루가	1993년 12월 03일	고가도스튜디오	SuperCDR	171
伊賀忍伝 凱王	이가닌전 가이오	1993년 12월 10일	일본물산	SuperCDR	171
オーロラクエスト おたくの星座 in Another World	오로라 퀘스트 오타쿠의 별자리 in Another World	1993년 12월 10일	팩인비디오	SuperCDR	172
秘密の花園	비밀의 화원	1993년 12월 10일	도쿠마쇼텐 인터미디어	SuperCDR	172
信長の野望 全国版	노부나가의 야망 전국판	1993년 12월 11일	고에이	SuperCDR	172
スーパーリアル麻雀PIVカスタム	슈퍼 리얼 마작PIV커스텀	1993년 12월 17일	나그자트	SuperCDR	172
マーシャル・チャンピオン	마샬 챔피언	1993년 12월 17일	코나미	SuperCDR	173
闇の血族 遥かなる記憶	어둠의 혈족 아득한 기억	1993년 12월 17일	나그자트	SuperCDR	173
フラッシュハイダース	플래시 하이더스	1993년 12월 19일	라이트스터프	SuperCDR	173
イースIV The Dawn of Ys	이스IV 이스의 여명	1993년 12월 22일	허드슨	SuperCDR	157
スーパーダライアスII	슈퍼 다라이어스II	1993년 12월 23일	NEC애버뉴	SuperCDR	173
セクシーアイドル麻雀	섹시 아이돌 마작	1993년 12월 24일	일본물산	SuperCDR	174
ダウンタウン熱血物語	다운타운 열혈물어	1993년 12월 24일	나그자트	SuperCDR	174
真・女神転生	진・여신전생	1993년 12월 25일	아틀라스	SuperCDR	174
1994년					
爆笑 吉元新喜劇 今日はこれぐらいにしといたる!	폭소 요시모토 신희극 오늘은 이 정도로 해두지!	1994년 01월 03일	허드슨	SuperCDR	177
ソル:モナージュ	솔 : 모나쥬	1994년 01월 07일	아이렘	SuperCDR	177
エメラルドドラゴン	에메랄드 드래곤	1994년 01월 28일	NEC홈일렉트로닉스	SuperCDR	177
格闘覇王伝説アルガノス	격투패왕전설 알거노스	1994년 01월 28일	인테크	SuperCDR	177
スターブレイカー	스타브레이커	1994년 02월 10일	레이포스	SuperCDR	178
風の伝説 ザナドゥ	바람의 전설 제나두	1994년 02월 18일	NEC홈일렉트로닉스	SuperCDR	175
パラディオン AUTO CRUSHER PALLADIUM	파라디온 오토 크러셔 팔라디엄	1994년 02월 25일	팩인비디오	SuperCDR	178
麻雀レモンエンジェル	마작 레몬엔젤	1994년 02월 25일	나그자트	SuperCDR	178
ゴジラ爆闘烈伝	고질라 폭투열전	1994년 02월 26일	도호	SuperCDR	178
ウィザードリィIII・IV	위저드리 III・IV	1994년 03월 04일	나그자트	SuperCDR	179
THE ATLAS Renaissance Voyager	아틀라스 르네상스 항해자	1994년 03월 04일	아트딩크	SuperCDR	179
パワーゴルフ2 GOLFER	파워 골프2 골퍼	1994년 03월 04일	허드슨	SuperCDR	179
餓狼伝説2 新たなる戦い	아랑전설2 새로운 싸움	1994년 03월 12일	허드슨	ArcadeCard	092
CAL III 完結編	CAL III 완결편	1994년 03월 25일	NEC애버뉴	SuperCDR	179
プリンセス・ミネルバ	프린세스 미네르바	1994년 03월 25일	리버힐소프트	SuperCDR	180
龍虎の拳	용호의 권	1994년 03월 26일	허드슨	ArcadeCard	093
フレイCD サーク外伝	프레이CD 샤크 외전	1994년 03월 30일	마이크로캐빈	SuperCDR	180
モンスターメーカー闇の竜騎士	몬스터 메이커 어둠의 용기사	1994년 03월 30일	NEC애버뉴	SuperCDR	180
パチ夫くん3 パチスロ&パチンコ	파치오 군3 파치슬로&파친코	1994년 04월 15일	코코넛저팬・GX미디어	SuperCDR	180
爆伝 アンバランスゾーン	폭전 언밸런스존	1994년 04월 22일	소니뮤직엔터테인먼트	SuperCDR	181
ぷよぷよCD	뿌요뿌요CD	1994년 04월 22일	NEC애버뉴	SuperCDR	181
風霧	카제키리	1994년 04월 28일	나그자트	SuperCDR	181

初恋物語	첫사랑 이야기(초연물어)	1994년 04월 28일	도쿠마쇼텐 인터미디어	SuperCDR	181
超英雄伝説 ダイナスティックヒーロー	초영웅전설 다이나스틱 히어로	1994년 05월 20일	허드슨	SuperCDR	182
ときめきメモリアル	두근두근 메모리얼	1994년 05월 27일	코나미	SuperCDR	175
ワールドヒーローズ2	월드 히어로즈2	1994년 06월 04일	허드슨	ArcadeCard	093
コズミック·ファンタジー4 銀河少年伝説 突入編 伝説へのプレリュード	코즈믹 판타지4 은하소년전설 돌입편 전설에의 서곡	1994년 06월 10일	일본텔레네트	SuperCDR	182
KO世紀 ビースト三獣士 ガイア復活 完結編	KO세기 비스트 삼수사 가이아 부활 완결편	1994년 06월 17일	팩인비디오	SuperCDR	182
ザ·プロ野球 SUPER' 94	더 프로야구 SUPER' 94	1994년 06월 17일	인테크	SuperCDR	182
天地を喰らう	천지를 먹다	1994년 06월 17일	NEC애버뉴	SuperCDR	183
ブランディッシュ	브랜디쉬	1994년 06월 17일	NEC홈일렉트로닉스	SuperCDR	183
3×3EYES 三只眼変成	3×3EYES 삼지안변성	1994년 07월 08일	NEC홈일렉트로닉스	SuperCDR	183
バスティール2	바스틸2	1994년 07월 08일	휴먼	SuperCDR	183
榮冠は君に　高校野球全国大会	영광은 너에게 고교야구 전국대회	1994년 07월 15일	아트딩크	SuperCDR	184
チキチキボーイズ	치키치키보이즈	1994년 07월 15일	NEC애버뉴	SuperCDR	184
アドヴァンスト ヴァリアブル ジオ	어드밴스드 배리어블 지오(V.G.)	1994년 07월 22일	TGL판매	SuperCDR	184
ドラゴンナイトIII	드래곤 나이트 III	1994년 07월 22일	NEC애버뉴	SuperCDR	184
GS美神	고스트 스위퍼 미카미	1994년 07월 29일	반프레스토	SuperCDR	185
ネオ·ネクタリス	네오 넥타리스	1994년 07월 29일	허드슨	SuperCDR	185
スーパーリアル麻雀P II·III カスタム	슈퍼 리얼 마작 P II · III 커스텀	1994년 08월 05일	나그자트	SuperCDR	185
聖戦士伝承　雀卓の騎士	성전사 전승 작탁의 기사	1994년 08월 05일	일본물산	SuperCDR	185
美少女戦士 セーラームーン	미소녀전사 세일러문	1994년 08월 05일	반프레스토	SuperCDR	186
ぽっぷるメイル	팝플메일	1994년 08월 12일	NEC홈일렉트로닉스	SuperCDR	186
アルシャーク	알샤크	1994년 08월 26일	빅터엔터테인먼트	SuperCDR	186
マッドストーカーFULL METAL FORCE	매드 스토커 풀 메탈 포스	1994년 09월 15일	NEC홈일렉트로닉스	ArcadeCard	092
セクシーアイドルまーじゃんファッション物語	섹시 아이돌 마작 패션이야기	1994년 09월 16일	일본물산	SuperCDR	186
ストライダー飛竜	스트라이더 비룡	1994년 09월 22일	NEC애버뉴	ArcadeCard	093
誕生 デビュー	탄생 데뷔	1994년 09월 22일	NEC애버뉴	SuperCDR	187
YAWARA!2	야와라!2	1994년 09월 23일	소픽스	SuperCDR	187
サークIII The eternal recurrence	샤크 III 영원회귀	1994년 09월 30일	NEC홈일렉트로닉스	SuperCDR	187
ドラゴンハーフ	드래곤 하프	1994년 09월 30일	마이크로캐빈	SuperCDR	187
女神天国	여신천국	1994년 09월 30일	NEC홈일렉트로닉스	SuperCDR	188
スタートリングオデッセイII 魔竜戦争	스타틀링 오디세이 II 마룡전쟁	1994년 10월 21일	레이포스	SuperCDR	188
バステッド	바스테드	1994년 10월 21일	NEC애버뉴	SuperCDR	188
卒業写真 美姫	졸업사진 미키	1994년 10월 28일	GX미디어	SuperCDR	188
ブラッド·ギア	블러드 기어	1994년 10월 28일	허드슨	SuperCDR	189
ハイパーウォーズ	하이퍼 워즈	1994년 11월 05일	허드슨	SuperCDR	189
ドラゴンボールZ 偉大なる孫悟空伝説	드래곤볼Z 위대한 손오공 전설	1994년 11월 11일	반다이	SuperCDR	189
電脳天使 デジタルアンジュ	전뇌천사 디지털 앙쥬	1994년 11월 18일	도쿠마쇼텐 인터미디어	SuperCDR	189
クイズアベニューIII	퀴즈 애버뉴 III	1994년 11월 25일	NEC애버뉴	SuperCDR	190
ゲッツエンディーナー	겟첸디너	1994년 11월 25일	NEC홈일렉트로닉스	SuperCDR	190
コズミック·ファンタジー4 銀河少年伝説 光の宇宙の中で…	코즈믹 판타지4 은하소년전설 격투편 빛의 우주 속에서	1994년 11월 25일	일본텔레네트	SuperCDR	190
新日本プロレスリング' 94 バトルフィールドin 闘強導夢	신일본프로레슬링' 94 배틀필드 in 투강도몽	1994년 11월 25일	후지콤	ArcadeCard	093
美少女戦士セーラームーンコレクション	미소녀전사 세일러문 콜렉션	1994년 11월 25일	반프레스토	SuperCDR	190
餓狼伝説 Special	아랑전설 스페셜	1994년 12월 02일	허드슨	ArcadeCard	094
カードエンジェルス	카드엔젤스	1994년 12월 09일	후지콤	SuperCDR	191
ロードス島戦記II	로도스도전기 II	1994년 12월 16일	허드슨	SuperCDR	191
アルナムの牙 獣族十二信徒伝説	아루남의 이빨 수족 십이신도 전설	1994년 12월 22일	라이트스터프	SuperCDR	191
ボンバーマン ぱにっくボンバー	봄버맨 패닉봄버	1994년 12월 22일	허드슨	SuperCDR	191
Jリーグ トリメンダスサッカー' 94	J리그 트리멘더스 사커' 94	1994년 12월 23일	NEC홈일렉트로닉스	SuperCDR	192
卒業II ネオ·ジェネレーション	졸업 II 네오 제너레이션	1994년 12월 23일	리버힐소프트	SuperCDR	192
とらべらーず！ 伝説をぶっとばせ	트래블러즈! 전설을 쳐부숴라	1994년 12월 29일	빅터엔터테인먼트	SuperCDR	192
1995년					
プリンセスメーカー1	프린세스 메이커1	1995년 01월 03일	NEC홈일렉트로닉스	SuperCDR	194
メタルエンジェル2	메탈엔젤2	1995년 01월 20일	팩인비디오	SuperCDR	194
セクシーアイドル麻雀 野球拳の詩	섹시 아이돌 마작 야구권의 시	1995년 01월 31일	일본물산	SuperCDR	195
ファイプロ女子 憧夢超女大戦 全女 vs JWP	파이어프로 여자 동몽초녀대전 전녀 vs JWP	1995년 02월 03일	휴먼	ArcadeCard	094
愛·超兄貴	애 · 초형귀	1995년 02월 24일	일본컴퓨터시스템(메사이어)	SuperCDR	195
姐	아네상	1995년 02월 24일	NEC애버뉴	SuperCDR	195
カブキ一刀涼談	가부키 일도양단	1995년 02월 24일	허드슨	ArcadeCard	094
雀神伝説　Quest of JongMaster	작신전설 QUEST OF JONGMASTER	1995년 02월 24일	NEC홈일렉트로닉스	ArcadeCard	094
スーパーリアル麻雀P.Vカスタム	슈퍼리얼 마작 P.V 커스텀	1995년 03월 03일	나그자트	SuperCDR	195
ソリッドフォース	솔리드 포스	1995년 03월 17일	NEC홈일렉트로닉스	SuperCDR	196
ドラゴンナイト&グラフィティ	드래곤 나이트&그래피티	1995년 03월 31일	NEC애버뉴	SuperCDR	196
フォーメーションサッカー95 デッラセリエA	포메이션 사커95 델라 세리에A	1995년 04월 07일	휴먼	SuperCDR	196
スロット勝負師	슬롯 승부사	1995년 04월 28일	일본물산	SuperCDR	196
レッスルエンジェルスDOUBLE IMPACT 団体経営編&新人デビュー編	레슬 엔젤스 더블 임팩트 단체경영 편 & 신인데뷔 편	1995년 05월 19일	NEC홈일렉트로닉스	SuperCDR	197

機装ルーガ II The Ends of Shangrila	기장 루가 II 샹그릴라의 종말	1995년 05월 26일	NEC홈일렉트로닉스	SuperCDR	197
空想科学世界 ガリバーボーイ	공상과학세계 걸리버 보이	1995년 05월 26일	허드슨	SuperCDR	197
天地無用! 魎皇鬼	천지무용! 양황귀	1995년 05월 26일	NEC애버뉴	SuperCDR	197
熱血レジェンド ベースボーラー	열혈 레전드 베이스볼러	1995년 06월 16일	팩인비디오	SuperCDR	198
プリンセスメーカー 2	프린세스 메이커2	1995년 06월 16일	NEC홈일렉트로닉스	SuperCDR	198
レニーブラスター	레니 블래스터	1995년 06월 23일	NEC애버뉴	SuperCDR	198
風の伝説 ザナドゥ II	바람의 전설 제나두 II	1995년 06월 30일	일본팔콤	SuperCDR	198
銀河お嬢様伝説ユナ2	은하아가씨전설 유나2	1995년 06월 30일	허드슨	SuperCDR	199
あすか120%マキシマBURNING Fest.	아스카120%맥시마 버닝 페스트	1995년 07월 28일	NEC애버뉴	SuperCDR	199
スペースインベーダージ·オリジナルゲーム	스페이스 인베이더 디 오리지널 게임	1995년 07월 28일	NEC애버뉴	SuperCDR	199
百物語 ほんとうにあった怖い話	백물어—진짜로 있었던 무서운 이야기	1995년 08월 04일	허드슨	SuperCDR	199
プライベート·アイ·ドル	프라이빗 아이 돌	1995년 08월 11일	NEC홈일렉트로닉스	SuperCDR	200
マージャン·ソード プリンセスクエスト外伝	마작 소드 프린세스 퀘스트 외전	1995년 08월 11일	나그자트	SuperCDR	200
真怨霊戦記	진원령전기	1995년 09월 29일	후지콤	SuperCDR	200
ザ·ティーヴィーショー	더 티비쇼	1995년 09월 22일	라이트스터프	SuperCDR	200
リンダキューブ	린다 큐브	1995년 10월 13일	NEC홈일렉트로닉스	SuperCDR	194
将棋データベース棋友	쇼기 데이터베이스 기우	1995년 10월 27일	세타	SuperCDR	201
同級生	동급생	1995년 11월 23일	NEC애버뉴	SuperCDR	201
銀河婦警伝説サファイア	은하부경전설 사파이어	1995년 11월 24일	허드슨	ArcadeCard	095
聖夜物語 ANEARTH FANTASY STORIES	성야물어 에이너스 판타지 스토리즈	1995년 12월 22일	허드슨	SuperCDR	201
1996년					
スチーム·ハーツ	스팀 하츠	1996년 03월 22일	TGL판매	SuperCDR	202
ぷよぷよCD通	뿌요뿌요CD통	1996년 03월 29일	NEC인터채널	SuperCDR	202
ヴァージン·ドリーム	버진 드림	1996년 05월 31일	도쿠마쇼텐 인터미디어	SuperCDR	202
GO!GO! バーディーチャンス	고! 고! 버디 찬스	1996년 06월 28일	NEC홈일렉트로닉스	SuperCDR	202
DE·JA	데 · 자	1996년 07월 12일	NEC인터채널	SuperCDR	203
バザールでござーるのゲームでござーる	바자루데 고자루	1996년 07월 26일	NEC홈일렉트로닉스	SuperCDR	203
魔導物語 I 炎の卒園児	마도물어 I 불꽃의 졸원아	1996년 12월 13일	NEC애버뉴	ArcadeCard	095
1997년					
はたらく·少女 てきぱきワーキン·ラブ	일하는 소녀 데키파키 워킹러브	1997년 03월 28일	NEC홈일렉트로닉스	SuperCDR	204
1999년					
デッド·オブ·ザ·ブレイン1&2	데드 오브 더 브레인1&2	1999년 06월 03일	NEC홈일렉트로닉스	SuperCDR	204

가나다순

타이틀	발매일	퍼블리셔	미디어	페이지
1552 천하대란 1552 天下大乱	1993년 07월 16일	아스크코단샤	SuperCDR	164
1941 카운터어택 1941カウンターアタック	1991년 08월 23일	허드슨	SuperGrfx	091
1943 개(改) 미드웨이 해전 1943 改 THE BATTL E OF MIDWAY	1991년 03월 22일	나그자트	HuCARD	062
3×3EYES 삼지안변성 3×3EYES 三只眼変成	1994년 07월 08일	NEC홈일렉트로닉스	SuperCDR	183
A–Z				
A열차로 가자 III A列車で行こう III	1993년 06월 11일	아트딩크	SuperCDR	164
BE BALL BE BALL	1990년 03월 30일	허드슨	HuCARD	041
CAL II CAL II	1993년 03월 31일	NEC애버뉴	SuperCDR	163
CAL III 완결편 CAL III 完結編	1994년 03월 25일	NEC애버뉴	SuperCDR	179
CD–ROM매거진 울트라박스 2호 CD-ROMマガジン ウルトラボックス2号	1990년 09월 28일	빅터음악산업	CD–ROM2	110
CD–ROM매거진 울트라박스 3호 CD-ROMマガジン ウルトラボックス3号	1990년 12월 28일	빅터음악산업	CD–ROM2	112
CD–ROM매거진 울트라박스 4호 CD-ROMマガジン ウルトラボックス4号	1991년 05월 24일	빅터음악산업	CD–ROM2	118
CD–ROM매거진 울트라박스 5호 CD-ROMマガジン ウルトラボックス5号	1991년 09월 27일	빅터음악산업	CD–ROM2	121
CD–ROM매거진 울트라박스 6호 CD-ROMマガジン ウルトラボックス6号	1992년 01월 31일	빅터음악산업	CD–ROM2	125
CD–ROM매거진 울트라박스 창간호 CD-ROMマガジン ウルトラボックス創刊号	1990년 06월 15일	빅터음악산업	CD–ROM2	108
CD배틀 빛의 용사들CD BATTLE 光の勇者たち	1993년 03월 19일	킹레코드	SuperCDR	160
F1 트리플 배틀 F1トリプルバトル	1989년 12월 23일	휴먼	HuCARD	031
F–1 파일럿 너는 왕중의 왕 F-1パイロットYOU'RE KING OF KINGS	1989년 03월 23일	팩인비디오	HuCARD	020
F–1드림 F-1ドリーム	1989년 08월 25일	NEC애버뉴	HuCARD	026
F1서커스 F1サーカス	1990년 09월 14일	일본물산	HuCARD	049
F1서커스' 92 F1 サーカス' 92	1992년 12월 18일	일본물산	HuCARD	082
F1서커스 스페셜 폴투윈 F1サーカス·スペシャル ポールトゥウィン	1992년 06월 26일	일본물산	SuperCDR	144
F1서커스' 91 F1サーカス' 91	1991년 07월 12일	일본물산	HuCARD	066
F1팀 시뮬레이션 프로젝트 F1チームシミュレーションPROJECT F	1992년 09월 11일	일본텔레네트	SuperCDR	147
J. B. 해롤드 시리즈#1 살인클럽 J. B. HAROLD SERIES#1 殺人クラブ	1990년 11월 23일	허드슨	CD–ROM2	111
J리그 그레이티스트 일레븐 Jリーグ グレイテストイレブン	1993년 05월 14일	일본물산	HuCARD	084
J리그 트리멘더스 사커' 94 Jリーグ トリメンダスサッカー' 94	1994년 12월 23일	NEC홈일렉트로닉스	SuperCDR	192
KO세기 비스트 삼수사 가이아 부활 완결편 KO世紀 ビースト三獣士 ガイア復活　完結編	1994년 06월 17일	팩인비디오	SuperCDR	182
NHK대하드라마 태평기 NHK大河ドラマ 太平記	1992년 01월 31일	NHK엔터프라이즈	HuCARD	076
P–47 THE FREEDOM FIGHTER P-47 THE FREEDOM FIGHTER	1989년 03월 20일	에이콤	HuCARD	019
PC원인 PC原人	1989년 12월 15일	허드슨	HuCARD	017

PC원인 시리즈 CD전인 로카빌리 천국 PC原人シリーズ CD電人 ロカビリー天国	1993년 07월 30일	허드슨	SuperCDR	166
PC원인 시리즈 PC전인 PC原人シリーズPC電人	1992년 11월 20일	허드슨	HuCARD	081
PC원인2 PC原人2	1991년 07월 19일	허드슨	HuCARD	066
PC원인3 PC原人3	1993년 04월 02일	허드슨	HuCARD	084
R–TYPE Ⅰ R-TYPE Ⅰ	1988년 03월 25일	허드슨	HuCARD	010
R–TYPE Ⅱ R-TYPE Ⅱ	1988년 06월 03일	허드슨	HuCARD	011
R–TYPE COMPLETE CD R-TYPE COMPLETE CD	1991년 12월 20일	아이렘	SuperCDR	136
S.C.I S.C.I	1991년 01월 25일	타이토	HuCARD	060
SUPER CD · ROM2 체험 소프트 모음 SUPER CD·ROM2体験ソフト集	1991년 12월 13일	허드슨	SuperCDR	135
TV스포츠 · 풋볼 TVスポーツ·フットボール	1991년 03월 29일	빅터음악산업	HuCARD	063
TV스포츠 · 농구TV スポーツ · バスケットボール	1993년 04월 29일	빅터음악산업	HuCARD	084
TV스포츠 · 아이스하키T Vスポーツ · アイスホッケー	1993년 04월 29일	빅터음악산업	HuCARD	084
USA 프로농구 USA プロバスケットボール	1989년 12월 01일	에이컴	HuCARD	030
Zero4 챔프Ⅱ ゼロヨンチャンプⅡ	1993년 03월 05일	미디어링	SuperCDR	160
R–TYPE COMPLETE CD R-TYPE COMPLETE CD	1991년 12월 20일	아이렘	SuperCDR	136
S.C.I S.C.I	1991년 01월 25일	타이토	HuCARD	060
SUPER CD · ROM2 체험 소프트모음 SUPER CD·ROM2体験ソフト集	1991년 12월 13일	허드슨	SuperCDR	135
TV스포츠 · 농구 TVスポーツ · バスケットボール	1993년 04월 29일	빅터음악산업	HuCARD	084
TV스포츠 ·아이스하키 TVスポーツ · アイスホッケー	1993년 04월 29일	빅터음악산업	HuCARD	084
TV스포츠 ·풋볼 TVスポーツ·フットボール	1991년 03월 29일	빅터음악산업	HuCARD	063
USA 프로농구USA プロバスケットボール	1989년 12월 01일	에이컴	HuCARD	030
Zero4 챔프Ⅱ ゼロヨンチャンプⅡ	1993년 03월 05일	미디어링	SuperCDR	160
가				
가부키 일도양단 カブキ一刀涼談	1995년 02월 24일	허드슨	ArcadeCard	94
가이 프레임 ガイフレーム	1990년 01월 26일	일본컴퓨터시스템(메사이어)	HuCARD	036
가이아의 문장 ガイアの紋章	1988년 09월 23일	일본컴퓨터시스템(메사이어)	HuCARD	013
갓 패닉 지상최강군단 ゴッドパニック至上最強軍団	1992년 11월 27일	테이칙	SuperCDR	150
개조정인 슈비빔맨 改造町人シュビビンマン	1989년 03월 18일	일본컴퓨터시스템(메사이어)	HuCARD	016
개조정인 슈비빔맨2 새로운 적 改造町人シュビビンマン 2 新たなる敵	1991년 04월 27일	일본컴퓨터시스템(메사이어)	HuCARD	065
개조정인 슈비빔맨3 이계의 공주 改造町人シュビビンマン3 異界のプリンセス	1992년 02월 28일	일본컴퓨터시스템(메사이어)	CD–ROM2	125
개천의 누시낚시 자연파 川のぬし釣り 自然派	1992년 03월 27일	팩인비디오	CD–ROM2	127
갤러가88 ギャラガ88	1988년 07월 15일	남코	HuCARD	012
갤럭시 형사 가이반 GALAXY 刑事 GAYVAN	1993년 10월 29일	인테크	SuperCDR	169
갬블러 자기중심파 CD다 전원집합 격투36마작사 ぎゅわんぶらあ自己中心派CDだよ全員集合 激闘36雀士	1989년 11월 24일	허드슨	CD–ROM2	102
갬블러 자기중심파 마작퍼즐 컬렉션 ぎゅわんぶらあ自己中心派 麻雀パズルコレクション	1992년 02월 28일	타이토	CD–ROM2	126
거울나라의 레전드 鏡の国のレジェンド	1989년 10월 27일	빅터음악산업	CD–ROM2	101
건 헤드 ガンヘッド	1989년 07월 07일	허드슨	HuCARD	024
걸크라이트TDF2 ガルクライトTDF2	1991년 01월 25일	팩인비디오	CD–ROM2	114
게이트 오브 썬더 ゲートオブサンダー	1992년 02월 21일	허드슨	SuperCDR	138
게인 그라운드 SXゲイングランドSX	1992년 12월 25일	NEC애버뉴	SuperCDR	154
겐지 통신 아게다마 ゲンジ通信あげだま	1991년 12월 13일	NEC홈일렉트로닉스	HuCARD	073
겟첸디너 ゲッツエンディーナー	1994년 11월 25일	NEC홈일렉트로닉스	SuperCDR	190
격사보이 激写ボーイ	1992년 10월 02일	아이렘	HuCARD	080
격투패왕전설 알거노스 格闘覇王伝説アルガノス	1994년 01월 28일	인테크	SuperCDR	177
고! 고! 버디 찬스 GO!GO! バーディーチャンス	1996년 06월 28일	NEC홈일렉트로닉스	SuperCDR	202
고모라 스피드 ゴモラスピード	1990년 09월 28일	유피엘	HuCARD	051
고스트 스위퍼 미카미 GS美神	1994년 07월 29일	반프레스토	SuperCDR	185
고질라 폭투열전 ゴジラ爆闘烈伝	1994년 02월 26일	도호	SuperCDR	178
골든 액스 ゴールデンアックス	1990년 03월 10일	일본텔레네트	CD–ROM2	104
공상과학세계 걸리버 보이 空想科学世界 ガリバーボーイ	1995년 05월 26일	허드슨	SuperCDR	197
구극타이거 究極タイガー	1989년 03월 31일	타이토	HuCARD	020
그라디우스 グラディウス	1991년 11월 15일	코나미	HuCARD	070
그라디우스Ⅱ 고퍼의 야망 グラディウスⅡ GOFERの野望	1992년 12월 18일	코나미	SuperCDR	138
극락! 중화대선 極楽！中華大仙	1992년 03월 13일	타이토	HuCARD	077
기기괴계 奇々怪界	1990년 03월 27일	타이토	HuCARD	040
기동경찰 패트레이버 그리폰 편 機動警察 パトレイバーグリフォン編	1993년 09월 30일	리버힐소프트	SuperCDR	168
기장 루가 機装 ルーガ	1993년 12월 03일	고가도스튜디오	SuperCDR	171
기장 루가Ⅱ 샹그릴라의 종말 機装ルーガⅡ The Ends of Shangrila	1995년 05월 26일	NEC홈일렉트로닉스	ArcadeCard	197
나				
나그자트 스타디움 ナツザットスタジアム	1990년 10월 26일	나그자트	HuCARD	052
나그자트 오픈 ナグザットオープン	1989년 05월 30일	나그자트	HuCARD	022
나리토레 더 스고로쿠' 92 なりトレ ザ·スゴロク' 92	1991년 12월 20일	일본텔레네트	CD–ROM2	123
나왔다! 트윈비 出たな！ツインビー	1992년 02월 28일	코나미	HuCARD	076
나이트라이더 스페셜 ナイトライダー·スペシャル	1989년 12월 22일	팩인비디오	HuCARD	031
네오 넥타리스 ネオ·ネクタリス	1994년 07월 29일	허드슨	SuperCDR	185
네크로스의 요새 ネクロスの要塞	1990년 04월 20일	아스크 코단샤	HuCARD	042
넥스자르 ネクスザール	1992년 12월 11일	나그자트	SuperCDR	152
넥타리스 ネクタリス	1989년 02월 09일	허드슨	HuCARD	018

노·리·코 NO·RI·KO	1988년 12월 04일	허드슨	CD-ROM2	098
노부나가의 야망 무장풍운록 信長の野望 武将風雲録	1993년 02월 27일	고에이	SuperCDR	160
노부나가의 야망 전국판 信長の野望 全国版	1993년 12월 11일	고에이	SuperCDR	172
뉴질랜드 스토리 ニュージーランドストーリ	1990년 02월 23일	타이토	HuCARD	038
뉴토피아 ニュートピア	1989년 11월 17일	허드슨	HuCARD	028
뉴토피아II ニュートピアII	1991년 09월 27일	허드슨	HuCARD	069
니코니코 푼~ NHKおかあさんといっしょにこにこ、ぷん	1991년 12월 13일	NHK엔터프라이즈	HuCARD	073
닌자 워리어즈 ニンジャウォーリアーズ	1989년 06월 30일	타이토	HuCARD	024
닌자용검전 忍者龍剣伝	1992년 01월 24일	허드슨	HuCARD	075
다				
다라이어스 플러스 ダライアス·プラス	1990년 09월 21일	NEC애버뉴	HuCARD	050
다운로드 ダウンロード	1990년 06월 22일	NEC애버뉴	HuCARD	044
다운로드2 ダウンロード2	1991년 03월 29일	NEC애버뉴	CD-ROM2	116
다운타운 열혈물어 ダウンタウン熱血物語	1993년 12월 24일	나그자트	SuperCDR	174
다운타운 열혈행진곡 가자! 대운동회 ダウンタウン熱血行進曲 それゆけ大運動会	1992년 12월 11일	나그자트	SuperCDR	152
다이치군 크라이시스 大地くんクライシス	1989년 11월 22일	사리오	HuCARD	028
다이하드 ダイハード	1990년 09월 28일	팩인비디오	HuCARD	051
다카하시 명인의 신모험도 高橋名人の新冒険島	1992년 06월 26일	허드슨	HuCARD	078
다케다 신겐 武田信玄	1989년 07월 28일	에이컴	HuCARD	025
대마계촌 大魔界村	1990년 07월 27일	NEC애버뉴	SuperGrfx	090
대선풍 大旋風	1990년 12월 14일	NEC애버뉴	HuCARD	055
대선풍 커스텀 大旋風 カスタム	1991년 07월 26일	NEC애버뉴	CD-ROM2	120
더 데이비스컵 테니스 ザ·デビスカップテニス	1992년 04월 01일	마이크로월드	SuperCDR	141
더 맨홀 マンホール	1991년 03월 22일	선소프트	CD-ROM2	115
더 쿵푸 THE 功夫	1987년 11월 21일	허드슨	HuCARD	009
더 킥복싱 ザ·キックボクッシグ	1992년 07월 31일	마이크로월드	SuperCDR	145
더 티비쇼 ザ·ティーヴィーショー	1995년 09월 22일	라이트스터프	SuperCDR	200
더 프로야구 ザ·プロ野球	1990년 10월 05일	인테크	CD-ROM2	110
더 프로야구 SUPER' 94 ザ·プロ野球 SUPER' 94	1994년 06월 17일	인테크	SuperCDR	182
더 프로야구 슈퍼 ザ·プロ野球 SUPER	1992년 10월 09일	인테크	SuperCDR	149
더블 던전 ダブルダンジョン	1989년 09월 29일	일본컴퓨터시스템(메사이어)	HuCARD	027
더블 링 ダブルリング	1990년 09월 28일	나그자트	HuCARD	051
더블드래곤II 더 리벤지 ダブルドラゴンII The Revenge	1993년 03월 12일	나그자트	SuperCDR	160
던전 마스터 세론의 퀘스트 ダンジョン·マスターセロンズ·クエスト	1992년 09월 18일	빅터음악산업	SuperCDR	147
던전 익스플로러 ダンジョン エクスプローラー	1989년 03월 04일	허드슨	HuCARD	016
던전 익스플로러II ダンジョン エクスプローラーII	1993년 03월 26일	허드슨	SuperCDR	161
데·자 DE·JA	1996년 07월 12일	NEC인터채널	SuperCDR	203
데드 오브 더 브레인1&2 デッド·オブ·ザ·ブレイン1&2	1999년 06월 03일	NEC홈일렉트로닉스	SuperCDR	204
데드문 달세계의 악몽 デッドムーン 月世界の悪夢	1991년 02월 28일	티에스에스	HuCARD	061
데빌 크래시 デビルクラッシュ	1990년 07월 20일	나그자트	HuCARD	034
데스브링거 더 나이트 오브 다크니스 デスブリンガー THE KNIGHT OF DARKNESS	1990년 04월 27일	일본텔레네트	CD-ROM2	107
데코보코 전설 달리는 와가맘마 デコボコ伝説 走るワガマンマー	1990년 11월 02일	일본텔레네트	CD-ROM2	111
도라에몽 미궁대작전 ドラえもん 迷宮大作戦	1989년 10월 31일	허드슨	HuCARD	028
도라에몽 진구의 도라비안나이트 ドラえもん のび太のドラビアンナイト	1991년 12월 06일	허드슨	HuCARD	072
도라에몽 진구의 도라비안나이트 ドラえもん のび太のドラビアンナイト	1992년 05월 29일	허드슨	SuperCDR	143
돈 도코 돈 ドンドコドン	1990년 05월 31일	타이토	HuCARD	043
동급생 同級生	1995년 11월 23일	NEC애버뉴	SuperCDR	201
두근두근 메모리얼 ときめきメモリアル	1994년 05월 27일	코나미	SuperCDR	175
드래곤 EGG! どらごんEGG!	1991년 09월 27일	일본컴퓨터산업(메사이어)	HuCARD	069
드래곤 나이트&그래피티 ドラゴンナイト&グラフィティ	1995년 03월 31일	NEC애버뉴	SuperCDR	196
드래곤 나이트III ドラゴンナイトIII	1994년 07월 22일	NEC애버뉴	SuperCDR	184
드래곤 세이버 ドラゴンセイバー	1991년 12월 27일	남코	HuCARD	074
드래곤 스피릿 ドラゴンスピリット	1988년 12월 16일	남코	HuCARD	014
드래곤 슬레이어 영웅전설 ドラゴンスレイヤー英雄伝説	1991년 10월 25일	허드슨	SuperCDR	134
드래곤 슬레이어 영웅전설II ドラゴンスレイヤー 英雄伝説II	1992년 12월 23일	허드슨	SuperCDR	154
드래곤 하프 ドラゴンハーフ	1994년 09월 30일	마이크로캐빈	SuperCDR	187
드래곤나이트II ドラゴンナイトII	1992년 08월 07일	NEC애버뉴	SuperCDR	146
드래곤볼Z 위대한 손오공 전설 ドラゴンボールZ 偉大なる孫悟空伝説	1994년 11월 11일	반다이	SuperCDR	189
드롭 록 호라호라 ドロップロック ほらホラ	1990년 03월 30일	데이터이스트	HuCARD	041
드루아가의 탑 ドルアーガの塔	1992년 06월 25일	남코	HuCARD	078
디지털 챔프 배틀 복싱 デジタルチャンプ バトルボクシング	1989년 10월 13일	나그자트	HuCARD	027
딥 블루·해저신화 ディープブルー海底神話	1989년 03월 31일	팩인비디오	HuCARD	021
라				
라비오 레프스 스페셜 ラビオレプス スペシャル	1990년 10월 19일	비디오시스템	HuCARD	052
라스탄 사가II ラスタン·サーガII	1990년 07월 06일	타이토	HuCARD	046
라스트 아마겟돈 ラスト·ハルマゲドン	1990년 08월 31일	브레인그레이	CD-ROM2	109
라이덴 雷電	1991년 11월 22일	허드슨	HuCARD	070
라이잔버II ライザンバーII	1991년 06월 07일	데이터웨스트	CD-ROM2	119

라이잔버 III ライザンバーIII	1992년 06월 26일	데이터웨스트	SuperCDR	144
라이징 선 ライジング·サン	1992년 03월 13일	빅터음악산업	CD-ROM2	126
라플라스의 악마 ラプラスの魔	1993년 03월 30일	휴먼	SuperCDR	162
락온 ロック·オン	1989년 08월 25일	빅클럽	HuCARD	026
란마 1/2 빼앗긴 신부 らんま1/2 とらわれの花嫁	1991년 12월 06일	일본컴퓨터시스템(메사이어)	CD-ROM2	122
란마 1/2 타도, 원조 무차별 격투류! らんま1/2 打倒、元祖無差別格闘流!	1992년 10월 02일	일본컴퓨터시스템(메사이어)	SuperCDR	149
란마1/2 らんま1/2	1990년 12월 07일	일본컴퓨터시스템(메사이어)	CD-ROM2	112
랑그리사 광휘의 후예 ラングリッサー光輝の末裔	1993년 08월 06일	인테크	SuperCDR	167
레기온 レギオン	1990년 09월 21일	일본텔레네트	CD-ROM2	110
레니 블래스터 レニーブラスター	1995년 06월 23일	NEC애버뉴	SuperCDR	198
레드 얼럿 レッドアラート	1989년 12월 28일	일본텔레네트	CD-ROM2	103
레밍스 レミングス	1992년 11월 27일	선소프트	SuperCDR	151
레슬 엔젤스 더블 임팩트 단체경영 편 & 신인데뷔 편 レッスルエンジェルスDOUBLE IMPACT団体経営編&新人デビュー編	1995년 05월 19일	NEC홈일렉트로닉스	SuperCDR	197
레이디 팬텀 レディファントム	1991년 11월 29일	일본텔레네트	SuperCDR	135
레이싱 혼 レーシング魂	1991년 07월 19일	아이렘	HuCARD	067
레인보우 아일랜드 レインボーアイランド	1993년 06월 30일	NEC애버뉴	CD-ROM2	131
레전드 오브 히어로 톤마 レジェンド·オブ·ヒーロー·トンマ	1991년 03월 13일	아이렘	HuCARD	061
로도스도전기 ロードス島戦記	1992년 07월 17일	허드슨	CD-ROM2	128
로도스도전기 II ロードス島戦記 II	1994년 12월 16일	허드슨	SuperCDR	191
로드 런너 잃어버린 미궁 Lode Runner 失われた迷宮	1990년 07월 27일	팩인비디오	HuCARD	047
로드 스피릿츠 ロード·スピリッツ	1991년 03월 22일	팩인비디오	CD-ROM2	115
로드 오브 워즈 ロードオブウォーズ	1991년 11월 29일	시스템소프트	CD-ROM2	122
롬롬 가라오케 VOL.1 ROM2 カラオケ VOL.1	1989년 10월 27일	NEC애버뉴	CD-ROM2	101
롬롬 가라오케 VOL.1 멋지게 스탠다드 ROM2 カラオケVOL.1 すてきにスタンダード	1990년 03월 30일	빅터음악산업	CD-ROM2	105
롬롬 가라오케 VOL.2 ROM2 カラオケ VOL.2	1989년 10월 27일	NEC애버뉴	CD-ROM2	102
롬롬 가라오케 VOL.2 납득 아이돌 ROM2 カラオケVOL.2 なっとくアイドル	1990년 03월 30일	빅터음악산업	CD-ROM2	106
롬롬 가라오케 VOL.3 ROM2 カラオケ VOL.3	1989년 12월 20일	NEC애버뉴	CD-ROM2	102
롬롬 가라오케 VOL.3 역시 밴드 ROM2 カラオケVOL.3 やっぱしバンド	1990년 04월 06일	빅터음악산업	CD-ROM2	106
롬롬 가라오케 VOL.4 ROM2 カラオケ VOL.4	1990년 01월 19일	NEC애버뉴	CD-ROM2	104
롬롬 가라오케 VOL.4 이봐요 어른!? ROM2 カラオケVOL.4 ちょいとおとな！？	1990년 04월 06일	빅터음악산업	CD-ROM2	106
롬롬 가라오케 VOL.5 ROM2 カラオケVOL.5	1990년 04월 23일	NEC애버뉴	CD-ROM2	107
롬롬 가라오케 VOL.5 가라오케 도시락 ROM2 カラオケVOL.5 カラオケ幕の内	1990년 04월 06일	빅터음악산업	CD-ROM2	106
롬롬 스타디움 ROM2 スタジアム	1989년 12월 22일	일본컴퓨터시스템(메사이어)	CD-ROM2	103
루인 신의 유산 ルイン 神の遺産	1993년 11월 19일	빅터엔터테인먼트	SuperCDR	170
룸 LOOM	1992년 09월 25일	빅터음악산업	SuperCDR	148
류큐 琉球	1990년 10월 26일	페이스	HuCARD	053
린다 큐브 リンダキューブ	1995년 10월 13일	NEC홈일렉트로닉스	SuperCDR	194
마				
마경전설 魔境伝説	1988년 09월 23일	빅터음악산업	HuCARD	013
마계 프린스 도라봇짱 魔界プリンス どらぼっちゃん	1990년 12월 21일	나그자트	HuCARD	057
마계팔견전 SHADA 魔界八犬伝 SHADA	1989년 04월 01일	데이터이스트	HuCARD	021
마도물어 I 불꽃의 졸원아 魔導物語 I 炎の卒園児	1996년 12월 13일	NEC애버뉴	ArcadeCard	95
마물헌터 요코 마계에서 온 전학생 魔物ハンター妖子 魔界からの転校生	1992년 03월 13일	일본컴퓨터시스템(메사이어)	CD-ROM2	126
마물헌터 요코 멀리서 부르는 소리 魔物ハンター妖子 遠き呼び声	1993년 01월 08일	일본컴퓨터시스템(메사이어)	SuperCDR	158
마샬 챔피언 マーシャル·チャンピオン	1993년 12월 17일	코나미	SuperCDR	173
마스터 오브 몬스터즈 マスターオブモンスターズ	1991년 02월 15일	마이크로캐빈	CD-ROM2	114
마신영웅전 와타루 魔神英雄伝 ワタル	1988년 08월 30일	허드슨	HuCARD	013
마이트 앤 매직3 マイトアンドマジック3	1993년 10월 29일	허드슨	SuperCDR	169
마이트 앤드 매직 マイトアンドマジック	1992년 01월 24일	NEC애버뉴	CD-ROM2	125
마인 스위퍼 マインスウィーパー	1992년 03월 20일	팩인비디오	CD-ROM2	127
마작 레몬엔젤 麻雀レモンエンジェル	1994년 02월 25일	나그자트	SuperCDR	178
마작 바닐라신드롬 まーじゃん バニラシンドローム	1991년 10월 25일	일본물산	CD-ROM2	122
마작 소드 프린세스 퀘스트 외전 マージャン·ソード プリンセスクエスト外伝	1995년 08월 11일	나그자트	SuperCDR	200
마작 온 더 비치 麻雀オンザビーチ	1993년 09월 30일	NEC애버뉴	SuperCDR	168
마작 자객열전 마작 워즈 麻雀刺客列伝　麻雀ウォーズ	1990년 02월 01일	일본물산	HuCARD	037
마작오공 스페셜 麻雀悟空スペシャル	1990년 08월 10일	선소프트	HuCARD	048
마작클리닉 스페셜 麻雀クリニック·スペシャル	1993년 09월 24일	나그자트	SuperCDR	167
마작탐정 이야기 雀偵物語	1990년 10월 09일	일본텔레네트	CD-ROM2	111
마작탐정 이야기3 세이버 엔젤 雀偵物語3 セイバーエンジェル	1993년 04월 23일	아틀라스	SuperCDR	163
마작탐정이야기2 우주탐정 디반 완결편 雀偵物語2 宇宙探偵ディバン完結編	1992년 04월 24일	아틀라스	CD-ROM2	127
마작탐정이야기2 우주탐정 디반 출동편 雀偵物語2 宇宙探偵ディバン出動編	1992년 02월 28일	아틀라스	CD-ROM2	126
마작패왕전 카이저스퀘스트 麻雀覇王伝 カイザーズクエスト	1992년 02월 28일	유비엘	HuCARD	077
마작학원 아즈마 소시로 등장 麻雀学園 東間宗四郎登場	1989년 11월 24일	페이스	HuCARD	029
마작학원MILD 아즈마 소시로 등장 麻雀学園MILD 東間宗四郎登場	1990년 06월 29일	페이스	HuCARD	045
마적전설 아스트랄리우스 魔笛伝説 アストラリウス	1991년 06월 21일	아이지에스	CD-ROM2	119
마정전기 라바루 魔晶伝記ラ·ヴァルー	1991년 03월 22일	고가도스튜디오	CD-ROM2	115
매니악 프로레슬링 내일을 향한 싸움 マニアックプロレス 明日への戦い	1990년 05월 25일	허드슨	HuCARD	043

매드 스토커 풀 메탈 포스 マッドストーカーFULL METAL FORCE	1994년 09월 15일	NEC홈일렉트로닉스	ArcadeCard	92
매지컬 사우르스 투어 최신 공룡 도해 대사전 マジカルサウルスツアー最新恐竜図解大辞典	1990년 08월 24일	빅터음악산업	CD-ROM2	109
매지컬 체이스 マジカルチェイス	1991년 11월 15일	팔소프트	HuCARD	058
매지클 マジクール	1993년 10월 29일	허드슨	SuperCDR	170
메르헨 메이즈 メルヘンメイズ	1990년 12월 11일	남코	HuCARD	054
메소포타미아 メソポタミア	1991년 10월 04일	아틀라스	HuCARD	069
메종일각 めぞん一刻	1989년 08월 04일	마이크로캐빈	HuCARD	025
메타모 주피터 メタモジュピター	1993년 01월 22일	NEC홈일렉트로닉스	SuperCDR	158
메탈 스토커 メタルストーカー	1991년 07월 12일	페이스	HuCARD	066
메탈 엔젤 メタルエンジェル	1993년 09월 24일	팩인비디오	SuperCDR	167
메탈엔젤2 メタルエンジェル2	1995년 01월 20일	팩인비디오	SuperCDR	194
모리타 쇼 PC 森田将棋 PC	1991년 09월 27일	NEC애버뉴	HuCARD	069
모모타로 전설 외전 제1집 桃太郎伝説外伝 第一集	1992년 12월 04일	허드슨	HuCARD	081
모모타로 전설 II 桃太郎伝説 II	1990년 12월 22일	허드슨	HuCARD	035
모모타로 활극 桃太郎 活劇	1990년 09월 21일	허드슨	HuCARD	050
모모타로전설 터보 桃太郎伝説 ターボ	1990년 07월 20일	허드슨	HuCARD	046
모토로더 モトローダー	1989년 02월 23일	일본컴퓨터시스템(메사이어)	HuCARD	018
모토로더 II モトローダーII	1991년 03월 29일	일본컴퓨터시스템(메사이어)	HuCARD	063
모토로더MC モトローダーMC	1992년 12월 18일	일본컴퓨터시스템(메사이어)	SuperCDR	153
모험남작 돈 THE LOST SUNHEART 冒険男爵·ドン THE LOST SUNHEART	1992년 01월 04일	아이맥스	HuCARD	075
몬스터 레어 원더보이III モンスター·レアーワンダーボーイIII	1989년 08월 31일	허드슨	CD-ROM2	100
몬스터 메이커 어둠의 용기사 モンスターメーカー闇の竜騎士	1994년 03월 30일	NEC애버뉴	SuperCDR	180
몬스터 프로레슬링 モンスタープロレス	1991년 11월 29일	아스크코단샤	HuCARD	072
몽환전사 바리스 夢幻戦士ヴァリス	1992년 03월 19일	일본텔레네트	SuperCDR	140
무뢰한 전투부대 블러디 울프 ならず者戦闘部隊 BLOODY WOLF	1989년 09월 01일	데이터이스트	HuCARD	026
문라이트 레이디 ムーンライトレディ	1993년 03월 26일	NEC홈일렉트로닉스	SuperCDR	162
미궁의 엘피네 迷宮のエルフィーネ	1990년 07월 06일	일본텔레네트	CD-ROM2	108
미래소년 코난 未来少年コナン	1992년 02월 28일	일본텔레네트	SuperCDR	139
미소녀전사 세일러문 美少女戦士 セーラームーン	1994년 08월 05일	반프레스토	SuperCDR	186
미소녀전사 세일러문 콜렉션美少女戦士セーラームーンコレクション	1994년 11월 25일	반프레스토	SuperCDR	190
미스터 헬리의 대모험 ミスターヘリの大冒険	1989년 12월 01일	아이렘	HuCARD	029
미스틱 포뮬러 ミスティックフォーミュラ	1993년 07월 23일	마이크로캐빈	SuperCDR	165
미쓰바치학원 みつばち学園	1990년 09월 14일	빅터음악산업	CD-ROM2	110
미즈바쿠 대모험 ミズバク大冒険	1992년 01월 17일	타이토	HuCARD	075
밀어치기 스모 헤이세이 판 つっぱり大相撲平成版	1993년 02월 19일	나그자트	HuCARD	083
바				
바람의 전설 제나두 風の伝説 ザナドゥ	1994년 02월 18일	NEC홈일렉트로닉스	SuperCDR	175
바람의 전설 제나두 II 風の伝説 ザナドゥ II	1995년 06월 30일	일본팔콤	SuperCDR	198
바룬바 バルンバ	1990년 04월 27일	남코	HuCARD	043
바리바리 전설 バリバリ伝説	1989년 11월 29일	타이토	HuCARD	029
바리스 비주얼집 ヴァリス ビジュアル集	1993년 02월 19일	일본텔레네트	CD-ROM2	130
바리스 II ヴァリス II	1989년 06월 23일	일본텔레네트	CD-ROM2	100
바리스 III ヴァリス III	1990년 09월 07일	일본텔레네트	CD-ROM2	109
바리스IV ヴァリスIV	1991년 08월 23일	일본텔레네트	CD-ROM2	121
바벨 バベル	1992년 03월 27일	일본텔레네트	SuperCDR	140
바스테드 バステッド	1994년 10월 21일	NEC애버뉴	SuperCDR	188
바스틸 バスティール	1990년 12월 20일	휴먼	CD-ROM2	112
바스틸2 バスティール 2	1994년 07월 08일	휴먼	SuperCDR	183
바이올런트 솔저 バイオレント·ソルジャー	1990년 12월 14일	아이지에스	HuCARD	056
바자루데 고자루 バザールでござーるのゲームでござーる	1996년 07월 26일	NEC홈일렉트로닉스	SuperCDR	203
발리스틱스 バリスティクス	1991년 12월 13일	코코넛저팬	HuCARD	073
배트맨 バットマン	1990년 10월 12일	선소프트	HuCARD	052
배틀 로드러너 バトルロードランナー	1993년 02월 10일	허드슨	HuCARD	083
배틀에이스 バトルエース	1989년 12월 08일	허드슨	SuperGrfx	090
백물어-진짜로 있었던 무서운 이야기 百物語 ほんとうにあった怖い話	1995년 08월 04일	허드슨	SuperCDR	199
버닝 엔젤 バーニングエンジェル	1990년 12월 07일	나그자트	HuCARD	054
버블검 크래쉬! バブルガムクラッシュ!	1991년 12월 06일	나그자트	HuCARD	072
버진 드림 ヴァージン·ドリーム	1996년 05월 31일	도쿠마쇼텐 인터미디어	SuperCDR	202
베이구스 ウェイグス	1990년 06월 15일	빅터음악산업	HuCARD	044
베이비 조 더 슈퍼히어로 ベイビー·ジョー ザ·スーパーヒーロー	1992년 08월 28일	마이크로월드	SuperCDR	146
벤케이 외전 弁慶外伝	1989년 12월 22일	선소프트	HuCARD	031
보난자 브라더스 ボナンザブラザーズ	1992년 07월 31일	NEC애버뉴	SuperCDR	145
볼피드 ヴォルフィード	1989년 12월 27일	타이토	HuCARD	032
봄버맨 ボンバーマン	1990년 12월 07일	허드슨	HuCARD	035
봄버맨' 93 ボンバーマン' 93	1992년 12월 11일	허드슨	HuCARD	081
봄버맨' 94 ボンバーマン'94	1993년 12월 10일	허드슨	HuCARD	085
봄버맨 패닉봄버 ボンバーマン ぱにっくボンバー	1994년 12월 22일	허드슨	SuperCDR	191
부라이 8옥의 용사 전설 ブライ 八玉の勇士伝説	1991년 08월 09일	리버힐소프트	CD-ROM2	120

부라이II 어둠 황제의 역습 ブライII 闇皇帝の逆襲	1992년 12월 18일	리버힐소프트	SuperCDR	153
북두성의 여자 北斗星の女	1990년 02월 23일	나그자트	CD-ROM2	104
불꽃의 투구아 돗지탄평 炎の闘球児ドッジ弾平	1992년 09월 25일	허드슨	HuCARD	080
브라우닝 ブロウニング	1992년 02월 07일	일본텔레네트	SuperCDR	138
브랜디쉬 ブランディッシュ	1994년 06월 17일	NEC홈일렉트로닉스	SuperCDR	183
브레이크 인 ブレイク·イン	1989년 08월 10일	나그자트	HuCARD	025
블랙홀 기습 ブラックホールアサルト	1993년 07월 23일	나그자트	SuperCDR	165
블러드 기어 ブラッド·ギア	1994년 10월 28일	허드슨	SuperCDR	189
블로디아 ブロディア	1990년 02월 23일	허드슨	HuCARD	038
블루파이트 링의 패자 ブルファイト　リングの覇者	1989년 12월 08일	크림	HuCARD	030
비밀의 화원 秘密の花園	1993년 12월 10일	도쿠마쇼텐 인터미디어	SuperCDR	172
비보전설 크리스의 모험 秘宝伝説　クリスの冒険	1991년 12월 13일	팩인비디오	CD-ROM2	123
비장기병 카이자드 飛装騎兵　カイザード	1990년 02월 23일	일본컴퓨터시스템(메사이어)	HuCARD	038
비질란테 ビジランテ	1989년 01월 14일	아이렘	HuCARD	018
빅쿠리만 대사계 ビックリマン大事界	1988년 12월 23일	허드슨	CD-ROM2	098
빅쿠리맨 월드 ビックリマンワールド	1987년 10월 30일	허드슨	HuCARD	008
빅토리 런 영광의 13,000킬로 ビクトリーラン　栄光の13,000キロ	1987년 12월 28일	허드슨	HuCARD	009
빌더랜드 ビルダーランド	1992년 04월 01일	마이크로월드	SuperCDR	141
뿌요뿌요CD ぷよぷよCD	1994년 04월 22일	NEC애버뉴	SuperCDR	181
뿌요뿌요CD통 ぷよぷよCD通	1996년 03월 29일	NEC인터채널	SuperCDR	202
사				
사다키치 세븐 定吉七番	1988년 11월 18일	허드슨	HuCARD	014
사라만다 沙羅曼蛇	1991년 12월 06일	코나미	HuCARD	072
사령전선 WAR OF THE DEAD 死霊戦線 WAR OF THE DEAD	1989년 03월 24일	빅터음악산업	HuCARD	020
사성검 네크로맨서 邪聖剣 ネクロマンサー	1988년 01월 22일	허드슨	HuCARD	010
사이드 암즈 サオドアーム	1989년 07월 14일	NEC애버뉴	HuCARD	024
사이드암즈 스페셜 サイドアーム·スペシャル	1989년 12월 15일	NEC애버뉴	CD-ROM2	102
사이버 나이트 サイバーナイト	1990년 10월 12일	톤킨하우스	HuCARD	052
사이버 닷지 サイバードッジ	1992년 01월 31일	톤킨하우스	HuCARD	076
사이버 코어 サイバーコア	1990년 03월 09일	아이지에스	HuCARD	039
사이버시티 OEDO 808 야수의 속성 CYBER CITY OEDO 808 獣の属性	1991년 03월 15일	일본컴퓨터시스템(메사이어)	CD-ROM2	114
사이버크로스 サイバークロス	1989년 06월 23일	페이스	HuCARD	023
사이코 체이서 サイコチェイサー	1990년 04월 06일	나그자트	HuCARD	042
사이킥 스톰 サイキックストーム	1992년 03월 19일	일본텔레네트	SuperCDR	140
사일런트 디버거즈 サイレント　デバッガーズ	1991년 03월 29일	데이터이스트	HuCARD	063
삼국지 영걸 천하에 군림하다 三国志 英傑天下に臨む	1991년 03월 29일	나그자트	CD-ROM2	116
삼국지III 三国志III	1993년 10월 02일	고에이	SuperCDR	168
상하이 上海	1987년 10월 30일	허드슨	HuCARD	009
상하이 DRAGON'S EYE (상하이III) 上海III ドラゴンズアイ バトル上海	1992년 12월 18일	아스크코단샤	CD-ROM2	129
상하이II 上海II	1990년 04월 13일	허드슨	CD-ROM2	107
샤크 I · II サーク I · II	1992년 12월 25일	일본텔레네트	SuperCDR	155
샤크III 영원회귀 サークIII The eternal recurrence	1994년 09월 30일	NEC홈일렉트로닉스	SuperCDR	187
서머 카니발' 92 알자딕 サマーカーニバル'92 アルザディック	1992년 07월 17일	나그자트	CD-ROM2	128
서머 카니발' 93 넥스자르 스페셜 サマーカーニバル'93 ネクスザールスペシャル	1993년 07월 23일	나그자트	SuperCDR	165
성룡전설 몬비트聖 竜伝説モンビット	1991년 08월 30일	허드슨	CD-ROM2	121
성야물어 에이너스 판타지 스토리즈 聖夜物語　ANEARTH FANTASY STORIES	1995년 12월 22일	허드슨	SuperCDR	201
성전사 전승 작탁의 기사 聖戦士伝承 雀卓の騎士	1994년 08월 05일	일본물산	SuperCDR	185
세키가하라 関が原	1990년 09월 14일	톤킨하우스	HuCARD	050
섹시 아이돌 마작 セクシーアイドル麻雀	1993년 12월 24일	일본물산	SuperCDR	174
섹시 아이돌 마작 야구권의 시 セクシーアイドル麻雀　野球拳の詩	1995년 01월 31일	일본물산	SuperCDR	195
섹시 아이돌 마작 패션이야기 セクシーアイドルまーじゃんファッション物語	1994년 09월 16일	일본물산	SuperCDR	186
셜록 홈즈의 탐정 강좌II シャーロック·ホームズの探偵講座II	1993년 05월 28일	빅터음악산업	CD-ROM2	131
셜록 홈즈의 탐정강좌 シャーロック·ホームズの探偵講座	1991년 07월 26일	빅터음악산업	CD-ROM2	120
셰이프시프터 마계영웅전 シェイプシフター魔界英雄伝	1992년 09월 29일	빅터음악산업	SuperCDR	148
소드 마스터 ソードマスター	1993년 11월 19일	라이트스터프	SuperCDR	170
소서리언 ソーサリアン	1992년 07월 17일	빅터음악산업	SuperCDR	144
소코반 월드 倉庫番ワールド	1990년 03월 16일	미디어링	HuCARD	040
손손II ソンソンII	1989년 01월 27일	NEC애버뉴	HuCARD	018
솔 : 모나쥬 ソル：モナージュ	1994년 01월 07일	아이렘	SuperCDR	177
솔 비앙카 ソル·ビアンカ	1990년 06월 29일	일본컴퓨터산업(메사이어)	CD-ROM2	108
솔리드 포스 ソリッドフォース	1995년 03월 17일	NEC홈일렉트로닉스	SuperCDR	196
솔저 블레이드 ソルジャーブレイド	1992년 07월 10일	허드슨	HuCARD	079
쇼기 데이터베이스 기우 将棋データベース棋友	1995년 10월 27일	세타	SuperCDR	201
쇼기 초단 일직선 将棋 初段 一直線	1990년 08월 10일	홈데이터	HuCARD	048
쇼기 초심자 무용 将棋 初心者無用	1991년 11월 29일	홈데이터	HuCARD	071
수수께끼의 가장무도회 전설의 양옥집 연속살인사건 謎のマスカレード 伝説洋館連続殺人事件	1990년 03월 02일	일본컴퓨터시스템(메사이어)	HuCARD	039
수왕기 獣王記	1989년 09월 22일	NEC애버뉴	CD-ROM2	101
수왕기 獣王記	1989년 09월 29일	NEC애버뉴	HuCARD	027

쉐도우 오브 더 비스트 마성의 법정 シャドー·オブ·ザ·ビースト魔性の掟	1992년 03월 27일	빅터음악산업	SuperCDR	140
슈퍼 그랑죠 魔動王グランゾート	1990년 04월 06일	허드슨	SuperGrfx	091
슈퍼 다라이어스 スーパーダライアス	1990년 03월 16일	NEC애버뉴	CD-ROM2	104
슈퍼 다라이어스 II スーパーダライアス II	1993년 12월 23일	NEC애버뉴	SuperCDR	173
슈퍼 대전략 スーパー大戦略	1990년 04월 27일	마이크로캐빈	CD-ROM2	107
슈퍼 라이덴 スーパー雷電	1992년 04월 02일	허드슨	SuperCDR	141
슈퍼 리얼 마작 P II · III 커스텀スーパーリアル麻雀P II·III カスタム	1994년 08월 05일	나그자트	SuperCDR	185
슈퍼 리얼 마작 스페셜 미키 · 카스미 · 쇼코의 추억으로부터 スーパーリアル麻雀スペシャル　ミキ·カスミ·ショウコの思い出より	1992년 12월 18일	나그자트	SuperCDR	152
슈퍼 리얼 마작PIV 커스텀 スーパーリアル麻雀PIVカスタム	1993년 12월 17일	나그자트	SuperCDR	172
슈퍼 마작대회 スーパー麻雀大会	1992년 12월 28일	고에이	SuperCDR	155
슈퍼 메탈 크러셔 スーパーメタルクラッシャー	1991년 11월 29일	팩인비디오	HuCARD	071
슈퍼 모모타로 전철 スーパー桃太郎電鉄	1989년 09월 15일	허드슨	HuCARD	017
슈퍼 모모타로 전철 II スーパー桃太郎電鉄 II	1991년 12월 20일	허드슨	HuCARD	074
슈퍼 발리볼 スーパーアレーボール	1990년 02월 07일	비디오시스템	HuCARD	037
슈퍼 슈바르츠실트 スーパーシュヴァルツシルト	1991년 12월 06일	고가도스튜디오	CD-ROM2	122
슈퍼 슈바르츠실트2 スーパーシュヴァルツシルト2	1992년 12월 04일	고가도스튜디오	SuperCDR	151
슈퍼 알바트로스 スーパーアルバトロス	1989년 09월 14일	일본텔레네트	CD-ROM2	101
슈퍼리얼 마작 P.V 커스텀 スーパーリアル麻雀P.Vカスタム	1995년 03월 03일	나그자트	SuperCDR	195
슈퍼스타 솔저 スーパースターソルジャー	1990년 07월 06일	허드슨	HuCARD	046
스내처 スナッチャー	1992년 10월 23일	코나미	SuperCDR	137
스내처 파일럿디스크 スナッチャーパイロットディスク	1992년 08월 07일	코나미	SuperCDR	145
스사노왕 전설 凄ノ王伝説	1989년 04월 27일	허드슨	HuCARD	022
스퀵 スクウィーク	1991년 08월 02일	빅터음악산업	HuCARD	067
스타 파로저 スターパロジャー	1992년 04월 24일	허드슨	SuperCDR	142
스타모빌 スターモビール	1992년 10월 02일	나그자트	CD-ROM2	129
스타브레이커 スターブレイカー	1994년 02월 10일	레이포스	SuperCDR	178
스타틀링 오디세이 II 마룡전쟁 スタートリングオデッセイ II 魔竜戦争	1994년 10월 21일	레이포스	SuperCDR	188
스타틀링 오딧세이 スタートリングオデッセイ	1993년 10월 22일	레이포스	SuperCDR	169
스트라이더 비룡 ストライダー飛竜	1994년 09월 22일	NEC애버뉴	ArcadeCard	93
스트라테고 ストラテゴ	1992년 07월 24일	빅터음악산업	HuCARD	079
스트리트 파이터 II 대시 ストリートファイター II ダッシュ	1993년 06월 12일	NEC홈일렉트로닉스	HuCARD	083
스팀 하츠 スチーム·ハーツ	1996년 03월 22일	TGL판매	SuperCDR	202
스파이럴 웨이브 スパイラルウェーブ	1991년 12월 13일	미디어링	HuCARD	073
스페이스 어드벤처 코브라 흑룡왕의 전설 SPACE ADVENTURE コブラ 黒竜王の伝説	1989년 03월 31일	허드슨	CD-ROM2	100
스페이스 어드벤처 코브라 II 전설의 남자 SPACE ADVENTURE コブラ II 伝説の男	1991년 06월 07일	허드슨	CD-ROM2	118
스페이스 인베이더 디 오리지널 게임 スペースインベーダージ·オリジナルゲーム	1995년 07월 28일	NEC애버뉴	SuperCDR	199
스페이스 인베이더 부활의 날 スペースインベーダーズ 復活の日	1990년 03월 03일	타이토	HuCARD	039
스페이스 해리어 スペースハリアー	1988년 12월 09일	NEC애버뉴	HuCARD	014
스프리건 마크2 리테라폼 프로젝트 スプリガンマーク2　リ·テラフォーム·プロジェクト	1992년 05월 01일	나그자트	SuperCDR	142
스플래시 레이크 スプラッシュレイク	1991년 06월 28일	NEC애버뉴	CD-ROM2	119
스플래터 하우스 スプラッタ　ハウス	1990년 04월 03일	남코	HuCARD	041
스핀페어 スピンペア	1990년 12월 14일	미디어링	HuCARD	055
슬라임월드 スライムワールド	1992년 10월 09일	마이크로월드	SuperCDR	149
슬롯 승부사 スロット勝負師	1995년 04월 28일	일본물산	SuperCDR	196
시노비 忍 SHINOBI	1989년 12월 08일	아스믹	HuCARD	030
시티헌터 シティーハンター	1990년 03월 02일	선소프트	HuCARD	038
신무전승 神武伝承	1989년 06월 28일	빅클럽	HuCARD	023
신밧드 지저의 대마궁 シンドバッド 地底の大魔宮	1990년 06월 02일	아이지에스	HuCARD	044
신비한 바다의 나디아 ふしぎの海のナディア	1993년 01월 29일	허드슨	SuperCDR	158
신일본프로레슬링'94 배틀필드 in 투강도몽 新日本プロレスリング'94 バトルフィールドin 闘強導夢	1994년 11월 25일	후지콤	ArcadeCard	93
실피아 シルフィア	1993년 10월 22일	톤킨하우스	SuperCDR	169
심 어스 더 리빙 플래닛 シムアース The Living Planet	1993년 01월 14일	허드슨	SuperCDR	158
심령탐정 시리즈 Vol.3 아야 サイキック·ディテクティブ·シリーズVol.3アヤ	1992년 11월 20일	데이터웨스트	SuperCDR	150
심령탐정 시리즈 Vol.4 오르골 サイキック·ディテクティヴ·シリズVol.4 オルゴール	1993년 08월 06일	데이터웨스트	SuperCDR	166
썬더블레이드 サンダーブレード	1990년 12월 07일	NEC애버뉴	HuCARD	054
쓰루 데루히토의 실전주식 바이바이게임 都留照人の実戦株式倍バイゲーム	1989년 11월 01일	인테크	HuCARD	028
아				
아네상 姐	1995년 02월 24일	NEC애버뉴	SuperCDR	195
아랑전설 스페셜 餓狼伝説 Special	1994년 12월 02일	허드슨	ArcadeCard	94
아랑전설2 새로운 싸움 餓狼伝説 2 新たなる戦い	1994년 03월 12일	허드슨	ArcadeCard	92
아루남의 이빨 수족 십이신도 전설 アルナムの牙 獣族十二信徒伝説	1994년 12월 22일	라이트스터프	SuperCDR	191
아스카120%맥시마 버닝 페스트 あすか120%マキシマBURNING Fest.	1995년 07월 28일	NEC애버뉴	SuperCDR	199
아웃라이브 アウトライブ	1989년 03월 17일	선 전자	HuCARD	019
아웃런 アウトラン	1990년 12월 21일	NEC애버뉴	HuCARD	056
아이큐 패닉 アイキューパニック	1992년 02월 21일	아이지에스	CD-ROM2	125
아토믹 로보키드 アトミックロボキッド	1990년 01월 19일	유피엘	HuCARD	036
아틀라스 르네상스 항해자 THE ATLAS Renaissance Voyager	1994년 03월 04일	아트딩크	SuperCDR	179

악마성 드라큘라X 피의 윤회 悪魔城ドラキュラX 血の輪廻	1993년 10월 29일	코나미	SuperCDR	157
알샤크 アルシャーク	1994년 08월 26일	빅터엔터테인먼트	SuperCDR	186
암흑전설 暗黒伝説	1990년 09월 07일	빅터음악산업	HuCARD	049
애·초형귀 愛·超兄貴	1995년 02월 24일	일본컴퓨터시스템(메사이어)	SuperCDR	195
애프터버너 II アフターバーナー II	1990년 09월 28일	NEC애버뉴	HuCARD	050
야마무라 미사 서스펜스 금잔화 교토그림접시 살인사건 山村美紗 サスペンス 金盞花 京絵皿 殺人事件	1992년 03월 06일	나그자트	SuperCDR	139
야와라! YAWARA!	1992년 10월 01일	소픽스	SuperCDR	149
야와라!2 YAWARA!2	1994년 09월 23일	소픽스	SuperCDR	187
어둠의 혈족 아득한 기억 闇の血族 遥かなる記憶	1993년 12월 17일	나그자트	SuperCDR	173
어드밴스드 배리어블 지오(V.G.) アドヴァンスト ヴァリアブル ジオ	1994년 07월 22일	TGL판매	SuperCDR	184
어드벤처 아일랜드 アドベンチャーアイランド	1991년 04월 19일	허드슨	HuCARD	064
어드벤처 퀴즈 캡콤월드 하테나의 대모험 アドベンチャークイズ カプコンワールド ハテナの大冒険	1992년 06월 19일	허드슨	SuperCDR	143
어벤저 アヴェンジャー	1990년 12월 07일	일본텔레네트	CD-ROM2	111
에그자일 시간의 틈새로 エグザイル 時の狭間へ	1991년 03월 29일	일본텔레네트	CD-ROM2	116
에그자일 II 사념의 사상 エグザイル II 邪念の事象	1992년 09월 22일	일본텔레네트	SuperCDR	147
에너지 エナジー	1989년 04월 19일	일본컴퓨터시스템(메사이어)	HuCARD	021
에메랄드 드래곤 エメラルドドラゴン	1994년 01월 28일	NEC홈일렉트로닉스	SuperCDR	177
에어로 블래스터즈 エアロブラスターズ	1990년 11월 02일	허드슨	HuCARD	053
에일리언 크래쉬 エイリアンクラッシュ	1988년 09월 14일	나그자트	HuCARD	013
에페라&질리오라 디 엠블렘 프롬 다크니스 エフェラ&ジリオラ ジ·エンブレム フロム ダークネス	1991년 12월 13일	브레인그레이	CD-ROM2	123
엘디스 エルディス	1991년 04월 05일	일본컴퓨터시스템(메사이어)	CD-ROM2	116
여신천국 女神天国	1994년 09월 30일	NEC홈일렉트로닉스	SuperCDR	188
열혈 고교 피구부 CD축구편 熱血高校 ドッジボール部CDサッカー編	1991년 12월 20일	나그자트	SuperCDR	136
열혈 고교 피구부 PC번외편 熱血高校ドッジボール部 PC番外編	1990년 03월 30일	나그자트	HuCARD	041
열혈 레전드 베이스볼러 熱血レジェンド ベースボーラー	1995년 06월 16일	팩인비디오	SuperCDR	198
열혈고교 피구부 PC축구 편 熱血高校ドッジボール部PCサッカー編	1992년 04월 03일	나그자트	HuCARD	078
영광은 너에게 고교야구 전국대회 榮冠は君に 高校野球全国大会	1994년 07월 15일	아트딩크	SuperCDR	184
영웅 삼국지英雄 三国志	1993년 03월 26일	아이렘	SuperCDR	161
오다인 オーダイン	1989년 09월 08일	남코	HuCARD	026
오로라 퀘스트 오타쿠의 별자리 in Another World オーロラクエスト おたくの星座 in Another World	1993년 12월 10일	팩인비디오	SuperCDR	172
오버라이드 オーバーライド	1991년 01월 08일	데이터이스트	HuCARD	058
오봇챠마군 おぼっちゃまくん	1991년 03월 15일	남코	HuCARD	062
오퍼레이션 울프 オペレーション·ウルフ	1990년 08월 31일	NEC애버뉴	HuCARD	049
올디네스 オルディネス	1991년 02월 22일	허드슨	SuperGrfx	091
와글와글 마작 유쾌한 마작친구들 わいわい麻雀 ゆかいな雀友だち	1989년 06월 19일	비디오시스템	HuCARD	023
왈라비 ワラビー	1990년 12월 14일	일본컴퓨터산업(메사이어)	HuCARD	056
왈큐레의 전설 ワルキューレの伝説	1990년 08월 09일	남코	HuCARD	034
요괴도중기 妖怪道中記	1988년 02월 05일	남코	HuCARD	011
요술 망아지 브링크 青いブリンク	1990년 04월 27일	NHK엔터프라이즈(허드슨)	HuCARD	042
요코야마 미쓰테루 진 · 삼국지 천하는 나에게 横山光輝 真·三国志 天下は我に	1992년 11월 20일	나그자트	CD-ROM2	129
용의아이파이터竜の子ファイター	1989년 10월 20일	톤킨하우스	HuCARD	027
용호의 권 龍虎の拳	1994년 03월 26일	허드슨	ArcadeCard	93
우루세이 야츠라 STAY WITH YOU うる星やつら STAY WITH YOU	1990년 06월 29일	허드슨	CD-ROM2	108
우주전함 야마토 宇宙戦艦 ヤマト	1992년 12월 22일	휴먼	SuperCDR	153
원더모모 ワンダーモモ	1989년 04월 21일	남코	HuCARD	021
원평토마전 源平討魔伝	1990년 03월 16일	남코	HuCARD	039
원평토마전 제2권 源平討魔伝　巻ノ弐	1992년 04월 07일	남코	HuCARD	078
월드 비치발리 규칙편 ワールドビーチバレールール編	1990년 07월 27일	아이지에스	HuCARD	047
월드 히어로즈2 ワールドヒーローズ 2	1994년 06월 04일	허드슨	ArcadeCard	93
월드서킷 ワールドサーキット	1991년 10월 18일	남코	HuCARD	070
월드자키 ワールドジョッキー	1991년 09월 20일	남코	HuCARD	068
위닝샷 ウィニングショット	1989년 03월 03일	데이터이스트	HuCARD	019
위저드리 I·II ウィザードリィ I·II	1993년 07월 23일	나그자트	SuperCDR	164
위저드리 III·IV ウィザードリィ III·IV	1994년 03월 04일	나그자트	SuperCDR	179
위저드리V ウィザードリィV	1992년 09월 25일	나그자트	SuperCDR	148
윈즈 오브 썬더 ウィンズオブサンダー	1993년 04월 23일	허드슨	SuperCDR	163
유유백서 암승부!! 암흑무술회 幽·遊·白書　闇勝負!! 暗黒武術会	1993년 09월 30일	반프레스토	SuperCDR	168
유유인생 遊々人生	1988년 04월 22일	허드슨	HuCARD	011
은하부경전설 사파이어 銀河婦警伝説サファイア	1995년 11월 24일	허드슨	ArcadeCard	95
은하아가씨전설 유나 銀河お嬢様伝説ユナ	1992년 10월 23일	허드슨	SuperCDR	150
은하아가씨전설 유나2 銀河お嬢様伝説ユナ2	1995년 06월 30일	허드슨	SuperCDR	199
이가닌전 가이오 伊賀忍伝 凱王	1993년 12월 10일	일본물산	SuperCDR	171
이것이 프로야구' 90 これがプロ野球' 90	1990년 06월 29일	인테크	HuCARD	044
이것이 프로야구' 89これがプロ野球' 89	1989년 12월 20일	인테크	HuCARD	030
이노우에 마미 이 별에 단 하나뿐인 너 井上麻美 この星にたったひとりのキミ	1992년 12월 25일	허드슨	SuperCDR	154
이미지 파이트 イメージファイト	1990년 07월 27일	아이렘	HuCARD	047
이미지 파이트2 OPERATIONAL DEEPSTRIKER イメージファイト2 OPERATIONAL DEEPSTRIKER	1992년 12월 18일	아이렘	SuperCDR	152
이상한 꿈의 앨리스 不思議の夢のアリス	1990년 12월 07일	페이스	HuCARD	054

이스 Ⅰ·Ⅱ イースⅠ·Ⅱ	1989년 12월 21일	허드슨	CD-ROM2	99
이스Ⅲ イースⅢ	1991년 03월 22일	허드슨	CD-ROM2	115
이스Ⅳ 이스의 여명 イースⅣ The Dawn of Ys	1993년 12월 22일	허드슨	SuperCDR	157
이터널 시티 도시전송계획 エターナルシティ都市転送計画	1991년 04월 12일	나그자트	HuCARD	064
일하는 소녀 데키파키 워킹러브 はたらく·少女 てきぱきワーキン·ラブ	1997년 03월 28일	NEC홈일렉트로닉스	SuperCDR	204
자				
작신전설 QUEST OF JONGMASTER 雀神伝説 Quest of JongMaster	1995년 02월 24일	NEC홈일렉트로닉스	ArcadeCard	94
잘 했어! 게이트볼 あっぱれゲートボール	1988년 12월 22일	허드슨	HuCARD	015
잠 못 이루는 밤의 작은 이야기 眠れぬ夜の小さなお話	1993년 07월 30일	NEC홈일렉트로닉스 · 아뮤즈	SuperCDR	166
재키 찬 ジャッキーチャン	1991년 01월 18일	허드슨	HuCARD	060
잭 니클라우스 월드골프투어 162홀 ジャック·ニクラウス ワールド·ゴルフ·ツアー162ホール	1990년 09월 14일	빅터음악산업	CD-ROM2	109
잭 니클라우스 챔피언십 골프 ジャック·ニクラウス チャンピオンシップ·ゴルフ	1989년 11월 24일	빅터음악산업	HuCARD	029
전국 마작 戦国麻雀	1988년 07월 08일	허드슨	HuCARD	012
전국관동삼국지 戦国関東三国志	1991년 06월 28일	인테크	CD-ROM2	119
전뇌천사 디지털 앙쥬 電脳天使 デジタルアンジュ	1994년 11월 18일	도쿠마쇼텐 인터미디어	SuperCDR	189
정령전사 스프리건 精霊戦士スプリガン	1991년 07월 12일	나그자트	CD-ROM2	120
제노사이드 ジェノサイド	1992년 06월 26일	브레인그레이	SuperCDR	144
제로4 챔프 ゼロヨンチャンプ	1991년 03월 08일	미디어링	HuCARD	061
제로윙 ゼロウイング	1992년 09월 18일	나그자트	CD-ROM2	128
제비우스 파드라우트 전설 ゼビウスファードラウト伝説	1990년 06월 29일	남코	HuCARD	045
졸업 그래듀에이션 卒業 グラデユエーション	1993년 07월 30일	NEC애버뉴	SuperCDR	165
졸업Ⅱ 네오 제너레이션 卒業Ⅱ ネオ·ジェネレーション	1994년 12월 23일	리버힐소프트	SuperCDR	192
졸업사진 미키 卒業写真 美姫	1994년 10월 28일	GX미디어	SuperCDR	188
지금은 용사 모집중 ただいま勇者募集中	1993년 11월 26일	휴먼	SuperCDR	171
지옥순례 地獄めぐり	1990년 08월 03일	타이토	HuCARD	047
지쿠덴야 도베 「구비키리야카타」로부터 逐電屋 藤兵衛「首斬り館」より	1990년 01월 26일	나그자트	HuCARD	036
지팡구 ジパング	1990년 12월 14일	팩인비디오	HuCARD	055
진 · 여신전생 真·女神転生	1993년 12월 25일	아틀라스	SuperCDR	174
진원령전기 真怨霊戦記	1995년 09월 22일	후지콤	SuperCDR	200
짐 파워 ジム·パワー	1993년 03월 19일	마이크로월드	SuperCDR	161
차				
참 아지랑이의 시대 斬 陽炎の時代	1991년 12월 27일	타이토	CD-ROM2	124
챔피언 레슬러 チャンピオン·レスラー	1990년 12월 14일	타이토	HuCARD	055
챔피언십 랠리 チャンピオンシップ·ラリー	1993년 08월 06일	인테크	SuperCDR	166
천사의 시 天使の詩	1991년 10월 25일	일본텔레네트	SuperCDR	134
천사의 시Ⅱ 타락천사의 선택 天使の詩Ⅱ 堕天使の選択	1993년 03월 26일	일본텔레네트	SuperCDR	161
천성룡 天聖龍	1990년 12월 21일	에이컴	HuCARD	057
천외마경 ZIRIA 天外魔境 ZIRIA	1989년 06월 30일	허드슨	CD-ROM2	99
천외마경 풍운 가부키전 天外魔境 風雲カブキ伝	1993년 07월 10일	허드슨	SuperCDR	164
천외마경Ⅱ만지마루 天外魔境Ⅱ卍MARU	1992년 03월 26일	허드슨	SuperCDR	137
천지를 먹다 天地を喰らう	1994년 06월 17일	NEC애버뉴	SuperCDR	183
천지무용! 양황귀 天地無用! 魎皇鬼	1995년 05월 26일	NEC애버뉴	SuperCDR	197
첫사랑 이야기(초연물어) 初恋物語	1994년 04월 28일	도쿠마쇼텐 인터미디어	SuperCDR	181
초시공요새 마크로스 영원의 러브송 超時空要塞マクロス 永遠のラヴソング	1992년 12월 04일	일본컴퓨터시스템(메사이어)	SuperCDR	151
초시공요새 마크로스2036 超時空要塞 マクロス2036	1992년 04월 03일	일본컴퓨터시스템(메사이어)	SuperCDR	142
초영웅전설 다이나스틱 히어로 超英雄伝説 ダイナスティックヒーロー	1994년 05월 20일	허드슨	SuperCDR	182
초절륜인 베라보맨 超絶倫人ベラボーマン	1990년 07월 13일	남코	HuCARD	046
초형귀 超兄貴	1992년 12월 25일	일본컴퓨터시스템(메사이어)	SuperCDR	155
최후의 인도(마지막 닌자의 길) 最後の忍道	1990년 07월 06일	아이렘	HuCARD	045
치비 마루코짱 퀴즈로 피햐라 ちびまる子ちゃん クイズでピーヒャラ	1992년 01월 10일	남코	HuCARD	075
치키치키보이즈 チキチキボーイズ	1994년 07월 15일	NEC애버뉴	SuperCDR	184
카				
카다쉬 カダッシュ	1991년 01월 18일	타이토	HuCARD	058
카드엔젤스 カードエンジェルス	1994년 12월 09일	후지콤	SuperCDR	191
카르멘 샌디아고를 쫓아라! 세계편 カルメン·サンディエゴを追え！世界編	1990년 03월 30일	팩인비디오	CD-ROM2	105
카제키리 風霧	1994년 04월 28일	나그자트	SuperCDR	181
카토짱 켄짱 カトちゃんケンちゃん	1987년 11월 30일	허드슨	HuCARD	008
캇토비! 택배군 カットビ！宅配くん	1990년 11월 09일	톤킨하우스	HuCARD	053
캠페인 버전 대전략Ⅱ キャンペーン版 大戦略Ⅱ	1992년 05월 29일	마이크로캐빈	SuperCDR	143
컬러 워즈 カラーウォーズ	1992년 07월 10일	코코넛저팬	CD-ROM2	128
컬럼스 コラムス	1991년 03월 29일	일본텔레네트	HuCARD	063
코륜 コリュン	1991년 11월 29일	나그자트	HuCARD	071
코스믹 판타지 모험소년 유우 コズミック·ファンタジー冒険少年ユウ	1990년 03월 30일	일본텔레네트	CD-ROM2	105
코스믹 판타지2 모험소년 반 コズミック·ファンタジー2 冒険少年バン	1991년 04월 05일	일본텔레네트	CD-ROM2	117
코즈믹 판타지 비주얼모음 コズミック·ファンタジービジュアル集	1993년 02월 12일	일본텔레네트	CD-ROM2	130
코즈믹 판타지3 모험소년 레이 コズミック·ファンタジー3 冒険少年レイ	1992년 09월 25일	일본텔레네트	SuperCDR	148
코즈믹 판타지4 은하소년전설 격투편 빛의 우주 속에서 コズミック·ファンタジー4 銀河少年伝説 光の宇宙の中で	1994년 11월 25일	일본텔레네트	SuperCDR	190

코즈믹 판타지4 은하소년전설 돌입편 전설에의 서곡 コズミック·ファンタジー4 銀河少年伝説 突入編 伝説へのプレリュード	1994년 06월 10일	일본텔레네트	SuperCDR	182
코튼 FANTASTIC NIGHT DREAMS コットン	1993년 02월 12일	허드슨	SuperCDR	159
퀴즈 DE 학원제 クイズDE学園祭	1993년 11월 26일	나그자트	SuperCDR	170
퀴즈애버뉴 III クイズアベニューIII	1994년 11월 25일	NEC애버뉴	SuperCDR	190
퀴즈 영주의 야망 クイズ殿様の野望	1992년 10월 10일	허드슨	CD-ROM2	129
퀴즈 캐러번 컬트Q クイズキャラバン カルトQ	1993년 05월 28일	허드슨	CD-ROM2	130
퀴즈 통째로 더 월드QUIZ まるごとTheワールド	1991년 04월 05일	아틀라스	CD-ROM2	117
퀴즈 통째로 더 월드2 타임머신에게 부탁해! QUIZまるごとTheワールド2 タイムマシンにおねがい!	1992년 03월 27일	아틀라스	CD-ROM2	127
퀴즈애버뉴 クイズアベニュー	1991년 02월 15일	휴먼	CD-ROM2	114
퀴즈애버뉴 II クイズアベニューII	1991년 10월 11일	NEC애버뉴	CD-ROM2	121
퀴즈의 별 クイズの星	1992년 08월 10일	선소프트	SuperCDR	146
크레스트 오브 울프 낭적문장 クレストオブウルフ	1993년 02월 26일	허드슨	SuperCDR	159
크로스와이버 사이버 컴뱃 폴리스 クロスワイバー CYBER COMBAT POLICE	1990년 12월 21일	페이스	HuCARD	057
클랙스 クラックス	1990년 08월 10일	텐겐	HuCARD	048
키아이단 더블오 キアイダンOO	1992년 10월 23일	일본텔레네트	SuperCDR	150
킥볼 キックボール	1990년 11월 23일	일본컴퓨터시스템(메사이어)	HuCARD	053
킹 오브 카지노 キングオブカジノ	1990년 03월 30일	빅터음악산업	HuCARD	040
타				
타수진 TATSUJIN	1992년 07월 24일	타이토	HuCARD	079
타이거 로드 虎への道	1990년 02월 23일	빅터음악산업	HuCARD	037
타이탄 タイタン	1991년 03월 15일	나그자트	HuCARD	062
타이토 체이스 H.Q.タイトーチェイス　H.Q.	1990년 01월 26일	타이토	HuCARD	036
타임크루즈 II タイムクルーズII	1991년 11월 08일	페이스	HuCARD	070
탄생 데뷔誕生 デビュー	1994년 09월 22일	NEC애버뉴	SuperCDR	187
태평기 太平記	1991년 12월 13일	인테크	CD-ROM2	123
테라 크레스타 II 만드라의 역습 テラクレスタII マンドラーの逆襲	1992년 11월 27일	허드슨	HuCARD	081
테라포밍 テラフォーミング	1992년 05월 01일	라이트스터프	SuperCDR	142
테크모 월드컵 슈퍼 싸커TECMO ワールドカップスーパーサッカー	1992년 12월 04일	미디어링	SuperCDR	151
토이숍 보이즈 トイ·ショップ·ボーイズ	1990년 12월 14일	빅터음악산업	HuCARD	056
토일렛 키즈トイレキッズ	1992년 03월 06일	미디어링	HuCARD	077
톱을 노려라! 건 버스터VOL.2 トップをねらえ! Gun Buster VOL.2	1993년 03월 26일	리버힐소프트	SuperCDR	162
톱을 노려라! 건버스터 Vol.1 トップをねらえ! GunBuster Vol.1	1992년 06월 25일	리버힐소프트	SuperCDR	143
트래블러즈! 전설을 쳐부숴라 とらべらーず! 伝説をぶっとばせ	1994년 12월 29일	빅터엔터테인먼트	SuperCDR	192
트레블 에풀 TRAVEL エプル	1992년 09월 04일	일본텔레네트	SuperCDR	147
트릭키 トリッキー	1991년 07월 06일	아이지에스	HuCARD	066
파				
파라노이아 パラノイア	1990년 03월 01일	나그자트	HuCARD	038
파라디온 오토 크러셔 팔라디엄 パラディオン AUTO CRUSHER PALLADIUM	1994년 02월 25일	팩인비디오	SuperCDR	178
파라솔 스타 パラソルスター	1991년 02월 15일	타이토	HuCARD	060
파로디우스다! – 신화에서 웃음으로 パロディウスだ! –神話からお笑いへ–	1992년 02월 21일	코나미	HuCARD	076
파스텔 라임 パステル·ライム	1992년 12월 18일	나그자트	SuperCDR	153
파워 골프 パワーゴルフ	1989년 05월 25일	허드슨	HuCARD	022
파워 골프2 골퍼 パワーゴルフ2 GOLFER	1994년 03월 04일	허드슨	SuperCDR	179
파워 드리프트 パワードリフト	1990년 04월 13일	아스믹	HuCARD	042
파워 리그 パワーリーグ	1988년 06월 24일	허드슨	HuCARD	012
파워 테니스 パワーテニス	1993년 06월 25일	허드슨	HuCARD	085
파워게이트 パワーゲイト	1991년 08월 30일	팩인비디오	HuCARD	068
파워리그' 93 パワーリーグ' 93	1993년 10월 15일	허드슨	HuCARD	085
파워리그4 パワーリーグ4	1991년 08월 09일	허드슨	HuCARD	067
파워리그5 パワーリーグ5	1992년 08월 07일	허드슨	HuCARD	079
파워리그 II パワーリーグII	1989년 08월 08일	허드슨	HuCARD	025
파워리그 III パワーリーグIII	1990년 08월 10일	허드슨	HuCARD	048
파워스포츠 パワースポーツ	1992년 10월 10일	허드슨	HuCARD	080
파워일레븐 パワーイレブン	1991년 06월 21일	허드슨	HuCARD	065
파이널 블라스터 ファイナルブラスター	1990년 09월 28일	남코	HuCARD	051
파이널 솔저 ファイナルソルジャー	1991년 07월 05일	허드슨	HuCARD	065
파이널 존 II ファイナルゾーンII	1990년 03월 23일	일본텔레네트	CD-ROM2	105
파이널랩 트윈 ファイナルラップ·ツイン	1989년 07월 07일	남코	HuCARD	024
파이널매치 테니스 ファイナルアッチテニス	1991년 03월 01일	휴먼	HuCARD	061
파이어 프로레슬링 2nd BOUT ファイヤープロレスィング 2nd BOUT	1991년 08월 30일	휴먼	HuCARD	068
파이어 프로레슬링 콤비네이션 태그 ファイヤープロレスリング コンビネーションタッグ	1989년 06월 22일	휴먼	HuCARD	023
파이어 프로레슬링3 레전드 바우트 ファイヤープロレスリング3 Legend Bout	1992년 11월 13일	휴먼	HuCARD	080
파이어프로 여자 동몽초녀대전 전녀 vs JWP ファイプロ女子 憧夢超女大戦 全女 vs JWP	1995년 02월 03일	휴먼	ArcadeCard	94
파이팅 런 ファイティングラン	1991년 11월 29일	일본물산	HuCARD	071
파이팅 스트리트 ファイティング·ストリート	1988년 12월 04일	허드슨	CD-ROM2	098
파지어스의 사황제 네오 메탈 판타지 ファージアスの邪皇帝 NEO METAL FANTASY	1992년 08월 29일	휴먼	SuperCDR	146

파치오 군 웃는 우주 パチ夫くん 笑う宇宙	1992년 12월 22일	코코넛저팬	SuperCDR	154
파치오 군 환상의 전설 パチ夫くん 幻の伝説	1991년 04월 19일	코코넛저팬	CD-ROM2	118
파치오 군3 파치슬로&파친코 パチ夫くん3 パチスロ&パチンコ	1994년 04월 15일	코코넛저팬 · GX미디어	SuperCDR	180
파치오군 열판 승부 パチ夫くん十番勝負	1992년 03월 13일	코코넛재팬	HuCARD	077
파퓰러스 ポピュラス	1991년 04월 05일	허드슨	HuCARD	064
파퓰러스 약속의 땅 ポピュラス ザ·プロミストランド	1991년 10월 25일	허드슨	SuperCDR	135
판타지 존 ファンタジーゾーン	1988년 10월 14일	NEC애버뉴	HuCARD	014
팝앤매직 ぽっぷnまじっく	1992년 07월 24일	일본텔레네트	SuperCDR	145
팝플메일 ぽっぷるメイル	1994년 08월 12일	NEC홈일렉트로닉스	SuperCDR	186
팩 랜드 パックランド	1989년 06월 01일	남코	HuCARD	022
퍼즈닉 パズニック	1990년 06월 29일	타이토	HuCARD	045
퍼즐보이 パズルボーイ	1991년 02월 22일	일본텔레네트	HuCARD	060
페르시아 왕자 プリンス·オブ·ペルシャ	1991년 11월 08일	리버힐소프트	SuperCDR	135
페이스볼 フェイスボール	1993년 11월 26일	리버힐소프트	SuperCDR	171
포가튼 월드 フォゴットンワールド	1992년 03월 27일	NEC애버뉴	SuperCDR	141
포메이션 사커 온 J리그 フォーメーションサッカーオンJリーグ	1994년 01월 15일	휴먼	HuCARD	086
포메이션 사커 휴먼컵' 90 フォーメーション·サッカーヒューマンカップ' 90	1990년 04월 27일	휴먼	HuCARD	043
포메이션 사커95 델라 세리에A フォーメーションサッカー95デッラセリエA	1995년 04월 07일	휴먼	SuperCDR	196
포메이션 암드 F アームドF	1990년 03월 23일	팩인비디오	HuCARD	040
포셋 아무르 フォーセット アムール	1993년 03월 26일	나그자트	SuperCDR	162
폭소 요시모토 신희극 오늘은 이 정도로 해두지! 爆笑 吉元新喜劇 今日はこれぐらいにしといたる!	1994년 01월 03일	허드슨	SuperCDR	177
폭전 언밸런스존 爆伝 アンバランスゾーン	1994년 04월 22일	소니뮤직엔터테인먼트	SuperCDR	181
폴리스 커넥션 ポリス·コネクション	1993년 02월 26일	일본텔레네트	SuperCDR	159
폼핑월드 ポンピングワールド	1991년 05월 31일	허드슨	CD-ROM2	118
푸른 늑대와 흰 암사슴 원조 비사 蒼き狼と白き牝鹿 元朝秘史	1993년 09월 30일	고에이	SuperCDR	167
프라이빗 아이 돌 プライベート·アイ·ドル	1995년 08월 11일	NEC홈일렉트로닉스	SuperCDR	200
프레이CD 샤크 외전 フレイCD サーク外伝	1994년 03월 30일	마이크로캐빈	SuperCDR	180
프로야구 월드 스타디움 プロ野球 ワールドスタジアム	1988년 05월 20일	남코	HuCARD	011
프로야구 월드 스타디움' 91 プロ野球 ワルドスタジアム' 91	1991년 03월 21일	남코	HuCARD	062
프로테니스 월드코트 プロテニス ワールドコート	1988년 08월 11일	남코	HuCARD	012
프린세스 메이커1 プリンセスメーカー 1	1995년 01월 03일	NEC홈일렉트로닉스	SuperCDR	194
프린세스 메이커2 プリンセスメーカー 2	1995년 06월 16일	NEC홈일렉트로닉스	SuperCDR	198
프린세스 미네르바 プリンセス·ミネルバ	1994년 03월 25일	리버힐소프트	SuperCDR	180
플래시 하이더스 フラッシュハイダース	1993년 12월 19일	라이트스터프	SuperCDR	173
핀드 헌터 フィーンドハンター	1993년 04월 16일	라이트스터프	SuperCDR	163
하				
하나 타카 다카(기고만장)!? はなたーかだか!?	1991년 08월 09일	타이토	HuCARD	067
하니 온 더 로드 はにい おんざ ろおど	1990년 09월 07일	페이스	HuCARD	049
하니 인 더 스카이 はにい いんざ すかい	1989년 03월 01일	페이스	HuCARD	019
하이 그레네디어 ハイグレネーダー	1991년 04월 12일	일본텔레네트	CD-ROM2	117
하이퍼 워즈 ハイパーウォーズ	1994년 11월 05일	허드슨	SuperCDR	189
해트리스 ハットリス	1991년 05월 24일	마이크로개빈	HuCARD	065
헤비유닛 ヘビー·ユニット	1989년 12월 22일	타이토	HuCARD	031
헬파이어S ヘルファイアーS	1991년 04월 12일	NEC애버뉴	CD-ROM2	117
호러 스토리 ホラーストリー	1993년 02월 26일	NEC애버뉴	SuperCDR	159
호크F-123 ホークF-123	1992년 03월 13일	팩인비디오	SuperCDR	139
환창대륙 올레리아 幻蒼大陸オーレリア	1993년 02월 26일	타이토	CD-ROM2	130
후지코 · F · 후지오의 21에몽 노려라! 호텔왕 藤子·F·不二雄の21エモン めざせ!ホテル王	1994년 12월 16일	NEC홈일렉트로닉스	HuCARD	086
휴먼 스포츠 페스티벌 ヒューマンスポーツフェスティバル	1992년 02월 28일	휴먼	SuperCDR	139
히트 디 아이스 ヒット ジアイス	1991년 09월 20일	타이토	HuCARD	068
힘내라! 골프보이즈 がんばれ!ゴルフボーイズ	1989년 03월 28일	일본컴퓨터시스템(메사이어)	HuCARD	020

당신은 언제나 옳습니다. 그대의 삶을 응원합니다. — **라의눈 출판그룹**

PC엔진 컴플리트 가이드

초판 1쇄 2019년 6월 7일
2쇄 2019년 8월 16일

지은이 레트로게임 동호회 **옮긴이** 조한소
펴낸이 설응도 **편집주간** 안은주
영업책임 민경업 **디자인책임** 조은교

펴낸곳 라의눈

출판등록 2014 년 1 월 13 일 (제 2014-000011 호)
주소 서울시 강남구 테헤란로 78 길 14-12(대치동) 동영빌딩 4 층
전화 02-466-1283 **팩스** 02-466-1301

문의 (e-mail)
편집 editor@eyeofra.co.kr
마케팅 marketing@eyeofra.co.kr
경영지원 management@eyeofra.co.kr

ISBN : 979-11-88726-35-6 13500

촬영 | 이시다 준(石田潤), 자료협력 | PC엔진연구회, 사케칸(酒缶)